清华大学高分子材料与工程系列教材

聚合物近代仪器分析

（第3版）

杨睿 周啸 罗传秋 汪昆华 编著

清华大学出版社
北京

内容简介

本书系统介绍了高分子材料研究中常用的各种仪器分析方法的基本原理及其应用。内容包括:光谱分析(含紫外、荧光、红外和拉曼光谱)、核磁共振与顺磁共振、气相色谱与反相气相色谱、热裂解分析、热分析和热-力分析、相对分子质量及其分布测定、透射电镜与扫描电镜、电子衍射和 X 射线衍射,书中单设一章介绍如何综合利用各种仪器分析方法解决高分子材料研究中遇到的问题。

本书内容深入浅出,实用易懂,不仅可作为高分子、化学、化工、材料等专业本科生和研究生教材,也可供从事相关工作的科技人员参考。

图书在版编目(CIP)数据

聚合物近代仪器分析/杨睿等编著.—3版.—北京:清华大学出版社,2010.6(2025.1重印)
(清华大学高分子材料与工程系列教材)
ISBN 978-7-302-20708-5

Ⅰ.聚… Ⅱ.杨… Ⅲ.聚合物-仪器分析-高等学校-教材 Ⅳ.O631.6

中国版本图书馆 CIP 数据核字(2009)第 134302 号

责任编辑:柳 萍
责任校对:赵丽敏
责任印制:杨 艳

出版发行:清华大学出版社
网 址:https://www.tup.com.cn, https://www.wqxuetang.com
地 址:北京清华大学学研大厦 A 座 **邮 编**:100084
社 总 机:010-83470000 **邮 购**:010-62786544
投稿与读者服务:010-62776969,c-service@tup.tsinghua.edu.cn
质 量 反 馈:010-62772015,zhiliang@tup.tsinghua.edu.cn
印 装 者:北京鑫海金澳胶印有限公司
经 销:全国新华书店
开 本:185mm×260mm **印 张**:21.75 **字 数**:523 千字
版 次:2010 年 6 月第 3 版 **印 次**:2025 年 1 月第 16 次印刷
定 价:65.00 元

产品编号:026571-06

第3版前言

本书第 2 版出版以来，继续得到多所高校及科研院所师生的厚爱和关注。随着仪器分析方法的发展和数据处理水平的不断提高，结合本书编者近年来的工作实践和总结，本书的第 3 版问世。

第 3 版中删去了一些已属过时的内容，并对各章所介绍的分析方法近年来的一些进展和在聚合物分析中新的应用例子进行了补充。此外还增加了第 12 章介绍 X 射线衍射方面的内容，弥补了以前版本中缺少这一重要方法的缺憾。并将原来的第 12 章相应调整为第 13 章。这样，本书基本覆盖了高分子材料研究中常用的各种仪器分析方法。

尊重国际通行惯例，核磁共振法测定的化学位移以 ppm 为单位表示。

本书第 9～12 章由周啸执笔；其余部分的修订和补充由杨睿完成。

本书中的缺陷和疏漏恳请读者批评指正。

编　者

2010 年 5 月

第1版前言

近20年来，由于近代仪器分析技术的迅速发展，使其越来越成为高聚物研究和生产中不可缺少的工具。从事高分子材料的研究、分析和生产的工作人员，有必要了解近代仪器分析的基本原理，掌握谱图解析的一般方法，学会如何运用这些近代仪器分析手段进行高分子材料的研究。

目前国内虽然有多种仪器分析和有机谱图解析方面的教材，也有高聚物剖析方面的专著，但缺乏高分子专业学生学习高聚物近代仪器分析方法的教材。本书是在清华大学、北京大学高分子专业近10年开设的高分子分析和研究方法课程教学经验的基础上，对原有的讲义进行了修改扩充而编写成的。编者从教学和高分子科技工作者需要的角度出发，围绕高分子研究领域中所涉及到的最常用的近代分析仪器，就分析方法的基本原理、仪器的简单构成、对分析样品的要求、谱图所能提供的信息和其基本解析方法以及各种仪器在高聚物领域中的应用等方面做了简明的阐述。本书力图深入浅出，尽可能避免繁琐的数学推导和复杂的谱图解析。在实际工作中，往往一项课题，如高聚物链结构的研究，需要有多种近代仪器分析手段配合进行。如果按高聚物研究系统来编写就会使许多未接触过仪器分析的人员感到很乱，因此在本书中仍以仪器分析方法分类，一种一种仪器加以讲授。讨论每种方法的基本内容时，又以最基础的高聚物组成分析为主。一些更深一层的内容，如高分子结构单元的立体构型的空间排列、高聚物的表面分析能谱等内容，则未编入。

本书主要作为高等院校高分子化学、化工、材料等有关专业本科生教材使用，也可供从事高分子科技工作的人员及有关分析工作者参考。

本书是在上述两校教学及科研工作的实践经验基础上编写的，特别是曾参与本课程教学的阮竹、顾世英、王艳芬、王盈康、曹维孝、邓卓、丁有骏、张广利、段晓青、郭新秋、卢英先等老师给予了大力的支持和帮助，因此从某种意义上讲，本书也是集体经验的总结。

本书第9，10章由周啸执笔；第6，7章及第2章紫外、荧光分析部分，第3章电子顺磁共振部分及第4章反相气相色谱部分由罗传秋执笔，其余各部分为汪昆华执笔。特别要感谢王艳芬、顾世英两位老师，做了大量的绘图及抄写工作。

由于高聚物近代仪器分析方法涉及的面很广，发展又很快，而编者水平有限，错误难免，希望得到读者的批评指正。

编　者

1989年12月

第2版前言

本书自1991年9月出版以来，承蒙清华大学、北京大学、中国科技大学研究生院和各地多所高校高分子专业广大师生的厚爱，多年被选作本科生、研究生的教材或教学参考书。由于本书的内容深入浅出，结合聚合物的研究介绍分析方法，实用易懂，因此获得了好评，并于1996年获得了化工部颁发的全国高等学校化工类优秀教材二等奖。

本书第2版，除对各章进行了修改外，另增加了第11章电子衍射和第12章聚合物近代研究方法。电子衍射一章的增加出于两方面的原因，一是使学生能深入了解透射电镜图像衬度（也就是图像反差）的形成原理，二是有助于深入研究聚合物单晶体（或单晶晶粒）的结晶结构。第12章是综合利用各种近代仪器分析方法解决高分子材料研究中所遇到的问题。增加内容以后，本书会更加适于作为研究生教材。

这次再版时，我们依据各校教师和学生的建议，在各章后面附加了复习题，并在书末的附录中增加了参考书目。

本书第11章由周啸执笔；第12章由汪昆华、杨睿执笔。

尽管第2版对原有内容进行了修改，并增加了新的内容，但受编者水平和时间的限制，来不及大篇幅的重写，所以缺陷和疏漏在所难免，恳请读者批评指正。

编　者

1999年3月

目　录

CONTENTS

第1章

绪 论

1.1 聚合物近代仪器分析方法的研究对象

聚合物近代仪器分析方法是指应用近代实验技术,特别是各种近代仪器分析方法,分析测试高分子材料的组成、微观结构、微观结构和宏观性能之间的内在联系以及聚合物的合成反应及在加工和应用过程中结构的变化等。

随着现代科学技术的迅速发展,对于新材料之一的高分子材料,提出了更新、更高的要求。以前那种仅仅停留在研究合成方法,测试其物理、化学性质,改善加工技术,开发新的应用途径的模式,已不能适应当今的要求。代之而来的新技术是:以通过合成反应与结构、结构与性能、性能与材料加工之间的各种关系,得出大量的实验分析数据,从而找出其内在的基本规律,按照事先指定的性能进行材料设计,并提出所需的合成方法与加工条件。在这样的研究循环中,聚合物近代仪器分析方法所起的作用是越来越重要了。而且,随着现代科学的发展,精密仪器的制造技术迅速提高,再加上计算机技术的引入,使近代分析仪器的功能和精度不断提高,为开辟高分子材料近代分析方法的新领域创造了很好的条件。

高分子材料一般是指聚合物或以聚合物为主要成分,加入各种有机或无机添加剂,再经过加工成型的材料,其中所含聚合物的结构和性能是决定该材料结构和性能的主要因素。当然,在某些情况下,即使是同一种聚合物,由于加入的助剂或加工成型条件不同,也能得到不同结构和性能的材料,而且可以有不同的用途。仅仅依靠一般化学分析方法来研究高分子材料是很困难的,只有采用近代仪器分析的方法才能完成下述分析任务。

1.1.1 聚合物链结构的表征

(1) 聚合物的化学结构,包括结构单元的化学组成、序列结构、支化与交联、结构单元的立体构型和空间排布等。

(2) 聚合物的平均相对分子质量及其分布。

通过这两项表征可确定高分子链中原子和基团之间的几何排列及链的长短。它们是决定聚合物基本性质的主要因素。

1.1.2 高分子的聚集态结构

高分子的聚集态结构包括晶态、非晶态、液晶态、聚合物的取向及共混或共聚聚合物的多相结构等。这是决定高分子材料使用性能的重要因素。

1.1.3 高分子材料的力学状态和热转变温度

高分子材料的宏观物理性质几乎都是由此而决定的。通过这种研究可以了解材料内部分子的运动，揭示聚合物的微观结构与宏观性能之间的内在联系。

1.1.4 聚合物的反应和变化过程

上述研究对象，特别是前两种，只是研究高分子材料的已有状态，而在实际中往往需要进行过程研究，即研究在特定外界条件下高分子材料结构的变化规律。例如对高分子反应过程（包括聚合反应过程、固化过程、各种老化过程和成型加工过程等）中不同阶段进行分析，掌握变化过程的规律。随着近代仪器分析方法的发展，不仅加快了分析速度，而且分析灵敏度也有了很大的提高，因此可进行在线的（即原位）连续测定，为了解聚合物反应与结构之间的关系提供了强有力的手段。

1.2 聚合物近代仪器分析方法所用仪器简介

高分子材料分析的各种近代仪器的基本原理和这些分析方法所能提供的主要信息是高分子材料近代分析方法的基础。一些常用的仪器分析方法的原理及其应用列在附录A和附录B中。

1.3 聚合物研究和分析

1.3.1 问题的提出

从事聚合物研究和生产的工作人员在实际工作中经常会遇到下列几类问题：

(1) 工艺条件的选择

要了解不同的工艺条件与材料的结构和性能之间的关系，需预测反应进行程度及最终反应结果等，这些都需要随时对高分子材料的合成和加工过程进行分析测定，通过分析得到信息，了解工艺过程，选择最佳工艺条件。

(2) 老化和降解问题

材料在使用过程中性能的下降称为老化，老化的发展会导致材料的失效和破坏，因此需要设法防止或抑制。此外，废弃的材料会造成环境污染，因此希望它能在使用后自行降解，或者需要对废弃的材料进行可控降解以回收利用。这些问题都需要对材料老化和降解过程中结构的变化进行分析，才能采取相应措施加以解决。

(3) 材料结构和性能的关系

不同的材料具有不同的性能。但在有些情况下，同一种类的材料其性能也不同。例如聚氨酯，可制成橡胶和纤维，也可做涂料和胶粘剂。这说明材料的性能不仅与其组成有关，更重要的是与其结构有关。这就需要采用近代仪器分析的方法研究高分子的结构。

(4) 高分子材料的剖析

测定未知材料的组成和结构。

(5) 高分子材料的设计

高分子材料是当前三大高技术领域之一的新材料中很重要的一部分。正如1.1节中所述，新材料的合成必须改变旧的模式，根据对材料性能的要求，进行材料的分子设计，然后提出合成方法与加工条件。这一过程，离不开高分子材料的近代分析方法。

1.3.2 高分子材料样品的准备

高分子材料的成分可以是纯聚合物或以聚合物为主体。聚合物包括均聚物、共聚物、共混物和齐聚物。另外，在高分子材料中还可能有低分子物质，如未反应的单体、残留催化剂、添加剂(包括调节剂、链转移剂、终止剂和乳化剂等)、助剂(包括增塑剂、稳定剂、填充剂、着色剂等)以及其他不纯物。

在进行高分子材料样品分析时，应根据分析要求，对样品进行预处理。预处理的方法包括高分子材料的分离和初步检查等。分离高分子材料的常用方法有蒸馏、溶剂萃取、溶解沉淀和色谱分离等。必要时，还要对获得的聚合物进行初步检查，如燃烧性检查(表1-1、表1-2)和溶解性实验(表1-3)。

表1-1 各种聚合物在燃烧时的特点

试样的燃烧特点						聚合物类别
燃烧性	试样的外形变化	分解产生气体的酸碱性	火焰的外观	分解产生气体的气味	其他	
不燃烧	无变化				在烈火中生成白色 SiO_2	有机硅
		强酸性		在烈火中分解产生刺鼻的氟化氢		聚四氟乙烯
	变软	强酸性		在烈火中分解产生刺鼻的氟化氢和氯化氢		聚三氟氯乙烯
在火焰中很难燃烧，离开火焰后自灭	保持原形，然后开裂和分解	中性	发亮；冒烟	酚与甲醛味		酚醛树脂
		碱性	淡黄色，边缘发白	氨、胺(鱼腥味)、甲醛味	焦化	脲醛树脂 三聚氰胺树脂
在火焰中能燃烧，不容易点燃，离开火焰后自灭	分解	强酸性	边缘发绿	氯化氢与焚纸味		氯化橡胶
	首先变软，然后分解；样品变为褐色或黑色	强酸性	黄橙色，边缘发绿	氯化氢味		聚氯乙烯 聚偏氯乙烯
	变软，不淌滴	中性	绿色；起炱(冒黑烟)			氯化聚醚
	收缩，变软，熔化	酸性	黄橙色，边缘发绿	氯化氢味		氯乙烯-丙烯腈共聚物
	变软	酸性	黄色，边缘发绿	氯化氢味		氯乙烯-乙酸乙烯酯共聚物
	熔化，分解，焦化	中性，开始为弱酸性	明亮；起炱	无特殊气味		聚碳酸酯

续表

试样的燃烧特点						聚合物类别
燃烧性	试样的外形变化	分解产生气体的酸碱性	火焰的外观	分解产生气体的气味	其他	
在火焰中能燃烧，不太容易点燃，离开火焰后自灭	熔化，淌滴，然后分解	碱性	黄橙色，边缘蓝色	烧头发、羊毛的气味		聚酰胺
	分解，焦化	碱性	黄色，光亮	烧头发、羊毛的气味		酪素塑料
在火焰中能燃烧，容易点燃，离开火焰后自灭	熔化，成滴	酸性	暗黄色；起炱	乙酸味		三乙酸纤维素
	胀大，变软分解	中性	黄色；冒烟	苯胺、甲醛味		苯胺-甲醛树脂
在火焰中能燃烧，离开火焰后慢慢自灭	通常会焦化	中性	黄色	苯酚、焚纸味		层压酚醛树脂
	熔化，焦化	中性	明亮；冒烟	苯甲醛（苦杏仁）味		苄基纤维素
	熔化，变软，变褐色，分解	中性	明亮	刺激味		聚乙烯醇
在火焰中能燃烧，不容易点燃，点燃后能继续燃烧	变软，熔化淌滴		黄橙色；起炱	甜香，芳香味		聚对苯二甲酸乙二醇酯
	熔化，分解	中性	明亮	刺激味（丙烯醛）		醇酸树脂
	熔化，缩成滴	酸性	蓝色，边缘发黄	油喇味		聚乙烯醇缩丁醛
		酸性	边缘发紫	乙酸味	不像聚乙烯醇缩丁醛那样会淌滴	聚乙烯醇缩乙醛
		酸性	黄白色	稍有甜味	不像聚乙烯醇缩丁醛那样会淌滴	聚乙烯醇缩甲醛
		中性	明亮（中间发蓝）	石蜡（蜡烛吹熄）味	淌下小滴继续燃烧	聚乙烯
		中性	明亮（中间发蓝）	石蜡（蜡烛吹熄）味	淌下小滴继续燃烧	聚丙烯
		中性	黄色，明亮；起炱	辛辣味		聚酯（玻璃粉填料）
			黄色，边缘发蓝	酯味		丙烯酸酯树脂

续表

试样的燃烧特点						聚合物类别
燃烧性	试样的外形变化	分解产生气体的酸碱性	火焰的外观	分解产生气体的气味	其他	
在火焰中能燃烧，很容易点燃，离开火焰后继续燃烧	变软	中性	明亮；起炱	甜味（苯乙烯）		聚苯乙烯 聚甲基苯乙烯
		酸性	深黄色，明亮；稍起炱	乙酸味		聚乙酸乙烯酯
	变软，燃烧过的部分发粘	中性	深黄色；起炱	烧橡皮味		天然橡胶
	变软，稍有焦化	中性	黄色，边缘发蓝，明亮；稍起炱；有破裂声	水果甜味（甲基丙烯酸甲酯）		聚甲基丙烯酸甲酯
	变软	中性	黄色；起炱	烧橡皮味		硫化丁腈橡胶
	熔化与分解	中性	明亮；起炱	刺鼻味		聚丙烯酸酯
		中性	蓝色	甲醛味		聚甲醛
		中性	明亮	类似焚纸味		聚异丁烯
	熔化，熔化后形成的小滴继续燃烧	酸性	深黄色；稍起炱	丙酸和焚纸味		丙酸纤维素
		酸性	深黄色；稍起炱	丙酸和乙酸味		乙酸-丙酸纤维素
		酸性	深黄色；稍起炱	乙酸和丁酸味		乙酸-丁酸纤维素
	熔化，焦化	中性	黄绿色	稍有甜味，焚纸味		甲基纤维素
	熔化，淌滴，燃烧迅速，焦化		黄橙色；冒灰烟	辛辣刺激味		聚氨酯
在火焰中能燃烧，非常容易点燃，离开火焰后继续燃烧	燃烧剧烈和完全	强酸性	发光；褐色气体	二氧化氮味	如含樟脑作为增塑剂时，燃烧时有樟脑味	硝酸纤维素

表 1-2 高分子材料燃烧试验鉴别流程

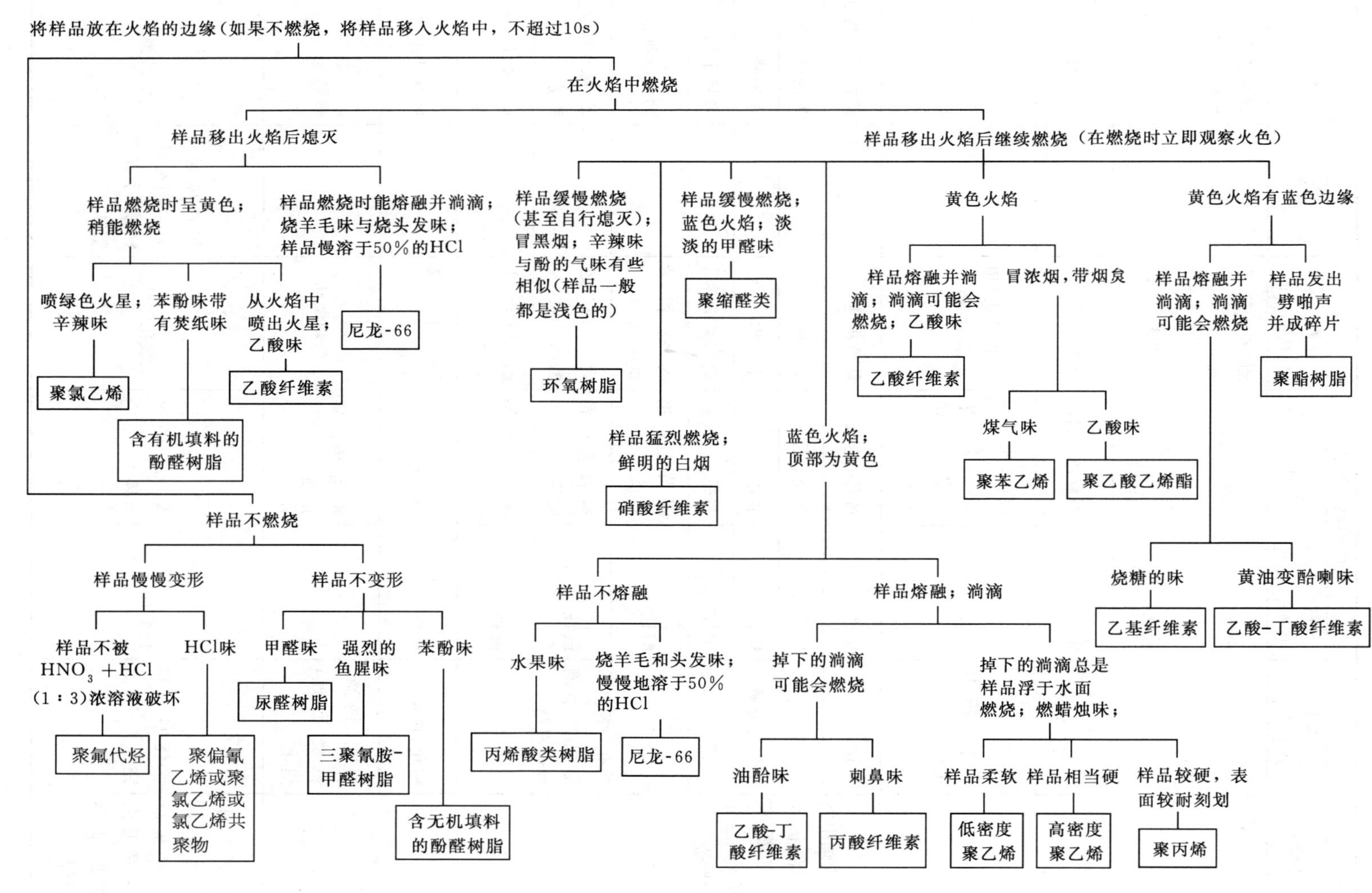

表 1-3 聚合物的溶解性

塑料	溶剂	
	可溶	不溶
醇酸树脂	氯代烃类、低级醇类、酯类	烃类
固化的氨基-甲醛树脂	苄胺(160℃)氨	
纤维素、再生纤维素	Schweizer 试剂	有机溶剂
醚类		
甲基纤维素	水、稀的氢氧化钠、2-氯乙醇、二氯甲烷、甲醇	丙酮、乙醇等
乙基纤维素	甲醇、二氯甲烷、甲酸、乙酸、吡啶	脂肪烃及芳香烃、水
苄基纤维素	丙酮、乙酸乙酯、苯、丁醇	脂肪烃、低级醇、水
纤维素酯类	酮类、酯类	脂肪烃类、水
硝化纤维素	低级醇类、乙酸酯类、酮类、醚-醇(3∶1)混合物	醚、苯、氯代烃类
含氯聚合物类		
氯化橡胶	酯类、酮类、四氯化碳、亚麻籽油(在80～100℃)、四氢呋喃	脂肪烃
氯丁橡胶	甲苯、氯代烃类	醇类
橡胶盐酸盐	酮类	脂肪烃、四氯化碳
氯化聚醚	环已酮	乙酸乙酯、二甲基甲酰胺、甲苯
聚三氟氯乙烯	热的氟代溶剂(例如,2,5-二氯-α-三氟甲苯,于130℃)	所有常用溶剂
聚氯乙烯	二甲基甲酰胺、四氢呋喃、环已酮	醇类、乙酸丁酯、烃类、二氧六环
氯化聚氯乙烯	二氯甲烷、环已烷、苯、四氯乙烯	
聚偏氯乙烯	四氢呋喃、酮类、乙酸丁酯、二甲基甲酰胺(热的)、氯苯(热的)	醇类、烃类
共聚物类		
丙烯腈-丁二烯-苯乙烯	二氯甲烷	醇类、脂肪烃、水
苯乙烯-丁二烯	乙酸乙酯、苯、二氯甲烷	醇类、水
氯乙烯-乙酸乙烯酯	二氯甲烷、环已酮、四氢呋喃	醇类、烃类
氧茚-茚树脂	芳香烃、氯代烃、酮类、酯类、吡啶、干性油	醇类、水
环氧树脂中间体类	醇类、二氧六环、酮类、酯类	烃类、水
固化的含氟聚合物	实际上不溶	
聚四氟乙烯	碳氟化合物油,例如热的 $C_{21}F_{44}$	所有溶剂、沸腾的浓硫酸
聚氟乙烯	在110℃以上,环已酮、碳酸丙烯酯、二甲基亚砜、二甲基甲酰胺	
聚偏氟乙烯	二甲基亚砜、二氧六环	
天然橡胶	氯代烃及芳烃类	醇类、丙酮、乙酸乙酯
固化酚醛树脂	苄胺(200℃)、热碱	
未固化酚醛树脂	醇、酮类	氯代烃、脂肪烃
聚丙烯酸衍生物		
聚丙烯酰胺	水	醇类、酯类、烃类
聚丙烯腈	二甲基甲酰胺、丁内酯、硝基苯酚、无机酸、二甲基亚砜、某些无机盐的水溶液	醇类、酯类、酮类、甲酸、烃类

续表

塑料	溶剂	
	可溶	不溶
聚丙烯酸酯类	芳香烃、酯类、氯代烃、丙酮、四氢呋喃	脂肪烃类
聚甲基丙烯酸酯类	芳香烃、二氧六环、氯代烃、酯类、酮类	乙醚、醇类、脂肪烃类
聚酰胺类	酚类、甲酸、四氟丙醇、浓无机酸	醇类、酯类、烃类
聚丁二烯	芳香烃类、环己烷、二丁基醚	醇类、酯类
聚碳酸酯类	氯代烃类、二氧六环、环己酮	醇类、脂肪烃类、水
聚酯类(不饱和、未固化的)	酮类、丙烯酸酯类	脂肪烃类
聚对苯二甲酸乙二醇酯	甲酚、浓硫酸、氯苯酚	
聚乙烯	二氯乙烯、1,2,3,4-四氢萘、热的烃类	极性溶剂：醇类、酯类等
聚乙二醇	氯代烃类、醇类、水	脂肪烃类
缩甲醛	热溶剂：酚类、苄醇、二甲基甲酰胺	醇类、酮类、芳香烃
聚异戊二烯	苯	醇类、酯类
聚甲醛	二甲基甲酰胺(150℃)、二甲基亚砜	醇类
聚丙烯	在高温下,芳香烃、氯代烃、四氢萘	醇类、酮类、环己酮
聚苯乙烯	芳香烃、氯代烃、吡啶、乙酸乙酯、甲乙酮、二氧六环、四氢萘	醇类、水、脂肪烃
聚氨酯	四氢呋喃、吡啶、二甲基甲酰胺、甲酸、二甲基亚砜	乙醚、醇类、苯、水、盐酸(6mol/L)
聚乙烯醇缩乙醛	醚类、酮类、四氢呋喃	脂肪烃类、甲醇
聚乙烯醇缩甲醛	二氯乙烷、二氧六环、冰醋酸、酚类	脂肪烃类
聚乙酸乙烯酯	芳香烃、氯代烃、丙酮、甲醇、醚类	脂肪烃类
聚乙烯基醚类		
聚乙烯基甲醚	甲醇、水、苯	碱、可溶性盐类、脂肪烃类
聚乙烯基乙醚	芳香烃、氯代烃、酯类、醇类、酮类	水
聚乙烯基丁醚	脂肪烃、芳香烃、氯代烃、酮类	醇类
聚乙烯醇	甲酰胺、水	乙醚、醇类、脂肪烃及芳香烃、酯类、酮类
聚乙烯基咔唑	芳香烃、氯代烃、四氢呋喃	乙醚、醇类、酯类、脂肪烃类、酮类、四氯化碳

对于高分子反应过程的研究,可按照原位测定(或称为在线测定)或间断取样测定等不同的分析方案准备分析样品。当然,高分子材料也可以不经过预处理直接分析。

1.3.3 近代仪器分析工作对研究人员的要求

(1) 通过对近代仪器分析方法基本原理的了解,能正确选择分析方法和提出合理的分析要求,既能达到分析的目的,又经济合理。

(2) 了解各种近代仪器分析技术对高分子样品的要求,提供合适的样品。

(3) 判断分析结果的准确性和掌握谱图所能提供的信息。分析结果的判断,往往需要分析人员和高分子材料研究人员的共同讨论。例如随着近代分析方法的发展,使用的样品量越来越少。由于高分子材料本身的不均匀性，会导致分析结果的重复性不好，这就要求从高分子和分析两个方面来研究分析结果的准确性。研究者还可从反应过程谱图的微小变化捕捉有用的高分子材料变化的信息。例如，在不同温度下测试样品的红外光谱，通过谱带中几个波数(cm^{-1})的微小变化，就可以观察到高分子材料聚集态结构的变化。

总而言之，高分子材料的近代仪器分析方法的特点是具有广泛性、综合性和灵活性。也就是说，近代仪器分析涉及面广，因而要求研究人员有广博的基础知识，并能综合运用各种仪器分析方法，解决高分子材料研究中的课题。在解决每个课题时，都没有固定的模式。应根据实际情况灵活运用不同方法，这样才能不断地发展和创新。

1.4　聚合物的表征

研究聚合物结构和性能的关系，不仅要了解链结构单元的化学组成，而且要了解结构单元的键接方式、立体构型和空间排布、支化与交联以及结构单元的键接序列等，同时，还要了解聚合物分子链之间的排列方式，即聚集态的结构。这部分内容在高分子物理和化学的教材、专著中已有详细和严格的描述。研究角度不同，聚合物的表征方法不一定相同，为便于讨论，将本书中采用的表征方式简介如下。

1.4.1　键接方式

一般在高分子链中，如果结构单元的化学组成具有不对称取代基，则其键接方式可有：头尾(HT)、头头(HH)、尾尾(TT) 3 种不同方式。

1.4.2　空间立构

若在分子链的结构单元中，具有一个不对称碳原子，则依据不对称碳原子上取代基的排列方式，可得到全同立构，即等规立构(isotactic)，用 m(meso)表示；间同立构，即间规立构(syndiotactic)，用 r(racemic)表示；无规立构(atactic)。如果在分子链的结构单元中具有两个不对称碳原子，则空间立构更为复杂，本书不做讨论。

1.4.3　支化与交联

支链高分子可分为短支链和长支链两种。通常除研究支链的化学结构外，一般需测定支化点密度或两个支链点之间的链段平均相对分子质量及支链长度。若用 g 表示支化点数目，$[\eta]_B$和$[\eta]_L$ 分别表示支化和线性聚合物的特性粘度，则支化因子 G 为

$$G = g^{\varepsilon} = [\eta]_B/[\eta]_L \tag{1-1}$$

式中，ε 为与支化点类型有关的因子，多数情况下 $\varepsilon=1/2$，对梳状支化分子 $\varepsilon=3/2$。

在一般文献中接枝率也可用下列公式计算：

$$接枝率 = 接枝物质量/主体物质量$$

$$接枝效率 = 接枝物质量/游离物质量$$

$$接枝密度 = 1/P$$

其中 P 为两个接枝点之间接枝主体平均聚合度。

1.4.4 共聚物的序列结构

共聚物是既存在着分子质量分布，又具有组成分布和链节分布的复杂混合体。为了表征共聚物的序列分布，可用序列交替数 R(run number)来表示，其定义为：在 100 个单体单元中序列交替的次数。对完全交替共聚物 $R=100$。R 越小，则越接近嵌段共聚物。如果 F_A 和 F_B 分别代表二元共聚物中 A 和 B 单元的摩尔分数，则平均序列长度(链长)L_A 和 L_B 定义如下：

$$L_A = 200F_A/R \tag{1-2}$$

$$L_B = 200F_B/R \tag{1-3}$$

在二元共聚物中，二单元组应有 4 种连接方式，即 AB，BA，AA，BB。这 4 种二单元组的几率分别为

$$P_{AB} = 1/L_A \tag{1-4}$$

$$P_{BA} = 1/L_B \tag{1-5}$$

$$P_{AA} = 1 - P_{AB} \tag{1-6}$$

$$P_{BB} = 1 - P_{BA} \tag{1-7}$$

有了各种键接几率，可计算出各种单元组的浓度，例如

单元组	浓度	
AA	$P(AA) = F_A P_{AA}$	(1-8)
AB	$P(AB) = F_A P_{AB}$	(1-9)
AAA	$P(AAA) = F_A P_{AA} P_{AA}$	(1-10)
AAB	$P(AAB) = F_A P_{AA} P_{AB}$	(1-11)
BA_nB	$P(BA_nB) = F_B P_{BA} P_{AA}^{n-1} P_{AB}$	(1-12)
⋮	⋮	

因此可用序列分布函数 $N_A(n)$或 $N_B(n)$来表征共聚物的序列分布。

$N_A(n)$可定义为长度为 n 的 A 链数占 A 链总数的分数，则

$$\begin{aligned} N_A(n) &= P(BA_nB) \Big/ \sum P(BA_nB) \\ &= (F_B P_{BA} P_{AA}^{n-1} P_{AB})/(F_B P_{BA}) \\ &= P_{AA}^{n-1} P_{AB} \\ &= P_{AA}^{n-1}(1 - P_{AA}) \end{aligned} \tag{1-13}$$

同理

$$N_B(n) = P_{BB}^{n-1}(1 - P_{BB}) \tag{1-14}$$

1.4.5 聚合物结晶

聚合物的聚集态按结构规整性可分为无定形态和晶态，一般没有纯粹的晶态聚合物，结

晶聚合物总是晶区和非晶区共存。

在研究聚合物结晶过程中，一般引入“结晶度”的概念，可以用聚合物样品中结晶部分所占的质量分数或体积分数来表征结晶度，当用质量分数表征结晶度时，X_c 的表达式为

$$X_c = (W_c/W) \times 100\% \tag{1-15}$$

式中，W_c，W 分别代表结晶部分质量和样品总质量。

1.4.6　物理状态

聚合物的物理状态取决于其分子运动形式：①整个分子链热运动；②分子中链段运动，可简单地表示如下：

物理状态：玻璃态→橡胶态→粘弹态→粘流态

温度：　低　→　高

分子运动：基本停止　②为主　②+①　①为主

第 2 章

光谱分析

2.1 概　　述

2.1.1 一般光谱分析方法

光是一种电磁波，具有一定的辐射能量。当光照射到物体上时，电磁波的电矢量就会与被照射物体的原子和分子发生相互作用。利用这种相互作用引起被照射物体内分子运动状态发生变化，并产生特征能级之间的跃迁进行分析的方法，称为光谱分析法。反之，若不涉及特征能级之间的跃迁，只运用照射光的方向及物体某些物理性质的变化(如折射、反射、散射、偏振、二色性等)，这样的分析方法则称为非光谱分析法。

光谱分析法可分为吸收光谱(如红外、紫外吸收光谱)、发射光谱(如荧光光谱)和散射光谱(如拉曼光谱)3 种基本类型。在一般情况下，分子处于基态，当光与分子发生相互作用时，分子吸收光能从低能级跃迁到高能级产生吸收光谱。反之，若分子由高能级回复到低能级释放出光能，形成发射光谱。当光被样品散射时，随着分子内能级的跃迁，散射光频率发生变化，这样形成的光谱叫散射光谱。这种能级的跃迁是量子化的，与电磁波的能量和物质本身的结构有关，因而测量不同能量的电磁波与物质相互作用的信息，就能获得物质的定性与定量数据。那么光和物质分子是如何相互作用的呢？

光具有两重性，其波动性可用波长(λ)、波数($\bar{\nu}$)和频率(ν)来表征，这 3 项参数的关系如下：

$$1/\lambda = \bar{\nu} = \nu/c \tag{2-1}$$

其中 c 是光在真空下的传播速度，$c=3\times10^8\,\mathrm{m/s}$。按照光的微粒理论即光子的量子化理论，电磁波的能量 E 可用下式表示：

$$E = h\nu = \frac{hc}{\lambda} \tag{2-2}$$

其中 h 是普朗克常数，$h=6.625\times10^{-34}\,\mathrm{J\cdot s}$。由式(2-2)可知，不同振动频率的光子具有不同的能量。

物质的分子是由原子组成的。在分子内部存在着 3 种运动形式，即电子绕原子核运动，原子核的振动和转动。每种运动都具有一定的量子化的能量，分子的总能量可近似看成是由下述几部分组成的：

$$E = E_e + E_v + E_r \tag{2-3}$$

式中，E_e，E_v 和 E_r 分别代表分子的电子能、振动能和转动能。一般电子能级间的能级差以

ΔE_e 为最大，为 1～20eV；其次是 ΔE_v 为 0.05～1eV；ΔE_r 最小，为 10^{-4}～0.05eV。因此在每个电子能级中，还存在着几种可能的振动能级，而每一个振动能级中，又包含有几种可能的转动能级。

当光与物质分子相互作用时，分子吸收光能并不是连续的，而是具有量子化的特征，只有满足下述关系

$$h\nu = E' - E = \Delta E \tag{2-4}$$

分子才能吸收光能，由较低的能级 E 跃迁到较高的能级 E'。

由式(2-4)可知，不同频率的光照射到物体上引起分子的能级跃迁是不同的，所能提供的分子结构的信息也是不同的，例如用微波或远红外（$\nu=3\times10^{10}\sim3\times10^{11}\,s^{-1}$）照射时，由于能量小于 ΔE_e 和 ΔE_v 而接近 ΔE_r，只能引起转动能级的跃迁，因此称为转动光谱或远红外光谱。这种光谱可提供分子的键长、键角和偶极矩等参数。电磁波波长与光谱之间的关系见图 2-1。

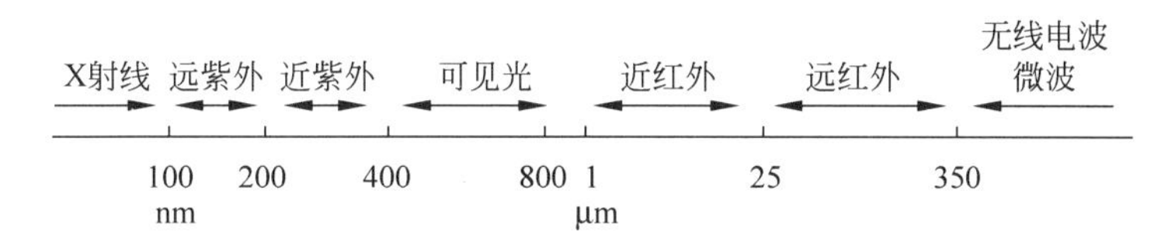

图 2-1　电磁辐射范围与光谱的关系

2.1.2　光谱分析仪的组成

光谱分析仪随其用途不同种类很多，各种仪器的操作要求也不同，结构可繁可简，但不论何种仪器都应有下列几个基本部分：

(1) 光源

光源包括所需的光谱区域内的连续辐射能源，如在红外区是用奈斯特灯或硅碳棒等做光源，紫外区则用氘灯，荧光光谱用氙灯，而拉曼光谱则用激光光源或汞弧灯。

(2) 单色器

单色器用来将辐射能源发出的多色光分成单色光。最简单的单色器就是滤光片。在一般分光光度仪中采用棱镜或光栅作单色器。

(3) 样品池

要求样品池所用的材料在所测定区域是“透明”的。

(4) 检测器

检测器把辐射能转变成电信号。可见及紫外区用光电检测器，红外区则用热敏检测器。

(5) 数据处理与读出装置

对检测到的信号进行数据处理，并显示最终结果。

吸收光谱仪的典型流程图如图 2-2 所示。发射、散射光谱与吸收光谱之差别仅在于：前两种光谱仪中，信号的测量都与光源成一定的角度，并且在样品室前后各放一个单色器进行两次滤光。

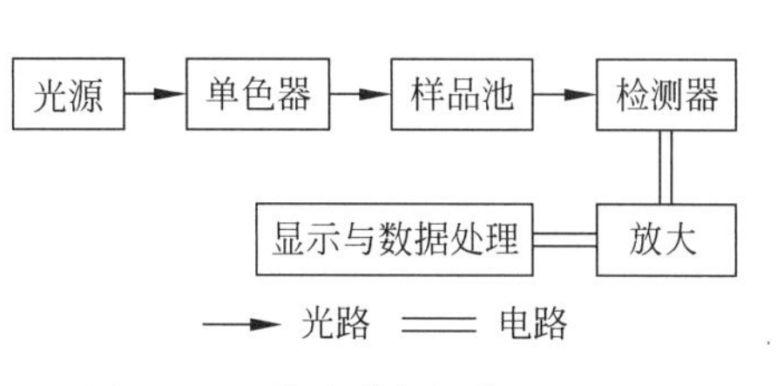

图 2-2　吸收光谱仪的典型流程图

2.1.3 吸收光谱图的表示方法

在吸收光谱中,物质分子与电磁波相互作用产生吸收谱带。一般情况下可用两个参数表征吸收谱带:吸收光的频率(或波长)和光强。因此吸收光谱图所测量的是光通过样品后,光强随频率(或波长)变化的曲线。

吸收光谱图的横坐标表示吸收光的频率(或波长)。由式(2-2)可知,吸收谱图的横坐标也是光的能量坐标。由于光谱分析反映了物质吸收带的能量与分子结构的关系,因此吸收曲线在横坐标的位置也可以作为分子结构的表征,是定性分析的主要依据。纵坐标则表示光强,一般应遵守比尔定律,即光强与样品分子吸收的光子数成正比。样品分子吸收光子数的多少既反映了分子中能级跃迁的几率,又和样品中的分子数有关,因此它不但可以给出分子结构的信息,而且还可作为定量分析的依据。

吸光和透光的强度一般用下述方法表示:

(1) 透光率 $T(\%)$

$$T(\%) = 100 \times I/I_0 \tag{2-5}$$

其中 I_0 是入射光强度,I 为透射光强度。

(2) 吸光度 A

$$A = \lg(I_0/I) \tag{2-6}$$

(3) 吸光系数 ε

$$\varepsilon = \frac{A}{Cl} \tag{2-7}$$

式中,C 为溶液的浓度,l 为样品槽厚度。

(4) 对数吸光系数 $\lg\varepsilon$

(5) 吸收率 $A(\%)$

$$A(\%) = 1 - T(\%) \tag{2-8}$$

当纵坐标选用不同的表示方法时,所得到的曲线形状是不同的,如图 2-3 为在同样条件下测得的同一化合物的不同形状的紫外光吸收曲线。

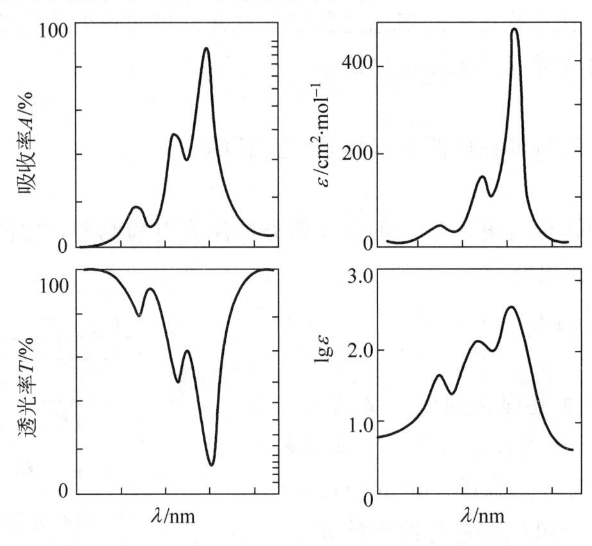

图 2-3 同一化合物的紫外吸收曲线的各种表示方法

2.1.4　聚合物的光谱分析

当电磁辐射与聚合物相互作用时，若聚合物吸收电磁辐射能，就能获得聚合物光谱。这类光谱可用来研究聚合物的单体、均聚物及共聚物的化学组成以及链结构、聚集态结构、反应和变化过程。

由于光谱所提供的信息是属于分子水平的，在某些情况下，周围基团的影响对谱图有明显的干扰，因此聚合物的谱图可分成两大类：一类是相邻基团相互影响不大，光谱中反映不出这种影响，这类聚合物的谱图与其重复单元的小分子谱图类似，称为单质型谱图；另一类是相邻基团之间有特殊的影响，从光谱所获得的是整个大分子(或晶格)的信息，与重复结构单元的小分子谱图有明显的区别，这类谱图称为聚合物型谱图。后一类谱图更能反映聚合物的特征，它不仅提供了聚合物化学组成的信息，而且还揭示了链的排列及聚集态结构。

2.2　紫外光谱

紫外光谱(ultraviolet spectroscopy，UV)是吸收光谱。通常说的紫外光谱的波长范围是200～400nm，常用的紫外光谱仪的测试范围可扩展到可见光区域，包括400～700nm的波长区域。低于200nm的吸收光谱属真空紫外光谱，要用专门的真空紫外光谱仪测试。

当样品分子或原子吸收光子后，外层的电子由基态跃迁到激发态。不同结构的样品分子，其电子的跃迁方式是不同的，吸收光的波长范围不同和吸光的几率也不同，故而可据波长范围、吸光强度鉴别不同物质的结构差异。

2.2.1　电子跃迁

有机物在紫外和可见光区域内电子跃迁的方式一般有$\sigma\rightarrow\sigma^*$，$n\rightarrow\sigma^*$，$\pi\rightarrow\pi^*$，$n\rightarrow\pi^*$ 4种类型，如图2-4所示。一般说来，这些跃迁所需能量的大小顺序如下：$\sigma\rightarrow\sigma^* > n\rightarrow\sigma^* > \pi\rightarrow\pi^*$(指共轭双键)$> n\rightarrow\pi^*$。

1. $\sigma\rightarrow\sigma^*$跃迁

饱和烃中的C—C键是σ键。产生$\sigma\rightarrow\sigma^*$跃迁所需能量大，吸收波长小于150nm的光子，即在真空紫外区有吸收。

2. $n\rightarrow\sigma^*$跃迁

含O，N，S和卤素等杂原子的饱和烃的衍生物可发生此类跃迁，所需能量也较大，吸收波长为150～250nm的光子。C—OH和C—Cl等基团的吸收在真空紫外区域内，C—Br，C—I和C—NH_2等基团的吸收在紫外区域内，其吸收峰的吸收系数ε较低，一般$\varepsilon<300$。

3. $\pi\rightarrow\pi^*$ 跃迁

不饱和烃、共轭烯烃和芳香烃类可发生此类跃迁，吸收波长大多在紫外区（其中孤立的双键的最大吸收波长小于 200nm），吸收峰的吸收系数 ε 很高。

4. $n\rightarrow\pi^*$ 跃迁

在分子中含有孤对电子的原子和 π 键同时存在时，会发生 $n\rightarrow\pi^*$ 跃迁，所需能量小，吸收波长＞200nm，但吸收峰的吸收系数 ε 很小，一般为 10～100。

由上可见，不同类型化学结构的电子跃迁的方式不同，有的基团可有几种跃迁方式，见图 2-5。在紫外光谱中主要研究的跃迁是在紫外区域有吸收的 $\pi\rightarrow\pi^*$ 和 $n\rightarrow\pi^*$ 两种。除上述 4 种电子跃迁方式外，在紫外和可见光区还有两种较特殊的跃迁方式，即 d-d 跃迁和电荷转移跃迁。

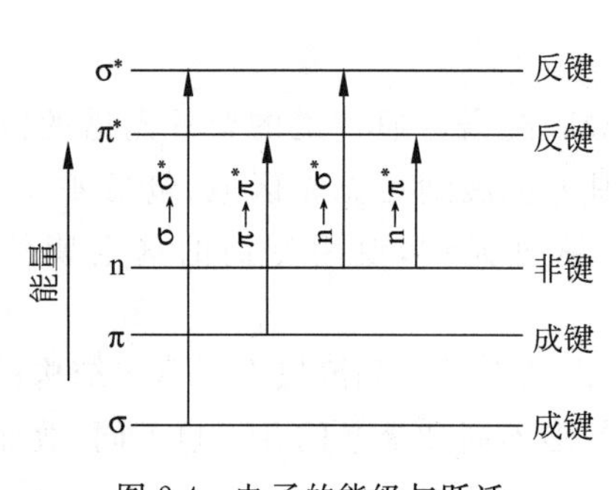

图 2-4 电子的能级与跃迁

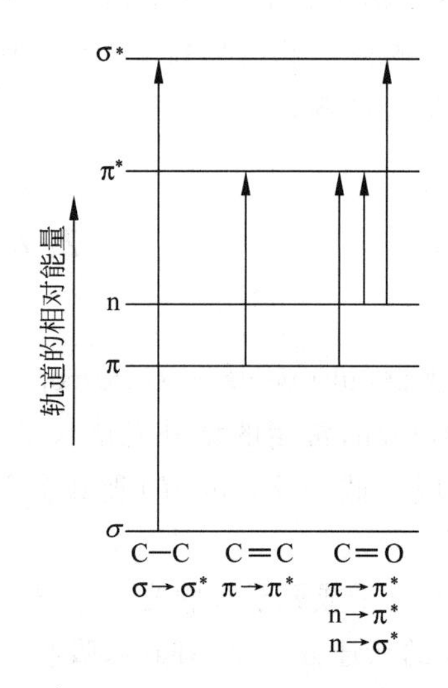

图 2-5 不同类型化学结构的电子跃迁

5. d-d 跃迁

在过渡金属络合物溶液中容易产生这种跃迁，其吸收波长一般在可见光区域，有机物和高分子的过渡金属络合物都会发生这种跃迁。

6. 电荷转移跃迁

电荷转移可以是离子间、离子与分子间，以及分子内的转移，条件是同时具备电子给体（donor）和电子受体（acceptor）。电荷转移吸收谱带的强度大，吸收系数 ε 一般大于 10 000。这种跃迁在聚合物的研究中相当重要。

在有机物和聚合物的紫外光谱谱带分析中，往往将谱带分为 4 种类型，即 R 吸收带、K 吸收带、B 吸收带和 E 吸收带。

(1) R 吸收带

含 $\rangle C=O$，$-N=O$，$-NO_2$ 和 $-N=N-$ 基的有机物可产生这类谱带。它是 $n\rightarrow\pi^*$ 跃迁形成的吸收带，由于 ε 很小，吸收谱带较弱，易被强吸收谱带掩盖，并易受溶剂极性的影响发生偏移。

(2) K 吸收带

共轭烯烃、取代芳香化合物可产生这类谱带。它是 $\pi \rightarrow \pi^*$ 跃迁形成的吸收带，$\varepsilon_{max}>$ 10 000，吸收谱带较强。

(3) B 吸收带

B 吸收带是芳香化合物及杂环芳香化合物的特征谱带。有些化合物的这个吸收带容易反映出精细结构。溶剂的极性、酸碱性等对精细结构的影响较大。例如苯和甲苯在环己烷溶液中的 B 吸收带精细结构在 230～270nm，如图 2-6 所示。苯酚在非极性溶剂庚烷中的 B 吸收带呈现精细结构，而在极性溶剂乙醇中则观察不到精细结构，如图 2-7 所示。

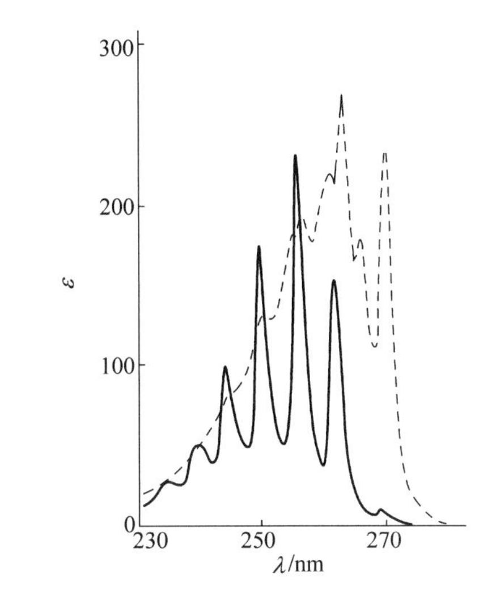

图 2-6 苯和甲苯的 B 吸收带(在环己烷中)
(实线为苯，虚线为甲苯)

(4) E 吸收带

它也是芳香族化合物的特征谱带之一，吸收强度大，ε 为 2 000～14 000，吸收波长偏向紫外的低波长部分，有的在真空紫外区。

由上可见，不同类型分子结构的紫外吸收谱带种类不同，有的分子可有几种吸收谱带。例如苯乙酮，其正庚烷溶液的紫外光谱中，可以观察到 K，B，R 3 种谱带，分别为 240nm($\varepsilon>$ 10 000)，278nm($\varepsilon \approx 1\,000$)和 319nm($\varepsilon \approx 50$)，它们的强度是依次下降的，其中 B 和 R 吸收带分别为苯环和羰基的吸收带，而苯环和羰基的共轭效应导致产生很强的 K 吸收带。又如甲基丙烯基酮在甲醇中的紫外光谱(图 2-8)存在两种跃迁：$\pi \rightarrow \pi^*$ 跃迁在低波长区，是烯基与羰基共轭效应所致，属 K 吸收带，$\varepsilon_{max}>10\,000$；$n \rightarrow \pi^*$ 跃迁在高波长区，是羰基的电子跃迁所致，为 R 吸收带，$\varepsilon_{max}<100$。

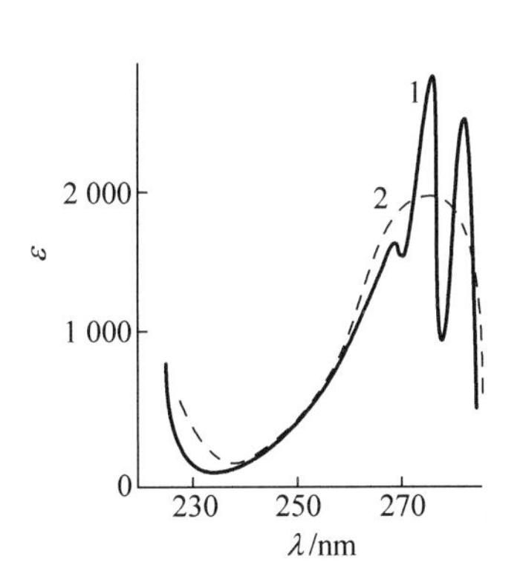

图 2-7 苯酚的 B 吸收带
1—庚烷溶液；2—乙醇溶液

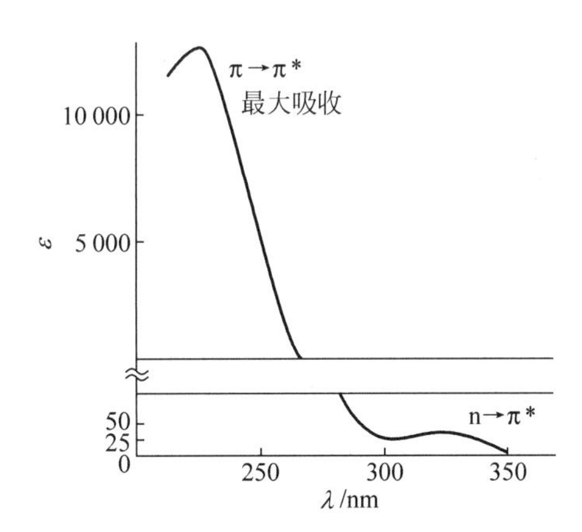

图 2-8 甲基丙烯基酮在甲醇中的紫外光谱图

综上可知，在有机物和聚合物的紫外吸收光谱中，R，K，B，E 吸收带的分类不仅反映各基团的跃迁方式，而且还揭示了分子结构中各基团间的相互作用。

2.2.2 谱图解析

1. 谱图特点

紫外光谱是由于电子跃迁产生的光谱。在电子跃迁过程中，会伴随发生分子、原子的振动和转动能级的跃迁，它们与电子跃迁叠加在一起，使得紫外吸收谱带一般比较宽，所以在分析紫外吸收谱时，除注意谱带的数目、波长及强度外，还要注意其形状、最大值及最小值等。

一般，单靠紫外吸收光谱，无法推定分子中的官能团，但对测定共轭结构还是很有利的。把紫外吸收光谱与其他分析仪器（如红外吸收光谱、荧光光谱等）配合使用就能收到很好的效果。

2. 生色基与助色基

由前述电子跃迁与谱带分类可知，具有双键结构的基团对紫外或可见光有吸收作用，具有这种吸收作用的基团统称为生色基。生色基可为 C=C 双键及共轭双键、芳环等，也可为其他的双键如 $>C=O$，$>C=S$，—N=N—等，还可以是$—NO_2$，$—NO_3$，—COOH，$—CONH_2$ 等基团。总之，可以产生 $\pi\rightarrow\pi^*$ 和 $n\rightarrow\pi^*$ 跃迁的基团都是生色基。表 2-1 中列出了聚合物中常见基团的紫外吸收特征波长与摩尔吸收系数。

表 2-1 聚合物中常见基团紫外吸收特征波长与吸收系数

生 色 基	λ_{max}/nm	ε_{max}
C=C	175	14 000
	185	8 000
C≡C	175	10 000
	195	2 000
	223	150
C=O	160	18 000
	185	5 000
	280	15
C=C—C=C	217	20 000
	184	60 000
	200	4 400
	255	204

另有一些基团虽然本身不具有生色作用，但与生色基相连时，通过非键电子的分配，扩展了生色基的共轭效应，从而影响生色基的吸收波长，增大其吸收系数，这些基团统称为助色基，如$—NH_2$，$—NR_2$，—SH，—SR，—OH，—OR，—Cl，—Br，—I 等。可以利用含这些基团的试剂与样品形成配合物再进行监测。

3. 样品与溶剂

通常的紫外-可见光测定所用样品为均相溶液，这就要求选择优良的溶剂，即溶剂的溶解性好，与样品无化学反应，在测定波长范围内基本无吸收等。溶剂的极性对紫外光谱的影响很大。极性溶剂可使 $n\rightarrow\pi^*$ 跃迁向低波长方向移动，称为紫移或蓝移；使 $\pi\rightarrow\pi^*$ 跃迁向高波长方向移动，称为红移。此外，溶剂的酸碱性等对吸收光谱的影响也很大。例如苯胺在中性溶液中，于 280nm 处有吸收，加酸后发生紫移，吸收波长为 254nm；苯酚在中性溶液中，于 270nm 处有吸收，加碱后发生红移，吸收波长为 287nm。图 2-9 是苯胺和苯酚在不同 pH 值的紫外吸收曲线。曲线随不同的 pH 值的移动是由于苯胺或苯酚中基团与苯环的共轭体系发生了变化。苯胺在酸性溶液中接受 H^+ 成铵离子，渐渐失去 n 电子，使 $n\rightarrow\pi^*$ 跃迁带逐渐削弱，即胺基与苯环的共轭体系消失，吸收谱带紫移：

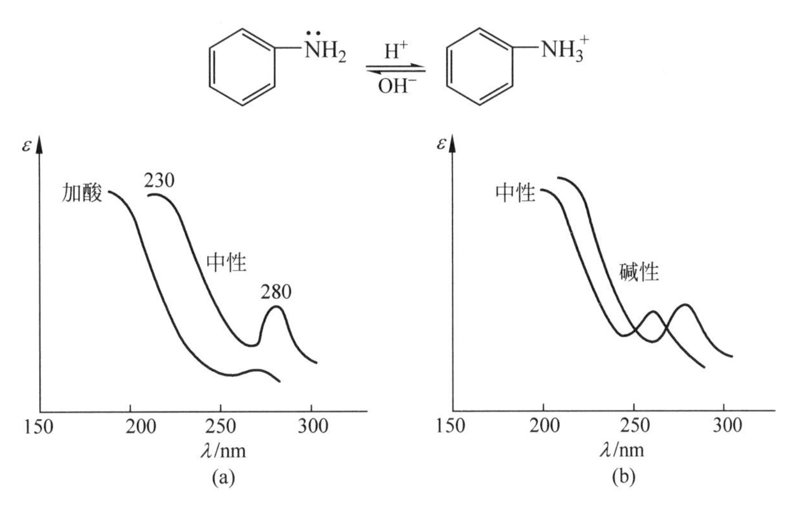

图 2-9　不同介质中的紫外吸收曲线的位移

(a) 苯胺；(b) 苯酚

苯酚在碱性溶液中失去 H^+ 成负氧离子，形成一对新的非键电子，增加了羟基与苯环的共轭效应，吸收谱带红移：

$$C_6H_5\ddot{O}H \underset{H^+}{\overset{OH^-}{\rightleftharpoons}} C_6H_5\ddot{O}:^-$$

由上例可知，当溶液由中性变为酸性时，若谱带发生紫移，应考虑到可能有氨基与芳环的共轭结构存在；当溶液由中性变为碱性时，若谱带发生红移，应考虑到可能有羟基与芳环的共轭结构存在。

4. *谱图解析的要点*

可以从下面几方面来进行谱图解析：

(1) 谱带的分类和电子跃迁的方式。需注意吸收带的波长范围(真空紫外、紫外、可见区域)、吸收系数以及是否有精细结构等。

(2) 溶剂极性大小引起谱带移动的方向。

(3) 溶液酸碱性的变化引起谱带移动的方向。

2.2.3　紫外光谱的应用

用紫外光谱可以监测聚合反应前后的变化，研究聚合反应的机理；定量测定有特殊官能团（如具有生色基或具有与助色基结合的基团）的聚合物的相对分子质量与相对分子质量分布；探讨聚合物链中共轭双键序列分布。

1. 聚合反应机理的研究

例如胺引发机理的研究。苯胺引发甲基丙烯酸甲酯（MMA）光聚合的机理是：二者形成激基复合物，经电荷转移生成胺自由基，再引发单体聚合，胺自由基与单体结合形成二级胺。图 2-10 是苯胺引发光聚合的聚甲基丙烯酸甲酯（PMMA）的紫外吸收光谱，溶剂为乙腈。由图可见，曲线 4 与曲线 3 相似，在 254nm 和 300nm 都有吸收峰，而与曲线 1 和曲线 2 不同，说明苯胺引发光聚合的产物为二级胺，而不是一级胺。在反应过程中，苯胺先与 MMA 形成激基复合物，经电荷转移形成的苯胺氮自由基引发 MMA 聚合。在聚合物的端基形成二级胺，反应式如下：

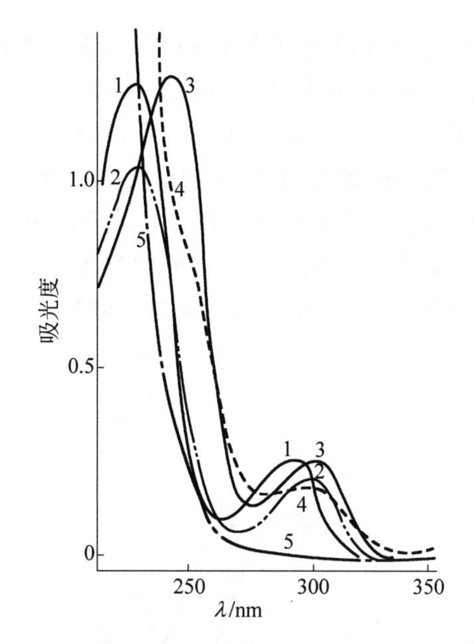

图 2-10 苯胺引发光聚合 PMMA 的紫外吸收谱图
1—苯胺（10^{-4} mol/L）；2—对甲基苯胺（10^{-4} mol/L）；3—N-甲基苯胺（10^{-4} mol/L）；4—苯胺光引发的 PMMA（100mg/10mL）；5—本体热聚合的 PMMA（100mg/10mL）

$$C_6H_5-NH_2 + CH_2=C(CH_3)-COOCH_3$$

$$\longrightarrow \left[C_6H_5-\overset{+\cdot}{N}H_2 \cdot \overset{:^-}{C}H_2-C(CH_3)-COOCH_3 \right]$$

（激基复合物）

$$\xrightarrow{\text{电荷转移}} C_6H_5-\dot{N}H + \cdot C(CH_3)_2-COOCH_3$$

$$\longrightarrow C_6H_5-\overset{H}{N}-CH_2-\dot{C}(CH_3)-COOCH_3$$

2. 聚合物相对分子质量与相对分子质量分布的测定

利用紫外光谱可以进行定量分析，例如测定双酚 A 聚砜的相对分子质量。用已知相对分子质量的不同浓度的双酚 A 聚砜的四氢呋喃溶液进行紫外光谱测定，在一定的波长下测量各浓度 C 所对应的吸光度 A，绘 A-C 图，得一过原点的直线。根据朗伯-比尔定律，$A=\varepsilon Cl$（l 为样品池的厚度即光透过溶液的长度，是已知固定值），由直线斜率即可求得 ε。取一定质量未知样品配成溶液，使其浓度在标准曲线的范围内，在与标准溶液相同的测定条件下测其吸光度 A。因 ε 值已测定，从而可求得浓度 C。由于样品质量是已知的，便可由 C 计算得出未知样品的相对分子质量 M。

若把紫外吸收光谱仪作为凝胶渗透色谱仪检测器，可同时测定有紫外吸收的聚合物溶液中聚合物的相对分子质量及其分布，还能测定聚合物体系中有紫外吸收的添加剂的含量。详见第 8 章。

3. 聚合物链中共轭双键序列分布的研究

紫外光谱法是测定共轭双键的有效方法，典型的实例是测定聚乙炔的分子链中共轭双键的序列分布。聚氯乙烯在碱水溶液中，用相转移催化剂脱除 HCl 可生成不同脱除率的聚乙炔，HCl 脱除率取决于反应时间、反应温度及催化剂用量等。将不同 HCl 脱除率的聚乙炔样品溶于四氢呋喃中，进行 UV 测定，UV 曲线呈现出不同波长的多个吸收峰，其中连续双键数 $n=3,4,5,6,7,8,9,10$ 的最大吸收强度所对应的波长分别为 286，310，323，357，384，410，436，458nm，这些不同序列长度的共轭双键的吸收峰的强度不同，也就是说，不同序列长度的共轭双键的含量不同（序列浓度不同）。当 HCl 脱除率增高时，n 值大（序列长度大）的吸收峰的强度增大，同时 n 值小（序列长度小）的吸收峰的强度减小，即聚乙炔分子链中共轭双键的序列长度大的含量增加，而序列长度小的含量减少。

2.3 荧光光谱

2.3.1 基本原理

荧光光谱（fluorescence spectroscopy，FS）与紫外光谱一样都是电子光谱，不同的是前者为电子发射光谱，后者为电子吸收光谱。

样品受到光源发出的光照射时，其分子和原子中的电子由基态激发到激发态。激发态有两种电子态：一种为激发单线态，处于这种状态的两个电子的自旋是配对的（反向平行），自旋量子数的代数和 $s=0$，保持单一量子态，即 $2s+1=1$；另一种为激发三线态，处于这种状态的两个电子的自旋不配对（同向平行），自旋量子数的代数和 $s=1$，在激发时分裂为3 个量子态，即 $2s+1=3$。

当电子从最低激发单线态 S_1 回到单线基态 S_0 时，发射出光子，称为荧光。当电子从最低激发单线态 S_1 进行系间窜跃到最低激发三线态 T_1，再从 T_1 回到单线基态 S_0 时，发射出光子，称为磷光。荧光和磷光的发射过程如图 2-11 所示。

荧光物质的荧光寿命一般为 $10^{-10}\sim10^{-8}$s。最长约为 10^{-6}s，停止光照荧光即熄灭；磷光的波长较长，寿命也长，可长达数秒至数十秒，停止光照后还会在短时间内发射。

含有荧光基的物质才有可能发射荧光。荧光物质分子中一般含有共轭双键，发射荧光时，一般都有 $\pi\rightarrow\pi^*$ 电子跃迁。强荧光物质的分子多是平面型并具有一定的刚性。取代基团的类型对荧光强度有较大的影响，有一些基团，如—OH，—OR，—NH_2，—NHR，—NR_2，—C≡N 可以加强荧光，还有一些基团，如—COOH，—C=O，—NO_2，—Cl，—Br，—I 则减弱荧光。

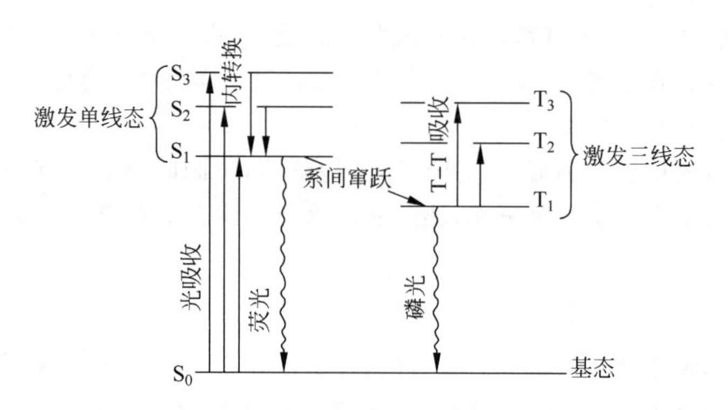

图 2-11 荧光和磷光的发射过程

要特别指出的是,有些基团既可以加强荧光,又可以加强紫外光的吸收,如—OH,—OR,—NR_2 等;有些基团减弱荧光,却增强紫外吸收,如—COOH,—NO_2,—Cl,—Br,—I 等。在聚合物研究中,往往将一些荧光物质(如具有荧光的稠环化合物芘、蒽、菲)引入体系,通过测定荧光强度的变化来研究反应历程。

在荧光分析中,把能与荧光物质发生激发态反应,形成激发态配合物,从而使荧光强度减弱或使荧光激发态寿命缩短的物质称为猝灭剂。荧光物质的结构各异,所采用的猝灭剂也不同。O_2 对各种荧光物质都有程度不同的猝灭作用,为了排除溶液中溶解 O_2 的影响,可在测定前先通 N_2 排 O_2。除含卤素离子和亚硝基的化合物可以做猝灭剂外,有些重金属离子的化合物也可以做荧光猝灭剂。

2.3.2 荧光光谱仪与谱图

1. 荧光光谱仪

荧光光谱仪的示意图如图 2-12 所示,它与紫外光谱仪、红外光谱仪的不同之处主要有两点:第一点,它有两个单色器,在样品池前设一激发单色器,光经激发单色器滤光后照射样品池,样品产生的荧光经过第二个单色器——发射单色器后进入检测器;第二点,为了避免激发单色器的辐射光被检测,在垂直于入射光的方向测定荧光或磷光的相对强度。进行磷光测定时,在样品室内必须装有带石英窗的特殊杜瓦瓶和石英试样管。如果在荧光仪的样品池前后的光路中分别加偏振器和检偏器还可以测量偏振荧光。

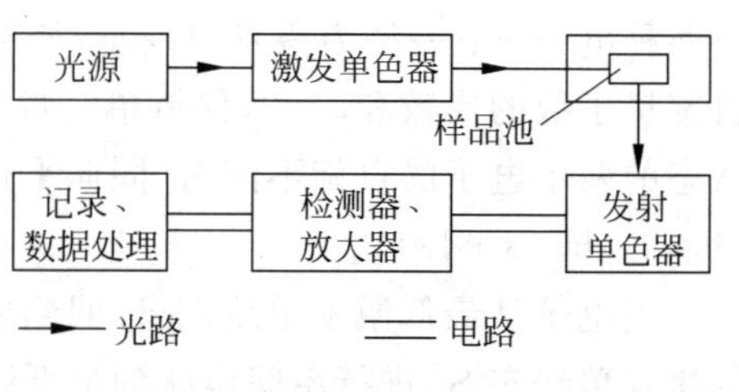

图 2-12 荧光光谱仪示意图

先进的荧光仪既能测定液体样品又能测定固体样品。聚合物的研究多用溶液体系,溶液的浓度一般为 10^{-5}~10^{-4} mol/L。用石英液槽进行测定。测定液体样品时,要慎重选择溶剂:一要选择非极性或极性很小的溶剂;二要求溶剂本身的吸光度小;三要保证溶剂的纯度。无机发光材料的研究一般用固体样品,可将样品压制成片状,放在小托盘中,样品平面与入射光成 45°放置。

本章讲述的荧光光谱仪的光源一般用氙灯或高压汞灯。光照使样品的分子或原子的外层电子吸收光能由基态跃迁到激发态。当受激电子由最低激发单线态或最低激发三线态回到基态时发射出荧光或磷光。有的书中介绍了X荧光光谱,X荧光光谱仪是用来确定元素的种类及含量的。它是用X射线或放射性同位素辐射源照射样品,将其原子中的某内层电子轰击出来逸入空间或成为自由电子,致使该内层形成电子空穴。当其他内层电子(较该内层为外层的)发生层间窜跃进入空穴时发生辐射,产生荧光X射线。由该荧光X射线的波长和强度可以获得元素的种类和含量等信息。应注意,这两种荧光分析方法和它们所研究的内容的区别。

2. 荧光强度

稀溶液中的荧光强度(F或I_f)可由下式计算:

$$F = \phi_f K' A I_0 \tag{2-9}$$

式中,ϕ_f为荧光量子产率,代表处在电子激发态的分子放出荧光的几率;K'为检测效率,它是与荧光仪结构有关的参数,并与样品和聚光镜之间的距离、检测器的灵敏度有关;A为吸光度,可由式(2-7)求得;I_0为入射光的强度。

荧光量子产率的定义为

$$\phi_f = \frac{\text{发射的荧光量子数目}}{\text{吸收到激发单线态的光量子数目}} \tag{2-10}$$

ϕ_f的测量很困难,在实际工作中,往往使用相对荧光强度,而不用绝对荧光强度F。

3. 荧光谱图

荧光谱图分为两种,即荧光激发(excitation)光谱和荧光发射(emission)光谱。荧光激发光谱是固定发射单色器的波长λ_{em}及狭缝宽度,使激发单色器的波长连续变化,从而得到荧光激发扫描谱图,其纵坐标为相对荧光强度,横坐标为激发光的波长。荧光激发光谱与紫外-可见光谱谱图相似,但前者比后者的灵敏度高。荧光发射光谱通常称为荧光光谱。它是固定激发单色器的波长λ_{ex}及狭缝宽度,使发射单色器的波长连续变化,从而得到荧光发射扫描谱图。其纵坐标为相对荧光强度,横坐标为发射光波长。荧光光谱与紫外-可见光谱在聚合物的分析中往往同时使用,相互映证。荧光激发单色器波长λ_{ex}的固定数值可通过测定样品的紫外-可见吸收光谱的最大吸收所对应的波长值来确定;荧光发射单色器波长λ_{em}的固定数值可通过荧光发射光谱的最大强度所对应的波长值来确定。

2.3.3 荧光光谱的应用

荧光光谱与磷光光谱可用来进行聚合反应机理、高分子发光材料、聚合物的光降解与光稳定性、溶液中高分子的运动等的研究。

1. 与紫外光谱(UV)配合研究聚合反应机理

有些体系既有紫外吸收,又可以吸收光能发射荧光。若结合荧光光谱进行研究,可进一步验证并充实紫外光谱的结果。例如研究苯胺引发光聚合聚甲基丙烯酸甲酯(PMMA)的引发机理。图2-13是在苯溶液中,激发光波长固定在290nm,用苯胺引发的甲基丙烯酸甲酯光聚合的荧光发射光谱。曲线1和曲线2分别为小分子苯胺和N-甲基苯胺的荧光光谱,其荧光峰分别为325nm和335nm;曲线3为苯胺引发光聚合的PMMA,其荧光峰在336nm

处,与曲线 2 的峰位置相同。说明苯胺引发 MMA 聚合形成的是二级胺,这与图 2-10 紫外吸收光谱所得胺的光引发机理是一致的。

2. 共轭有机配体与稀土金属盐的聚合物的发光性能的研究

为研制聚合物发光材料,往往将小分子发光物质引入聚合物长链中,例如图 2-14 是取代肉桂酸单体铕盐与相应的聚合物的荧光光谱。其激发光波长固定在 241.1nm。曲线 1 为取代肉桂酸单体铕盐,曲线 2 为其聚合物。由图可见,取代肉桂酸单体铕盐的荧光强度大,聚合后荧光减弱,在 700nm 处峰的变化尤为明显。铕(Eu)是稀土金属,具有一定数目的共轭单元的低分子有机配体与稀土金属盐形成的有机盐类有较高的发光效率,其单体聚合后,由于羧酸盐基聚集引起亚微观的不均匀性,导致 Eu^{3+} 的荧光部分淬灭,致使荧光强度减弱。

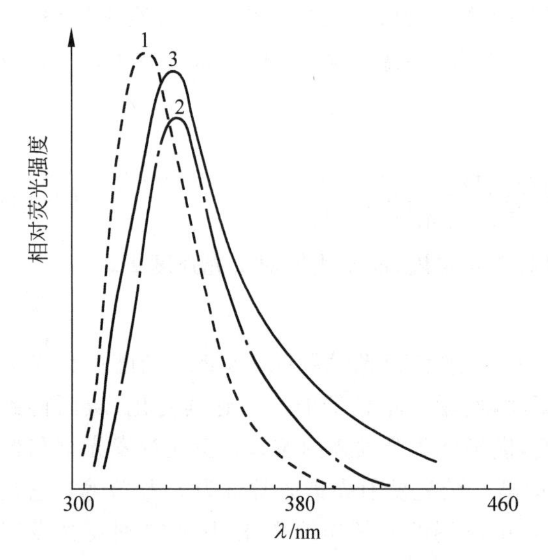

图 2-13 苯胺引发光聚合的 PMMA 荧光发射光谱

1—苯胺; 2—*N*-甲基苯胺; 3—苯胺引发光聚合 PMMA(200mg/10mL)

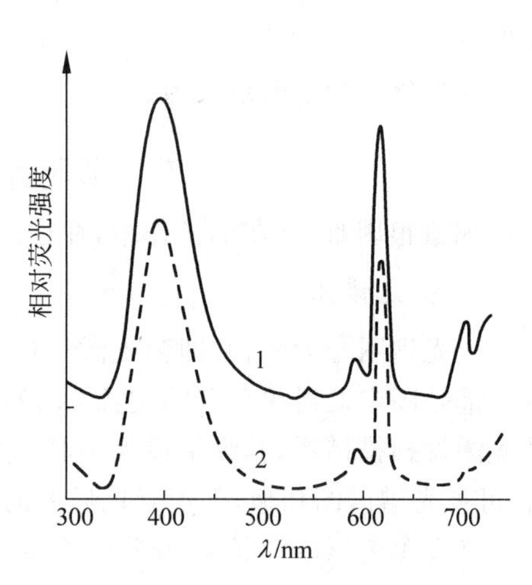

图 2-14 聚合物发光材料的荧光光谱

1—取代肉桂酸单体铕盐; 2—相应聚合物的谱线

3. 二苯酮的磷光光谱

磷光比荧光弱,要在低温下测量。为此,在荧光仪上装备特殊部件,如带有石英窗口的杜瓦瓶和石英样品管。因为要在低温进行测量,要求溶剂能耐低温,且样品溶液在低温时呈粘稠的透明玻璃体状。混合溶剂 EPA(乙醚:戊烷:乙醇=5:5:2(体积比))用液氮冷却时,为透明的胶状体,所以常用来做磷光测试的溶剂。图 2-15 是二苯酮的磷光光谱。激发光的波长固定在 350nm,在 EPA 溶液中,相对磷光强度在 453nm 附近最大。可以利用聚合物体系光聚合过程中磷光的强度变化及淬灭研究反应机理。

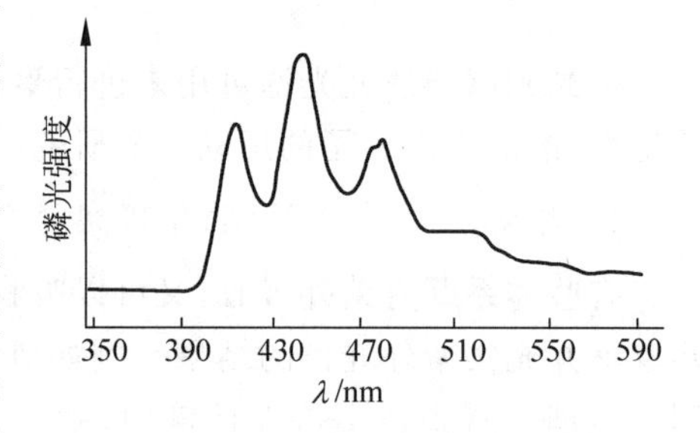

图 2-15 二苯酮的磷光光谱

2.4 红外光谱

红外光谱(infrared spectroscopy,IR)也是一种吸收光谱。由图 2-1 可知,红外光辐射的能量远小于紫外光的辐射能量。红外光只能激发分子内原子核之间的振动和转动能级的跃迁,因此红外吸收光谱是通过测定这两种能级跃迁的信息来研究分子结构的。

在红外光谱图中,纵坐标一般用线性透光率作标度,称为透射光谱图;也有采用非线性吸光度为标度的,称为吸收光谱图。谱图中的横坐标是以红外光的波数(cm^{-1})为标度,但有时也用波长(μm)为标度。这两种标度的关系依照式(2-1)为:$\bar{\nu}(cm^{-1})\lambda(\mu m)=10^4$。红外光的波数可分为近红外区(10 000～4 000cm^{-1})、中红外区(4 000～400cm^{-1})和远红外区(400～10cm^{-1})。其中最常用的是中红外区,大多数化合物的化学键振动能级的跃迁发生在这一区域,因此本节主要研究中红外区域的吸收光谱即分子的振动光谱。

2.4.1 分子振动与红外吸收光谱的产生

在分子中存在着许多不同类型的振动,其振动自由度与原子数有关。含 N 个原子的分子有 $3N$ 个自由度,除去分子的平动和转动自由度外,振动自由度应为 $3N-6$(线性分子是 $3N-5$)。这些振动可分为两大类:一类是原子沿键轴方向伸缩使键长发生变化的振动,称为伸缩振动,用符号 ν 表示。这种振动又可分为对称伸缩振动(用 ν_s 表示)和非对称伸缩振动(用 ν_{as} 表示)。另一类是原子垂直于价键方向的振动,此类振动会引起分子内键角发生变化,称为弯曲(或变形)振动,用 δ 表示。这类振动又可分为面内弯曲振动(包括平面摇摆及剪式两种振动)、面外弯曲振动(包括非平面摇摆及弯曲摇摆两种振动)。图 2-16 为聚乙烯中 CH_2 基团的几种振动模式。

分子振动能与振动频率成正比。为计算分子振动频率,首先研究各个孤立的振动,即双原子分子的伸缩振动。

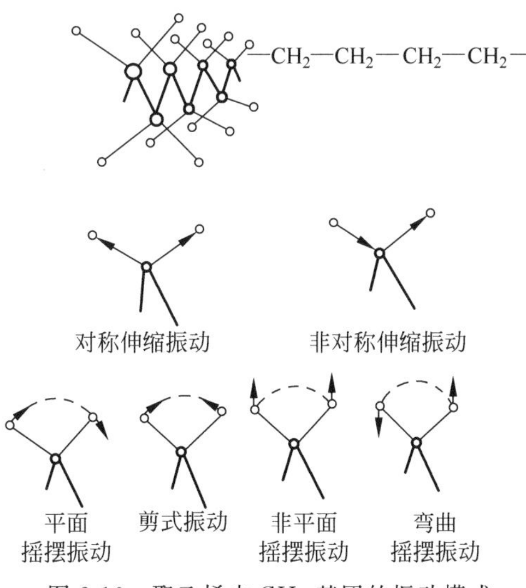

图 2-16 聚乙烯中 CH_2 基团的振动模式

可用珠簧模型来描述最简单的双原子分子的简谐振动。把两个原子看成质量分别为 m_1 和 m_2 的刚性小球，化学键好似一根无质量的弹簧，如图 2-17 所示。按照这一模型，双原子分子的简谐振动应符合胡克定律，振动频率 ν 可用下式表示：

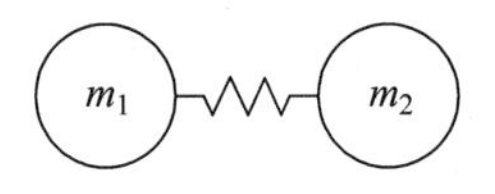

图 2-17　双原子分子珠簧模型

$$\nu = \frac{1}{2\pi}\sqrt{\frac{k}{\mu}} \tag{2-11}$$

式中，ν 为频率，Hz；k 为化学键力常数，10^{-5}N/cm；μ 为折合质量，g。

$$\mu = \frac{m_1 m_2}{m_1 + m_2}\frac{1}{N}$$

式中，m_1 和 m_2 分别代表每个原子的相对原子质量；N 为阿伏加德罗常数。

若用波数来表示双原子分子的振动频率，则式(2-11)改写为

$$\bar{\nu} = \frac{1}{2\pi c}\sqrt{\frac{k}{\mu}} \tag{2-12}$$

式中，$\bar{\nu}$ 是波数；c 为光速。

从上两式可知，不同分子的振动频率是不同的，频率与原子间的键力常数成正比，与原子的折合质量成反比。依照式(2-1)和式(2-4)，振动能级差为

$$\Delta E_{振} = \frac{h}{2\pi}\sqrt{\frac{k}{\mu}} \tag{2-13}$$

在多原子分子中有多种振动形式，每一种简正振动都对应一定的振动频率，但并不是每一种振动都会和红外辐射发生相互作用而产生红外吸收光谱，只有能引起分子偶极矩变化的振动(称为红外活性振动)才能产生红外吸收光谱。也就是说，当分子振动引起分子偶极矩变化时，就能形成稳定的交变电场，其频率与分子振动频率相同，此时分子可以和相同频率的红外辐射发生相互作用，吸收红外辐射的能量，发生能级跃迁，从而产生红外吸收光谱。

在正常情况下，这些具有红外活性的分子振动大多数处于基态，被红外辐射激发后，跃迁到第一激发态。这种跃迁所产生的红外吸收称为基频吸收。在红外吸收光谱中大部分吸收都属于这一类型。实际上，还存在非线性谐振，这类分子振动时，除基频跃迁外，还可能发生由基态到第二激发态或第三激发态的跃迁，这类跃迁所对应的红外吸收谱带称为倍频吸收，其吸收强度比基频要弱得多，而且倍频波数也不是基频的 2 倍，要略小一些(这是由其能级间隔所决定的)。在红外吸收光谱中，还可观察到合频吸收谱带。多原子分子各种振动模式的能级之间可能互相作用，若吸收的光子能量为两个相互作用基频之和，称为合频；若是两个相互作用基频之差，则称为差频。其吸收强度与倍频属同一数量级，但强度更弱，其中差频最弱。

在多原子分子中，有些振动虽然是红外活性的，但在分子中是等效的，如线性 CO_2 分子的两种弯曲振动(图 2-18)。这两种振动的方向互成直角，因此具有相同的振动频率，产生振动的简并，在红外吸收光谱中只在 667cm^{-1}处出现一个吸收峰。因此，所观察到的红外吸收谱带数往往小于分子振动的数目。

红外吸收谱带的强度与分子数有关，但也与分子振动时偶极矩变化率有关。变化率越大，吸收强度也越大，因此极性基团，如羰基、胺基等均有很强的红外吸收带。

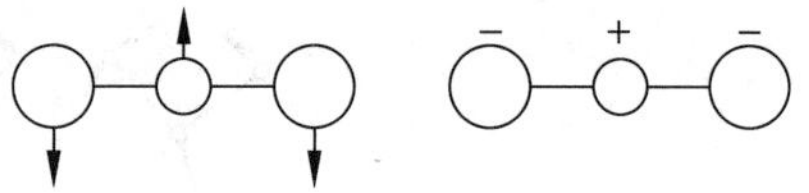

图 2-18　CO_2 分子中两种弯曲振动

2.4.2　傅里叶变换红外光谱仪

在 2.1 节中已叙述了传统的分光光谱仪的原理。用这种仪器测量样品，得到的是光强随辐射频率变化的谱图，称为频域图。其缺点是扫描速度慢，灵敏度低，使扩大红外吸收光谱仪的应用范围，如跟踪化学反应过程、远红外区的测定、色-红联用等都受到限制。从 20 世纪 60 年代末期开始发展的傅里叶变换红外光谱仪(FTIR)，其特点是同时测定所有频率的信息，得到光强随时间变化的谱图，称时域图。这种红外光谱仪可以大大缩短扫描时间，同时由于不采用传统的色散元件，提高了测量灵敏度和测定的频率范围，分辨率和波数精度也高。

傅里叶变换红外光谱仪的核心部件是迈克尔孙干涉仪。其原理如图 2-19 所示。干涉仪由光源、动镜(M_1)、定镜(M_2)、分束器、检测器等几个主要部分组成。

当光源发出一束光后，首先到达分束器，把光分成两束；一束透射到定镜，随后反射回分束器，再反射入样品池后到检测器；另一束经过分束器，反射到动镜，再反射回分束器，透过分束器与定镜来的光合在一起，形成干涉光透过样品池进入检测器。由于动镜的不断运动，使两束光线的光程差随动镜移动距离的不同，呈周期性变化。因此在检测器上所接收到的信号是以 $\lambda/2$ 为周期变化的，如图 2-20(a)所示。干涉光的信号强度的变化可用余弦函数表示：

$$I(x) = B(\nu)\cos(2\pi\nu x) \tag{2-14}$$

式中，$I(x)$是干涉光强度；I 是光程差 x 的函数；$B(\nu)$是入射光强度，是频率 ν 的函数。干涉光的变化频率 f_ν 和光源频率 ν 及动镜移动速度 v 有关：

$$f_\nu = 2\nu v \tag{2-15}$$

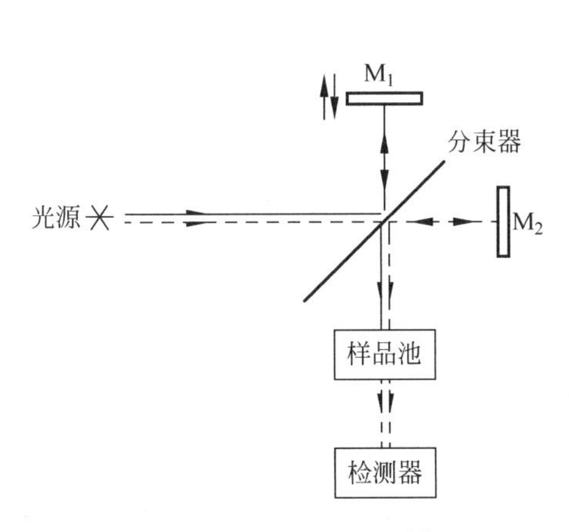

图 2-19　傅里叶变换红外光谱仪原理图

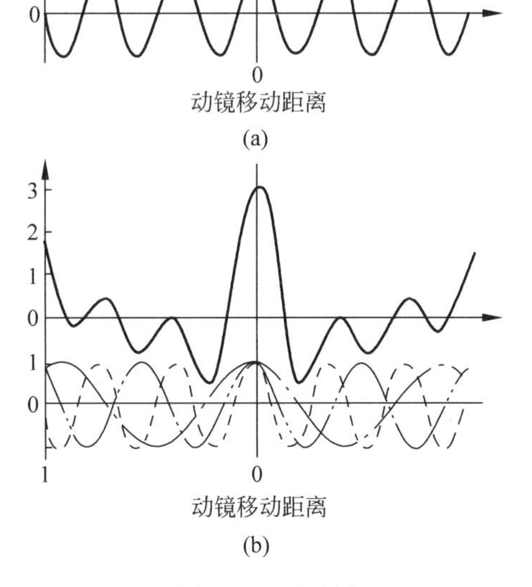

图 2-20　干涉图

(a) 单色光源干涉图；(b) 多色光源干涉图

若光源发出的是多色光，干涉光强度应是各单色光的叠加，如图 2-20(b)所示，可用式(2-14)的积分形式表示：

$$I(x)=\int_{-\infty}^{\infty}B(\nu)\cos(2\pi\nu x)\mathrm{d}\nu \tag{2-16}$$

把样品放在检测器前，由于样品对某些频率的红外光有吸收，使检测器接收到的干涉光强度发生变化，从而得到各种不同样品的干涉图。

上述干涉图是光强随动镜移动距离 x 的变化曲线，为了得到光强随频率变化的频域图，借助傅里叶变换函数，将式(2-16)转换成下式：

$$B(\nu)=\int_{-\infty}^{\infty}I(x)\cos(2\pi\nu x)\mathrm{d}x \tag{2-17}$$

这个变换过程比较复杂，在仪器中是计算机完成的，最后输出与经典红外光谱仪同样的光强随频率变化的红外光谱图。

2.4.3 红外光谱与分子结构的关系

掌握各种官能团与红外吸收峰频率的关系以及影响吸收峰在谱图中的位置的因素是光谱解析的基础。

1. 基团特征频率

由式(2-11)和式(2-12)可以计算分子振动频率，但对复杂的分子进行理论分析计算是很困难的，只能运用经验规律。

比较各种化合物的光谱发现，具有相同官能团的一系列化合物近似地有一共同的吸收频率范围，而分子中的其他部分对其吸收频率的变化影响较小，通常把这种能代表某基团存在并有较高强度的吸收峰，称为基团的特征吸收峰，这个峰所在的频率位置称为基团的特征吸收频率。

根据式(2-11)和式(2-12)，基团的特征频率和键力常数成正比，和折合质量成反比。利用这一关系，可帮助我们记忆各种基团的特征频率，例如，大多数聚合物含有 C，H，O，N 原子，它们所组成键的特征频率大致有以下规律：

C，N，O 的原子质量相近，因此它们之间键的伸缩振动差异主要是取决于键力常数。叁键的力常数最大，因此振动频率最大，在 2 400～2 100cm^{-1}处有吸收峰；其次是双键，在 1 900～1 500cm^{-1}处出现吸收峰；单键的力常数最小，吸收峰出现在 1 300cm^{-1}以下。

由于 H 原子的质量小，C，N，O 原子与 H 原子之间键的伸缩振动是在高波数区出现，一般吸收峰在 2 700cm^{-1}以上。在中红外区不仅能测到它们的伸缩振动，还能测到它们的面内与面外的弯曲振动，但其振动频率较低，面内弯曲振动在 1 475～1 300cm^{-1}，面外弯曲振动在 1 000～650cm^{-1}。

一般在红外吸收谱图中，以 1 300cm^{-1}为分界线。在 1 300cm^{-1}以下，谱图的谱带数目很多，很难说明其明确的归属，但一些同系物或结构相近化合物的谱带，在这个区域内往往有一定的差别，这种情况犹如人的指纹一样，故称为指纹区；而在 4 000～1 300cm^{-1}，基团和频率的对应关系比较明确，这对确定化合物中的官能团很有帮助，称为官能团区，用于化合物的结构测定。

为了帮助记忆，可采用不同的方法对红外吸收光谱区加以分类，表 2-2 为聚合物中常见官能团的特征峰位分类。

表 2-2　红外光谱中各种键的特征频率

序号	光谱区域/cm^{-1}	引起吸收的主要基团
1	4 000～3 000	O—H，N—H 伸缩振动
2	3 300～2 700	C—H 伸缩振动
3	2 500～1 900	—C≡C—，—C≡N，—C=C=C—，>C=C=O，—N=C=O 伸缩振动
4	1 900～1 650	>C=O 伸缩振动及芳烃中 C—H 弯曲振动的倍频和合频
5	1 675～1 500	芳环、>C=C<、>C=N—伸缩振动
6	1 500～1 300	C—H 面内弯曲振动
7	1 300～1 000	C—O，C—F，Si—O 伸缩振动和 C—C 骨架振动
8	1 000～650	C—H 面外弯曲振动、C—Cl 伸缩振动

2. 几类化合物的特征谱带

在多数情况下，一个基团存在多种振动形式，而每一种红外活性的振动都有一定的特征吸收峰，有些基团还能显示出它们的倍频和合频吸收峰，因此在研究红外吸收峰与分子结构的关系时，不能仅仅依靠一种振动的特征频率，而应由一组特征峰来确定。下面讨论在聚合物分析中常用的几类化合物的特征谱带。

(1) 脂肪族碳氢化合物

这类化合物中含碳碳键和碳氢键，是聚合物中最多的基团。依照表 2-2 可知，这类化合物的碳氢基团振动应在 3 个区有吸收，即 3 300～2 700cm^{-1}的伸缩振动，1 500～1 300cm^{-1}的面内弯曲振动和 1 000～650cm^{-1}的面外弯曲振动。而碳碳伸缩振动叁键在 2 500～1 900cm^{-1}，双键在 1 675～1 500cm^{-1}，单键在 1 300～1 000cm^{-1}。表 2-3 中列出了脂肪族烃的特征吸收频率。

表 2-3　脂肪族烃的特征吸收谱带　　cm^{-1}

结　构	ν_{C-H}	δ_{C-H}（面内）	δ_{C-H}（面外）	$\nu_{C=C}$或 $\nu_{C\equiv C}$
>C—CH_3	2 975～2 970 2 885～2 860	1 470～1 435(m) 1 385～1 370(s)		
$(CH_3)_2CH$—		1 385～1 380(s) 1 370～1 365(s)		
$(CH_3)_3C$—		1 395～1 385(m) 1 370～1 365(s)		
—C—$(CH_2)_n$—C—	2 925±10(s) 2 850±10(s)	1 460±20(m)	$n\geq4$　725～720 $n\leq3$　770～735	
$R_1R_2C=CH_2$	3 095～3 075 2 975	1 420～1 410	895～885	1 658～1 698

续表

结　构	ν_{C-H}	δ_{C-H}（面内）	δ_{C-H}（面外）	$\nu_{C=C}$或$\nu_{C\equiv C}$
$R_1(H)C=CH_2$	3 040～3 010 2 975	1 420～1 410	990 910	1 645～1 640
$R_1R_2C=CR_3H$	3 040～3 010		840～800	1 675～1 665
$R_1HC=CHR_2$（反式）	3 040～3 010		965	1 675～1 665
$R_1HC=CHR_2$（顺式）	3 040～3 010		730～675	1 665～1 650
—C≡C—H	3 310～3 300	1 300～1 200	630±15	2 140～2 180
$\rangle$C—H	2 890±10	1 340		

注：s表示强吸收峰；m表示中等强度吸收峰；ν表示伸缩振动；δ表示弯曲振动。

从表2-3可以看出，有些谱带不仅说明有哪些基团存在，而且还表示了基团的连接方式。例如C—H的面内弯曲振动在1 500～1 300cm^{-1}，但其强度较弱，又在指纹区，因此有时被掩盖。但在1 375cm^{-1}的峰，对确定甲基的存在及其连接方式还是很有用的：当碳上连有一个甲基时，CH_3的非对称与对称弯曲振动分别在1 465cm^{-1}和1 380cm^{-1}处有两个峰；若在一个碳上连两个甲基，其1 380cm^{-1}的对称伸缩振动峰分裂成等强度的双峰（分别在1 385cm^{-1}和1 375cm^{-1}）；而叔丁基的CH_3分裂的双峰是一弱一强，分别在1 395cm^{-1}（较弱）和1 365cm^{-1}（较强）。

此外，在1 000～650cm^{-1}处存在的C—H键的面外弯曲振动，对确定结构，特别是鉴别烯烃的取代基很有用。这些峰和C═C的伸缩振动峰一样，在研究高分子聚合反应时，可提供反应进行程度的信息。

（2）芳烃化合物

在这类化合物谱图中，除能观察到C与H之间的各种振动形式和C与C之间的骨架振动外，还可观察到它们之间的合频振动，这对确定结构和取代基的位置是很有用的。下面以苯系芳烃中的各种振动形式为例加以说明。

C—H的伸缩振动是在3 100～3 010cm^{-1}出现一组谱峰（3～4个）。其面内弯曲振动谱带在1 300～1 000cm^{-1}容易被掩盖，对鉴别结构意义不大，但其面外弯曲振动在900～675cm^{-1}区域具有特征性，可用于确定苯环的取代基，如图2-21所示。

骨架振动是碳与碳之间的振动，可引起芳香环的扩大和缩小，有时也称为呼吸振动。一般在1 600cm^{-1}和1 500cm^{-1}处出现$\nu_{C=C}$共轭体系的振动谱带。若邻接C═O，C═N，C═C，NO_2或其他元素，如Cl，S，P等，由于这些基团与苯环的共振作用，使1 600cm^{-1}的峰进一步分裂为两个峰。

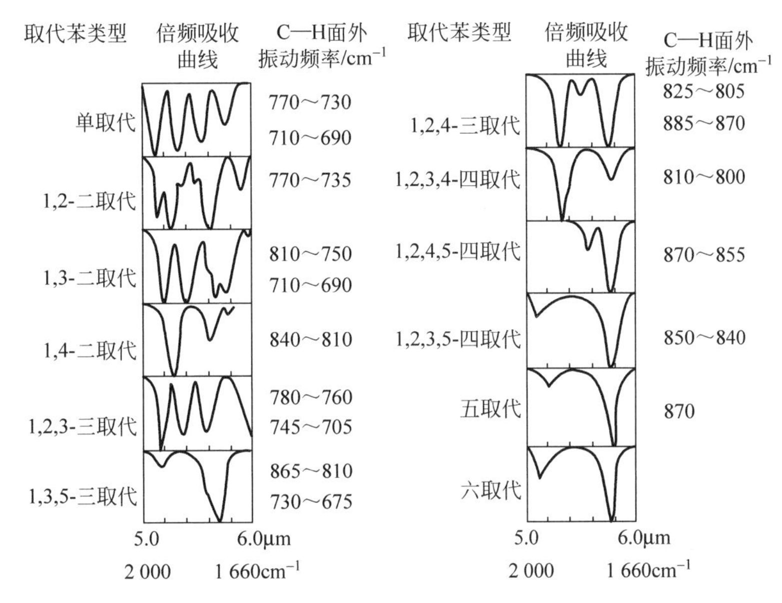

图 2-21 不同取代苯类型在 2 000～1 600cm^{-1}的倍频、吸收曲线及 C—H 面外弯曲振动频率

在 2 000～1 600cm^{-1}处是 C—C，C—H 振动的倍频和合频引起的吸收峰。该区域的峰形对判别苯的取代基类型和取代基的位置具有特征性，见图 2-21。

(3) 含氧化合物

这类化合物中主要含有羰基、羟基、醚键等。其中羰基在聚合物分析中是很重要的。

由于羰基的极性，$\rangle$C═O 的伸缩振动在 1 900～1 650cm^{-1}处出现很强的吸收带。当取代基不同时，吸收峰的位置也会发生移动，如表 2-4 所示。虽然这个谱带可提供结构的信息，但仅依靠它来确定结构是困难的，需参照其他谱带才能做出正确判断。例如脂肪族的酯、酮和醛的羰基谱带相差很小，但如果在 2 720cm^{-1}出现峰，则是醛类的 C—H 伸缩振动，可判断存在醛基。对脂肪族酮和酯的区分需要特别慎重，因为大多数的酮在 1 300～1 100cm^{-1}区域也有很强的谱带，与酯的 C—O—C 谱带容易混淆。

醚键在 1 300～1 100cm^{-1}有强吸收带，但在此区域内各种官能团谱带吸收重叠，因此，只有当没有观察到$\rangle$C═O 基和羟基的吸收带时，才可判断为醚键。一般脂肪族醚出现在 1 050cm^{-1}左右，而芳香族醚则在 1 300cm^{-1}左右。

羟基中的 O—H 伸缩振动在 3 700～3 200cm^{-1}区域有吸收峰。由于羟基易与氢缔合，随缔合度加大，吸收峰移向低波数区，且峰变宽。如果样品中既存在自由羟基，又有缔合的羟基，那么可观察到两个峰。O—H 的面内弯曲振动在 1 250cm^{-1}附近，但实用价值不大。

利用羟基中的 C—O 伸缩振动谱带也有助于确定化合物的类型。酸出现在 1 280cm^{-1}处，酚在 1 220cm^{-1}处有吸收峰，伯醇、仲醇和叔醇中 C—O 的伸缩振动分别出现在 1 050，1 100 和 1 130cm^{-1}附近。

在羧酸类化合物中，由于羰基和羟基形成氢键，不仅使羰基的吸收带移向低频处(表 2-4)，而且使 O—H 的伸缩振动带在 3 500～2 500cm^{-1}范围出现一个很强很宽的谱带，往往和 C—H 的伸缩振动谱带叠加在一起，使 ν_{C-H}峰出现在 ν_{O-H}宽峰的尾部，对鉴别羧酸类化合物是很具有特征性的。

表 2-4 各类化合物中羰基伸缩振动的特征频率

脂肪族酮 R—C(=O)—R′ $\nu_{C=O}$ = 1 715 cm^{-1}

化合物类型	$\nu_{C=O}/cm^{-1}$	化合物类型	$\nu_{C=O}/cm^{-1}$	化合物类型	n 值	$\nu_{C=O}/cm^{-1}$
Ph—C(=O)—OR′	1 720	Ph—C(=O)—H	1 705	环酮 C(=O)(CH$_2$)$_n$	7	1 705
R—C(=O)—H	1 730	R—C(=O)—Ph	1 690		6	1 715
R—C(=O)—OR′	1 740	O=C$_6$H$_4$=O（对苯醌）	1 675		5	1 745
R—C(=O)—O—C=C<	1 780	Ph—C(=O)—Ph	1 665		4	1 780
R—C(=O)—Cl	1 800	Ph—C(=O)—C=C—R	1 660	内酯 C(=O)—O(CH$_2$)$_n$	4	1 740
Cl—C(=O)—Cl	1 830	R—C(=O)—NH$_2$*	1 690		3	1 770
F—C(=O)—F	1 930	R—C(=O)—NH—R*	1 670		2	1 830
酸酐	1 820 1 755	R—C(=O)—NR$_2$	1 650			

* 为游离态。

(4) 含氮化合物

一些很重要的聚合物，如聚丙烯腈、聚氨酯、尼龙等都属于含氮化合物。它们在红外吸收光谱中存在很有用的特征谱带。

腈基(—C ≡ N)和异氰酸酯基(—N=C=O)的伸缩振动谱带出现在 2 280～2 200cm^{-1} 附近。—C ≡ N 的吸收带是中等强度但很尖锐，而—N=C=O 则非常强，大约比腈基强 100 倍以上，而且常常是双峰或具有不规则的形状。由于在这个区域内很少有其他基团的吸收峰干扰，因此对于鉴别含有这些基团的含氮聚合物是具有特征性的，在定量分析中也很有用。在这个区域应注意区分 CO_2 伸缩振动吸收峰的干扰。

胺基中 N—H 伸缩振动谱带在 3 500～3 300cm^{-1} 区域，与 O—H 伸缩振动谱带在同一区。这两类振动的共同特点是容易发生缔合，随缔合程度加强，特征频率向低波数方向移动，且峰形也逐渐变宽并加强。它们的区别是胺基的峰形比较尖锐，由于胺基上的氢键比羟基上的强，因此其特征频率向低波数区移动约 100cm^{-1}。其中伯胺、仲胺和叔胺的区分，在于伯胺中存在—NH_2 的对称和非对称伸缩振动，因此出现两个中强吸收带；在仲胺中只有一个 >N—H 的伸缩振动带；叔胺在这个区则没有吸收。除 N—H 伸缩振动带外，胺基还有弯曲振动带。伯胺的面内弯曲振动在 1 640～1 560cm^{-1}，面外弯曲振动在 900～650cm^{-1}，是宽的中等强度的峰；仲胺面内弯曲振动在 1 580～1 490cm^{-1}。

酰胺基与胺基的区别是酰胺有羰基，且易形成分子间的氢键，使峰发生位移。习惯上把具有酰胺基特征的吸收峰分成几个带，其中最具有鉴定作用的是酰胺 Ⅰ 带(即 >C=O 伸缩振动带)和酰胺Ⅱ带(主要是 N—H 的面内弯曲振动带)。区分伯、仲、叔酰胺基如表 2-5 所示。

表 2-5　酰胺基的特征吸收谱带　　cm^{-1}

化合物		ν_{N-H}	$\nu_{C=O}$(酰胺Ⅰ)	δ_{N-H}(酰胺Ⅱ)	ν_{C-N}(酰胺Ⅲ)
伯酰胺	游离	3 540～3 480 3 420～3 380	1 690	1 620～1 590	1 430～1 400
	缔合	3 360～3 180	1 650	1 650～1 620	1 430～1 400
仲酰胺	游离	3 460～3 400	1 700～1 670	1 550～1 510	1 260
	缔合	3 320～3 070	1 680～1 630	1 570～1 510	1 335～1 200
叔酰胺			1 670～1 630		

(5) 卤素化合物

卤素化合物一般都显示很强的碳卤键的伸缩振动。当在同一碳原子上有几个卤素原子相连时,吸收峰更强,同时,吸收频率移向高频端。氟化物中,C—F 键的伸缩振动:一氟化物在 1 110～1 000cm^{-1};二氟化物在 1 250～1 050cm^{-1},且分裂成两个峰;多氟化物在 1 400～1 100cm^{-1}处有多个峰。一氯化物中,ν_{C-Cl}在 750～700cm^{-1}处,而多氯化物则移到 800～700cm^{-1}。

3. 影响基团特征频率的因素

由上述各类化合物与特征频率之间的关系可观察到,同一种基团的某种振动方式,若处于不同的分子和外界环境中,其键力常数是不同的,因此它们的特征频率也会有差异。了解各种因素对基团频率的影响,依据特征频率的差别和谱带形状,可帮助确定化合物的类型。

影响键力常数的因素都会导致特征频率改变,这些因素可分成内部因素与外部因素两大部分。内部因素是由分子内各基团间的相互影响造成的,主要影响因素如下。

(1) 诱导效应

由于取代基的电负性不同引起分子中电荷分布发生变化,从而使键力常数改变,特征频率也随之变化。例如从表 2-4 看出,随着与烷基酮羰基上的碳原子相连的取代基电负性的增加,羰基伸缩振动频率移向高频。而对于与 C═C 相连的碳氢的面外弯曲振动,则随取代基电负性的增加,特征频率降低,见表 2-6。

表 2-6　取代基对碳氢面外弯曲振动的影响

类　型	$CH_3(H)C{=}C(H)CH_3$	$CH_3(H)C{=}C(H)Cl$	$Cl(H)C{=}C(H)Cl$	$CH_3(H)C{=}CH_2$	$CH_3{-}O(H)C{=}CH_2$
特征频率/cm^{-1}	964	926	892	986 908	960 813

(2) 共轭效应

该效应使体系 π 电子云密度更趋于均匀,使单键变短双键伸长。如在表 2-4 中所示,当羰基与苯环或双键共轭时,特征频率移向低波数处。

(3) 环的张力效应

随环减小,张力增加,吸收频率也增高,如表 2-4 所示。

(4) 氢键效应

由于氢键的形成,常常使正常的共价键的键长伸长,键能降低,特征频率也随之降低,而且谱线也变宽。

(5) 耦合效应

耦合效应是发生在两个相互有关联的基团之间的,例如,两个伸缩振动的耦合必须有一个共用原子;两个弯曲振动的耦合则要有一个共用键。如果引起弯曲振动中的一根键同时作伸缩振动,则弯曲振动和伸缩振动之间能发生耦合。只有当耦合的基团具有相近的能量时,相互作用才最大。如果主要是机械耦合,影响特征频率变化;若存在电子耦合,会影响分子偶极矩发生变化,使峰强度变化。

除了上述分子的化学结构不同会影响特征频率外,外部因素也会引起特征频率改变。样品的状态是主要的外部因素。蒸气态样品特征频率升高,且较尖锐;溶液的光谱随溶剂的极性变化;固态样品的光谱则随粒子的颗粒大小和结晶形状不同而不同。这里就不一一评述了。

虽然这些影响因素给谱图解析增加了困难,但对结构的鉴定,特别是聚合物链结构、聚集态结构以及反应和变化过程等的研究提供了非常有用的信息。

4. 聚合物的特征谱带

依照分子振动理论,聚合物是由许多原子所组成的,其振动自由度的数值也是很大的,那么在聚合物的红外吸收光谱图中,就应该存在很大数量的吸收谱带。但实际上,在大多数聚合物红外吸收光谱图中并没有这样多的吸收谱带,而是像本章第1节所述的那样,分成两部分,大部分谱带表征的是类似于高分子链中重复结构单元那样的小分子的谱带,即单质型谱带;另一些谱带属于聚合物型谱带。

聚合物型的谱带对于聚合物的链连接和排列方式较敏感,因此,这类谱带反映出许多高分子所特有的链结构形态,据此可把聚合物型的红外吸收谱带分成下述几类谱带:

(1) 构象谱带(conformational band)

这类谱带与高分子链中某些基团的一定构象有关,在不同相态中表现是不同的。

(2) 立构规整性谱带(stereoregularity band)

这类谱带是与高分子链的构型有关,因此对同一聚合物在各种相态中都应该相同。

(3) 构象规整性谱带(conformational regularity band)

这类谱带是由高分子链内相邻基团之间振动耦合而形成的,它与个别基团无关,和长的构象规整链段有关。当聚合物熔融时,它就消失或减弱。

(4) 结晶谱带(crystallinity band)

这类谱带是由结晶中相邻分子链之间的相互作用形成的,与高分子链排列的三维长程有序有关。

上述这些谱带对于聚合物的研究具有特别重要的意义。

2.4.4 谱图解析方法

解析一般有机化合物红外谱图的三要素即谱峰位置、形状和强度,同样适用于解析聚合物的谱图。

谱峰位置即谱带的特征振动频率是对官能团进行定性分析的基础,依照特征峰的位置可确定聚合物的类型。

谱带的形状包括谱带是否有分裂，可用以研究分子内是否存在缔合以及分子的对称性、旋转异构、互变异构等。

谱带的强度与分子振动时偶极矩的变化率有关，且同时与分子的含量成正比，因此可作为定量分析的基础。依据某些特征峰谱带强度随时间(或温度、压力)的变化规律可研究动力学过程。

聚合物的种类虽然相对于小分子来说少得多，但仍有数百种。一般说来，在聚合物的红外谱图中，吸收最强的谱带往往对应于其主要基团的吸收，但有时一些不很强的谱带更能特征地反映聚合物的某种结构。例如天然橡胶(顺式1,4-聚异戊二烯)的C—H面外弯曲振动谱带在835cm^{-1}处，可以用此谱带把它和其他类型的聚异戊二烯区别开。又如聚酯和聚氨酯的谱图基本相似，但聚氨酯中的酰胺基团在1 540cm^{-1}处只有一个较弱的谱带，可用来与聚酯区别。

为了查找和记忆方便，根据聚合物在1 800～600cm^{-1}区域中的最强谱带，对照表2-2中红外光谱中各种键的特征频率，将聚合物的谱带分成下述几类：

(1) 含有羰基的聚合物在羰基伸缩振动区(1 800～1 650cm^{-1})有最强的吸收。最常见的是聚酯、聚羧酸和聚酰胺等聚合物。

(2) 饱和聚烯烃和极性基团取代的聚烯烃在碳氢键的面内弯曲振动区(1 500～1 300cm^{-1})出现强的吸收峰。

(3) 聚醚、聚砜、聚醇等类型的聚合物最强的是C—O的伸缩振动，出现在1 300～1 000cm^{-1}区域内。

(4) 含有取代苯、不饱和双键以及含有硅和卤素的聚合物，除含硅和氟的聚合物外，最强吸收峰均出现在1 000～600cm^{-1}区域。

常见聚合物的特征谱带位置见表2-7。

表2-7 常见聚合物的特征谱带位置

(1) 含有羰基的聚合物(1 800～1 650cm^{-1})

聚合物名称	谱带位置及对应基团振动/cm^{-1}	
	最强谱带	特征谱带
聚乙酸乙烯酯	1 740 $\nu_{C=O}$	1 240 1 020 (ν_{C-O})　1 375 (δ_{CH_3})
聚丙烯酸甲酯	1 730 $\nu_{C=O}$	1 170 1 200 1 260 (ν_{C-O})
聚丙烯酸丁酯	1 730 $\nu_{C=O}$	1 165 1 245 (ν_{C-O})　940 960 (丁酯特征)
聚甲基丙烯酸甲酯	1 730 $\nu_{C=O}$	1 150 1 190 (ν_{C-O})　1 240 1 268 (一对双峰)
聚甲基丙烯酸乙酯	1 725 $\nu_{C=O}$	1 150 1 180 (ν_{C-O})　1 240 1 268 (一对双峰)　1 022 (乙酯特征)
聚甲基丙烯酸丁酯	1 730 $\nu_{C=O}$	1 150 1 180 (ν_{C-O})　1 240 1 268 (一对双峰)　950 970 (丁酯特征)

续表

聚合物名称	谱带位置及对应基团振动/cm^{-1}	
	最强谱带	特征谱带
聚邻苯二甲酸乙二醇酯	1 740 $\nu_{C=O}$	1 280　1 125　1 070　745　710 ν_{C-O}　δ_{C-H}　γ_{C-H}
聚对苯二甲酸乙二醇酯	1 730 $\nu_{C=O}$	1 265　1 100　1020　730 ν_{C-O}　γ_{C-H}
聚间苯二甲酸乙二醇酯	1 730 $\nu_{C=O}$	1 230　1 300　730 ν_{C-O}　γ_{C-H}
松香酯	1 730 $\nu_{C=O}$	1 240　1 175　1 130　1 100 ν_{C-O}　双峰
聚酯型聚氨酯	1 735 $\nu_{C=O}$	1 540　其他特征同聚酯 $\delta_{N-H}+\nu_{C-N}$
聚酰亚胺	1 725 $\nu_{C=O}$	1 780 $\nu_{C=O}$
聚丙烯酸	1 700 $\nu_{C=O}$	1 170　1 250 ν_{C-O}
聚酰胺	1 640 $\nu_{C=O}$	1 540　3 070　3 300 δ_{N-H}　倍频　ν_{N-H}
聚丙烯酰胺	1 650　1 600 $\nu_{C=O}$　δ_{NH_2}	3 300　3 175　1 020 ν_{NH_2}
聚乙烯吡咯烷酮	1 665 $\nu_{C=O}$	1 280　1 410
聚脲	1 625　1 565 $\nu_{C=O}$　δ_{NH}	1 250 $\nu_{C-N}+\delta_{N-H}$
脲醛树脂	1 640 $\nu_{C=O}$	1 540　1 250 $\nu_{C-N}+\delta_{N-H}$

(2) 饱和聚烯烃和极性基团取代的聚烯烃(1 500～1 300cm^{-1})

聚合物名称	谱带位置及对应基团振动/cm^{-1}	
	最强谱带	特征谱带
聚乙烯	1 470 δ_{CH_2}	731　720 ν_{CH_2}
等规聚丙烯	1 376 δ_{CH_3}	1 166　998　841　1 304 与结晶有关
聚异丁烯	1 365　1 385 δ_{CH_3}	1 230 ν_{C-C}
等规聚 1-丁烯	1 465 δ_{CH_2}	760 γ_{CH_2}
萜烯树脂	1 465 δ_{CH_2}	1 365　1 385　3 400　1 700 δ_{CH_3}
天然橡胶	1 450 δ_{CH_2}	835 γ_{CH}

续表

聚合物名称	谱带位置及对应基团振动/cm^{-1}	
	最强谱带	特征谱带
氯丁橡胶	1 440 δ_{CH_2}	1 670 ν_{C-C} 1 100 ν_{C-C} 820 γ_{C-H}
氯磺化聚乙烯	1 475 δ_{CH_2}	1 250 δ_{C-H} 1 160 $\nu_{S=O}$ 1 316
石油树脂	1 475 δ_{CH_2}	750 700 强度变化很大 1 700 $\nu_{C=O}$
聚丙烯腈	1 440 δ_{CH_2}	2 240 $\nu_{C\equiv N}$

（3）含有 C-O 键的聚合物（1 300～1 000cm^{-1}）

聚合物名称	谱带位置及对应基团振动/cm^{-1}	
	最强谱带	特征谱带
双酚-A 型环氧树脂	1 250 ν_{C-O}	1 510 1 604 苯环 2 980 ν_{CH_3} 830 γ_{CH} 1 300 1 188
酚醛树脂	1 240 ν_{C-O}	1 510 1 610 1 590 苯环 815 γ_{CH} 3 300
双酚-A 型聚碳酸酯	1 240 ν_{C-O}	1 780 $\nu_{C=O}$ 1 190 1 165 830 γ_{CH}
二乙二醇双烯丙基聚碳酸酯	1 250 ν_{C-O}	1 780 $\nu_{C=O}$ 790
双酚-A 型聚砜	1 250 ν_{C-O}	1 310 1 160 $\nu_{S=O}$ 1 110 830 γ_{CH}
聚氯乙烯	1 250 ν_{C-H}	1 420 δ_{CH_2} 1 330 $\delta_{CH}+\gamma_{CH_2}$ 600—700 ν_{C-Cl}
聚苯醚	1 240 ν_{C-O}	1 600 1 500 1 160 1 020
硝化纤维素	1 285 ν_{N-O}	1 660 845 硝酸酯特征 1 075
三乙酸纤维素	1 240 ν_{C-O}	1 740 1 380 乙酸酯特征 1 050
聚乙烯基醚类	1 100 ν_{C-O}	只有碳氢吸收
聚氧乙烯	1 100 ν_{C-O}	945
聚乙烯醇缩甲醛	1 020 ν_{C-O}	1 060 1 130 1 175 1 240 缩甲醛特征
聚乙烯醇缩乙醛	1 140 ν_{C-O}	940 1 340 缩乙醛特征
聚乙烯醇缩丁醛	1 124 ν_{C-O}	995

续表

聚合物名称	谱带位置及对应基团振动/cm^{-1}	
	最强谱带	特征谱带
纤维素	1 050 $\nu_{C—OH}$	1 158　1 109　1 025　1 000　970 在主峰两侧的一系列突起
纤维素醚类	1 100 $\nu_{C—O}$	1 050　3 400 残存 OH 吸收
聚醚型聚氨酯	1 100 $\nu_{C—O}$	1 540　1 690　1 730 $\delta_{N—H}$　$\nu_{C=O}$

（4）其他类型聚合物（1 300～1 000cm^{-1}）

聚合物名称	谱带位置及对应基团振动/cm^{-1}	
	最强谱带	特征谱带
甲基有机硅树脂	1 100　1 020 $\nu_{Si—O—Si}$	1 260　800 δ_{CH_3}　$\nu_{C—Si—C}$
甲基苯基硅树脂	1 100　1 020 $\nu_{Si—O—Si}$	1 260　3 066　3 030　1 440 δ_{CH_3}　苯环特征
聚偏氯乙烯	1 070　1 045	1 405 δ_{CH_2}
聚四氟乙烯	1 250～1 100 $\nu_{C—F}$	770　638　554 非晶带　晶带
聚三氟氯乙烯	1 198　1 130 $\nu_{C—F}$	970　1 285　657 $\nu_{C—Cl}$　晶带　非晶带
聚偏氟乙烯	1 175 $\nu_{C—F}$	875　1 395　1 070
聚苯乙烯	760　700 单取代苯特征	3 000　3 022　3 060　3 080　3 100 5 条尖锐谱带
聚茚	750 $\gamma_{C—H}$	1 250～850 很多弱的尖锐谱带
聚对甲基苯乙烯	815 $\gamma_{C—H}$	720
1,2-聚丁二烯	909 $\gamma_{=CH_2}$	993　1 650　700 $\gamma_{=CH_2}$　$\nu_{C=C}$
反式 1,4-聚丁二烯	967 $\gamma_{=C—H}$	1 660 $\nu_{C=C}$
顺式 1,4-聚丁二烯	738 $\nu_{=C—H}$	1 653 $\nu_{C=C}$
聚甲醛	935　900 $\nu_{C—O}$	1 100　1 240
（高）氯化聚乙烯	670 $\nu_{C—Cl}$	760　790　1 266 $\nu_{C—Cl}$　$\delta_{C—H}$
氯化橡胶	790 $\nu_{C—Cl}$	760　736　1 280　1 250 $\nu_{C—Cl}$　$\delta_{C—H}$

注：ν 表示伸缩振动；δ 表示弯曲振动；γ 表示面外弯曲振动。

谱图解析最简单的方法是把样品谱图直接和已知标样谱图对照。由美国费城萨德勒实验室(Sadtler Research Laboratories)编制的 Sadtler 谱图集收集了世界上最多的化合物的红外谱图,分为标样谱图与商品谱图两部分,后者又分成 27 类,除单体和聚合物、纤维、增塑剂等各类外,聚合物的热解产物也是其中的一类。这套谱图检索较方便,既可按化合物分类、化合物或官能团的名称字顺检索,也可按分子式或相对分子质量检索,还可由谱图中主要吸收峰的波长检索出谱图的号码及化合物名称。另外,flummel 和 Saholl 所编的 *Atlas of Polymer and Plastics Analysis*(《聚合物和塑料的红外分析图谱集》)中也搜集了许多谱图。

在对照谱图时,应注意制样条件。因为不同的制样条件会影响谱带位置、形状和强度。在具体解析中,可根据表 2-7 大致确定属于哪类聚合物,也可采用肯定法和否定法来帮助判断未知谱图中存在或不存在哪些基团。

1. 一般解析技术

(1) 否定法

如果在某个基团的特征频率吸收区,找不到吸收峰,就可判断样品中不存在该基团。

可用图 2-22 来查找。一般是先检查 1 300cm^{-1} 以上区域,确定没有哪些官能团,再查 1 000cm^{-1} 以下区域,检查碳氢键面外振动形式,最后再检查 1 000～1 300cm^{-1} 区域,就可确定没有哪些基团了。

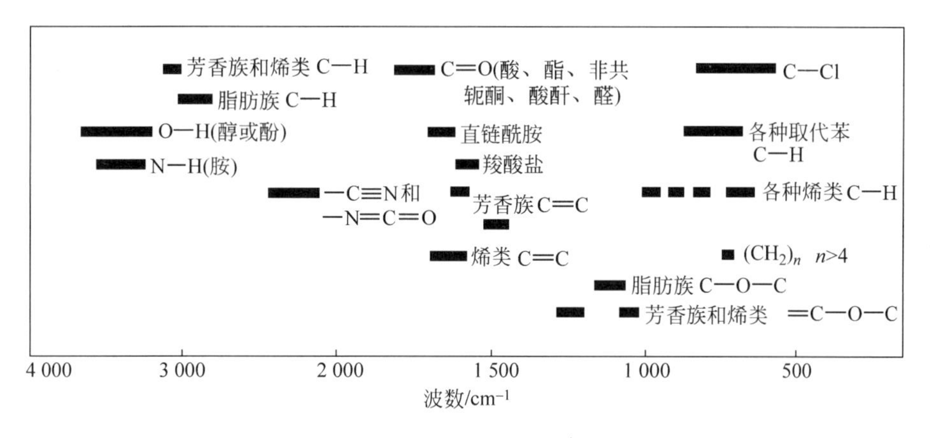

图 2-22 基团特征频率

例如图 2-23 为一未知聚合物的谱图。按图 2-22 检查,在 1 300cm^{-1} 波数以上,从高波数检查起,可知不存在羟基、胺基、不饱和烃、腈基、异氰酸酯基和羰基;在 1 000cm^{-1} 以下,仅有一对双峰(731cm^{-1} 和 720cm^{-1}),由于不存在芳香族和烯类,因此只可能是 $n>4$ 的长链 $\text{-}(CH_2)_n\text{-}$ 的吸收。由于在 1 300～1 000cm^{-1} 也没有吸收,因此醚键也可排除。这样,最后可确定该未知聚合物可能是聚乙烯。

(2) 肯定法

这种分析方法主要针对谱图上强的吸收带,确定是属于什么官能团,然后再分析具有较强特征性的吸收带,如在 2 240cm^{-1} 出现吸收峰,可确定含有腈基。聚合物中含有腈基的为数不多,可判断是含有丙烯腈类的聚合物。有些吸收谱带可能会有多种基团重叠,只依据基团的一种振动形式是不够的,需要分析基团的各种振动频率才能做出判断。例如图 2-24 所示的未知聚合物谱图。此物在 3 100～3 000cm^{-1} 有吸收峰,可知含有芳环或烯类的 C—H

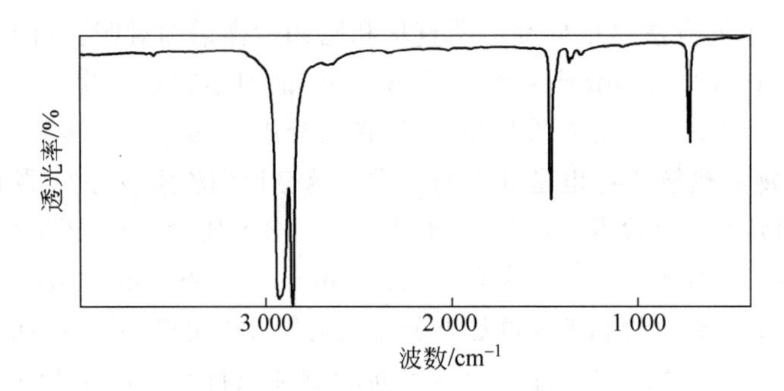

图 2-23 某未知聚合物的谱图

伸缩振动,但究竟是属于哪种类型就要看 C—H 的其他峰。由 2 000～1 668cm^{-1}区域的一系列的峰和 757cm^{-1}及 699cm^{-1}出现的峰,依据图 2-16,可知为苯的单取代基,这样可判断 3 100～3 000cm^{-1}处的峰为芳环中 C—H 的伸缩振动。再检查苯的骨架振动,在 1 601,1 583,1 493 和 1 452cm^{-1}的谱带可证实确有苯环存在。最后依据 3 000～2 800cm^{-1}的谱带判断是饱和碳氢化合物的吸收,而且 1 493cm^{-1}和 1 452cm^{-1}的强吸收带也可说明有 CH_2 或 CH 弯曲振动与苯环骨架振动的重叠。由上可初步判断为聚苯乙烯。

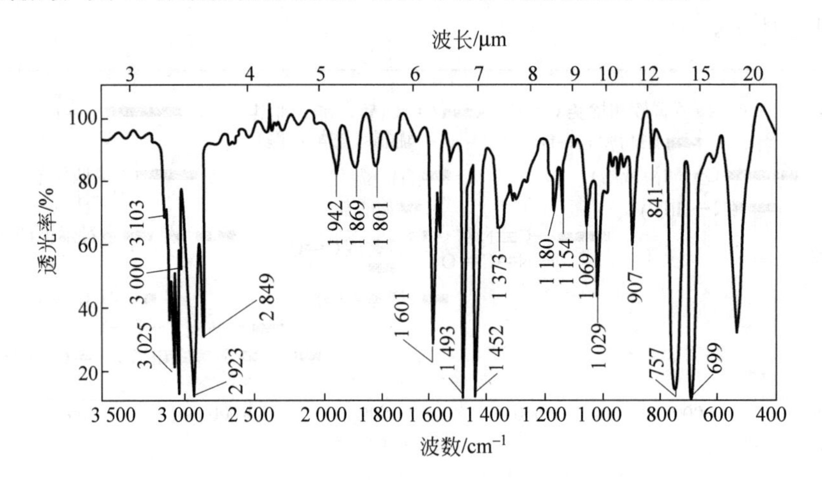

图 2-24 某未知聚合物谱图

也可以把肯定法和否定法配合起来使用。有时还需要和其他方法配合起来进行综合分析,才能得到确切的结论。

在进行聚合物红外光谱解析时应注意以下几点:

(1) 光谱解析的正确性依赖于能否得到一张最佳的光谱图。这是和分析技术及操作条件,如制样是否均匀、样品厚薄是否恰当、本底扣除是否正确等有关,因此必须注意选择最佳的操作条件,方能得到满意的谱图。

(2) 对未知聚合物或添加剂的红外谱图的正确判别,除要掌握红外分析的有关知识外,还必须对聚合物样品的来源、性能及用途有足够的了解。

(3) 聚合物谱图虽与分子链中重复单元的谱图相似,但它仍有自身的特殊性。由于聚合物聚集态结构的不同、共聚物序列结构的不同等都会影响谱图,因此在解析谱图时要特别注意。

2. 计算机谱图解析技术

随着计算机技术的发展，在红外光谱中引入了红外光谱数据库检索与辅助结构解析。运用这种技术的关键问题是要建立有相当数量的高质量谱图数据库和快速、准确的检索方法。目前广泛采用的是全光谱检索方法，用 S_i 和 R_i 分别代表样品谱图和标准谱图中第 i 个数据点的吸光度值，其匹配值用 M 表示，其计算法共有 4 种：

(1) AB 算法(绝对差值法)

$$M_{AB} = \sum_{i=1}^{N} |S_i - R_i|$$

(2) SQ 算法(最小二乘法)

$$M_{SQ} = \sum_{i=1}^{N} (S_i - R_i)^2$$

(3) AD 算法(绝对微分法)

$$M_{AD} = \sum_{i=2}^{N} |(S_i - S_{i-1}) - (R_i - R_{i-1})|$$

(4) SD 算法(微分最小二乘法)

$$M_{SD} = \sum_{i=1}^{N} [(S_i - S_{i-1}) - (R_i - R_{i-1})]^2$$

这几种方法计算得到的匹配值 M 越小，说明两张谱图的相似性越好。其中 AB 法计算速度较快，但需先进行基线校正；SQ 法是一种加权比较，因此吸光度值相差大的点影响大；而后两种方法由于是微分法，可以降低样品制备不好对谱图检索带来的影响。

计算机检索谱图，需要依赖庞大的谱图库，否则检索结果不能令人满意。目前所发展的计算机辅助谱图解析技术，是利用计算机技术模拟有经验的专家进行谱图解析，如采用"模式识别"方法。这是人工智能技术的一个分支，使用时首先是要建立一个具有一定数量、有代表性的谱图数据库，作为"训练集"，然后通过一个"学习"过程，判别出分子结构与谱图数据之间的关系，建立起判别函数，从而进行计算机辅助化学结构鉴定。

2.4.5 定量分析

红外光谱的定量分析在高分子材料的研究工作中被广泛的应用，例如样品中添加剂或杂质量的测定，共聚物或共混物组成的测定，聚合物接枝率、交联度的分析以及聚合物反应过程中原料的消耗或生成物生成速度的测定等。

1. 红外光谱定量分析的基本原理

红外光谱定量分析的计算方法是基于 2.1 节所述的朗伯-比尔定律。把式(2-6)和式(2-7)合并，可得到

$$A = \lg I_0/I = \varepsilon CL \tag{2-18}$$

说明吸光度与物质的浓度与厚度成正比。比例常数 ε 称为吸光系数(消光系数)，是单位浓度、单位厚度时的吸光度，ε 数值的大小与基团的结构、所处的环境有关，取决于基团振动时偶极矩的变化率。

吸光度 A 还具有加和性，即在同一频率处可用下式表示：

$$A = \varepsilon_1 C_1 L_1 + \varepsilon_2 C_2 L_2 + \varepsilon_3 C_3 L_3 + \cdots = \sum \varepsilon_i C_i L_i$$

在测定时样品厚度是一样的，上式可写成：

$$A = L \sum \varepsilon_i C_i \tag{2-19}$$

2. 定量分析谱带的选择

定量分析谱带选择的要求：

(1) 对某一组分具有特征性且能灵敏反映浓度变化。

(2) 比较独立，受干扰小。

(3) 尽量避免有强的吸收峰（如 CO_2，H_2O 等）。

(4) 如选择两条以上谱带时，在测量的范围内，应尽量保持在相同的数量级。

选择好谱带后，在制样时就要考虑溶剂的选择。所选溶剂应在样品吸收带处无吸收，并且溶液的厚度和浓度要合适，以便减小分析误差。

3. 吸光度 A 的测定

一般在定量分析中分析峰值的大小，可以用峰位吸光度 A 即峰高来表示，也可以对吸收峰面积进行积分，即用峰面积来表示。无论用何种方法测量吸光度 A，都有一个基线的确定问题。基线是指分析峰不存在时的背景吸收线。由于红外谱图吸收谱带较多，有些谱带靠近易重叠，且峰形又不规正，因此应依据实际情况合理确定基线或积分区间，以免影响定量分析准确性。

4. 红外定量分析方法

由于吸光度 A 的大小不仅取决于基团含量的多少，而且与基团的结构、所处的环境有关，因此，若要测定样品中组分的绝对含量，必须求出吸光系数 ε。这需要用已知浓度的标样进行测定。确定样品浓度可以利用化学分析法或核磁共振法等事先进行校正，也可采用已知浓度的样品或合成模型化合物的方法。在获取了已知浓度的标样后，可采用下列方法之一来求实际样品的含量。

(1) 工作曲线法

用一系列已知浓度的样品，在同样的样品厚度下测定吸光度 A，并做出与浓度 C 的变化曲线，这便是工作曲线。当该曲线为线性时，斜率值即 ε 值，且该值在测定的范围内不随样品的浓度变化而变化；若工作曲线为非线性，则说明在所测定的浓度范围内 ε 值不是常数，而是随浓度而变化的。无论上述何种情况，在测定未知浓度的样品时，只要样品厚度不变，测定 A 值后，即可由工作曲线计算出浓度值。

在某些情况下（如样品为薄膜、固体粉末等）难以做到使样品厚度相同，则可采用比例法，即在谱图中选取一个标准谱带，该谱带的吸光度 A 的值仅随样品的厚度变化。采用分析峰与标准峰 A 值之比与浓度的变化做工作曲线，在测定未知浓度样品时，也采用这两个峰的比值，即可消除样品厚度变化的影响。

(2) 内标法

这是为了抵消厚度影响而采取的一种方法。制样前加入内标物，用被测组分和内标物峰高（或峰面积）之比与其浓度之比作关系曲线来测定组分的浓度。

(3) 差示法

用差减谱图的方法扣除一个组分测定另一组分，该法对重叠峰的谱图也是有效的。

(4) 多组分分析

在多组分定量分析时，由于各组分的干扰，谱带可能重叠影响定量分析，可依据吸光度 A 具有加和性这一特点，依据式(2-19)建立联立方程组进行定量测定；或者运用分峰技术进行分析。

2.4.6　红外光谱法在高分子材料研究中的应用

红外光谱在高分子材料研究中是一种很有用的手段，目前较普遍的应用有下述几方面。

1. 分析与鉴别聚合物

因红外操作简单，谱图的特征性强，因此是鉴别聚合物很理想的方法。用红外光谱不仅可区分不同类型的聚合物，而且对某些结构相近的聚合物，也可以依靠指纹图谱来区分。例如尼龙-6、尼龙-7 和尼龙-8 都是聚酰胺类聚合物，具有相同的官能团，从图 2-25 可以看出，其官能团区的谱带是一样的，$\nu_{N-H}=3\ 300cm^{-1}$，酰胺Ⅰ和Ⅱ带分别在 $1\ 635cm^{-1}$ 和 $1\ 540cm^{-1}$。这 3 种聚合物结构的区别是 $\text{+}CH_2\text{+}_n$ 基团的长度不同(即 n 的数目不同)，因此它们在 $1\ 400\sim800cm^{-1}$ 指纹区的谱图不一样，据此可区别这 3 种聚合物。

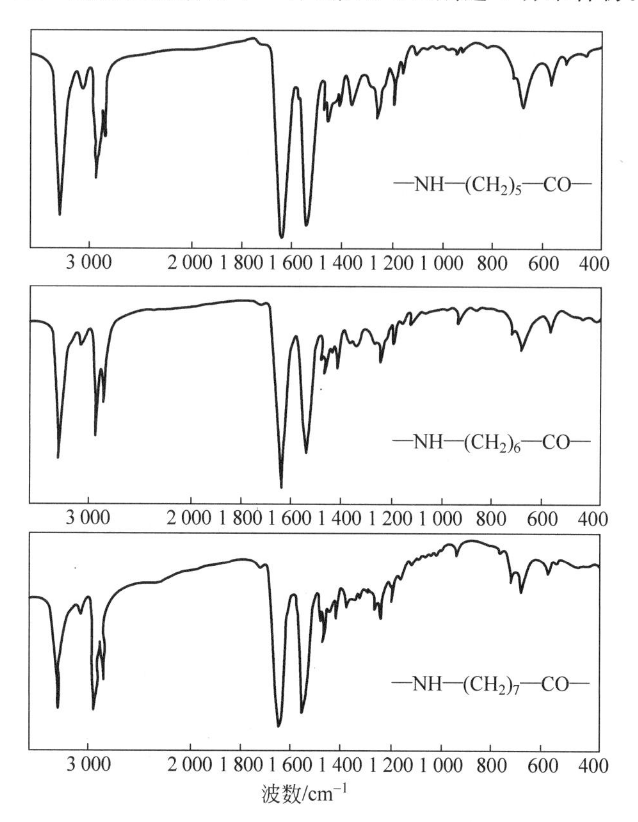

图 2-25　尼龙类的红外吸收光谱图

前面提到的耦合效应对于鉴别结构相近的化合物也是很有用的。在只含有碳和氢元素的聚烯烃中,如果 α-H 被非极性基团取代时主要是机械耦合,则会影响特征频率,产生位移。例如聚异丁烯(PIB)可看成是等规聚丙烯(PP)上的 α-H 被甲基取代,在这种情况下,如图 2-26 所示,PP 中的—CH_3 基团在 1 378cm^{-1}和 969cm^{-1}处的面内和面外弯曲振动在 PIB 中均分裂成两个谱带,而 PP 在 1 153cm^{-1}处的骨架振动带在 PIB 中移到 1 227cm^{-1}处。如果芳香聚合物的 α-H 被甲基取代,例如聚苯乙烯(PS)和聚 α-甲基苯乙烯(α-MPS),比较图 2-24 和图 2-27 可知,除了由于 α-MPS 增加了—CH_3,在图 2-27 中增加了—CH_3 的特征吸收(即 2 960,2 980,1 470,1 380 和 947cm^{-1}的谱带)外,1 027cm^{-1}处的环内氢原子的面内弯曲振动带的强度在 α-MPS 中明显增加。这种峰强度的变化是由于 PS 中的 α-H 被甲基取代后电子耦合引起的。在极性乙烯类聚合物中,由于机械耦合和电子耦合同时存在,情况较复杂,如图 2-28 中聚丙烯酸甲酯(PMA)和聚甲基丙烯酸甲酯(PMMA)的谱图。用以区分这两个化合物的最典型的谱带是 1 260 和 1 150cm^{-1}处的 C—O—C 伸缩振动:在 PMA 中是两个单峰,而在 PMMA 中是两组双峰,不仅峰分裂,而且强度也有变化。这种由于取代基不同产生耦合引起谱带的变化,不仅对鉴别不同结构的聚合物有用,而且对研究共聚反应和共聚物的序列结构也是很有用的。

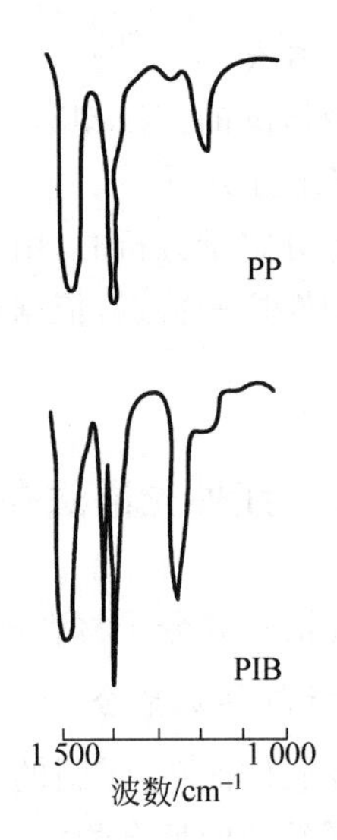

图 2-26 PP 和 PIB 在 1 000～1 500cm^{-1}的红外光谱图

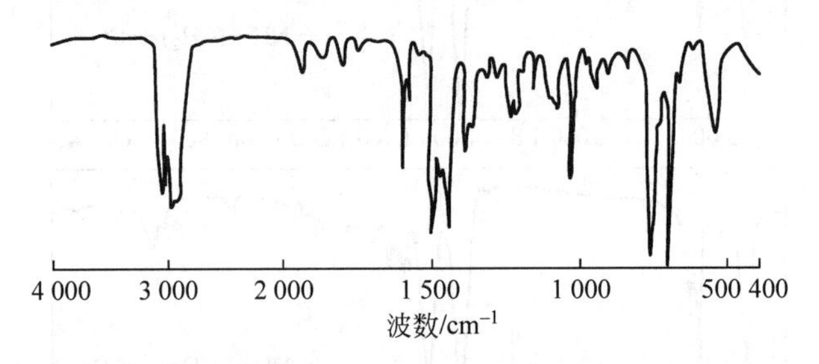

图 2-27 α-MPS 的红外谱图

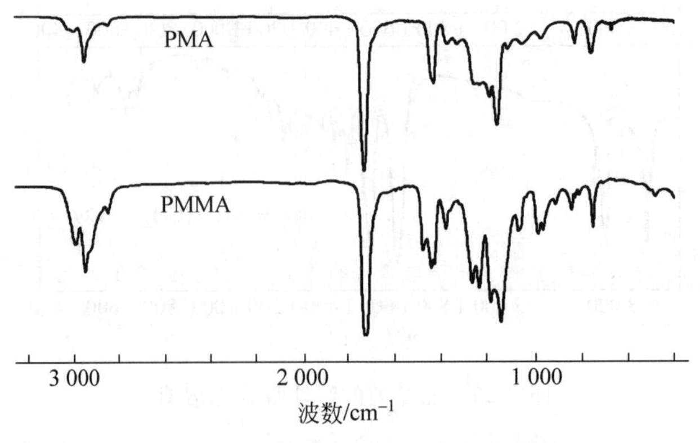

图 2-28 PMA 和 PMMA 的红外谱图

2. 聚合物反应的研究

用红外光谱特别是傅里叶变换红外光谱，可直接对聚合物反应进行原位测定，从而研究高分子反应动力学，包括聚合反应动力学和降解、老化过程的反应机理等。

要研究反应过程必须解决下述3个问题：首先是样品池。要求它既能保证按一定条件进行反应，又能进行红外检测；其次是选择一个特征峰，该峰受其他峰干扰小，而且又能表征反应进行的程度；最后是要能定量地测定反应物(或生成物)的浓度随反应时间(或温度、压力)的变化。根据比尔定律，按照式(2-6)和式(2-7)，只要能测定所选特征峰的吸光度(或峰面积)就能换算成相应的浓度。例如双酚A型环氧-616树脂(EP-616)能与固化剂二胺基二苯基砜(DDS)发生交联反应，形成网状聚合物。这种材料的性能与其网络结构的均匀性有很大的关系，因此可用红外光谱法研究这一反应过程，了解交联网络结构的形成过程。图2-29是未反应的EP-616的局部红外谱图，其中913cm^{-1}的吸收峰是环氧基的特征峰。随着反应的进行，该峰逐渐减小，这表征了环氧反应进行的程度。在反应过程中，还观察到1 150～1 050cm^{-1}范围内的醚键吸收峰不变，3 410cm^{-1}的仲胺吸收峰逐渐减小，而3 500cm^{-1}的羟基吸收峰逐渐增大，说明在固化过程中主要的不是醚化反应，而是由胺基形成交联点。在固化过程中一级胺的反应可由1 628cm^{-1}伯胺特征峰的变化来表征。因为可以不考虑醚化反应，因此二级胺的生成与反应，可由下式导出：

$$2P = P_{\mathrm{I}} + P_{\mathrm{II}} \tag{2-20}$$

其中P为环氧反应程度；P_{I}和P_{II}分别表示一级胺和二级胺的反应程度。图2-30表示在130℃固化时环氧基、一级胺、二级胺含量随时间变化的曲线。从中可看出，从固化开始到一级胺反应90％时，二级胺的含量一直在增加，说明二级胺反应速度低于一级胺。

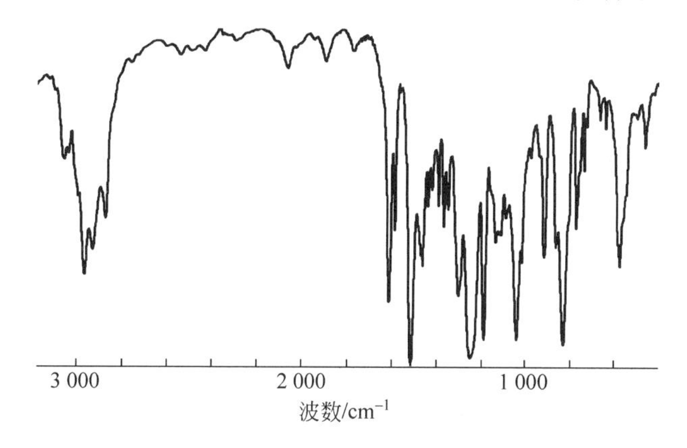

图2-29 EP-616的局部红外光谱图

用红外光谱法也可研究聚合物的老化过程。聚合物在紫外光辐照下，特别是有氧和水气存在的情况下，易被氧化生成新的基团，从而使红外谱图发生变化。例如聚乙烯薄膜，在没有用紫外光辐射前的谱图如图2-31中的实线所示，而在氧和水气存在下，用紫外光辐照后的谱图如虚线所示，可以明显观察到辐照后在羰基区有明显的吸收峰形成。

3. 共聚物研究

共聚物的性能和共聚物中两种单体的链节结构、组成和序列分布有关。要得到预期性能的共聚物，必须研究共聚反应过程的规律，掌握两种单体反应活性的比率，即竞聚率，以及两种单体的浓度比与生成共聚物的组成比。上述各项参数都可用红外吸收光谱法来测定。

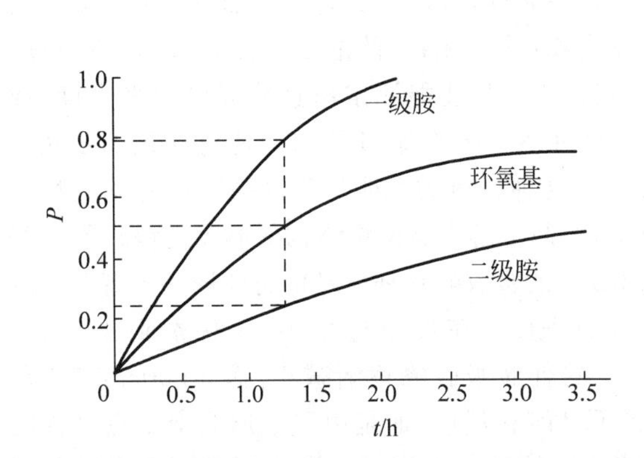

图 2-30　在 130℃固化时，环氧基、一级胺和二级胺含量随时间的变化

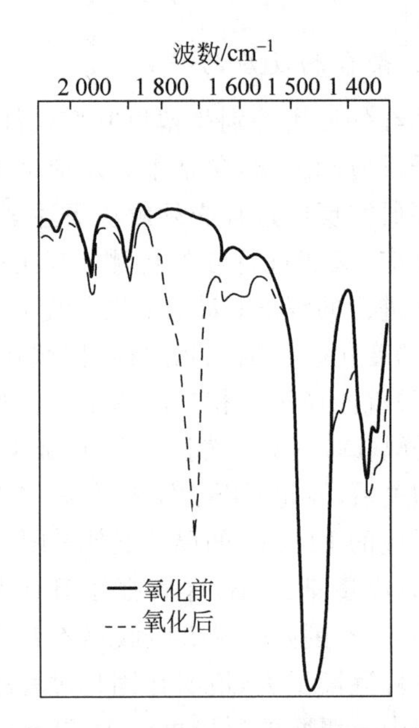

图 2-31　聚乙烯氧化前后红外光谱图的变化

以 *N*-乙烯基吡咯烷酮(VP)和甲基丙烯酸-β-羟乙酯(HEMA)体系的共聚反应动力学的研究为例说明。在一般加聚反应中，双键打开形成聚合物，因此可选择 C═C 的伸缩振动带作为反应进行程度的定量表征。在 VP 和 HEMA 中，C═C 伸缩振动谱带分别在 1 629cm^{-1} 和 1 638cm^{-1}处，在 VP-HEMA 共聚体系中则叠加在一起出现在 1 630cm^{-1}处。随着反应的进行，转化率升高，虽然此峰减小，但由于共聚物的生成使 C═O 的伸缩振动带移向低波数方向与 C═C 带部分重叠，因此不宜选择此带为定量分析谱带。一般选择与 C═C 相连的基团的振动作为定量分析谱带，因为随双键的消失，这些谱带也减小。研究共聚反应谱图发现，1 386cm^{-1}和 945cm^{-1}谱带随反应进行逐渐减小，如图 2-32 和图 2-33 所示。以反应过程中峰面积的变化作为定量分析标准更适宜，由图 2-32 和图 2-33 可确定选择 VP 定量带的范围为 1 409～1 358cm^{-1}，HEMA 为 969～921cm^{-1}。

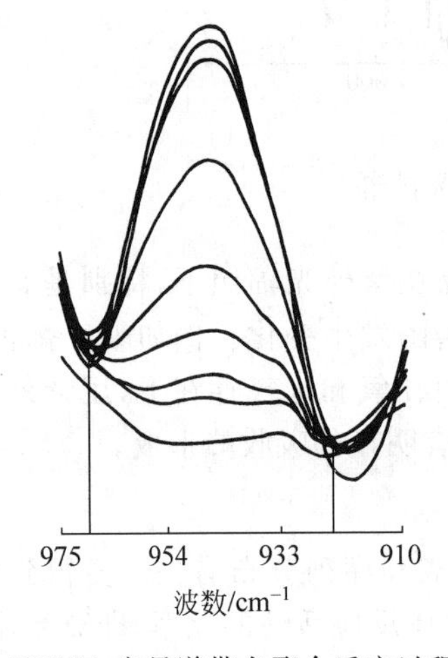

图 2-32　HEMA 定量谱带在聚合反应过程中的变化

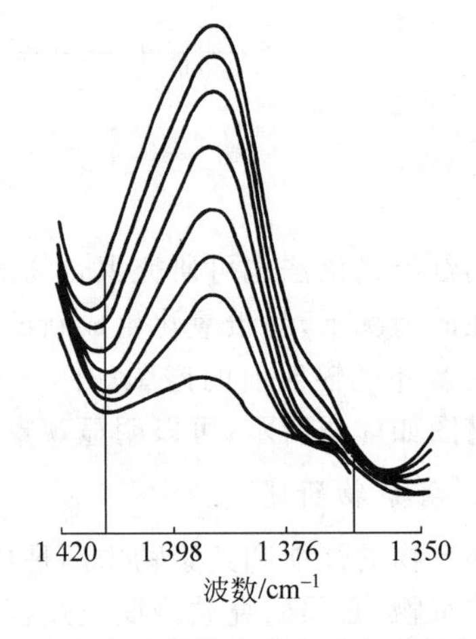

图 2-33　VP 定量谱带在聚合反应过程中的变化

单体的转化率可由下式计算：

$$P(t)=(A_0-A_t)/(A_0-A_\infty)\times 100\% \tag{2-21}$$

式中，$P(t)$为t时间的转化率；A_0，A_t，A_∞分别为反应时间为0、t以及转化率为100%时定量峰的面积。总转化率按下式计算

$$P_{总}=f_{VP}P_{VP}+(1-f_{VP})P_{HEMA} \tag{2-22}$$

式中，f_{VP}为VP单体投料的摩尔分数。

在研究共聚反应动力学时，可在不同反应温度、交联剂用量、引发剂用量等情况下测定，从而得出上述各种因素对转化率的影响。图2-34表示反应温度对共聚转化率的影响。

用红外吸收光谱跟踪共聚反应过程，不仅能测出单体总转化率随时间的变化情况，而且还能同时测出各个单体的转化率。如图2-35为70℃时，HEMA均聚物和VP与HEMA在不同配比下共聚反应时，HEMA转化率随时间变化的曲线。由图可观察到，HEMA共聚反应的速率明显大于均聚的反应速率。在HEMA的均聚反应中，30min以后才出现自动加速，而与VP共聚时，自动加速效应提前15～20min，而且最终转化率也不同。

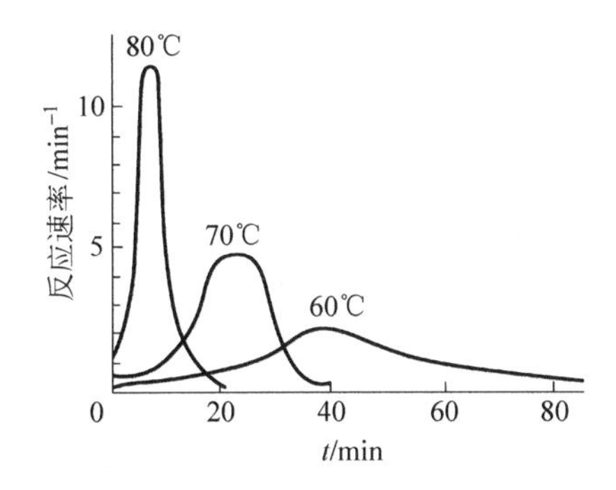

图2-34　VP-HEMA体系在不同温度下共聚反应速率随时间变化的曲线
（投料摩尔比VP∶HEMA=43.8∶56.2；交联剂用量1.18%，引发剂量0.06%(质量分数)）

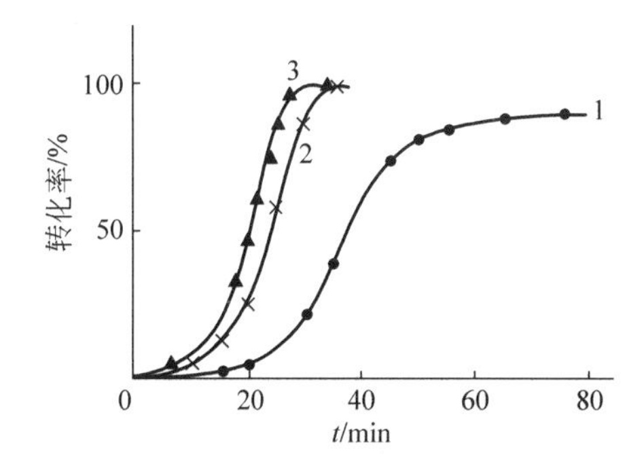

图2-35　HEMA单体在均聚和共聚中转化率随时间的变化曲线
1—均聚物；2—VP∶HEMA=72∶28；3—VP∶HEMA=43.8∶56.2

用红外吸收光谱法测定共聚物组成时，往往首先选择那些对共聚物的结构变化不敏感的谱带，如一些与侧基振动有关的谱带，然后验证这些谱带在共混物和共聚物中消光系数是否相同，若不相同，不能用已知配比均聚物的混合物作为共聚物组成测定的绝对定量标准，而要用其他方法测定共聚样品的组成比作为标样，绘制校正曲线，然后才能测定未知共聚样品的组成。

为了研究共聚物的序列分布，应选择对共聚物单体分布敏感的谱带。这些谱带可以通过对比共聚物和共混物的谱图来确认。正如本节前面所提到的那样，由于耦合效应的存在，在A，B两种单元组成的共聚物中，不同的三单元组(A$\underline{A}$A)，(A$\underline{A}$B)和(B$\underline{A}$B)将产生不同的振动频率或不同的消光系数，这就可以为共聚物序列分布测定提供依据。

4. 聚合物结晶形态的研究

用红外吸收光谱可测定聚合物样品的结晶度，也可研究结晶动力学等。由于完全结晶聚合物的样品很难获得，因此不能仅用红外吸收光谱独立地测量结晶度的绝对量，需要依靠其他测试方法如X射线衍射法等测量的结果作为相对标准来计算结晶谱带的吸收率。但

由于红外光谱法测定结晶度比其他方法简便，又可以进行原位测定，因此仍被广泛地应用。

在测量聚合物结晶度时，应选择对结构变化敏感的谱带作为分析谱带，在表 2-8 中列出了一些常用聚合物的晶带和非晶带。

表 2-8 常用聚合物的晶带和非晶带 cm^{-1}

聚合物	晶 带	非 晶 带
聚乙烯	1 894,731	1 368,1 353,1 303
全同聚丙烯	1 304,1 167,998,841	
间同聚丙烯	1 005,977,867	1 230,1 199,1 131
间同 1,3-聚戊二烯	1 340,1 178,1 140,1 014,988,934,910	
全同聚苯乙烯	1 365,1 312,1 297,1 261,1 194,1 185,1 080, 1 055,985,920,898	
聚氯乙烯	638,603	690,615
聚偏氯乙烯	1 070,1 045,885,752	
聚四氟乙烯		770,638
聚三氟氯乙烯	1 290,490,440	
聚偏氟乙烯	975,794,763,614	657
全同聚醋酸乙烯酯	1 141	
聚乙烯醇	1 144	1 040,916,825
聚对苯二甲酸乙二醇酯	1 340,972,848	1 145,1 370,1 045,898
α-尼龙-6	959,928	1 130
尼龙-66	935	1 140
尼龙-7	940	
尼龙-9	940	

在计算结晶度时，可选择对结构变化不敏感的谱带作为内标谱带，样品的结晶度 X_c 可由下式得到：

$$X_c = \frac{A_i}{A_s}k \tag{2-23}$$

式中，A_i 和 A_s 分别代表测定结晶度时，所选择的分析谱带和内标谱带的吸收峰面积；k 为比例常数，用已知结晶度的样品预先测定，当选择的内标峰不同时，k 值也随之变化。在实际工作中，如果只要了解结晶度的相对变化率，可用 $X=A_i/A_s$ 来表征同一种样品的相对结晶度。

例如聚偏氟乙烯(PVDF)具有优良的压电性能，同时也具有 α,β,γ 等多种晶型，这些不同晶型所含的分子链具有各自不同的构象，因而使每种晶型都有各自特征的红外谱带。PVDF 3 种结晶形态的谱图如图 2-36 所示。在计算结晶度时，选用 3 022cm^{-1} 的谱带为内标带，796cm^{-1} 和 430cm^{-1} 处的谱带分别为 α 和 γ 晶型的特征谱带。对于含有锯齿型构象分子链的 β 晶型，虽然在 445cm^{-1} 处的谱带为 β 晶型特有的吸收谱带，但由于该谱带受到邻近的 490cm^{-1} 谱带(与分子链的头-头结构有关)的影响，在含量少时会被掩盖。γ 晶型不仅在 430cm^{-1} 处有吸收，在 445cm^{-1} 处亦有吸收存在。因此采取下式计算 β 晶型的相对含量：

$$X_\beta = \frac{A_{445} - K_\gamma A_{430}}{A_{3\,022}} \tag{2-24}$$

式中，$K_\gamma=(A_{445}/A_{430})_\gamma$，即纯的 γ 晶型样品在 445cm^{-1} 和 430cm^{-1} 处吸收峰面积的比值。α 和 γ 晶型的相对结晶度分别为 $X_\alpha=A_{976}/A_{3022}$ 和 $X_\gamma=A_{430}/A_{3022}$。图 2-37 为 170℃时，在不同压力条件下处理 2h 后，PVDF 的红外光谱图。各种晶型的变化率 η_i 可用下式计算：

$$\eta_i=\frac{X_i-X_{i0}}{X_{i0}} \tag{2-25}$$

式中，X_{i0} 和 X_i 分别代表 i 类晶型（i 代表 α，β，γ）处理前和处理后的相对结晶度。

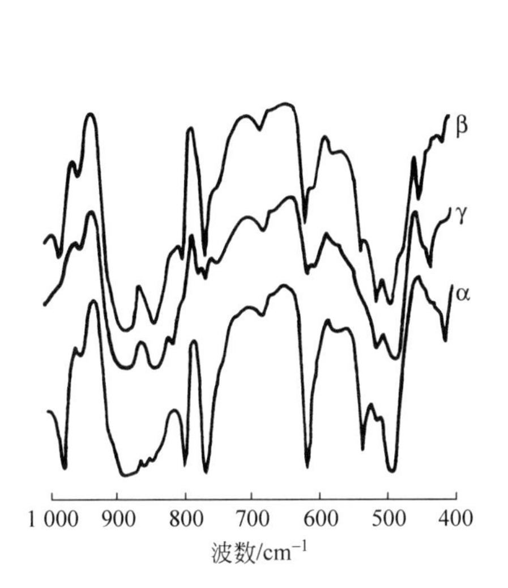

图 2-36 聚偏氟乙烯中三种结晶形态的特征谱带

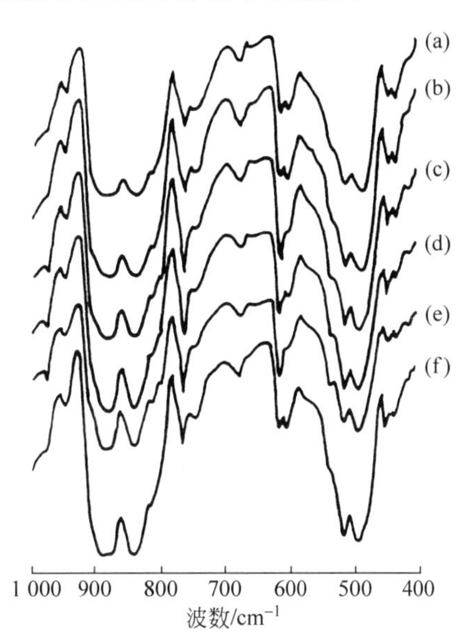

图 2-37 在 170℃不同压力下处理 2h 后，聚偏氟乙烯的红外谱图

(a) 未加压；(b) 86MPa；(c) 129MPa；(d) 172MPa；(e) 310MPa；(f) 414MPa

在图 2-38 中给出了 α 晶型的 530cm^{-1} 和 976cm^{-1} 谱带随温度的变化曲线。976cm^{-1} 谱带是 ν_{C-C} 带，表征主链松弛的模式呈线性；530cm^{-1} 谱带是 CF_2 的弯曲振动带，表征在该温度区域内，α 晶型内的分子链局部运动模式，其转折处的温度约为 43℃，与介电松弛测定中的峰位是一致的。

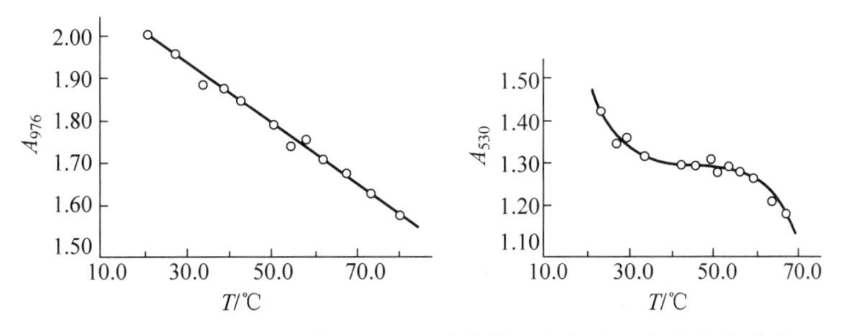

图 2-38 α 晶型 976cm^{-1} 和 530cm^{-1} 谱带吸光度随温度的变化曲线

5. 聚合物取向的研究

在红外光谱仪的测量光路中加入一个偏振器便形成偏振红外光谱，它是研究聚合物分

子链取向的一种很好的手段。

当红外光通过偏振器后，得到电矢量只有一个方向的偏振光。这束光射到取向的聚合物时，若基团振动的偶极矩矢量($\partial \boldsymbol{m}/\partial \boldsymbol{r}$)方向与偏振光电矢量 $\boldsymbol{E}$ 方向平行，则基团的振动吸收有最大吸收强度；反之，若二者垂直，则基团的振动吸收强度最小，如图 2-39 所示，图中 S 为光源，P 为偏振器。聚合物试样这种在两个垂直方向上对偏振光具有不同吸收的现象称为红外二向色性。对单个基团其吸收强度 A 可用下式表示：

$$A \propto [(\partial \boldsymbol{m}/\partial \boldsymbol{r}) \cdot \boldsymbol{E}]^2 = [\boldsymbol{\mu} \cdot \boldsymbol{E}]^2 = (\mu E)^2 \cos^2\alpha \tag{2-26}$$

式中，α 为偶极矩矢量与电矢量之间的夹角。样品吸光度应为单个基团的加合。如果分子无序排列，则偶极矩矢量是杂乱无序的，测不出红外二向色性。对取向样品，偶极矩矢量有序，则可测出红外二向色性。

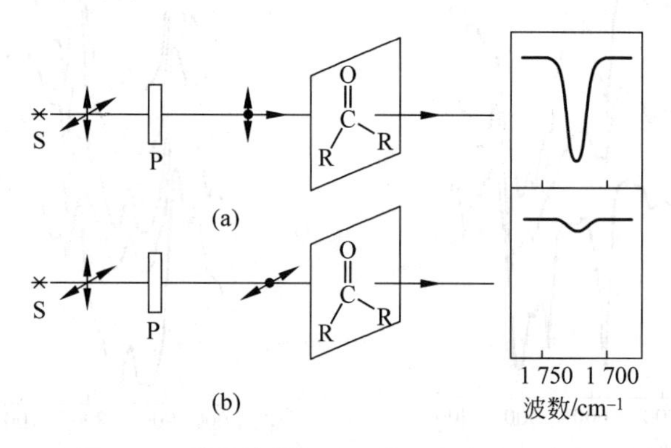

图 2-39 羰基伸缩振动红外二向色性示意图

对于单轴拉伸试样，若平行和垂直于试样拉伸方向的偏振光的吸光度分别为 $A_{/\!/}$ 和 $A_{\perp}$，则样品的二向色性比 R 可用下式计算：

$$R = A_{/\!/} / A_{\perp} \tag{2-27}$$

$R<1$，称为垂直谱带；$R>1$，称为平行谱带。对于完全未取向的样品，无论是平行谱带还是垂直谱带，都是 $R=1$；对于理想的完全取向样品，平行谱带 $R=\infty$，垂直谱带 $R=0$。由于这样使用不方便，所以用$(R-1)/(R+2)$表征聚合物取向。

假如某一理想的完全单轴取向的样品的所有分子链都沿拉伸方向取向，对应某一基团的某种振动偶极矩矢量 $\boldsymbol{M}$ 应位于一个以拉伸方向为轴，以 α 为半角（α 是分子链与偶极矩矢量之间的夹角）的圆锥上，如图 2-40 所示，其二向色性比 R_0：

$$R_0 = \frac{\int \cos^2\alpha \mathrm{d}\phi}{\int \sin^2\alpha \sin^2\phi \mathrm{d}\phi} = 2\cot^2\alpha \tag{2-28}$$

式中，ϕ 为偶极矩矢量在 xz 平面投影与 z 轴（入射方向）的夹角。随 α 从 0 增加到 $\pi/2$，R_0 由∞减小到 0，在 $\alpha=54°44'$时，$R_0=1$，不显示二向色性。在实际中，分子链不可能完全取向，因此引入取向函数 f 表示链的取向程度。其定义为：在聚合物中有 f 分数的分子链是完全取向的，其余$(1-f)$分数的分子是任意分布的，则二向色性比 R 为

$$R = \frac{F\cos^2\alpha + \frac{1}{3}(1-f)}{\frac{1}{2}f\sin^2\alpha + \frac{1}{3}(1-f)} \tag{2-29}$$

由上式可推出取向函数 f 为

$$f=\frac{R-1}{R+1}\frac{2}{3\cos^2\alpha-1}=\frac{(R-1)(R_0+2)}{(R+2)(R_0-1)} \tag{2-30}$$

可以用其他方法测定 α，然后用红外测定 R 值再计算取向函数，或者用偏振红外测定时，改变偏振器与拉伸方向角度，当 R 值最大时为 α，即 R_0，然后计算取向函数。

在上述的 PVDF 结晶度的测定中，若用偏振红外的方法测定拉伸后的 PVDF，发现 PVDF 拉伸后取向的薄膜主要是 β 晶型，而不是 α 晶型。

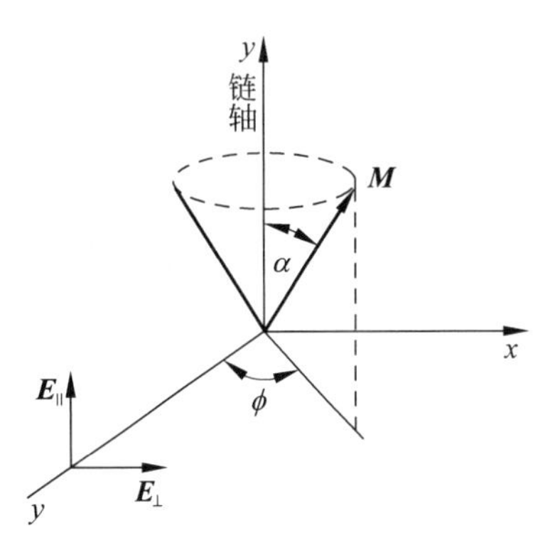

图 2-40 理想的完全单轴取向的聚合物中跃迁矩的分布

6. 聚合物表面的研究

很多高分子材料(如橡胶制品、纤维、复合材料及表面涂层等)用一般透射光谱法测量往往有困难，此时可以在傅里叶变换红外光谱仪中安装衰减全反射(attenuated total reflection, ATR)附件，使用内反射技术来测定样品表面的红外光谱图，如图 2-41 所示。由于晶体的折射率较高，在一定的入射角范围内，红外光在晶体和样品的界面处就会发生全反射，在晶体内形成驻波。由于驻波的独特性质，一小部分红外光会穿透晶体进入到样品中，并和样品发生相互作用，因此到达检测器的红外光中就带有了样品的信息。红外光能穿透样品的深度(一般为 0.1～5μm)称为穿透深度 d：

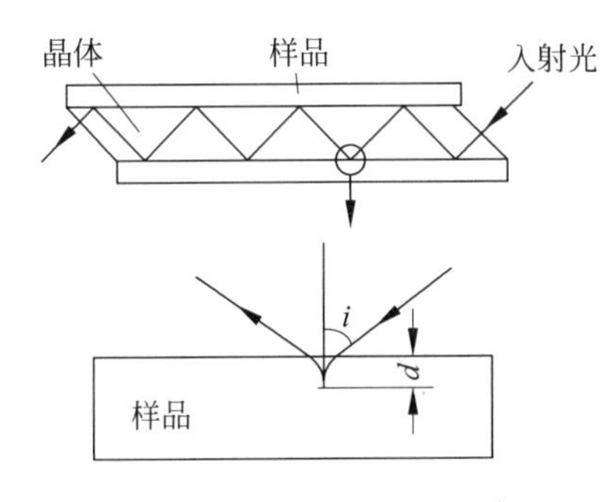

图 2-41 ATR 测定方法示意图

$$d=\frac{\lambda_1}{2\pi[\sin^2 i-(n_2/n_1)^2]^{\frac{1}{2}}} \tag{2-31}$$

式中，λ_1 为红外光在晶体中的波长；i 为入射角；n_1 和 n_2 分别为晶体和样品的折射率。入射角越大，晶体的折射率越高，穿透深度越小。

利用穿透深度随入射角的变化，可以研究样品表面的组成变化。如在不同入射角下测定聚乙烯醇(PVA)/聚丙烯腈(PAN)复合膜，随着入射角的减小，PAN 的腈基峰(2 240cm^{-1})逐渐增大，表明靠近晶体一侧为 PVA 膜，另一侧为 PAN 膜，见图 2-42。

又如用透射方法测量一种未知薄膜，从得到的谱图只能看出主体可能是聚酰亚胺。而且由于膜较厚，很多吸收峰都饱和了，不利于定性鉴别。若用 ATR 分别测定薄膜正反两面，得到的谱图如图 2-43 所示，由图中可看出两面的谱图是不同的，与标准谱图对照后可推断是聚均苯四酰亚胺与氟化乙丙烯的复合膜。

7. 高分子材料的组成分布

许多高分子材料都具有二维或三维的组成分布，如共混物、聚合物基复合材料等，不同的组成分布对其性能影响很大。红外显微镜将微观形貌观察与结构分析结合，测量的微区最小可达 5μm×5μm，是测定高分子材料组成分布的一种有效手段。图 2-44 是透射式红外显微镜的光路示意图。红外显微镜一般与红外光谱仪主机相连，来自主机的红外光通过输

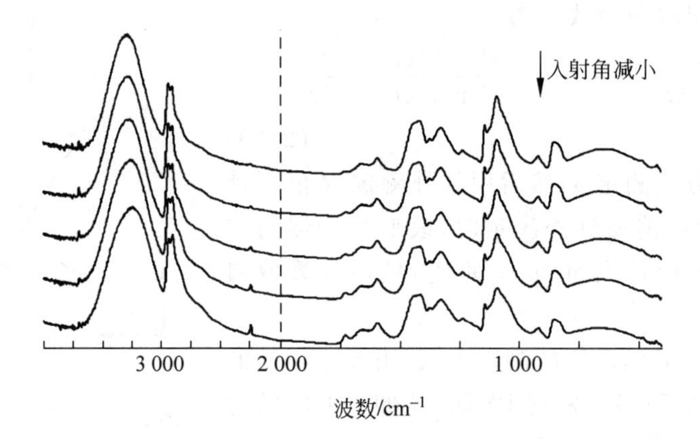

图 2-42 PVA/PAN 复合膜的 ATR 谱图

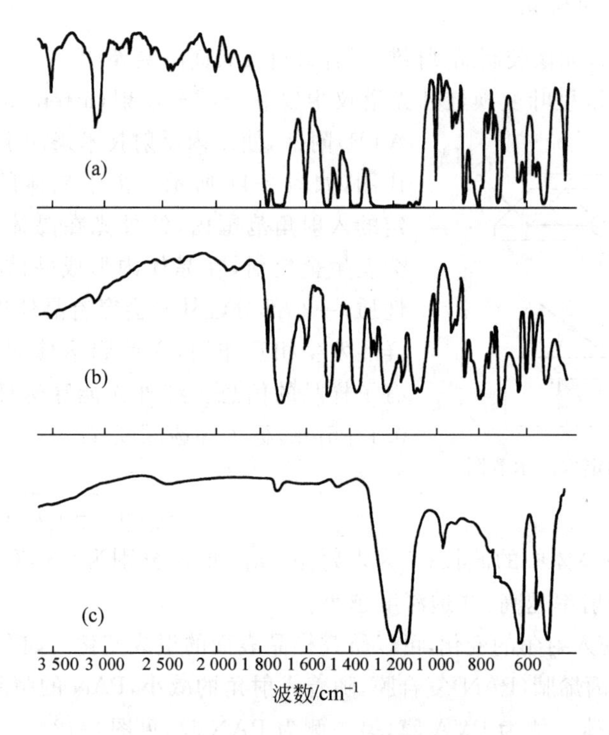

图 2-43 用 ATR 测定薄膜样品谱图

(a) 透射红外光谱图;(b)和(c)分别为两个表面的 ATR 谱图

入镜反射到下聚光镜,聚焦后照射到样品上,透过样品的光线再经上聚光镜聚焦后,由输出镜反射至高灵敏度的 MCT 检测器。下光阑决定样品测定区域的大小,上光阑则用于滤去杂散光。当需要进行显微形貌观察时,只需将输入镜和输出镜旋转 90°,即可切换到可见光路系统。由于采用了这种同轴光路系统,因此保证了红外显微镜的"所见即所得"。此外,配合控制精度可达 1μm 的自动样品台,即可实现整个样品区域的一维组成分布测定(线扫描)或二维组成分布测定(面扫描)。

例如将 PS/PC(70∶30)共混物溶液在玻璃基板上成膜,并对试样的断面进行显微红外分析,得到从基板表面到空气表面的 PS 组成分布曲线如图 2-45 所示。发现 PS 都富集在远离基板的表面上,而 PC 则富集在靠近基板的部分。这种表面析出现象是由于 PS 和 PC 不同的表面张力导致的。

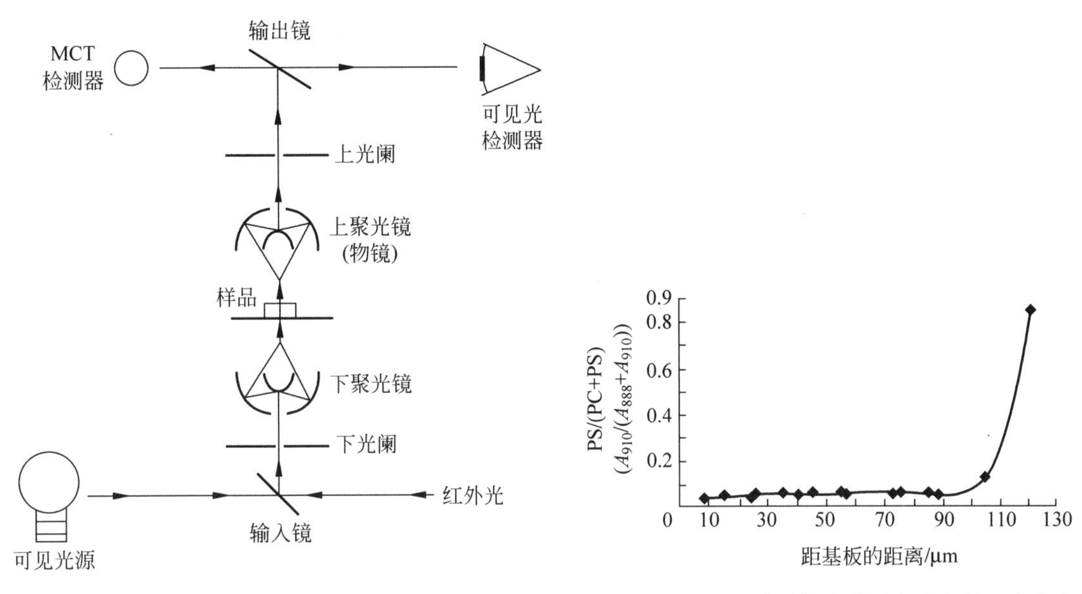

图 2-44 红外显微镜光路示意图

图 2-45 PS/PC 共混物在膜厚度方向的组成分布

2.5 激光拉曼光谱简介

拉曼(Raman)光谱是一种散射光谱,出现于 20 世纪 30 年代。由于拉曼效应较弱,故其应用受到限制。后把激光技术引入拉曼光谱,发展成激光拉曼光谱,其应用才逐渐广泛起来。目前在高分子领域中把它与红外吸收光谱相配合,成为研究分子的振动和转动能级的很有力的手段。

2.5.1 拉曼散射及拉曼位移

当用频率为 ν_0 的光照射样品时,除部分光被吸收外,大部分光沿入射方向透过样品,一小部分被散射掉。这部分散射光有两种情况:一种是光子与样品分子发生弹性碰撞,即在两者之间没有能量交换,这种光散射称为瑞利散射,此时散射光的频率与入射光频率相同;另一种是光子与样品分子之间发生非弹性碰撞,即在碰撞时有能量交换,这种光散射称为拉曼散射。在拉曼散射中,若光子把一部分能量给样品分子,散射光能量减少,此时在 $\left(\nu_0-\frac{\Delta E}{h}\right)$处产生的散射光线称为斯托克斯线;相反,若光子从样品分子中获得能量,在大于入射光频率处接收到散射光线,则称为反斯托克斯线,如图 2-46 所示。

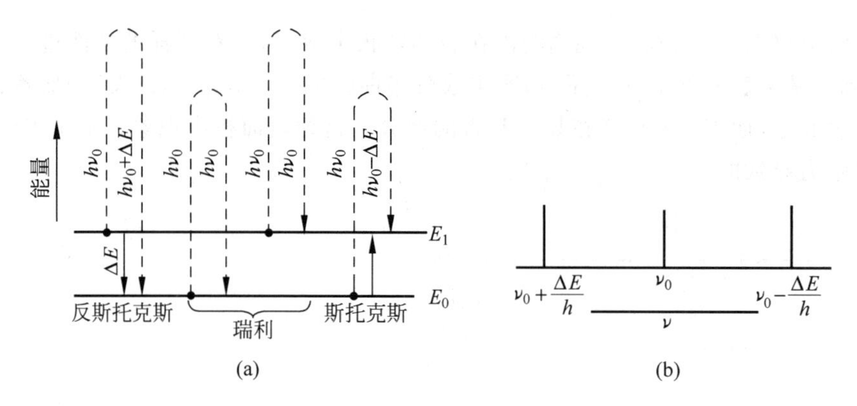

图 2-46　散射效应示意图

(a) 瑞利和拉曼散射的能级图；(b) 散射谱线

处于基态的分子与光子发生非弹性碰撞，获得能量跃迁到激发态可得到斯托克斯线；反之，如果分子处于激发态，与光子发生非弹性碰撞就会释放能量而回到基态，得到反斯托克斯线。

斯托克斯线或反斯托克斯线与入射光频率之差称为拉曼位移。拉曼位移的大小应和分子的跃迁能级差一样。因此，对应于同一分子能级，斯托克斯线与反斯托克斯线的拉曼位移应该是相等的，而且跃迁的几率也应相等。但在正常情况下，由于分子大多数是处于基态，测量到的斯托克斯线强度比反斯托克斯线强得多，所以在一般拉曼光谱分析中，都用测定斯托克斯线研究拉曼位移。

拉曼位移的大小与入射光的频率无关，只与分子的能级结构有关，其范围为 25～4 000cm^{-1}。因此入射光的能量应大于分子振动跃迁所需能量，小于电子能级跃迁的能量。

红外吸收要服从一定的选择定则，即分子振动时只有伴随分子偶极矩发生变化的振动才能产生红外吸收。同样，分子振动要产生拉曼位移也要服从一定的选择定则，也就是说只有伴随分子极化度 α 发生变化的分子振动模式才能具有拉曼活性，产生拉曼散射。极化度是指分子改变其电子云分布的难易程度，因此只有分子极化度发生变化的振动才能与入射光的电场 E 相互作用，产生诱导偶极矩 μ：

$$\mu = \alpha E \tag{2-32}$$

与红外吸收光谱相似，拉曼散射谱线的强度与诱导偶极矩成正比。

在多数的吸收光谱中，只具有两个基本参数（频率和强度），但在激光拉曼光谱中还有一个重要参数即退偏振比（也可称为去偏振度）。

由于激光是线偏振光，而大多数的有机分子是各向异性的，在不同方向上的分子被入射光电场极化程度是不同的。在红外中只有单晶和取向的聚合物才能测量出偏振，而在激光拉曼光谱中，完全自由取向的分子所散射的光也可能是偏振的，因此一般在拉曼光谱中用退偏振比（或称去偏振度）ρ 表征分子对称性振动模式的高低：

$$\rho = \frac{I_{\perp}}{I_{/\!/}} \tag{2-33}$$

$I_{\perp}$ 和 $I_{/\!/}$ 分别代表与激光电矢量相垂直和相平行的谱线的强度。$\rho<3/4$ 的谱带称为偏振谱带，表示分子有较高的对称振动模式；$\rho=3/4$ 的谱带称为退偏振谱带，表示分子的对称振动模式较低。

2.5.2 激光拉曼光谱与红外光谱的比较

虽然拉曼光谱和红外光谱同属于分子振动光谱，所测定辐射光的波数范围也相同，红外光谱解析中的定性三要素(即吸收频率、强度和峰形)对拉曼光谱解析也适用。但由于这两种光谱分析的机理不同，故所提供的信息是有差异的。红外光谱较为适于高分子侧基和端基，特别是一些极性基团的测定，而拉曼光谱对研究骨架特征特别有效。在研究聚合物结构的对称性方面，一般说，对具有对称中心的基团的非对称振动而言，红外是活性的，而拉曼是非活性的；反之，对这些基团的对称振动，红外是非活性的，拉曼是活性的。对没有对称中心的基团，红外和拉曼都是活性的，如表 2-9 所示。把红外和拉曼结合起来使用，可更加完整地研究分子的振动和转动能级，对分子鉴定更加有效。

表 2-9 红外和拉曼光谱强度的差异

	振动模式	频率范围/cm^{-1}
红外吸收强*	C═O 伸缩	1 800～1 600
	C—O 伸缩	1 300～900
	O—H 伸缩(氢键)	3 400～3 000
	芳香 C—H 面外弯曲	850～650
	N—H 伸缩(氢键)	3 300～3 100
	Si—O—Si 非对称伸缩	1 100～1 000
拉曼散射强**	芳香 C—H 伸缩	3 100～3 000
	C═C 伸缩	1 700～1 600
	C≡C 伸缩	2 250～2 100
	S═S 伸缩	1 400～500
	C—S 伸缩	700～600
	芳香 C═C 面内	1 050～950
	芳香环	1 700～1 500
	N═N 伸缩	1 630～1 575
二者均强	脂肪 C—H 伸缩	3 000～2 800
	C≡N 伸缩	2 300～2 200
	Si—H 伸缩	2 300～2 100
	C—卤素伸缩	1 400～500

* 通常这类基团包括不对称基团的弯曲振动以及极性键的伸缩振动。

** 通常这类基团包括对称基团的振动和键(特别是非极性和弱极性键)的伸缩振动。

红外测定受水干扰较大，而拉曼光谱不仅不受水的影响，而且对液槽也无特殊要求，因此可用于样品水溶液的测定。对各种样品均可获得红外光谱谱图，而获得拉曼光谱谱图的成功率较低。在定量方面，拉曼光谱受仪器的影响，不如红外光谱使用方便。

2.5.3 激光拉曼光谱在聚合物研究中的应用

激光拉曼光谱和红外光谱在聚合物研究中可互为补充。拉曼光谱在表征高分子链的碳碳骨架振动方面更为有效。例如 C—C 的伸缩振动，在红外光谱中一般较弱，而在激光拉曼光谱中,在 1 150～800cm⁻¹有强吸收带,易于区分伯、仲、叔以及成环化合物。由于拉曼光谱对烯类 C═C 振动也很敏感,有利于区分含有双键的聚合物的异构物,例如在聚丁二烯中,反式-1,4 C═C 的伸缩振动在 1 664cm⁻¹,顺式-1,4 在 1 650cm⁻¹,而 1,2 结构的则在 1 639cm⁻¹处有吸收峰。

对于同类型聚合物的区分,拉曼光谱也有其独到之处。例如各种不同的聚酰胺的红外谱图(图 2-25)很相似,只能依靠指纹区来区分,但在拉曼光谱中却很容易区分,如图 2-47 所示尼龙-8 和尼龙-11 的拉曼谱图有明显的差异。

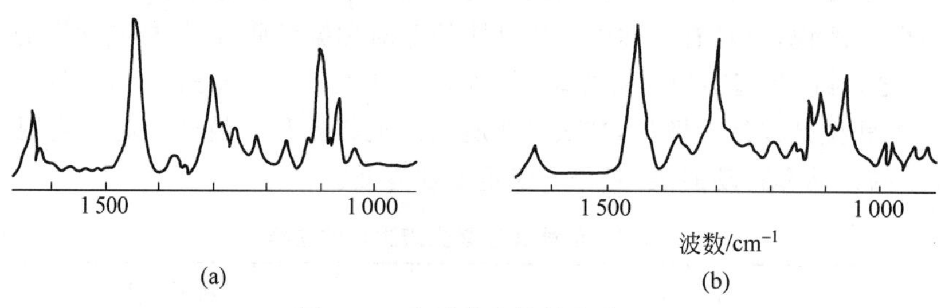

图 2-47 聚酰胺的拉曼光谱图

(a) 尼龙-8;(b) 尼龙-11

拉曼光谱也可用于研究聚合物的结晶和取向。图 2-48 是聚对苯二甲酸乙二醇酯的拉曼谱图。从图中可看出,在 1 100cm⁻¹附近的酯基吸收带对样品的结晶和取向均很敏感。图(a)是熔融纺丝纤维,呈现一个峰;图(b)是纤维在玻璃化转变温度以上退火生成结晶,该谱带有分裂,900～800cm⁻¹附近的谱带变得尖锐;如果纤维经拉伸后再退火,其结晶度更高,酯基吸收带的双峰更明显,如图(c)所示。如果观察羰基的伸缩振动谱带,会发现图(a),图(b),图(c)3 个样品谱带逐渐变窄。这是由于在结晶中,所有羰基都处于苯环所在平面内,即具有单一的构象,所以羰基谱带变窄。

图 2-49 是聚乙烯的拉曼光谱图。在 1 160～1 040cm⁻¹的 C—C 伸缩振动区,由图(a)到图(c)随着结晶度降低,谱带由尖锐逐渐变成扩散型。在 1 500～1 400cm⁻¹的 CH_2 面内弯曲振动区,结晶聚乙烯呈现 3 个峰,它们是由 3 种不同的相态所形成的。这 3 种相态是斜方晶系结晶态、熔融无定形态和各向异性的无序态。若采用计算机分峰处理,即可计算出 3 种不同相态的比例。

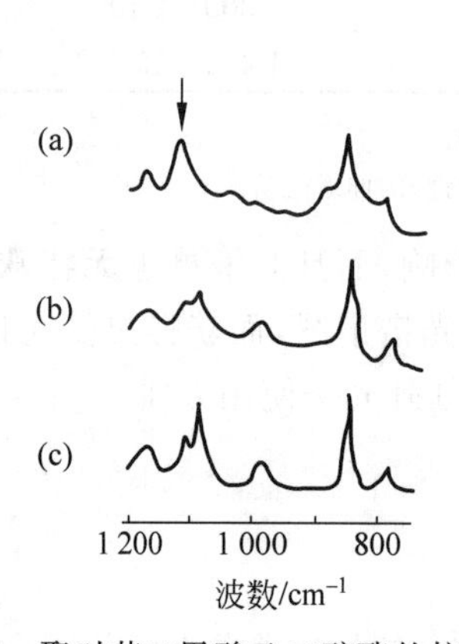

图 2-48 聚对苯二甲酸乙二醇酯的拉曼谱图

(a) 熔融纺丝纤维;(b) 在玻璃化转变温度以上退火;(c) 拉伸后退火

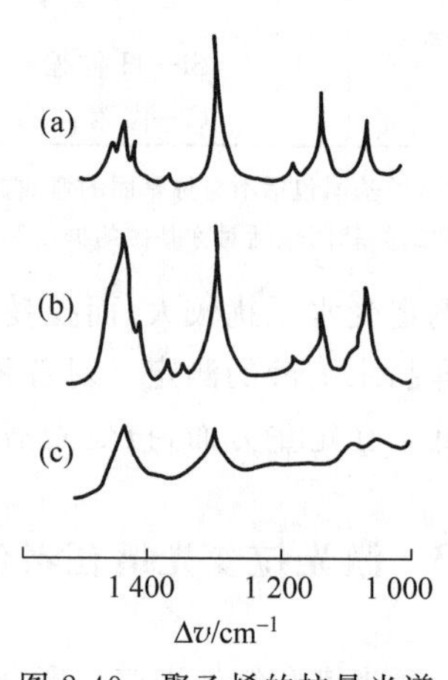

图 2-49 聚乙烯的拉曼光谱

(a) 高密度;(b) 低密度;(c) 低密度熔体

拉曼光谱与红外光谱相配合研究聚合物的空间异构也是很有用的手段。图 2-50 和图 2-51 分别为聚丙烯的拉曼和红外光谱图。比较这两张图可观察到，在拉曼谱图中，3 种立构体有明显的差异。

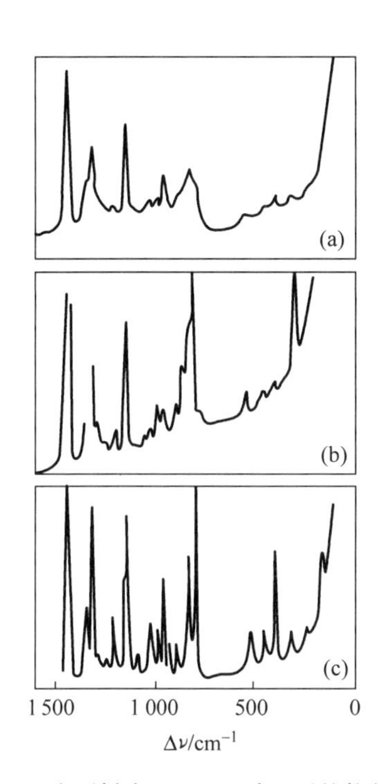

图 2-50　聚丙烯在 1 600cm^{-1}以下的拉曼谱图
(a) 无规；(b) 间规；(c) 等规

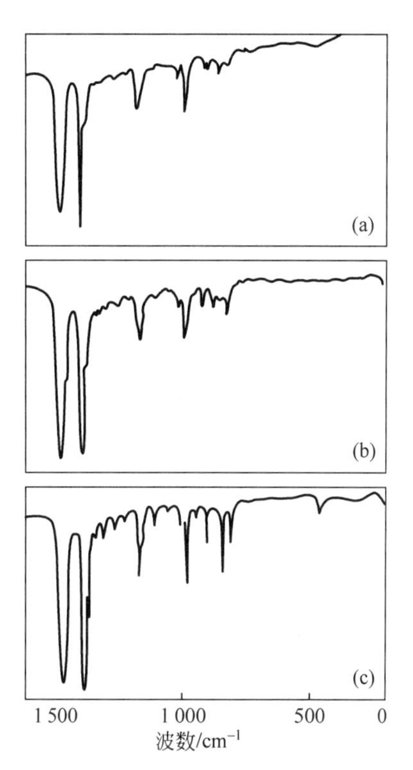

图 2-51　聚丙烯在 1 600cm^{-1}以下的红外谱图
(a) 无规；(b) 间规；(c) 等规

复　习　题

2-1　紫外吸收光谱谱图特点及其所能提供的信息是什么?

2-2　红外吸收光谱谱图特点及其所能提供的信息是什么?

2-3　红外吸收光谱谱带强度由哪几种因素决定? 定量分析的依据是什么?

2-4　红外吸收光谱谱带的峰位受哪些因素影响? 同一样品不同形态或不同测定条件(如不同测定温度，在不同的溶剂中等)，其谱带峰位相同吗? 为什么?

2-5　聚合物与单质的红外吸收光谱谱图解析的共同性与差异是什么?

2-6　比较 UV，FS，IR，Raman 光谱分析原理及谱图表示方法、谱图所提供的信息的共同点与差异。这几种分析方法各自对样品有什么要求?

2-7　紫外光谱的吸收系数 ε 的单位是什么?

2-8　用紫外光谱测定具有长链共轭双键体系时，随着样品中双键数增加或所用溶剂的极性增加，吸收谱带向什么方向移动? 为什么?

2-9 乙烯的紫外吸收谱带的波长在200nm以下,应如何测量?

2-10 聚苯乙烯、聚乙烯、聚丁二烯和聚碳酸酯4种聚合物在200~400nm的紫外区有吸收吗?为什么?

2-11 怎样确定荧光激发单色器或荧光发射单色器的固定波长?

2-12 磷光是怎样产生的?其特点是什么?

2-13 当使用IR和UV两种方法对下列两组样品进行鉴定时,哪种方法更合理?如何区分?

(1) 4-甲基戊烯酮的两种异构体;

(2) 二甲苯的3种异构体。

2-14 如果把羰基作为双原子分子,计算其伸缩振动的红外基频吸收波数。为什么在不同的化合物中,其吸收波数不同?

2-15 CO_2 和 H_2O 各有几种振动方式?在IR谱图中有几条谱带?为什么?

2-16 芳香化合物 C_7H_8O 的IR谱图有下列波数的谱带:3 380,3 040,2 940,1 460,690,740 cm^{-1};没有下列波数的谱带:1 736,2 720,1 380,1 182 cm^{-1}。判别该化合物可能的结构。

2-17 化合物 CS_2 所有Raman活性振动均为红外非活性振动,而化合物 N_2O 的分子振动对Raman和红外都是活性的,推测这两种化合物的结构。

第 3 章

核磁共振与电子顺磁共振波谱法

核磁共振(nuclear magnetic resonance,NMR)和电子顺磁共振(electron paramagnetic resonance,EPR)与 UV 和 IR 相同,也属于吸收波谱类。EPR 通常又称为电子自旋共振谱(electron spin resonance,ESR)。

与紫外和红外吸收光谱不同,NMR 和 EPR 是将样品置于强磁场中,然后用射频源来辐射样品。NMR 是使具有磁矩的原子核发生磁能级的共振跃迁,而 ESR 是使未成对的电子产生自旋能级的共振跃迁。

NMR 和 ESR 既有相似处又有不同的研究对象,它们相互之间的联系与比较,如表 3-1 所示。

表 3-1　NMR 和 ESR 的比较

	NMR	ESR
研究对象	具有磁矩的原子核	具有未成对电子的物质
共振条件式	$\Delta E=h\nu=\mu H_0/I$	$\Delta E=h\nu=g\beta H_0$
β 磁子	称为核磁子 ^{1}H 核的 $\beta=5.05\times10^{-27}$ J/T	称为玻尔磁子 电子的 $\beta=9.273\times10^{-24}$ J/T
g 因子(又称朗德因子,无量纲)	氢核 ^{1}H 的 g 因子为 $g_N=5.5855$	自由电子的 g 因子为 $g_e=2.0023$
结构表征的主要参数	耦合常数 J,化学位移 δ	超精细分裂常数 α,常用单位 T(特斯拉)
常用谱图	核吸收谱的吸收曲线和积分曲线	电子吸收谱的一级微分曲线

表 3-1 中共振条件式的 ΔE 为跃迁能级差,h 为普朗克常数,ν 为振动频率,μ 为磁矩,H_0 为磁场强度,I 为核自旋量子数。

3.1　核磁共振波谱

3.1.1　核磁共振的基本原理

1. 原子核的磁矩和自旋角动量

原子核是带正电荷的粒子,多数原子核能绕核轴自旋,形成一定的自旋角动量 $\boldsymbol{P}$。同时,这种自旋就像电流流过线圈一样能产生磁场,因此具有磁矩 μ。它们的关系可用下式表示:

$$\boldsymbol{\mu} = \gamma \boldsymbol{P} \tag{3-1}$$

式中，γ 是磁旋比，是核的特征常数；核磁矩$\boldsymbol{\mu}$ 以核磁子 β 为单位，$\beta=5.05\times10^{-27}\text{J/T}$，为一常数。核磁共振中一些常见原子核的磁性质如表 3-2 所示。

表 3-2 一些常见核的磁性质

核	磁矩/β	磁旋比/(rad/(T·s))	在 1.409T 磁场下 NMR 频率/MHz
^{1}H	2.792 7	26.753×10^{7}	60.000
^{13}C	0.702 2	6.723×10^{7}	15.086
^{19}F	2.627 3	25.179×10^{7}	56.444
^{31}P	1.130 5	10.840×10^{7}	24.288

依据量子力学的观点，自旋角动量是量子化的，其状态是由核的自旋量子数 I 所决定。I 的取值可为 0，1/2，1，3/2 等。$\boldsymbol{P}$ 的长度可由下式表示：

$$|\boldsymbol{P}| = \sqrt{I(I+1)}\,\frac{h}{2\pi} \tag{3-2}$$

式中，h 为普朗克常数。

产生核磁共振的首要条件是核自旋时要有磁矩产生，也就是说，只有当核的自旋量子数 $I\neq0$ 时，核自旋才能具有一定的自旋角动量，产生磁矩。因此 I 为 0 的原子核如 ^{12}C 和 ^{16}O 等，没有磁矩，不能成为核磁共振研究的对象。在表 3-3 中给出了核自旋量子数、质量数和原子序数之间的关系。

表 3-3 核自旋量子数、质量数和原子序数的关系

质量数	原子序数	自旋量子数	例
奇数	奇或偶数	半整数	^{1}H，^{13}C，^{31}P，^{19}F
偶数	奇数	整数	^{14}N，^{2}H(D)
偶数	偶数	0	^{16}O，^{12}C

2. 原子核在外加磁场作用下的行为

在一般情况下，原子核的磁矩可以任意取向。当把原子核放入均匀磁场中，核磁矩就不能任意取向，而是沿着磁场方向采取一定的量子化取向，如图 3-1 所示。核磁矩在磁场中的取向数可用磁量子数 m 来表示，m 的取值为 $I,(I-1),(I-2),\cdots,-I$，换言之，核磁矩可有 $(2I+1)$ 个取向，而使原来简并的能级分裂成 $(2I+1)$ 个能级。每个能级的能量可由下式确定：

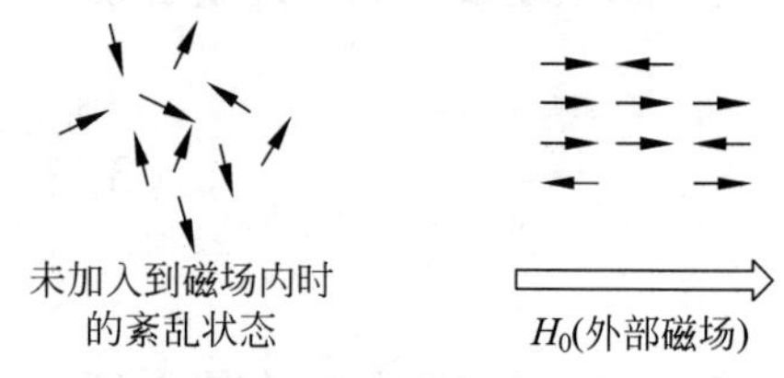

图 3-1 在外加磁场中的核磁矩

$$E = -\mu_H H_0 \tag{3-3}$$

式中，H_0 是外加磁场强度；μ_H 为磁矩在外磁场方向的分量。把式(3-2)代入式(3-1)，可得出磁矩在外磁场中的分量 μ_H：

$$\mu_H = \gamma m \frac{h}{2\pi} \tag{3-4}$$

因此,磁矩在外磁场中量子化能级能量可表示为

$$E = -\gamma m \frac{h}{2\pi} H_0 \tag{3-5}$$

或

$$E = -\frac{m\mu}{I} \beta H_0 \tag{3-6}$$

分裂能级的能级差 ΔE 可用下式表示:

$$\begin{aligned} \Delta E &= E_{m-1} - E_m = \gamma \frac{h}{2\pi} H_0 \\ &= \mu_H H_0 / I \end{aligned} \tag{3-7}$$

对于^{1}H 和^{13}C 的核,$I=1/2$,$m=\pm 1/2$,分裂成两个能级;$E=\pm\gamma H_0 h/4\pi$,$\Delta E=\gamma H_0 h/2\pi$。分裂的能级差与外加磁场强度有关,如图 3-2 所示。

核量子态的能级间产生跃迁的条件与其他类型的量子态能级跃迁一样,只要外加一个能量符合下式的射频场即可:

$$\Delta E = \frac{\mu_H H_0}{I} = h\nu \tag{3-8}$$

式中,ν 为射频频率。低能级的核吸收电磁波跃迁到高能级,产生核磁共振吸收,因此,产生核磁共振时,射频波的频率和外磁场强度成比例,对 $I=1/2$ 的核,如图 3-3 所示。

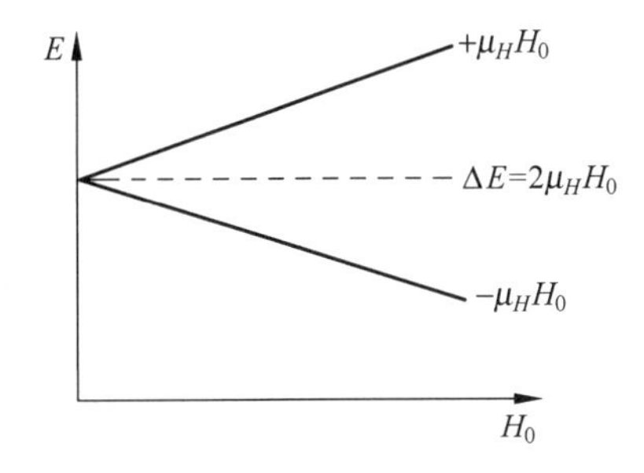

图 3-2 分裂能级差与外磁场强度的关系

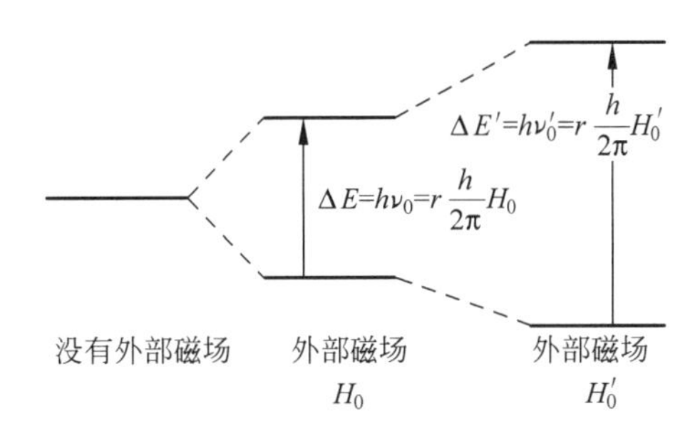

图 3-3 射频波频率与外磁场强度的关系

3. 弛豫过程

在外磁场中,由于核的取向,处于低能态的核占优势。但在室温时,热能要比核磁能级差高几个数量级,这会抵消外磁场效应,使处于低能态的核仅仅过量少许(约为 10ppm),因此测得的核磁共振信号是很弱的。

当核吸收电磁波能量跃迁到高能态后,如果不能回复到低能态,这样处于低能态的核逐渐减小,吸收信号逐渐衰减,直到最后核磁共振不能再进行,这种情况称为饱和。因此欲使核磁共振继续进行下去,必须使处于高能态的核回复到低能态,这一过程可以通过自发辐射实现。自发辐射的几率和两个能级能量之差成正比。对于一般的吸收光谱,自发辐射已相当有效,但在核磁共振波谱中,通过自发辐射途径使高能态的核回复到低能态的几率很低,只有通过一定的无辐射的途径使高能态的核回复到低能态,这一过程称为弛豫。

弛豫过程的能量交换不是通过粒子之间的相互碰撞来完成的,而是通过在电磁场中发生共振完成能量的交换。目前观察到的有两种类型:第一种,自旋-晶格弛豫(纵向弛豫)。

处于高能态的磁核把能量传递给周围粒子变成热能,磁核回复到低能态,使高能态核数减少,整个体系能量降低。所需时间可用半衰期 T_1 来表征,T_1 越小,表示弛豫过程越快;第二种,自旋-自旋弛豫(横向弛豫),是相邻的同类磁核中发生能量交换,使高能态的核回复到低能态,在这种状况下,整个体系各种取向的磁核总数不变,体系能量也不发生变化,半衰期为 T_2。

激发和弛豫是两个过程,有一定的联系,但弛豫并不是激发的逆过程,没有对应关系。上述两种弛豫过程是不等速的,$T_1 \geqslant T_2$,而弛豫过程的速率会影响谱线的宽度。根据测不准关系:

$$\Delta E \Delta t \approx h/2\pi \tag{3-9}$$

式中,Δt 是粒子停留在某一能级上的时间。也就是说,弛豫时间越短,状态能量的不确定性 ΔE 也就越大,因 $\Delta E = h\Delta\nu$,则 $\Delta\nu$ 的不确定性也就越大,谱线加宽。当样品是固体或粘稠液体时,由于分子运动阻力大,产生自旋-晶格弛豫的几率减小,使 T_1 增大,而自旋-自旋弛豫的几率增加,使 T_2 减小。样品分子总体弛豫时间取决于弛豫时间短者,因此测得的谱线加宽,这对于提高核磁共振谱的分辨率是不利的,所以在一般核磁共振中,需采用液体样品。但在聚合物研究中,也可直接观察宽谱线的核磁共振来研究聚合物的形态和分子运动。

3.1.2 核磁共振波谱仪

核磁共振波谱仪有两种型式:一种是连续波核磁共振波谱仪;另一种是傅里叶变换核磁共振波谱仪。

图 3-4 为连续波核磁共振仪组成示意图。依照核磁共振原理,仪器包括以下几部分。

1. 电磁铁

电磁铁是核磁共振仪中最贵重的部件,能形成高的场强,同时要求磁场均匀性和稳定性好,其性能决定了仪器的灵敏度和分辨率。

2. 射频源

通过射频发射线圈,把射频电磁波加到样品上。

3. 接收装置

测量核磁共振信号。由接收线圈接收,再经过一系列检波,放大,最后显示出谱图。

4. 样品管和样品探头

样品探头使样品管能固定在磁场中的某一位置,包括扫描线圈和检测线圈。

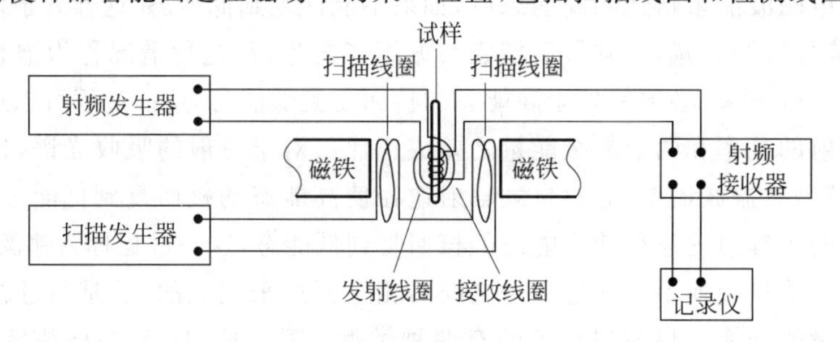

图 3-4 连续波核磁共振仪示意图

在核磁共振仪中，前3部分装置在组成上是相互垂直的。可以固定磁场进行频率扫描，也可以固定频率进行磁场扫描。这种仪器的缺点是扫描速度太慢，样品用量也比较大。

为克服上述缺点，发展了傅里叶变换核磁共振仪，其特点是照射到样品上的射频电磁波是短(10～50μs)而强的脉冲辐射，并可进行调制，从而获得使各种原子核共振所需频率的谐波，可使各种原子核同时共振。而在脉冲间隙时(即无脉冲作用时)，信号随时间衰减，这称为自由感应衰减信号(free induction decay，FID)。接收器得到的信号是时间的函数(时域谱图或时畴图)，而希望获得的是信号随频率变化的曲线(频域谱图或频畴图)，这就需要借助计算机，通过傅里叶函数变换，把时域图变为频域图，如图3-5所示。傅里叶核磁共振仪的示意图如图3-6所示。

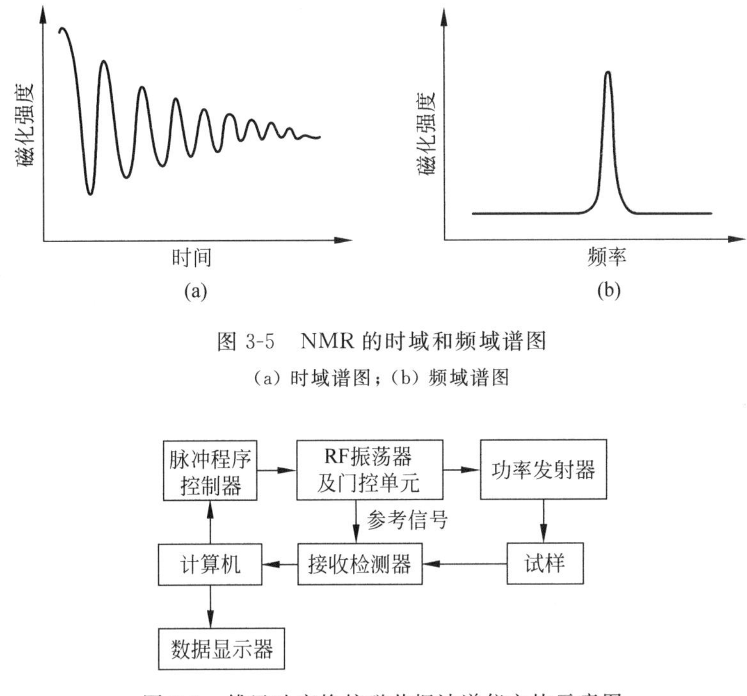

图3-5　NMR的时域和频域谱图

(a) 时域谱图；(b) 频域谱图

图3-6　傅里叶变换核磁共振波谱仪方块示意图

3.2　^{1}H 核磁共振波谱

^{1}H核磁共振(^{1}H-NMR)也称为质子核磁共振，是研究化合物中^{1}H原子核(也即质子)的核磁共振。可提供化合物分子中氢原子所处的不同的化学环境和它们之间相互关联的信息，依据这些信息可确定分子的组成、连接方式及其空间结构等。

3.2.1　化学位移及自旋-自旋分裂

依照核磁共振产生的条件，由于^{1}H核的磁旋比是一定的，所以当外加磁场一定时，所有的质子的共振频率应该是一样的，但在实际测定化合物中处于不同化学环境中的质子时发现，其共振频率是有差异的。产生这一现象的主要原因是由于原子核周围存在电子云，在不同的化学环境中，核周围电子云密度是不同的。当原子核处于外磁场中时，如图3-7所示，核外电子运动要产生感应磁场，就像形成了一个磁屏蔽，使外磁场对原子核的作用减弱了，即实际作用在原子核上的磁场为 $H_0(1-\sigma)$ 而不是 H_0，σ 称为屏蔽常数，它反映了核所处的化学环境。在外磁场 H_0 的作用下核的实际共振频率为

$$\nu = \frac{\gamma H_0(1-\sigma)}{2\pi} \tag{3-10}$$

也就是共振频率发生了变化，在谱图上反映为谱峰的位置移动了，这称为化学位移。图3-8(a)所示为 CH_3CH_2Cl 的低分辨NMR谱图。由于甲基和次甲基中的质子所处的化学环境不同，σ 值也就不同，在谱图的不同位置出现两个峰，所以在核磁共振中，可用化学位移的大小来测定化合物的结构。

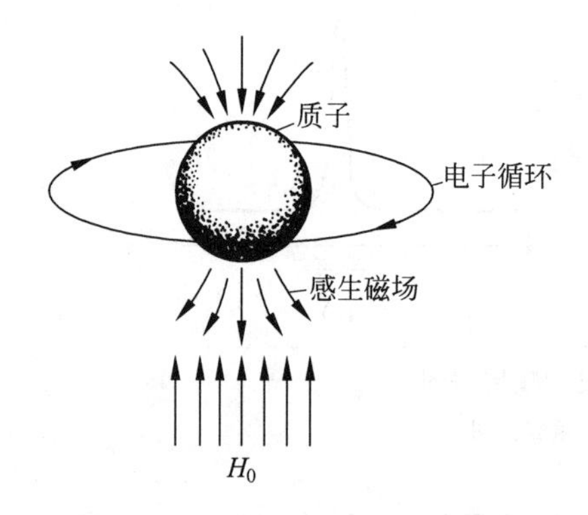

图3-7　电子对质子的屏蔽作用

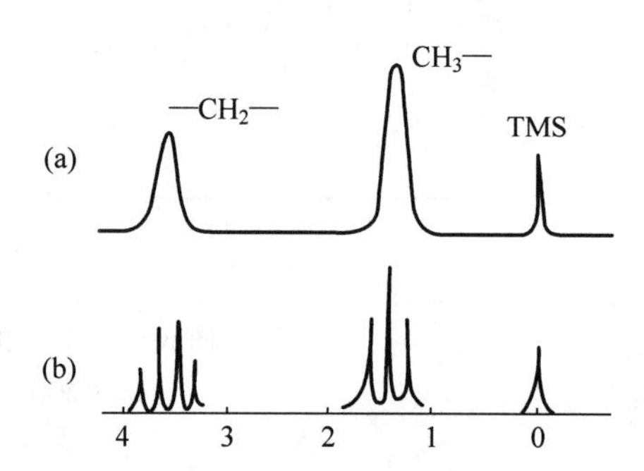

图3-8　CH_3CH_2Cl 的NMR谱图

(a) 低分辨谱图；(b) 高分辨谱图

在高分辨仪器上可观察到更精细的结构，如图3-8(b)所示。谱峰发生分裂，这种现象称为自旋-自旋分裂。相邻碳原子上的氢核自旋会相互干扰，通过成键电子的传递，形成相邻质子之间的自旋-自旋耦合，而导致自旋-自旋分裂。

分裂峰数是由邻碳原子上的氢原子数决定的。若邻碳原子氢数为 n，则分裂峰数为 $n+1$。其峰面积之比为二项展开式系数。

例如图3-9(a)中，与 H_a 相邻碳上有一个H原子 H_{b1}，测定 H_a 时，H_{b1} 的自旋要对 H_a 产生影响，而 ^1H 的 $I=1/2$，在外磁场 H_0 作用下有两种取向，因此 H_{b1} 取向与 H_0 相同时就加强了外磁场；H_{b1} 取向与 H_0 相反时就减弱了外磁场。这导致了 H_a 的化学位移发生分裂，产生两个峰。由于 H_{b1} 的取向几率是相等的，故分裂成等高的两个峰。

若 H_a 邻碳原子上有两个H原子：H_{b1} 和 H_{b2}，且它们是化学等价的。由于 H_{b1} 和 H_{b2} 的取向不同，其排列组合如图3-9(b)所示，H_a 分裂成三重峰，其峰面积比为1∶2∶1，中间的峰与未耦合峰的峰位重合。同理，若 H_a 与3个 H_b 耦合，如图3-9(c)所示，可分裂成4个峰，峰面积之比为1∶3∶3∶1。

分裂峰之间的距离称为耦合常数，一般用 J 表示，单位为Hz。J 是核之间耦合强弱的标志，它说明了它们之间相互作用的能量，因此是化合物结构的属性，与外磁场强度的大小无关。

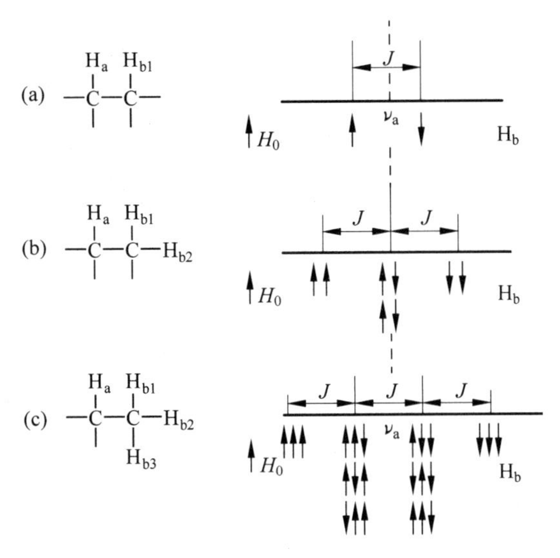

图 3-9　自旋-自旋分裂示意图(虚线表示无耦合时 H_a 的振动位置)

3.2.2　谱图表示方法

用核磁共振分析化合物分子结构,化学位移和耦合常数是很重要的两个信息。在核磁共振波谱图上,横坐标表示的是化学位移和耦合常数,而纵坐标表示的是吸收峰的强度。

核磁共振的外磁场强度一般高达几个特斯拉,而屏蔽常数不到万分之一特[斯拉]。依照式(3-9)可知,由于屏蔽效应而引起质子共振频率的变化量是极小的,很难分辨,因此,采用相对变化量来表示化学位移的大小。在一般情况下选用四甲基硅烷(TMS)为标准物,把TMS峰在横坐标的位置定为横坐标的原点(一般在谱图右端),如图 3-10 所示。其他各种吸收峰的化学位移可用化学位移参数 δ 值表示,δ 的定义:

$$\delta = \frac{\Delta\nu(\text{单位 Hz})}{\text{射频频率(单位 MHz)}} \tag{3-11}$$

式中,$\Delta\nu$ 为各吸收峰与 TMS 吸收峰之间共振频率的差值。δ 是一个比值,用 ppm($1\text{ppm}=10^{-6}$)计量,与磁场强度无关,各种不同仪器上测定的数值应是一样的。有时也用 τ 作为化学位移的参数,$\tau=10-\delta$。

在 ^{1}H-NMR 谱中,耦合常数 J 一般为 1～20Hz。如果化学位移用 $\Delta\nu$ 而不用 δ 表示,也以 Hz 为单位,则化学位移与耦合常数的差别是:前者与外加磁场强度有关,场强越大,化学位移 $\Delta\nu$ 值也越大;而后者与场强无关,只和化合物结构有关。如图 3-10 所示。

^{1}H-NMR 谱图可以提供的主要信息是:

(1) 化学位移值

确认氢原子所处的化学环境,即属于何种基团。

(2) 耦合常数

推断相邻氢原子的关系与结构。

(3) 吸收峰面积

确定分子中各类氢原子的数量比。

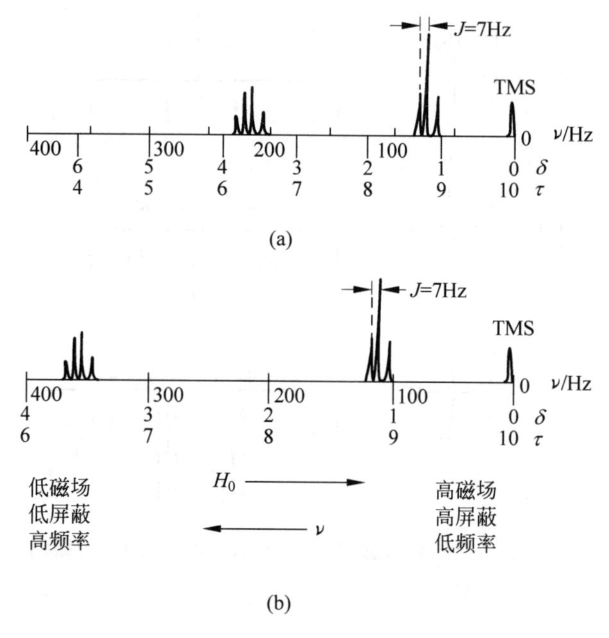

图 3-10 核磁共振波谱图的表示方法

(a) 60MHz 仪器；(b) 100MHz 仪器

因此，只要掌握这 3 个信息，特别是化学位移和耦合常数与分子结构之间的关系，就容易解析 NMR 谱图。

3.2.3 化学位移、耦合常数与分子结构的关系

影响化学位移的主要因素介绍如下。

1. 电负性的影响

在外磁场中，绕核旋转的电子产生的感应磁场是与外磁场方向相反的，因此质子周围的电子云密度越高，屏蔽效应就越大，核磁共振就发生在较高场，化学位移值减小，反之同理。在长链烷烃中—CH_3 基团质子的 δ 约等于 0.9ppm，而在甲氧基中质子的 δ 为 3.24～4.02ppm。这是由于氧的电负性强，使质子周围的电子云密度减弱，使吸收峰移向低场。同样，卤素取代基也可使屏蔽减弱，化学位移增大，如表 3-4 所示。一般常见有机基团电负性均大于氢原子的电负性，因此 $\delta_{CH}>\delta_{CH_2}>\delta_{CH_3}$。由电负性基团而引发的诱导效应，随间隔键数的增多而减弱。

表 3-4 卤素取代基对化学位移 δ 的影响 ppm

X	F	Cl	Br	I
CH_3X	4.10	3.05	2.68	2.16
CH_2X_2	5.45	5.33	2.94	3.90
CHX_3	6.49	7.00	6.82	4.00

2. 电子环流效应

实际发现的有些现象是不能用上述电负性的影响来解释的，例如乙炔质子的化学位移

(δ=2.35ppm)小于乙烯的质子(δ=4.60ppm),而乙醛中的质子的 δ 值却达到 9.79ppm,这需要由邻近基团电子环流所引起的屏蔽效应来解释。一般说来,这种效应的强度比电负性原子与质子相连所产生的诱导效应弱,但由于对质子是附加了一个各向异性的磁场,因此可提供空间立构的信息。

如图 3-11 所示,由于电子环流效应所引起的外磁场增强的区域称屏蔽区,处于该区的质子移向高场(用"→"表示);外磁场减弱的称去屏蔽区,质子移向低场(用"←"表示)。在乙炔分子中,π 电子云绕分子轴旋转,形成筒形环电流,所产生的感应磁场增强外磁场,使质子处于屏蔽区,因此移向高场;在苯环中,由于 π 电子的环流所产生的感应磁场在环上、下方与外磁场方向相反,但在苯环侧面(即苯环氢所处区域)二者的方向是相同的,因此环质子处于去屏蔽区,苯环中的氢在低场出峰(δ 为 7ppm 左右)。在醛基中,由于 π 电子环流和氧原子的电负性两种影响,致使其质子处于去屏蔽区,δ 值较大。

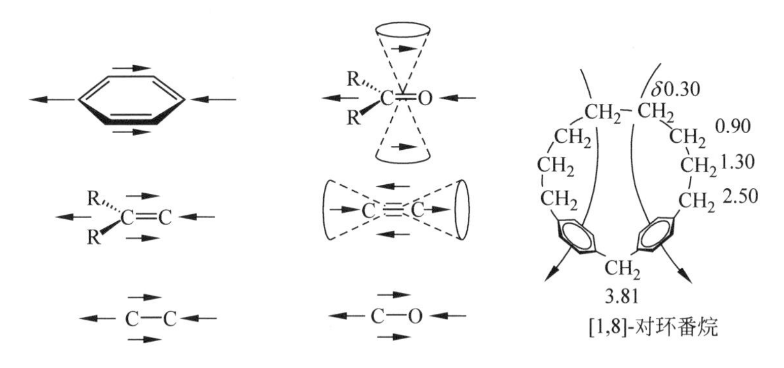

图 3-11　各种基团的各向异性

3. 其他影响因素

氢键能使质子在较低场发生共振,例如酚和酸类的质子的 δ 值在 10ppm 以上。当提高温度或使溶液稀释时,具有氢键的质子的峰就会向高场移动(即化学位移减小)。若加入少量的 D_2O,活泼氢的吸收峰就会消失。这些方法可用来检验氢键的存在。

在溶液中,质子受到溶剂的影响,化学位移发生改变,称为溶剂效应。因此在测定时应注意溶剂的选择。在 ^1H 谱测定中不能用带氢的溶剂,若必须使用时要用氘代试剂。这给聚合物溶液的测定带来一定的困难。

由于处于同一种基团中的氢原子具有相似的化学位移,人们在测定了大量化合物的基础上,总结出了分子结构和化学位移之间的经验规律,在图 3-12 中给出了聚合物常见基团中 ^1H 的化学位移,在 3.5 节中,还提供了氢谱和碳谱的经验计算公式。

综上所述,由质子化学位移的大小,可确定分子中的基团。但欲进一步了解分子的结构和构型,包括聚合物的构型和构象,则需要研究耦合常数与分子结构的关系。为此先说明几个基本定义。

(1) 核的等价性

分子中同类核,具有相同的化学位移,称为化学等价核。如果这些化学等价核的自旋-自旋耦合情况也相同,即耦合常数也一样,则称为磁等价核。例如在二氟甲烷中,考虑 ^1H 和 ^{19}F 之间的耦合,两个 ^1H 核既是化学等价,也是磁等价核;而在偏氟乙烯中 $\left[\begin{matrix}H_1 \\ H_2\end{matrix}\!\!>C=C<\!\!\begin{matrix}F_1 \\ F_2\end{matrix}\right]$,虽然两

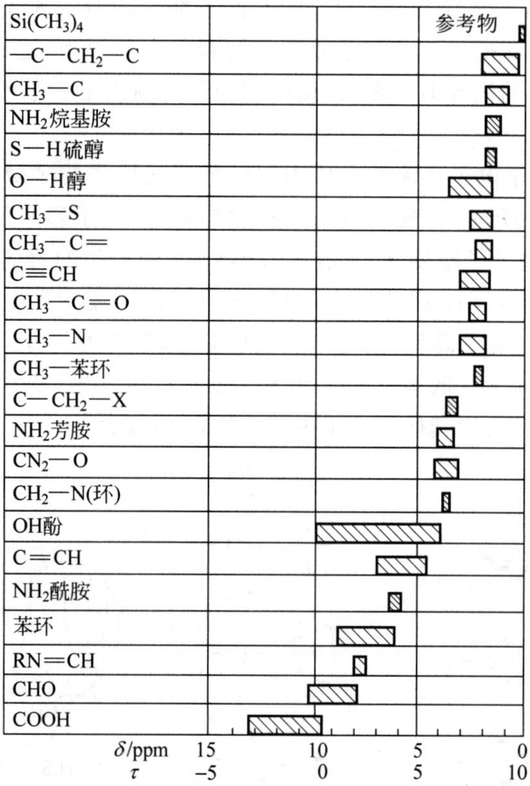

Si(CH₃)₄ 参考物
—C—CH₂—C
CH₃—C
NH₂烷基胺
S—H硫醇
O—H醇
CH₃—S
CH₃—C═
C≡CH
CH₃—C═O
CH₃—N
CH₃—苯环
C—CH₂—X
NH₂芳胺
CN₂—O
CH₂—N(环)
OH酚
C═CH
NH₂酰胺
苯环
RN═CH
CHO
COOH
δ/ppm 15 10 5 0
τ −5 0 5 10

图 3-12 聚合物中常见基团质子的化学位移

个^{1}H 核是化学等价的，但因为 $J_{H_1F_1} \neq J_{H_2F_1}$，$J_{H_1F_2} \neq J_{H_2F_2}$，所以两个^{1}H 核不是磁等价的。

(2) 自旋系统

由相互自旋-自旋耦合的质子所组成的基团，称为自旋系统。自旋系统可以是分子的一部分。例如 $CH_3-CH_2-\overset{\overset{\displaystyle O}{\|}}{C}-O-CH-(CH_3)_2$ 可分成两个自旋系统，一个是—CH_2—CH_3，为 5 个质子的系统；另一个是—CH—$(CH_3)_2$，为 7 个质子的系统。自旋体系的命名按照一般惯例用 A,B,C,…,M,N,…,X,Y,Z 来表示不同化学位移的核，用字母的角标表示磁等价的核的数目，若仅化学等价而磁不等价则在字母上加“′”区分，例如 A_3 表示自旋体系有 3 个磁等价的 A 核，而 AA′则表示自旋体系有两个磁不等价的 A 核。若核化学位移相近则用相近字母来表示，如 ABC 是强自旋耦合体系，而 AMX 则是弱自旋耦合体系，而 ABX 则表示部分强耦合体系。

(3) 一级谱图与二级谱图

自旋体系耦合的强弱是由两个核的化学位移之差 $\Delta\nu$ 和耦合常数 J 决定的，当 $\Delta\nu/J \geqslant 6$ 时，属于弱耦合体系，其谱图为一级谱图。一级谱图符合下列规则：n 个磁等价的质子基团与相邻的质子基团耦合，使之分裂成$(n+1)$个峰，峰间距为耦合常数 J，多重峰的强度比符合二项展开式系数，相关质子的化学位移在多重峰的中心。若一个磁等价质子基团与一种以上质子基团相互作用，峰的数目用一个乘积表示，如 $A_nM_pX_m$ 体系中，质子 A 被分裂成$(p+1)(m+1)$个多重峰。图 3-13 为一个 AMX 体系自旋耦合的谱图。

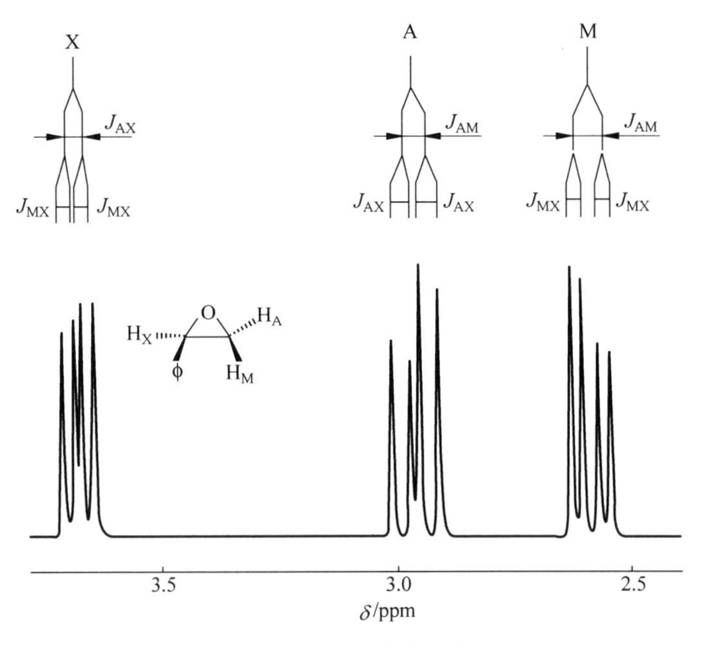

图 3-13　AMX 自旋体系谱图

随着 $\Delta\nu/J$ 值的减小，耦合强度加大，当 $\Delta\nu/J<6$ 时，属于强耦合体系，其谱图是二级谱图。二级谱图不遵守上述规则。例如图 3-14 所示为 AB 体系的自旋分裂图，仍分裂成 4 条线，但不是等高的，而是中间 2 和 3 两线高，线的相对强度 I 由下式计算：

$$\frac{I_2}{I_1}=\frac{I_3}{I_4}=\frac{\delta_1-\delta_4}{\delta_2-\delta_3} \tag{3-12}$$

A、B 核的化学位移也不在中心处，而是依据下式计算：

$$\Delta\nu_{AB}=\sqrt{(\delta_1-\delta_4)(\delta_2-\delta_3)}=\sqrt{(D+J)(D-J)} \tag{3-13}$$

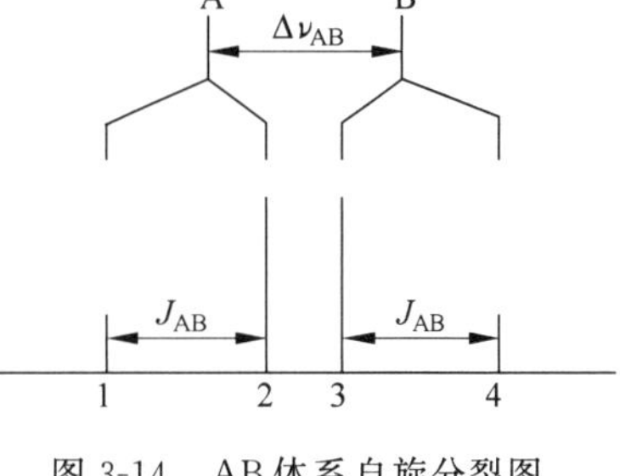

图 3-14　AB 体系自旋分裂图

因此二级谱图的分析较为复杂，本书只讨论一级谱图的情况。实际上由于 $\Delta\nu/J$ 的比值是随仪器工作频率的增加而加大，因此提高仪器的工作频率，可使谱图由二级谱转化为一级谱，从而给分析工作带来方便。

由于分子结构包括其空间结构影响耦合常数，因此测定耦合常数的值可以推测分子结构。图 3-15 给出了耦合常数与分子结构类型的关系。

在一般文献中用 ^1J 表示两个相互耦合的原子核之间相隔一条键，用 ^2J 表示两个相互耦合的原子核之间相隔两条键，其余依此类推。在 ^{1}H 核磁共振中，由于 ^{1}H-^{13}C 耦合几率太小（因为 ^{13}C 只占 1.1%），所以 ^1J 反映不出来；而 ^2J 一般是同碳上的氢，大多数是化学等价的，化学位移相同，也不易反映出来，当然，如果是环状结构，而且环不能有效翻转，也可能会反映出同碳耦合；^3J 也即邻碳耦合，是 ^{1}H 谱中主要的研究对象。不仅在碳原子上不同取代基对耦合有影响，而且碳碳键的键长、两个氢原子之间的夹角大小，都会使 J 值改变。如图 3-16(a)中所示。在饱和体系中，两个邻碳上质子的耦合常数与两面角 ϕ 有关，并可用 Karpus 方程计算：

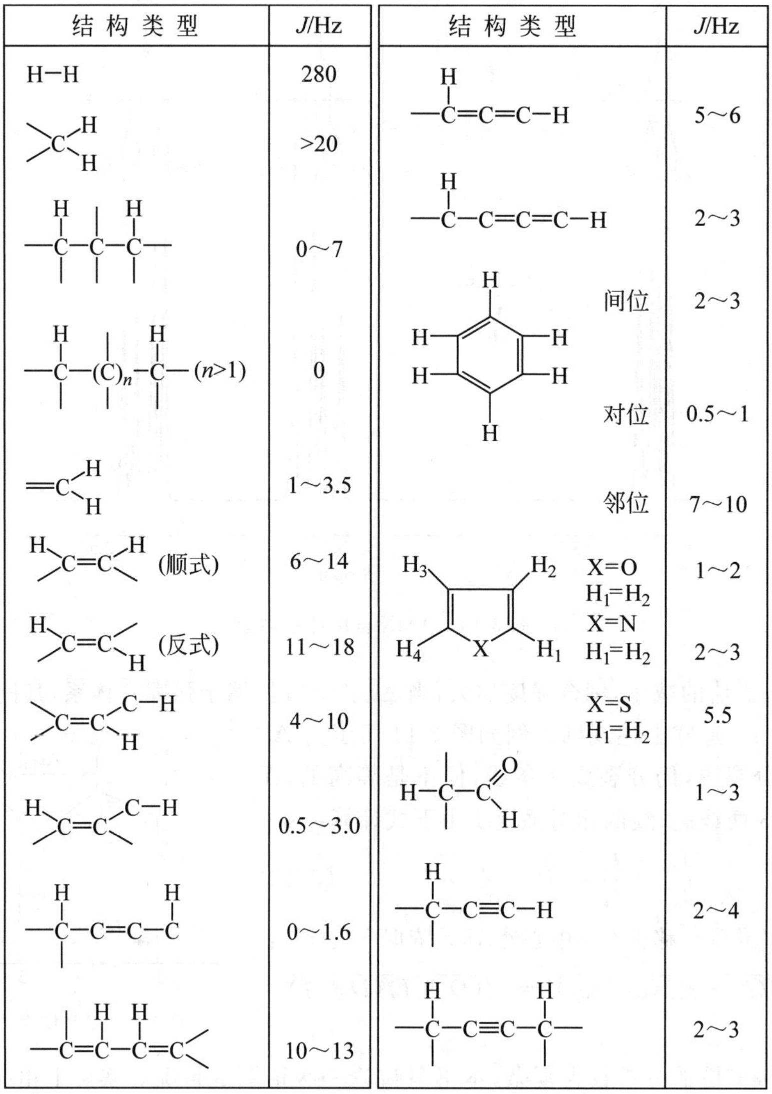

结构类型	J/Hz
H—H	280
$>C\langle^{H}_{H}$	>20
—C(H)—C—C(H)—	0~7
—C(H)—(C)$_n$—C(H)— (n>1)	0
$=C\langle^{H}_{H}$	1~3.5
HC=CH (顺式)	6~14
HC=CH (反式)	11~18
>C=C(H)—C—H	4~10
HC=C—C—H	0.5~3.0
—C(H)—C=C—C(H)	0~1.6
—C=C(H)—C(H)=C<	10~13
—C(H)=C=C—H	5~6
—C(H)—C=C=C—H	2~3
苯环 间位	2~3
苯环 对位	0.5~1
苯环 邻位	7~10
五元杂环(H$_1$、H$_2$、H$_3$、H$_4$) X=O, H$_1$=H$_2$	1~2
X=N, H$_1$=H$_2$	2~3
X=S, H$_1$=H$_2$	5.5
H—C—C(=O)H	1~3
—C(H)—C≡C—H	2~4
—C(H)—C≡C—C(H)—	2~3

图 3-15 各种结构类型对耦合常数的影响

$$J_{AB} = 4.2 - 0.5\cos\phi + 4.5\cos2\phi \tag{3-14}$$

若与双键相连的氢之间发生耦合,则反式的耦合常数大于顺式的(图 3-15),而且随 θ 减小,耦合常数加大(图 3-16(b))。

所有大于^3J 的耦合称为远程耦合,其值一般比较小,为 0~3Hz。一般在直链体系中远程耦合很小,只有在共轭体系中才能反映出来。例如苯环上的氢,邻、对、间位都可以有耦合,但耦合常数差别很大,邻位是 8Hz,对位是 0.3Hz,间位是 2Hz。因此可依据耦合常数来确定取代基位置。如图 3-16(c)所示。从图中还可看到在 $(H_a)(H_b)C=C—CH_c$ 结构中,不仅 H_a 和 H_b 之间存在^2J 的耦合,而且在 H_a 和 H_c、H_b 和 H_c 中也都存在远程耦合。

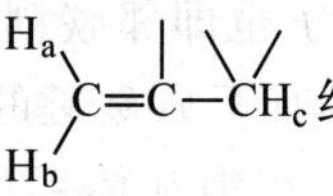

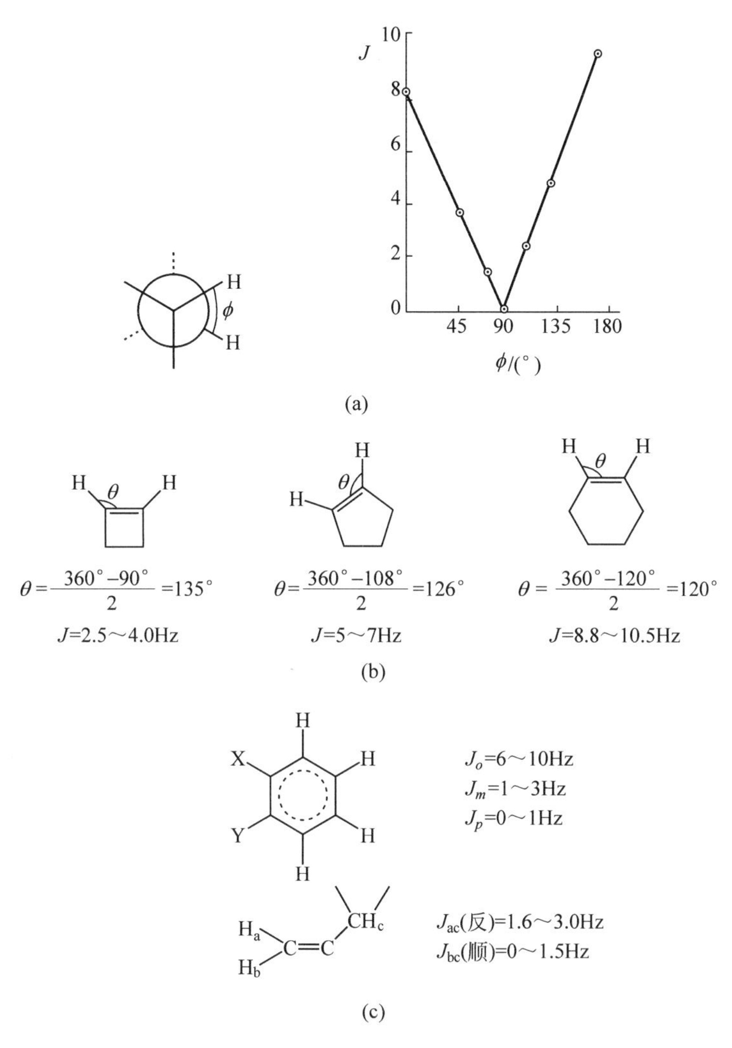

图 3-16　耦合常数与分子结构的关系

(a) ϕ 角与 J 的关系；(b) θ 角与 J 的关系；(c) π 体系远程耦合常数

3.2.4　谱图解析举例

谱图解析没有一套固定的程序，但若能注意下述几方面的特点，就会给谱图解析带来许多方便。

(1) 首先要检查得到的谱图是否正确，可通过观察四甲基硅烷(TMS)基准峰与谱图基线是否正常来判断。

(2) 计算各峰信号的相对面积，求出不同基团间的 H 原子(或碳原子)数之比。

(3) 确定化学位移所代表的基团，在氢谱中要特别注意孤立的单峰，然后再解析耦合峰。

(4) 有条件可采用一些其他实验技术，来协助进一步确定结构，如在氢谱中加入重水，可判断氢键位置等。

(5) 对于一些较复杂的谱图,仅仅依靠核磁共振谱确定结构会有困难,还需要与其他分析手段相互配合。

下面举例说明。

判断图 3-17 的^{1}H-NMR 谱图代表(a),(b),(c),(d) 4 种化合物中的哪一种。

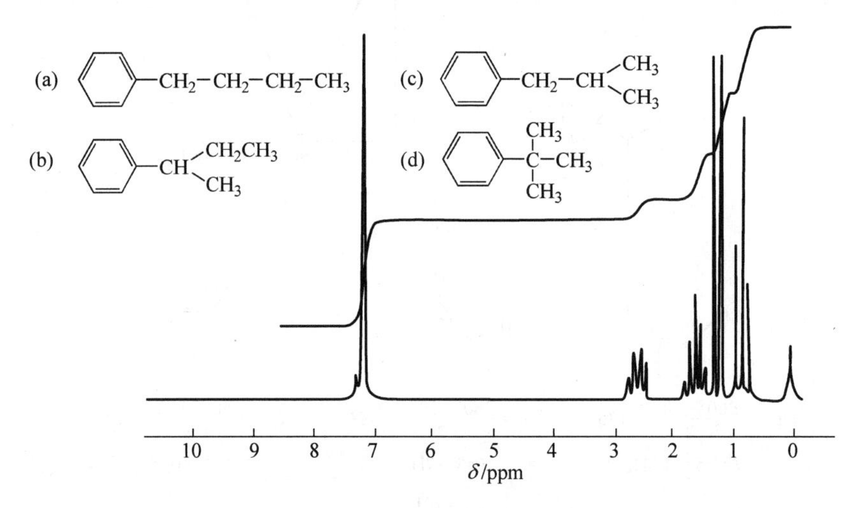

图 3-17 从几种推测结构中判断未知物

由于图中有 5 组信号,因此(c)和(d)不可能。依据 δ=1.2ppm 处的强双重峰,推测可能为(b),再确认图中各特征。图中积分强度比为由高场到低场为 3∶3∶2∶1∶5,与(b)的结构符合。各基团化学位移如下:

δ=7ppm
δ=1.7ppm
δ=2.8ppm
CH_2-CH_3 ← δ=0.9ppm(三重峰)
CH
CH_3 ← δ=1.2ppm(二重峰)

又如,推断图 3-18 为 C_3H_7Br 的谱图所代表的化合物的结构。图中从高场到低场有 3 个峰组,按照积分曲线可知氢原子的比例为 3∶2∶2,因此可知该化合物有 CH_3—,—CH_2—,—CH_2—等 3 个基团,再用自旋耦合来推断其结构。第一和第三组峰均为三重峰,相邻碳氢的个数为 2,而第二组峰为多重峰,再考虑电负性基团 Br 对化学位移的影响,推测该化合物为 $CH_3-CH_2-CH_2-Br$。最后还应再验证一下与图中各峰组特征是否完全一致。

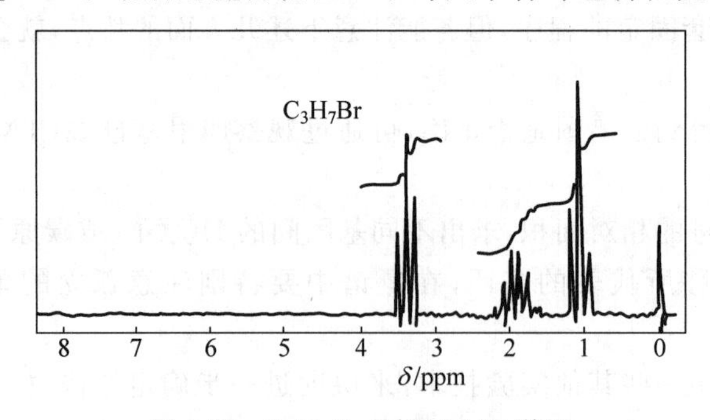

图 3-18 C_3H_7Br 的^{1}H-NMR 谱图

3.3 ^{13}C 核磁共振波谱

^{13}C-NMR 用于研究化合物中^{13}C 核的核磁共振状况，它对于化合物(特别是高分子)中碳的骨架结构的分析测定是很有意义的。

3.3.1 ^{13}C-NMR 与^{1}H-NMR 的比较

1. 灵敏度

尽管^{13}C 和^{1}H 的自旋量子数 I 都为 1/2，但两者的磁旋比不同：^{13}C 的磁旋比 $\gamma_{^{13}C}=6.723\times10^4$ rad/(T・s)，^{1}H 的磁旋比 $\gamma_{^{1}H}=26.753\times10^4$ rad/(T・s)。^{13}C 的磁旋比只有^{1}H 磁旋比的 1/4。核磁共振测定的灵敏度与 γ^3 成正比，再加上^{13}C 天然同位素丰度仅为 1.1%左右，因此^{13}C 谱的灵敏度比^{1}H 谱低很多，仅约为氢谱的 1/6 000，所以碳谱测定比较困难，早期研究和应用较少。直到出现了傅里叶变换核磁共振仪，^{13}C-NMR 才获得较大的发展。

2. 分辨率

^{13}C-NMR 的化学位移范围约为 300ppm，比^{1}H-NMR 大 20 倍，因此分辨率较高。

3. 测定对象

用^{13}C-NMR 可直接测定分子骨架，并可获得 C═O，C≡N 和季碳原子等在^{1}H 谱中测不到的信息。图 3-19 所示的双酚 A 型聚碳酸酯的^{1}H-NMR 和^{13}C-NMR 谱图的对照，就清楚地说明了这一点。

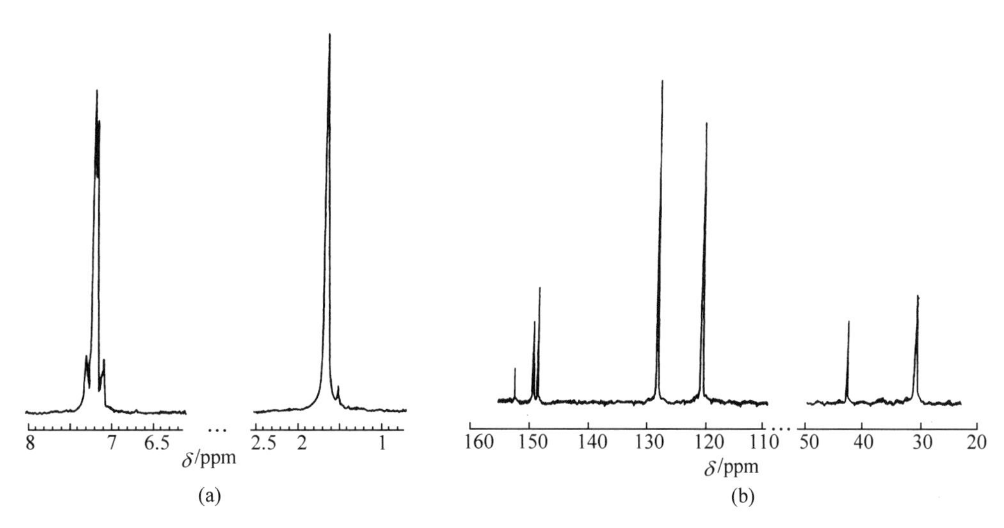

图 3-19 双酚 A 型聚碳酸酯的核磁共振谱图

(a) ^{1}H-NMR 谱图；(b) ^{13}C-NMR 谱图

4. 自旋耦合

在^{13}C-NMR中,由于^{13}C的天然丰度低,因此^{13}C与^{13}C之间耦合的几率太小,不可能实现,但直接与碳原子相连的氢和邻碳上的氢都能与^{13}C核发生自旋耦合,而且耦合常数很大。这样,在提供碳、氢之间结构信息的同时也使谱图复杂化,给谱图解析工作带来困难。

3.3.2 ^{13}C核磁共振中的质子去耦技术

为了克服^{13}C核和^{1}H之间的耦合,可以采用下述几种质子去耦技术(图3-20)。

1. 宽带去耦

在测定^{13}C核磁共振的同时,另加一个包括全部质子共振频率在内的宽频带射频波照射样品,使^{13}C与^{1}H之间完全去耦,这样得到的^{13}C谱线全部为单峰,从而使谱图简化。

2. 偏共振去耦

上述方法虽使谱图简化了,但也失去了有关碳原子类型的信息,对谱峰归属的指定不利。若把另加的射频波调到偏离^{1}H核共振频率几百到几千赫兹处,可除去^{13}C与邻碳原子上的氢的耦合和远程耦合,仍保持^{1}J的耦合,即CH_3为四重峰、CH_2为三重峰等。

3. 选择性去耦

选择某一质子的特定共振频率进行照射,只对该质子去耦。采用这种方法对谱峰的指定和结构解析是很有用的。

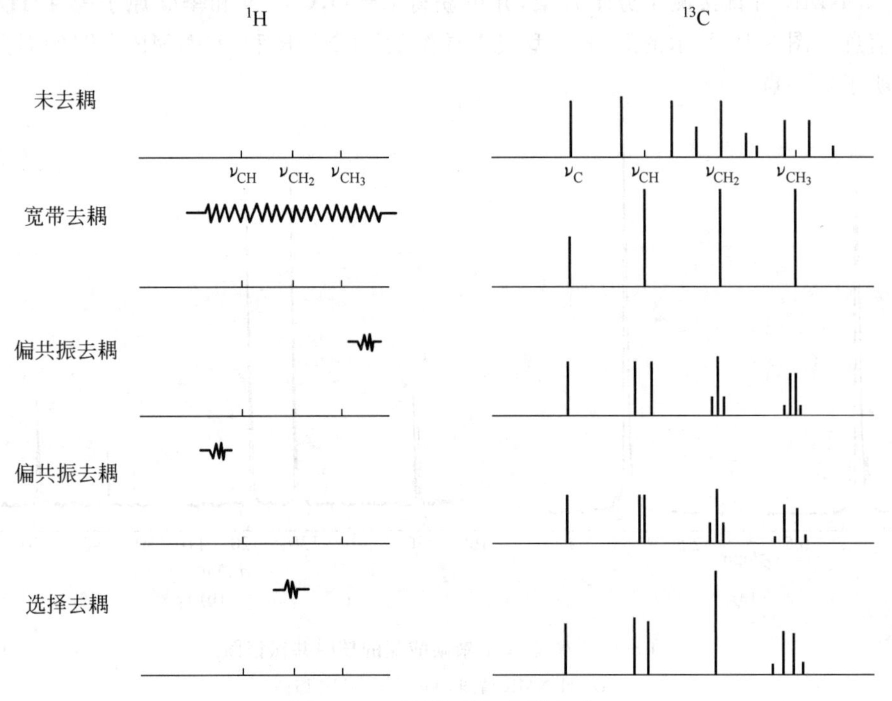

图3-20 不同的质子去耦方式

3.3.3 碳谱核磁谱图信息

碳谱和氢谱核磁一样可以通过吸收峰在谱图中的强弱、位置(即化学位移)和峰的自旋-自旋分裂及耦合常数来确定化合物结构。但由于采用了去耦技术,使峰面积受到一定的影响,因此与^{1}H谱不同,峰面积不能准确地确定碳数,因而最重要的判断因素是化学位移。

在^{13}C中化学位移的范围扩展到250ppm,因此其分辨率较高。由高场到低场各基团化学位移的顺序大体上按饱和烃、含杂原子饱和烃、双键不饱和烃、芳香烃、羧酸和酮的顺序排列,这与氢谱的顺序大体一致。^{13}C中一些常用基团的化学位移列在图3-21中。

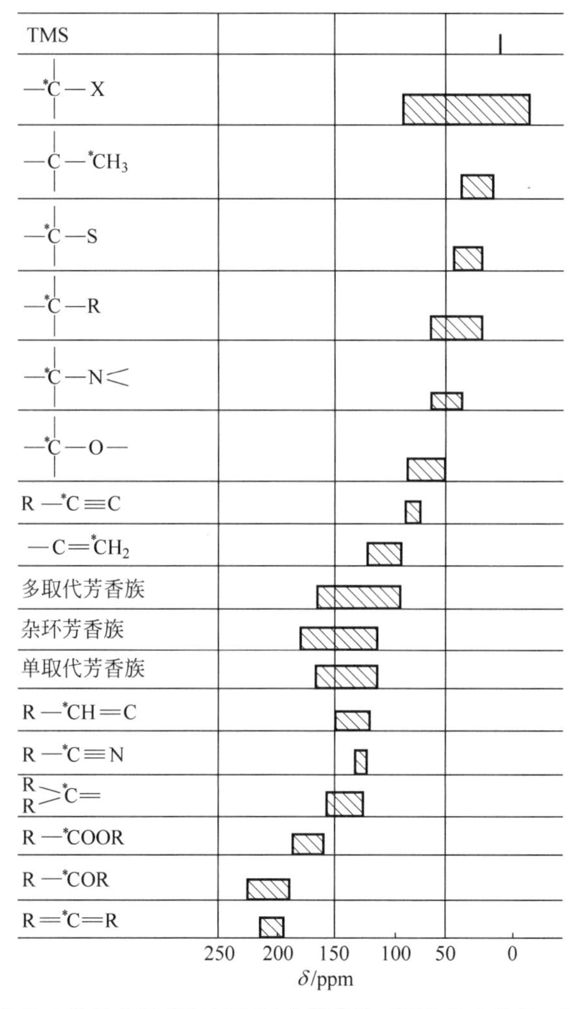

图3-21 聚合物中常见基团的^{13}C-NMR化学位移(图中给出的是*C的化学位移)

3.4 NMR在聚合物研究中的应用

NMR是聚合物研究中很有用的一种方法,它可用于鉴别高分子材料、测定共聚物的组成、研究动力学过程等。特别是在研究共聚物序列分布和聚合物的立构规整性方面有其突出的特点。只要 NMR 有足够的分辨率,可以不用已知标样,直接从谱峰面积得出定量计算结果。但应注意,由于在一般的 NMR 测定中,要求把试样配成溶液,这在高分子材料的研究中受到一定的局限。同时高分子溶液的粘度较大,给测定也带来一定的困难,实际工作中,需要选择适当的溶剂和在一定的温度下进行测定才能得到较好结果。下面只简单介绍 NMR 在聚合物研究中的一般应用。

3.4.1 聚合物的鉴别

NMR 是鉴别聚合物的有效手段,甚至一些结构类似,红外光谱图也基本类似,只是指纹区不同的聚合物,用 NMR 也能鉴别。例如聚丙烯酸乙酯:

$$-\!\!\left[CH_2-CH\right]\!\!-_n \quad \text{(CH 上连 } -C(=O)-O-\overset{a}{C}H_2\overset{b}{C}H_3 \text{)}$$

和聚丙酸乙烯酯:

$$-\!\!\left[CH_2-CH\right]\!\!-_n \quad \text{(CH 上连 } -O-C(=O)-\overset{a}{C}H_2\overset{b}{C}H_3 \text{)}$$

它们的重复单元的化学组成均为 $C_5H_8O_2$,IR 谱图很相似,若用 ^{1}H-NMR 就很容易区别。在谱图上首先确认 H_a 和 H_b 的峰。H_a 由于邻接—CH_3 而被分裂成 4 重峰,而 H_b 则邻接—CH_2—被分裂成 3 重峰,因此很容易确认。二者的差别在于聚丙烯酸乙酯中乙基是和氧相连,在聚丙酸乙烯酯中则是和羰基相连,前者的化学位移($\delta_{H_a}=4.12$ppm,$\delta_{H_b}=1.21$ppm)大于后者($\delta_{H_a}=2.25$ppm,$\delta_{H_b}=1.11$ppm),因此很容易鉴别。

3.4.2 共聚物组成的测定

由于用 NMR 特别是 ^{1}H-NMR 可以直接测定质子数之比而得到各基团的定量结果,因此用 NMR 研究共聚物组成最大的优点是不用依靠已知标样,就可以直接测定共聚组成比。例如在丁苯共聚物 ^{1}H-NMR 谱图上,在 $\delta=5$ppm 左右的吸收峰为 C═C 上的氢,而 $\delta=7$ppm 左右的峰为苯环上的氢,这两个区内没有干扰,容易测得定量结果。

设 $\delta=7$ppm 处的峰面积为 A,而其他吸收峰面积之和为 R,其中每个 H 相应的峰面积为 a,则在共聚物中芳香氢应有 A/a 个,烷烃氢为 R/a。由共聚物结构可知,全部芳香氢均属于苯乙烯单元,则苯乙烯单元数为 $A/5a$,在苯乙烯单元中还有 3 个烷基氢,因此丁二烯的氢为

$$\frac{R}{a}-\frac{3A}{5a}=\frac{1}{a}\left(R-\frac{3}{5}A\right) \tag{3-15}$$

丁二烯单元数为

$$\frac{1}{6a}\left(R-\frac{3}{5}A\right)=\frac{1}{30a}(5R-3A) \tag{3-16}$$

由此就可算出共聚物中两个单体单元的组成比:

$$\frac{S}{B}=(A/5a)\Big/\left[\frac{1}{30a}(5R-3A)\right]=6A/(5R-3A) \tag{3-17}$$

用 NMR 的方法不仅可以计算共聚物的组成比，也可测定某些聚合物的数均相对分子质量。只要能区分开聚合物中的端基峰与链中其他基团的峰，就可以运用 NMR 法，不需标样校正，进行快速测定。

3.4.3 聚合物立构规整性的测定

在乙烯基聚合物中，当乙烯单体双键的一个碳原子带有两个不同取代基时，就会产生不同立构的聚合物。聚合物立构规整性的不同直接影响材料的结晶性和力学性能，而 NMR 是表征聚合物立构规整性的很有效的方法。例如在聚甲基丙烯酸甲酯(PMMA)中有 3 种不同的氢原子，即亚甲基氢，α-甲基氢和甲氧基氢：

$$-\!\!\left[CH_2-\underset{\underset{\underset{O}{\|}}{C-O-CH_3}}{\overset{CH_3}{\overset{|}{\underset{|}{C}}}}\right]\!\!-_n$$

在 3 种不同的立构体中，它们的化学位移是不同的，如图 3-22 中所示。比较这 3 张谱图可知，在不同立构中 α-甲基化学位移是不同的，等规最大，为 1.33ppm；无规为 1.21ppm；间规最小，为 1.10ppm。而亚甲基的峰，由于在等规中两个氢是不等价的，因此表现为 AB 系统的 4 重峰；间规中两个氢是等价的，所以为单峰；在无规聚合物中则表现为许多小峰。3 种立构对甲氧基的化学位移影响不大。依据上述分析，只要计算 α-甲基 3 个峰的强度比，就可确定聚合物中 3 种立构的比例。

从上述^{1}H-NMR 的研究中，可观察到在较高磁场强度下，同一氢核在不同立体化学环境中的差别是很明显的。

图 3-23 为聚甲基丙烯酸正丁酯的^{13}C-NMR 全去耦谱图，该化合物结构式如下：

$$-\!\!\left[\overset{7}{C}H_2-\underset{\underset{O=\underset{5}{C}-O-\overset{4}{C}H_2-\overset{3}{C}H_2-\overset{2}{C}H_2-\overset{1}{C}H_3}{|}}{\overset{^8CH_3}{\overset{|}{\overset{6}{C}}}}\right]\!\!-_n$$

图 3-23 中 δ 为 13.5，18.1，30.6，64.7ppm 的 4 个峰为单峰，与空间立构关系不大，分别代表酯基上的 C_1，C_2，C_3 和 C_4；而 Ⅰ(19.3，19.7，21.8ppm)，Ⅱ(45.7，45.8，46.4ppm)，Ⅲ(52.1～55ppm)和Ⅳ(175.9，176.5，177.2ppm)4 个峰组分别代表 C_8，C_6，C_7 和 C_5，它们与分子的空间立构有关，可用来表征不同立构的聚合物。

3.4.4 共聚物序列结构的研究

在用 NMR 研究共聚物时，不仅能定量地测定共聚组成，而且同时能提供有关共聚物序列分布和空间立构的信息。在不用标样的情况下，若用其他方法要同时获得这些信息是较困难的。

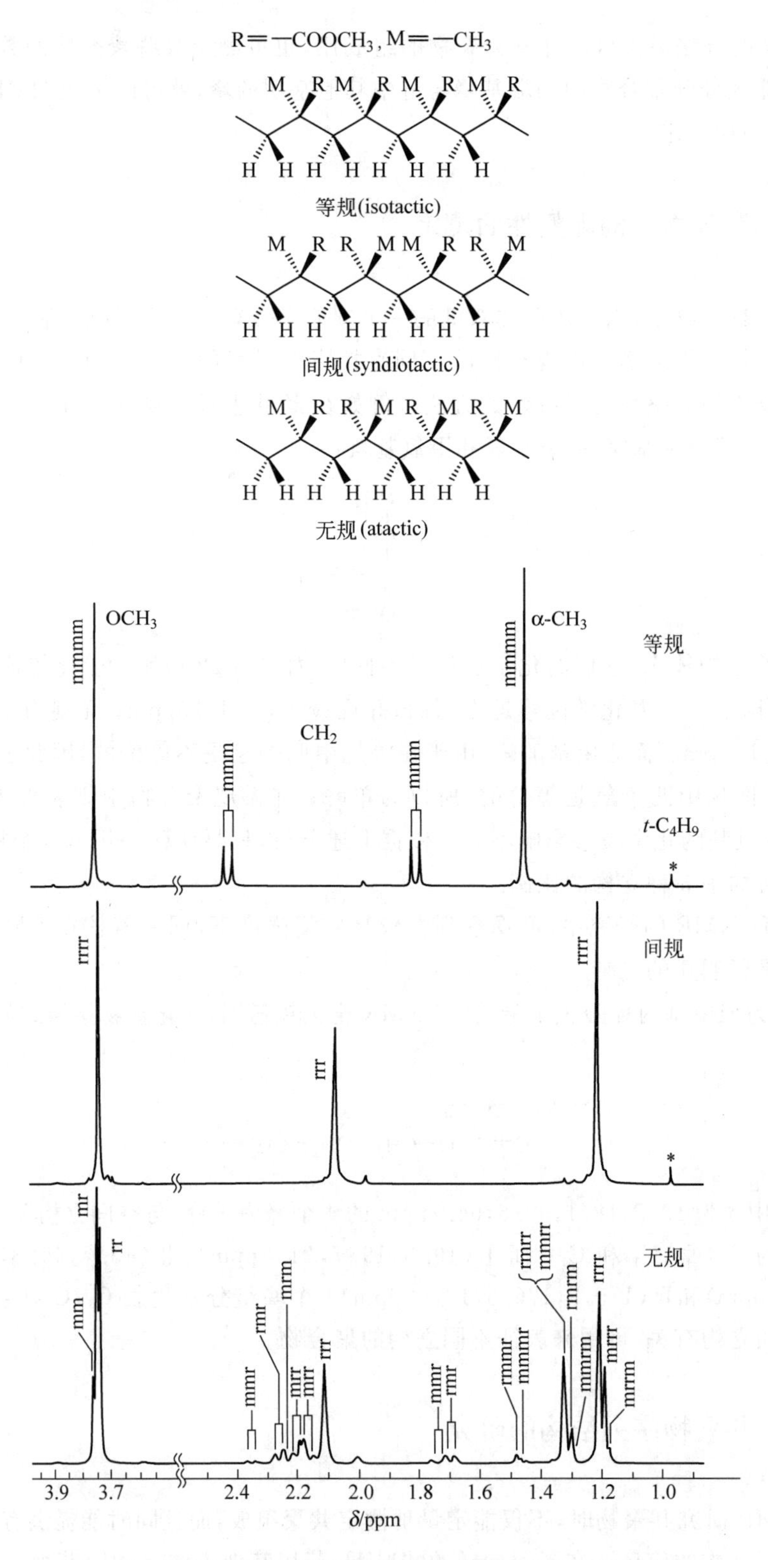

图 3-22 PMMA 的 500MHz ^{1}H-NMR 谱图(110℃于硝基苯中)

t-C_4H_9 为链端引发剂带入的特丁基峰

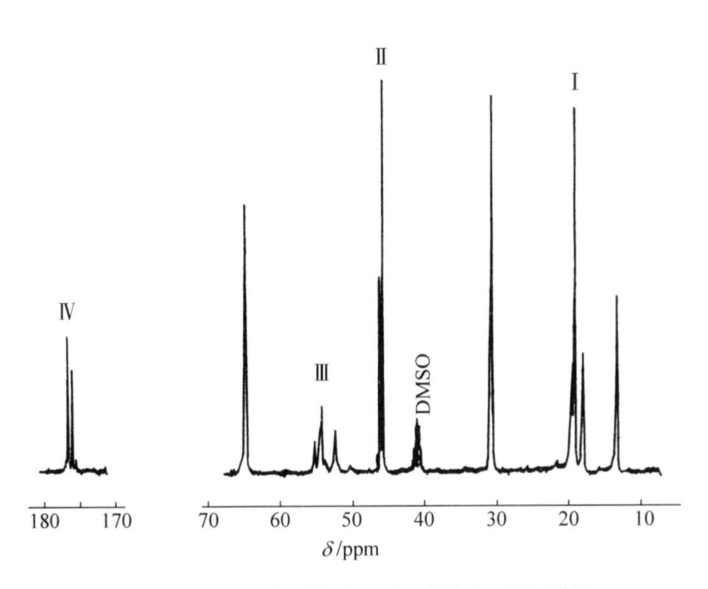

图 3-23 聚甲基丙烯酸正丁酯的 ^{13}C-NMR 谱图

在研究共聚物链结构时，首先应观察在共聚物中各重复单元可能的排布，然后做 NMR 谱图，对各峰进行指认。也就是说，能否用 NMR 来研究共聚物链结构取决于能否将不同排布的二单元组、三单元组等区分开，并能标识这些峰的归属，测量峰的强度，求出相应的序列出现的几率。

例如用 ^{1}H-NMR 研究甲基丙烯酸甲酯(重复单元用 M 表示)-苯乙烯(重复单元用 S 表示)共聚物链结构，首先考虑以 M 为中心的三单元组可以有下列排布：

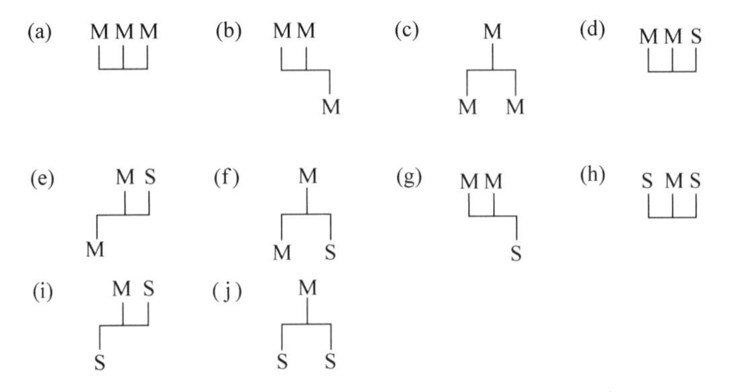

为了得到分辨较好的谱图，在 270MHz 场强下测定。依照前面所讨论的 PMMA 的 ^{1}H-NMR 谱图可知，α-甲基和次甲基的峰受 PMMA 本身立构的影响，谱图较复杂，而—OCH_3 的峰在此条件下为单峰。因此为了研究在共聚结构中苯乙烯单元的影响可选择甲氧基的峰，其化学位移在 2.1～3.7ppm 范围，受相邻苯环的屏蔽效应影响比较明显。在图 3-24 中给出了不同投料比时 M-S 共聚物甲氧基峰的谱图，其中各峰的指认见下表：

峰号	Ⅰ	Ⅱ	Ⅲ	Ⅳ	Ⅴ
δ/ppm	3.65～3.35	3.35～3.1	3.0～2.85	2.80～2.65	2.65～2.15
结构指认	(a),(b),(c),(f),(g)	(j)	(d),(e)	(i)	(h)

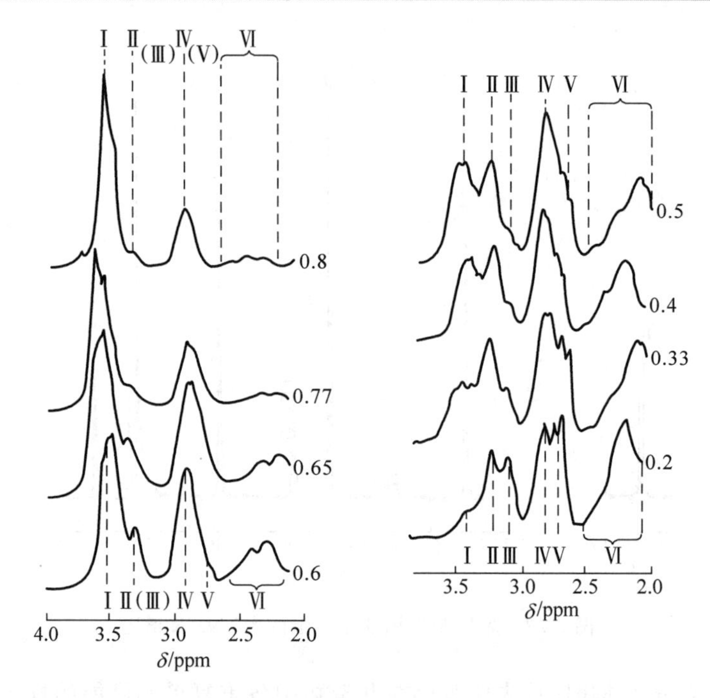

图 3-24 甲基丙烯酸甲酯-苯乙烯共聚物[1]H-NMR 谱图

同侧的等规苯环的屏蔽效应要比非同侧的等规苯环的屏蔽大得多，因此在 SMS 三单元组中，(h)在最高场，(j)在最低场；而 MMM 三单元组由于受 S 影响很小，相当于 PMMA 中的情况，因此(a)，(b)，(c)共振频率是相同的，为Ⅰ峰；在 MMS 三单元组中，S 处于非同侧的屏蔽作用小，所以(f)，(g)也为Ⅰ峰；而(d)，(e)由于 S 同侧屏蔽效应的影响，移向高场，应为Ⅳ峰。Ⅱ和Ⅲ峰则应考虑五单元组，Ⅱ峰为 M—$\underset{\text{S}}{\mid}$—$\overset{\text{M}}{\mid}$—$\underset{\text{S}}{\mid}$—M，Ⅲ峰为 S—$\underset{\text{S}}{\mid}$—$\overset{\text{M}}{\mid}$—$\underset{\text{S}}{\mid}$—S。(h)在最高场为Ⅴ峰。按照各峰面积之比，可计算出各单元组的比例，进一步可计算序列分布。若要说明共聚物中两组分的空间结构，可用立构规整度参数 σ 来表征：

$$\sigma = \frac{f_a}{f_a + f_b} \tag{3-18}$$

式中，f_a 代表(f)+(g)构型的峰面积；f_b 代表(d)+(e)构型的峰面积。

3.4.5 聚合物分子运动的研究

在本节原理部分已经提到，核磁共振测定的峰宽和弛豫时间有关。依照式(3-9)的测不准原理，弛豫时间越短谱峰越宽。在一般横向弛豫(自旋-自旋弛豫)中，气体、液体弛豫时间约为 1s，固体聚合物的是 $10^{-5}\sim10^{-3}$s，所以使用固态或粘稠液态的聚合物样品时，测得的谱线很宽，甚至几个峰会叠加在一起。随着温度升高，高分子运动逐渐加剧，弛豫时间增加，谱线形状会发生变化。若用谱线的半峰宽 ΔH 表征峰的宽度，测定 ΔH 随温度的变化曲线，就可以研究聚合物的分子运动。例如用[1]H-NMR 测定聚异丁烯，观察到 ΔH 随温度变化的曲线呈阶梯状，在−90℃，−30℃和 30～40℃这 3 个温度区，ΔH 值骤降，即谱线变窄，表明在 $T=-90$℃时甲基开始转动，到−30℃时主链上链段开始运动，而较大链段则在 30～40℃运动。

3.4.6 高分辨固体 NMR 在聚合物研究中的应用

如上所述，固体聚合物由于弛豫时间短而导致测得的谱线很宽。此外，由于分子在固体中无法快速旋转，因此几乎所有的各向异性的相互作用均被保留，同样使谱线增宽，以致无法分辨谱线的精细结构。因此，人们开发了多种技术来提高固体 NMR 的分辨率。下面简单介绍最常用的几种，它们常常联合应用来获得较好的效果，见图 3-25。

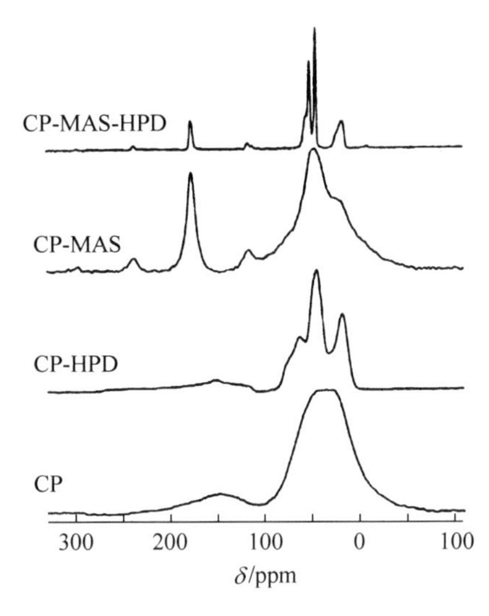

图 3-25 固体 PMMA 的 75MHz 的 ^{13}C-NMR 谱图

1. 魔角旋转(magic angle spinning，MAS)

近年来的理论研究表明，核间相互作用与($3\cos^2\beta-1$)有关，其中 β 为固体试样旋转轴与磁场的夹角。当样品在与磁场成 54.74°(魔角)的角度上高速(一般 30kHz)旋转时，$3\cos^2\beta-1=0$，核间的偶极相互作用及化学位移的各向异性均可被消除，即可得到与液体 NMR 类似的高分辨谱图。但对于 ^{13}C-NMR，由于核的天然丰度低，即使采用 MAS 技术也不能得到满意的谱图。

2. 交叉极化(cross polarization，CP)

为了克服固体稀核(如 ^{13}C)丰度低，弛豫时间长的缺陷，先将天然丰度较高的核(如 ^{1}H)自旋极化，在一定条件下将能量转移给稀核，以提高稀核的信号强度。

3. 高功率质子去耦(high-power proton decoupling，HPD)

聚合物中的 ^{13}C 和 ^{1}H 核有很强的直接偶极相互作用，可以采用高场强和高功率来消除这种相互作用，提高谱图的分辨率。

高分辨固体 NMR 特别适于分析不能溶解的聚合物(例如交联聚合物、固化物等)和研究高分子材料在固态状态下的结构，如聚合物的构象、立构规整性、结晶结构、取向等。此外，还可以通过测定松弛时间来研究聚合物中的分子运动，以及相关的高分子材料不均一性，复合材料中高分子-填料的界面相互作用特性等，这里就不详细介绍了。

3.5 NMR 的经验计算关系式

在 NMR 谱图解析中，可以借助一些经验关系式计算基团的化学位移。

3.5.1 ^{1}H 化学位移的一些经验关系

1. 亚甲基与次甲基的经验公式

亚甲基的化学位移，可用 Shoolery 经验公式计算：

$$\delta = 0.23 + \sum \sigma_i (\text{ppm}) \tag{3-19}$$

式中，σ_i 为屏蔽常数。将表 3-5 中所列 σ_i 值代入，即可求出 δ 值。例如 Ar-CH_2OR 的亚甲基化学位移实测值为 4.41ppm，其计算值为

$$\delta = (0.23 + 1.85 + 2.36)\text{ppm} = 4.44\text{ppm}$$

一般说来，误差在 0.1 以内，个别情况也很少超出 0.3。次甲基的化学位移亦可以用此公式，但误差较大，甚至超出 1.0 以上。

表 3-5 各种取代基的屏蔽常数 σ_i 值 ppm

取代基	σ_i	取代基	σ_i	取代基	σ_i
—Cl	2.53	—NR_2	1.57	—Ar	1.85
—Br	2.33	—NHCOR	2.27	—CN	1.70
—OH	2.56	—SR	1.64	—CF_2	1.21
—OR	2.36	—CH_3	0.47	—CF_3	1.14
—OAr	3.23	—C═C	1.32	—C≡C	1.44
—OCOR	3.13	—COR	1.70	—C≡C—Ar	1.65
—CO_2R	1.55	—$CONR_2$	1.59	—C≡N	1.70

2. 烯氢的经验公式

烯氢化学位移的经验计算公式为

$$\delta_{C=C-H} = 5.25 + Z_{同} + Z_{顺} + Z_{反} \tag{3-20}$$

式中，3 个 Z 分别为同碳、顺式、反式取代基对于烯氢化学位移的影响。Z 值见表 3-6。

表 3-6 取代基对于烯氢化学位移的影响 ppm

取代基	$Z_{同}$	$Z_{顺}$	$Z_{反}$	取代基	$Z_{同}$	$Z_{顺}$	$Z_{反}$
—H	0	0	0	—CF_3	0.66	0.61	0.32
—R	0.45	−0.22	−0.28	—N—C═O	2.08	−0.57	−0.72
—R(环)	0.69	−0.25	−0.28	—Ar	1.38	0.36	−0.07
—CH_2—OH	0.64	−0.01	−0.02	—C═C(共轭)	1.24	0.02	−0.05
—CH_2—SH	0.71	−0.13	−0.22	—CN	0.27	0.75	0.55
—CH_2F,Cl,Br	0.70	0.11	−0.04	—C≡C	0.47	0.38	0.12
—CH_2—N═	0.58	−0.10	−0.08	—C═O	1.10	1.12	0.87
—CH_2—C═O	0.69	−0.08	−0.06	—C═O (共轭)	1.06	0.91	0.74

续表

取代基	$Z_{同}$	$Z_{顺}$	$Z_{反}$	取代基	$Z_{同}$	$Z_{顺}$	$Z_{反}$
—CH_2Ar	1.05	−0.29	−0.32	—CO_2H	0.97	1.41	0.71
—C═C	1.00	−0.09	−0.23	—CO_2H(共轭)	0.80	0.98	0.32
—OR(R 饱和)	1.22	−1.07	−1.21	—CO_2R	0.80	1.18	0.55
—OR(R 共轭)	1.21	−0.60	−1.00	—CO_2R(共轭)	0.78	1.01	0.46
—Cl	1.08	0.18	0.13	—CHO	1.02	0.95	1.17
—Br	1.07	0.45	0.55	—CO—N═	1.37	0.98	0.46
═N—R	0.80	−1.25	−1.21	—Ar(邻位有取代)	1.65	0.19	0.09
═N—R(共轭)	1.17	−0.58	−0.99	—COCl	1.11	1.46	1.01

3. 取代苯的经验公式

取代基对苯环氢化学位移的影响可用下列经验式表示：

$$\delta = 7.30 - \sum S_i (\text{ppm}) \tag{3-21}$$

式中，7.30ppm 是苯环芳氢的 δ 值；S_i 为取代基对苯环氢化学位移的影响，其值(在 10% $CDCl_3$ 溶液中)如表 3-7 所示。

表 3-7 取代基对于苯环芳氢的影响 ppm

取代基	$S_{邻}$	$S_{间}$	$S_{对}$	取代基	$S_{邻}$	$S_{间}$	$S_{对}$
—OH	0.45	0.10	0.40	—F	0.33	0.05	0.25
—OR	0.45	0.10	0.40	—CH═CHR	−0.10	0.00	−0.10
—OCOR	0.20	−0.10	0.20	—CHO	−0.65	−0.25	−0.10
—NH_2	0.55	0.15	0.55	—COR	−0.70	−0.25	−0.10
—CH_2	0.10	0.10	0.10	—CO_2H(R)	−0.80	−0.25	−0.20
—CH═	0.00	0.00	0.00	—Cl	−0.10	0.00	0.00
—CH_3	0.15	0.10	0.10	—NO_2	−0.25	−0.10	−0.55
—CN	−0.24	−0.08	−0.27	—$NHCOCH_3$	−0.28	−0.03	
—C_6H_5	−0.15	0.03	0.11	—NCO	0.10	0.07	
—CCl_3	−0.80	−0.17	−0.17	—NO	−0.48	0.11	
—$CHCl_2$	−0.07	−0.03	−0.07	—N═NC_6H_5	−0.75	−0.12	
—CH_2Cl	0.03	0.02	0.03	—$NHNH_3$	0.48	0.35	
—CCH_3	0.22	0.13	0.27	—OC_6H_5	0.26	0.03	
—CH_2OH	0.13	0.13	0.13	—COC_6H_5	−0.57	−0.15	
—CH_2NH_2	0.03	0.03	0.03				

3.5.2 ^{13}C 化学位移的经验关系式

1. 开链烷烃经验公式

Grant 提出如下经验式：

$$\delta_{C(k)} = -2.1 + \sum A_i (\text{ppm}) \tag{3-22}$$

式中，k 为指定计算的 C 原子；A 为离开 k 第 i 个链节的化学位移校正参数，其值见表 3-8。

表 3-8 饱和烷烃^{13}C 化学位移计算中的 Grant 经验参数表 ppm

^{13}C 原子	A	^{13}C 原子	A
α	9.1	2°(3°)	−2.5
β	9.4	2°(4°)	−7.2
γ	−2.5	3°(2°)	−3.7
δ	0.3	3°(3°)	−9.5
ε	0.1	4°(1°)	−1.5
1°(3°)	−1.1	4°(2°)	−8.4
1°(4°)	−3.4		

注：1°(3°)表示计算的 C 原子为伯碳，与之相连的 C 原子为叔碳原子；2°(4°)表示计算的 C 原子为仲碳，与之相连的 C 原子为季碳原子。

例如对于烷烃：

$$C_1—C_2—\overset{\alpha}{C_3}—\overset{\beta}{C_4}—\overset{\gamma}{C_5}—\overset{\delta}{C_6}—\overset{\varepsilon}{C_7}$$

$$\delta_{C_1} = (-2.1+9.1+9.4-2.5+0.3+0.1)\text{ppm} = 14.3\text{ppm}$$

$$\delta_{C_2} = (-2.1+2\times 9.1+9.4-2.5+0.3+0.1)\text{ppm} = 23.4\text{ppm}$$

上述经验公式对聚合物计算误差较大，因此 Randall 提出用表 3-9 修正。

表 3-9 Randall 修正的 Grant 参数 ppm

^{13}C 原子	校正参数	^{13}C 原子	校正参数
α	8.16±0.18	3°(2°)	−2.65±0.08
β	9.78±0.16	2°(3°)	−2.45±0.17
γ	−2.88±0.10	1°(3°)	−1.40±0.38
δ	0.37±0.14		
ε	0.06±0.13		

用此参数可计算饱和烷烃聚合物：

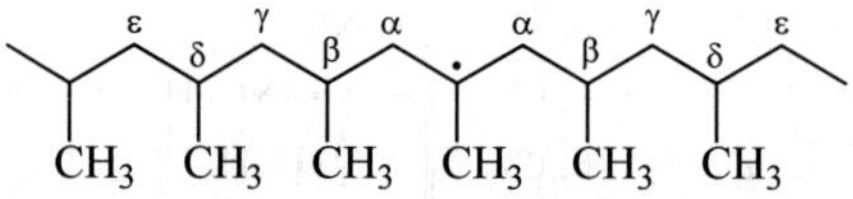

$$\delta_{CH} = (3\times 8.16+2\times 9.78+4\times(-2.88)+2\times 0.37+4\times 0.06+2\times(-2.65)-1.87)\text{ppm} = 26.33\text{ppm}$$

$$\delta_{CH_2} = (2\times 8.16+4\times 9.78+2\times(-2.88)+4\times 0.37+2\times 0.06+2\times(-2.65)-1.87)\text{ppm} = 44.11\text{ppm}$$

当在线性或分支烷烃上的取代基为非烷基时，可参考表 3-10 所示的取代效应参数：

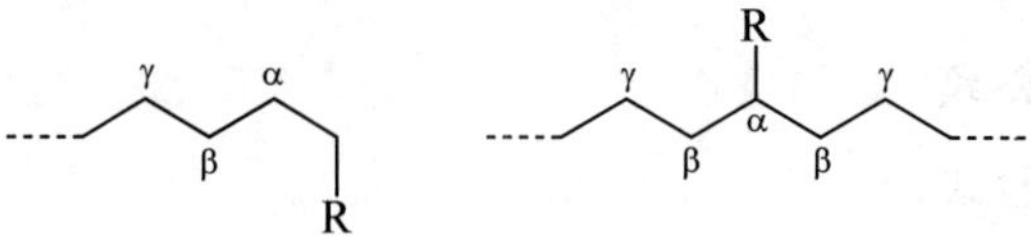

表 3-10 取代基非烷基的 Grant 参数

R	α		β		γ
	线形	支化	线形	支化	
CH	+9	+6	+10	+8	−2
CH=CH	+20		+6		−0.5
C=CH	+4.5		+5.5		−3.5
COOH	+21	+16	+3	+2	−2
COO—	+25	+20	+5	+3	−2
COOR	+20	+17	+3	+2	−2
COCl	+33	+28		+2	
CONH	+22	+2.5			−0.5
COR	+30	+24	+1	+1	−2
CHO	+31		0		−2
苯基	+23	+17	+9	+7	−2
OH	+48	+41	+10	+8	−5
OR	+58	+51	+8	+5	−4
OCOR	+51	+45	+6	+5	−3
NH	+29	+24	+11	+10	−5
NHR	+37	+31	+8	+6	−4
NR	+42		+6		−3
NO	+63	+57	+4	+4	
CN	+4	+1	+3	+3	−3
SH	+11	+11	+12	+11	−4
SR	+20		+7		−3
F	+68	+63	+9	+6	−4
Cl	+31	+32	+11	+10	−4
Br	+20	+25	+11	+10	−3
I	−6	+4	+11	+12	−1

2. 单取代链烯烃的经验公式

单取代链烯($\overset{2}{C}H=\overset{1}{C}H-X$)的$^{13}C$化学位移见表 3-11。

表 3-11 单取代链烯($\overset{2}{C}H=\overset{1}{C}H-X$)的$^{13}C$化学位移(TMS) ppm

X	C(1)	C(2)	X	C(1)	C(2)
H	122.8	122.8	$COCH_3$	137.5	128.6
CH_3	133.1	115.0	I	85.3	130.4
CH_2Br	133.2	117.7	Br	115.5	122.0
C_2H_5	140.2	113.3	Cl	126.0	117.3
C_6H_5	136.7	113.2	NCOR	130.0	94.3
CO_2R	129.7	130.4	$OCOCH_3$	141.6	96.3
CO_2H	128.0	131.9	OCH_3	153.2	84.1
CHO	136.4	136.1			

3. 取代苯的经验公式

取代苯的经验公式如下：

$$\delta_{C(k)} = 128.5 + \sum A_i(R)(ppm) \tag{3-23}$$

式中，$A_i(\mathrm{R})$代表取代基 R 在第 i 位置上所引起的化学位移增量。一般取代基的参量 A_i 值见表 3-12。例如(括号内为测量值)：

$$\delta_{C(1)} = (128.5 + 9.1 + 0)\text{ppm} = 137.6\text{ppm} \quad (137.6\text{ppm})$$

$$\delta_{C(2)} = (128.5 + 0.1 + 0.8)\text{ppm} = 129.4\text{ppm} \quad (127.0\text{ppm})$$

$$\delta_{C(3)} = (128.5 + 9.3 + 0)\text{ppm} = 137.8\text{ppm} \quad (136.6\text{ppm})$$

$$\delta_{C(4)} = (128.5 + 4.2 + 0.8)\text{ppm} = 133.5\text{ppm} \quad (132.2\text{ppm})$$

$$\delta_{C(5)} = (128.5 + 0 + 0)\text{ppm} = 128.5\text{ppm} \quad (127.0\text{ppm})$$

$$\delta_{C(6)} = (128.5 + 0.1 - 2.9)\text{ppm} = 125.7\text{ppm} \quad (124.2\text{ppm})$$

表 3-12 计算取代苯^{13}C 化学位移的经验参数 ppm

R	A_i			
	C(1)	邻	间	对
H	0	0	0	0
CH_3	9.3	0.8	0	−2.9
CH_2CH_3	15.6	−0.4	0	−2.6
$CH(CH_3)_2$	20.2	−2.5	0.1	−2.4
$C(CH_3)_3$	22.4	−3.1	−0.1	−2.9
CF_3	−9.0	−2.2	0.3	3.2
C_6H_5	13	−1	0.4	−1
$CH{=}CH_2$	9.5	−2.0	0.2	−0.5
$C{\equiv}CH$	−6.1	3.8	0.4	−0.2
CH_2OH	12	−1	0	−1
COOH	2.1	1.5	0	5.1
$COOCH_3$	2.1	1.1	0.1	4.5
COCl	5	3	1	7
CHO	8.6	1.3	0.6	5.5
$COCH_3$	9.1	0.1	0	4.2
$COCF_3$	−5.6	1.8	0.7	6.7
COC_6H_5	9.4	1.7	−0.2	3.6
CN	−15.4	3.6	0.6	3.9
OH	26.9	−12.7	1.4	−7.3
OCH_3	31.4	−14.4	1.0	−7.7
$OCOCH_3$	23	−6	1	−2
OC_6H_5	29	−9	2	−5
NH_2	18.0	−13.3	0.9	−9.8
$N(CH_3)_2$	23	−16	1	−12
$N(C_6H_5)_2$	19	−4	1	−6

续表

R	A_i			
	C(1)	邻	间	对
$NHCOCH_3$	11	−10	0	−6
NO_2	20.0	−4.8	0.9	5.8
NCO	5.7	−3.6	1.2	−2.8
F	34.8	−12.9	1.4	−4.5
Cl	6.2	0.4	1.3	−1.9
Br	−5.5	3.4	1.7	−1.6
I	−32	10	3	1

3.6 电子顺磁共振谱

电子顺磁共振谱(EPR)通常又称为电子自旋共振谱(ESR),是20世纪40年代发展起来的一种先进的技术,主要用来研究具有未成对电子结构的自由基、原子、分子(包括三线态分子)、过渡金属离子和稀土离子,也用于研究固体晶格的缺陷等。用ESR还可以获得其他研究手段不能获得的信息。例如ESR在自由基化学的研究中就十分重要,因为一般的自由基(除稳定自由基外)寿命短,活性高,不稳定,用其他的物理或化学方法难以进行研究,用ESR检测,不会对自由基产生破坏作用。此外,ESR的灵敏度很高,由理论计算得知,它比NMR的灵敏度高230倍,故可检测低浓度样品。20世纪60年代末期开始应用自旋捕捉技术(spin trapping technique)后,使ESR的应用日渐广泛和深入。但因为多数化合物是逆磁性的,要将其变成相应的可测的顺磁性化合物并不容易,所以ESR应用仍有相当大的局限性。

3.6.1 电子顺磁共振谱的基本原理

1. *顺磁性与逆磁性*

物质的原子或分子中具有未成对电子(自旋平行的电子)时,电子的自旋磁矩不等于零,这类物质具有顺磁性;物质的原子或分子中的所有电子都成对(自旋反平行的电子)时,电子的自旋磁矩等于零,这类物质是逆磁性的,常见的化合物大多数是逆磁性的。值得注意的是,少数核自旋量子数为零的原子(即$I=0$的原子)所组成的分子可以是顺磁性的。由表3-3可见,原子^{16}O的电子数是偶数,核自旋量子数$I=0$,不是NMR的研究对象。但据分子轨道理论得知,氧分子中有两个自旋平行的电子,由于它具有未成对电子,因此氧分子是顺磁性物质。

化学研究中常见的顺磁性物质有以下几类:

(1) 含有自由基的化合物,这类物质的分子中具有一个未成对电子,是在聚合物反应过程研究中常见的物质。

(2) 双基或多基化合物,即在化合物分子中具有两个或多个未成对电子,各未成对电子之间被其他基团隔开,相距较远,未成对电子间的相互作用很弱。

(3) 三线态分子,这类化合物的分子轨道中也具有两个未成对电子。两个未成对电子间的距离很近，相互作用很强。有的三线态分子的两个未成对电子可在同一个原子上，例如光解二苯基偶氮甲烷所得到的二苯基次甲基 $C_6H_5-\ddot{C}-C_6H_5$ 是三线态分子，未成对电子在同一碳原子上，相互作用很强。

(4) 过渡金属离子和稀土离子，这类化合物原子中的 d 或 f 轨道具有未成对电子。

2. 电子顺磁共振原理与共振条件

用经典物理学来叙述 ESR 的原理具体又形象，用量子力学的结论来说明 ESR 原理，则严格而科学，一般将二者结合来讨论电子顺磁共振原理。

可把顺磁性物质视为一个小磁体，将其置于磁场强度为 $\boldsymbol{H}$ 的均匀磁场中。由物理电磁学理论知其磁矩为$\boldsymbol{\mu}$，其与外磁场发生的磁相互作用的能量为

$$E = -\boldsymbol{\mu} \cdot \boldsymbol{H} = -\mu H \cos\theta \tag{3-24}$$

式中，θ 为小磁体与磁场矢量的夹角，负号表示吸引能，此时能量低，体系稳定。当 $\theta=0$ 时，$E=-\boldsymbol{\mu} \cdot \boldsymbol{H}$，能量最低；$E=+\boldsymbol{\mu} \cdot \boldsymbol{H}$ 时表示排斥能，此时能量高，体系不稳定。$\theta=\pi$ 时，$E=+\boldsymbol{\mu} \cdot \boldsymbol{H}$，能量最高。

根据量子力学，电子的自旋磁矩$\boldsymbol{\mu}_s$ 和自旋角动量 $\boldsymbol{S}$ 之间存在如下关系：

$$\boldsymbol{\mu}_s = -g\beta\boldsymbol{S} \tag{3-25}$$

式中的负号表示电子自旋磁矩和自旋角动量的方向是相反的。从表 3-1 得自由电子的 g 因子 g_e 值为 2.0023，电子的波尔磁子 β 值为 9.273×10^{-24} J/T。将式(3-25)代入式(3-24)得

$$E = -\boldsymbol{\mu}_s \cdot \boldsymbol{H} = -(-g\beta S)H = g\beta SH \tag{3-26}$$

因为电子的自旋算符$\hat{S}_z$ 的本征值 $M_s=\pm1/2$，相应的两个自旋状态的能量为

$$\begin{cases} E_\alpha = \dfrac{1}{2}g\beta H \\ E_\beta = -\dfrac{1}{2}g\beta H \end{cases} \tag{3-27}$$

E_α 和 E_β 的能量差为

$$\Delta E = E_\alpha - E_\beta = g\beta H \tag{3-28}$$

所以，当外磁场强度 $H=0$ 时，则 $\Delta E=0$，$E_\alpha=E_\beta$，电子的两种自旋状态的能量相同；当 $H\neq0$，则 $\Delta E\neq0$，$E_\alpha\neq E_\beta$，电子的两种自旋状态的能量不相同，产生能级的分裂。

如果在垂直于均匀磁场 H 的方向上加上频率为 ν 的电磁波，并能满足下式：

$$h\nu = g\beta H \tag{3-29}$$

此时处在 E_α 和 E_β 能级的电子会发生受激跃迁，总效果是一部分处在低能级 E_β 中的电子吸收电磁波的能量跃迁到高能级 E_α 中，此即电子自旋共振现象。式(3-29)为电子自旋共振条件式。与 NMR 一样，满足共振条件的方法有两种：一种是扫场法，即固定频率，改变场强；另一种是扫频法，即固定场强，改变频率。前者易达到技术要求，ESR 仪多用扫场法。根据实际测量的 ν 和 H，可计算 g：

$$g = \frac{h\nu}{\beta H} \tag{3-30}$$

在 ESR 中，自旋体系的弛豫过程与 NMR 中是类同的，本节不再重复。

3.6.2 电子顺磁共振谱仪

电子顺磁共振谱仪的主体方块图如图 3-26 所示。仪器主要包括以下几部分：

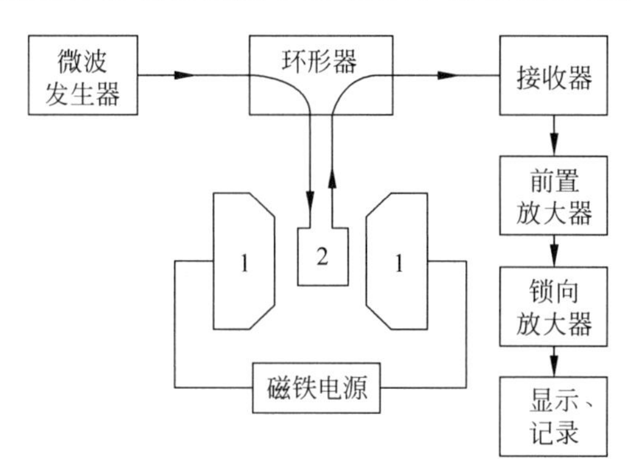

图 3-26 顺磁共振波谱仪主体方块图

1—磁铁；2—共振腔

1. 磁铁及磁铁电源

磁铁是 ESR 中的重要部件，要求与 NMR 中的磁铁一样，必须能产生高的磁场强度，且磁场必须均匀和稳定。磁场强度高可以提高仪器的灵敏度，有的实验室为了得到 6T 的场强，采用了超导磁铁。磁场电源的作用是控制流过磁铁绕组的电流的大小。

2. 微波桥

微波桥包括微波发生器、环形器和共振腔、接收器与放大器。微波发生器的辐射源一般为速调管，其产生的微波经单向环形器送到共振腔。样品装入样品管置于共振腔中，当微波辐射样品时，样品反射的微波传到接收器被接收，收到的信号经前置放大器和锁向放大器输入显示和记录系统。

在实际应用中，直流磁场强度和速调管的微波频率是有一定的范围的，一般 ESR 采用 5 种类型的磁场强度与频率，见表 3-13。不同波段研究的领域不同，在自由基的研究中最常用的是 X 波段。

表 3-13 一般 ESR 仪采用的典型频率、波长和磁场

波段名称	典型频率/10^9 Hz	典型波长/cm	$g=2$ 时的共振磁场/T
S	3.2	9.4	0.114 0
X	9.5	3.2	0.339 0
K	25	1.2	0.893 0
Q	35	0.86	1.250 0
E	70	0.40	2.500 0

3. 显示器与记录器

用于观察和记录未成对电子的能级跃迁的信号。样品的 ESR 谱图用一阶微分曲线表示。

3.6.3 样品制备、自旋捕捉剂、自旋标记

用 ESR 仪可以测定气体、液体和固体样品。在自由基化学的研究中,多用液体样品。ESR 对样品的制备要求严格。对液体样品,所选溶剂要对溶液中的自由基无干扰。在样品溶液装入样品管之前必须对样品溶液通氮除氧,以保护自由基。

由于样品制备条件和过程不同,可得到不同的结构信息,所以在研究中要特别注意样品的制备。例如,使 CH_3OH 在 H_2O_2 存在条件下产生 $\cdot CH_2OH$ 自由基,用流动法在酸性溶液中得到的 $\cdot CH_2OH$ 的 ESR 谱图有 3 条谱线,而用辐照法在无酸性溶液中产生的 $\cdot CH_2OH$ 自由基的 ESR 谱图有 6 条谱线。

许多反应过程中产生的自由基虽然活性很高但寿命很短,难以用 ESR 进行测试。20 世纪 60 年代末,人们利用某种特定结构的逆磁性化合物 S 和反应中产生的高活性短寿命的自由基 R· 结合,生成较为稳定的自由基加成物 RS·,再用 ESR 仪测定 RS· 的共振谱,从谱图的超精细结构来判别初级自由基 R· 的结构,这种技术称为自旋捕捉技术或自旋标记。捕捉时所用的逆磁性化合物 S 称为自旋捕捉剂。常用的自旋捕捉剂有几种类型,下面介绍其中的两类。

1. 亚硝基化合物

这类捕捉剂都具有—N═O 基团,自由基 R· 在 N 原子上加成,生成氮氧自由基 >N—O·。为了减少捕捉剂本身结构对被测样品超精细结构谱线的影响,一般都将—NO 基团接在三级碳原子上。

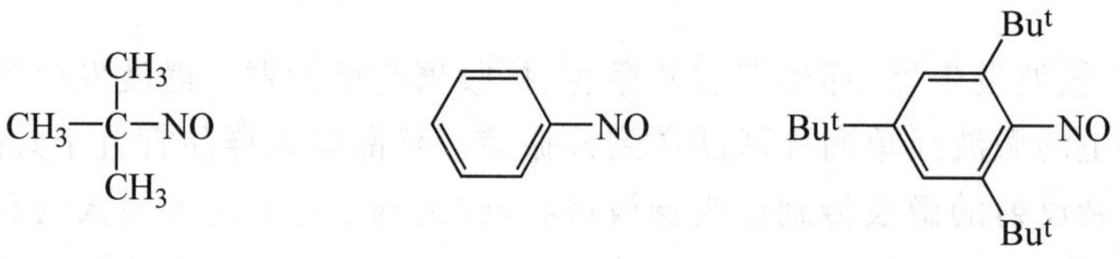

$CH_3—C(CH_3)_2—NO$ MNP $C_6H_5—NO$ ND Bu^t TBND

其中 Bu^t 为叔丁基。

2. 氮氧化物

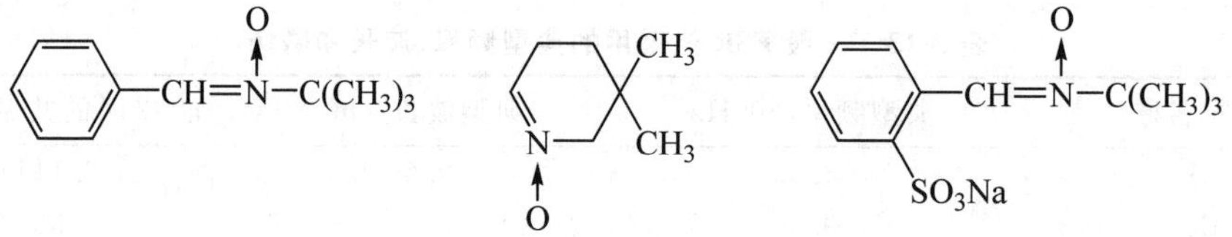

PBN   DMPO   SPBN

这类捕捉剂都具有 —CH═N(→O)— 结构,自由基一般加成在双键的碳原子上,生成氮氧自由基 $-\overset{|}{N}-O^{\cdot}$。

自旋捕捉技术除在聚合物的反应历程的研究中采用外,也常用于聚合物链结构的研究。这就是在聚合物分子链的特定部位,接上某一稳定的自由基,从而可以用 ESR 谱来研究该

聚合物分子链的结构与性能等。

3.6.4　ESR 谱图解析

在列举 ESR 谱图实例之前，先讨论超精细结构(hyperfine structure，HFS)。

在 3.2 节中提到磁核与磁核之间的自旋-自旋相互作用能产生精细结构。在 ESR 中，未成对电子与电子之间的偶极-偶极相互作用也能产生精细结构，但更重要的是，未成对电子与磁核之间的相互作用引起的谱线分裂，这种分裂产生超精细结构。表 3-3 中列出了核的 3 种类型，其中核自旋量子数 I 为半整数和整数的核为磁性核，可以产生超精细结构；$I=0$ 的核是非磁性核，不能产生超精细结构。超精细相互作用的机理有以下两种。

(1) 偶极-偶极相互作用

它是磁核偶极与未成对电子偶极之间的作用。它取决于连接两个偶极的矢量与磁场矢量之间的夹角，是各向异性的，也可称为偶极超精细相互作用。

(2) 费米接触(Fermi contact)相互作用

它取决于磁核周围的电子云密度，实验证明只有 s 轨道中的电子才有费米接触超精细相互作用。因为 s 轨道的电子云分布是各向同性的，所以这种费米接触超精细相互作用是各向同性的相互作用。在溶液自由基的研究中，费米接触超精细相互作用是主要的。Fermi 推导出了这种接触相互作用的定量公式，并将这种超精细分裂的常数以 a 表示，a 的值可由 ESR 谱图中直接测量。

ESR 谱图可以是吸收曲线，也可以是吸收曲线的一阶微分曲线或二阶微分曲线，一般用一阶微分曲线。无论哪种曲线，谱图的横坐标都是磁场强度，单位为 T(或 G)。纵坐标是相对吸收强度或相对吸收强度的微分。与 NMR 中的相对强度分布规律相联系，ESR 的强度分布规律也与二项展开式的各项系数相应。在分析 ESR 谱图时，要注意与未成对电子相互作用的核的种类，因为不同的核的自旋量子数不同，引起的分裂结构不同。如果是同一种核，则要注意核的组数和个数，考虑等性耦合作用。

^{1}H 核的自旋量子数 $I=1/2$，^{14}N 核的自旋量子数 $I=1$，具有相同数目的等性^{1}H 核和^{14}N 核的顺磁性化合物的谱线数目是不同的。

^{1}H 等性核的规律如下：

等性核数 n	谱线相对强度	谱线数 $n+1$
0	1	1
1	1　1	2
2	1　2　1	3
3	1　3　3　1	4
4	1　4　6　4　1	5

以下可类推。

例如用流动法制备的甲基自由基 $\cdot CH_3$ 中的 3 个^{1}H 核与未成对电子等性耦合，ESR 谱(图 3-27)中的 4 条谱线的相对强度比为 1∶3∶3∶1，超精细分裂常数 $a=23.0$，$G=23.0\times10^{-4}$ T。

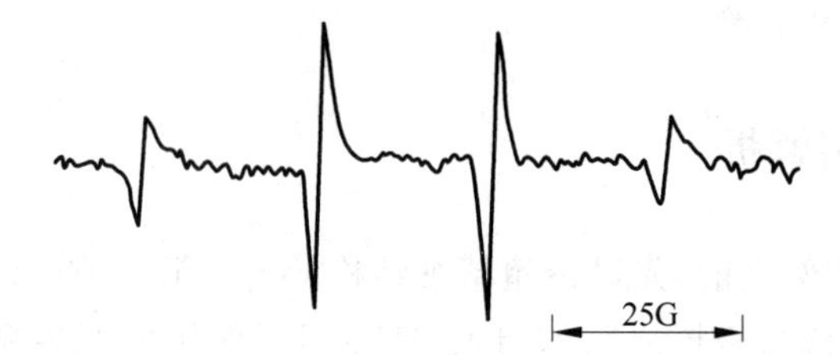

图 3-27　甲基自由基在 25℃水溶液中的 ESR 谱

^{14}N 等性核的规律如下：

等性核数	谱线相对强度	谱线数
n		$2n+1$
1	1　1　1	3
2	1　2　3　2　1	5
3	1　3　6　7　6　3　1	7
4	1　4　10　16　19　16　10　4　1	9

以下可类推。

例如稳定自由基化合物 TEMPO 和 DPPH，它们的结构式为

TEMPO　　DPPH

TEMPO 有一个 ^{14}N 核与未成对电子耦合，其在甲醇中的 ESR 谱图见图 3-28。由图可见有 3 条等距离等强度的谱线，线与线的间距即为超精细分裂常数 a 的值，当 $g=2.005\ 96$ 时 $a=16.05\times10^{-4}$ T。DPPH 有 2 个等性 ^{14}N 核，其在苯中的 ESR 谱图见图 3-29，由图可见有 5 条等距离不等强度的谱线，当 $g=2.00355$ 时，其超精细分裂常数 $a=8.43\times10^{-4}$ T。

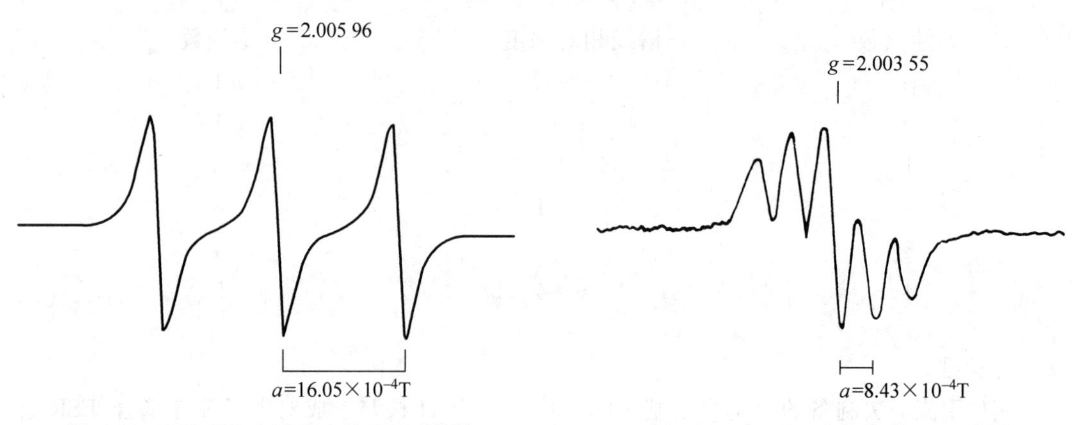

图 3-28　TEMPO 在甲醇中的 ESR 谱图　　图 3-29　DPPH 在苯中的 ESR 谱图

同一种核由于在分子结构中的位置不同，可以分属于不同的组。例如联苯撑负离子基有两组等性^{1}H 核，4 个在位置 1 处的等性^{1}H 核的超精细分裂常数为 a_1，另外 4 个在位置 2 处的等性^{1}H 核的超精细分裂常数为 a_2，因为 $a_1 \gg a_2$，其 ESR 谱图呈五簇 25 条谱线，即 (4+1)(4+1)=25，见图 3-30。图中簇间的很弱的谱线是由于存在^{13}C 核所致，因为天然的碳元素中含有 1.1%的^{13}C，在高灵敏度的 ESR 仪器中测量时，有时会测出由含量极少的^{13}C 导致的较弱的超精细结构。

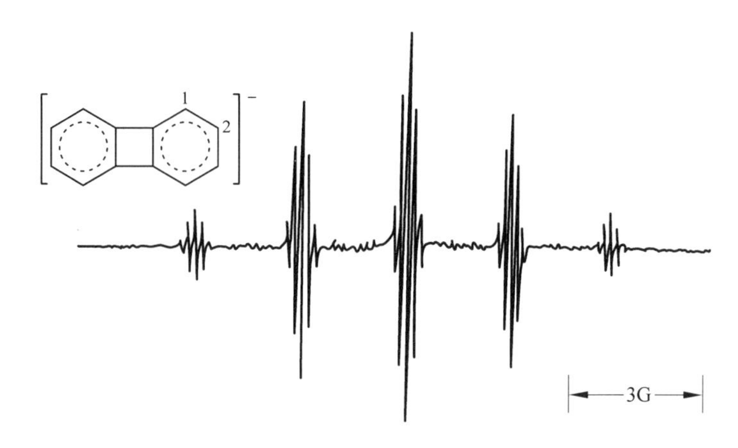

图 3-30　联苯撑负离子基的 ESR 谱图

超精细分裂常数 a 的大小表示耦合作用的强弱，a 值越大表示核与相邻的未成对电子的相互作用越强，a 值取决于 ESR 谱的总宽度和相关电子的电子云密度，可以从分子轨道理论计算。对于平面共轭分子，由 McConnell 理论可得：

$$a_i = Q\rho_i \tag{3-31}$$

式中，a_i 为超精细分裂常数；Q 代表 ESR 谱线的总宽度，基本为一常数；ρ_i 是与 a_i 相应的电子云密度。这种理论计算往往是必要的。因为虽然可以从 ESR 谱上直接测量 a 值，但对多核体系，谱图复杂，谱线多而密，经常有重叠，给 a 值的确定造成困难，用理论计算和实验结果配合解析谱图是重要的。

3.7　电子顺磁共振谱在聚合物研究中的应用

近年来 ESR 在聚合物研究中应用越来越广，其主要研究对象为引发体系的初级自由基、聚合反应动力学、聚合物的链结构以及聚合物的降解与老化等。

3.7.1　研究引发体系的初级自由基

聚合反应始自引发阶段，因此引发体系的选择是最基本的，而 ESR 则是用于研究自由基聚合引发体系的初级自由基的有效手段。以下例举两个引发体系，说明如何从 ESR 的实验结果得知引发机理，并由此加深对自旋捕捉技术和超精细分裂的认识。

(1) 有机过氧化氢 ROOH 和 *N*,*N*-二甲基对甲苯胺引发体系的引发机理的研究

一般认为这一体系的初级自由基存在着下列自由基,用 ESR 测定得到了肯定的结果。

$$CH_3-C_6H_4-N(CH_3)-CH_2\cdot$$

具体方法是在该引发体系中加入捕捉剂 MNP 后用 ESR 测试得到有 27 重峰的谱图,证明捕捉产物的自由基为

$$CH_3-C_6H_4-N(CH_3)-CH_2-N(\dot{O})-C(CH_3)_3$$

说明被 MNP 捕捉前的自由基为

$$CH_3-C_6H_4-N(CH_3)-CH_2\cdot$$

其过程如下:

$$CH_3-C_6H_4-\ddot{N}(CH_3)_2 + HOOR \rightleftharpoons \left[CH_3-C_6H_4-N(CH_3)_2\cdots HOOR\right] \quad (1)$$

$$\longrightarrow CH_3-C_6H_4-N^{+}\cdot(CH_3)_2 + {}^{-}OH + RO\cdot$$

$$CH_3-C_6H_4-N^{+}\cdot(CH_3)_2 + {}^{-}OH \longrightarrow \underset{(2)}{CH_3-C_6H_4-N(CH_3)-CH_2\cdot} + \underset{(3)}{H_2O}$$

$$\xrightarrow{MNP} CH_3-C_6H_4-N(CH_3)-CH_2-N(\dot{O})-C(CH_3)_3$$

这一反应过程可以通过多种手段加以证实,氢键复合物(1)的存在可由红外光谱测得,水的生成(3)可用气相色谱法测得,自由基(2)的存在用 ESR 测得捕捉生成物的存在而证实。以上测试再次说明在高分子的研究中,往往是多种方法联合使用的。

(2) 过硫酸铵$(NH_4)_2S_2O_8$(APS)和脂肪环胺引发体系引发机理的研究

脂肪环叔胺 *N*-甲基吗啡啉(NMMP)和脂肪环仲胺吗啡啉(MP)与$(NH_4)_2S_2O_8$ 的引发体系产生的自由基是不同的,用 MNP 分别捕捉自由基,ESR 测量的结果证实了这种推测。

NMMP-$(NH_4)_2S_2O_8$ 于甲醇溶液中,用 MNP 作为捕捉剂,得到的 ESR 谱图(图 3-31)有 3 组九重峰,共 27 条谱线,其超精细分裂常数分别为 $a_{\alpha}^{N}=14.16\times10^{-4}$ T,$a_{\beta}^{H}=2.38\times10^{-4}$ T,$a_{\beta}^{N}=0.80\times10^{-4}$ T,证实了下列自由基的存在

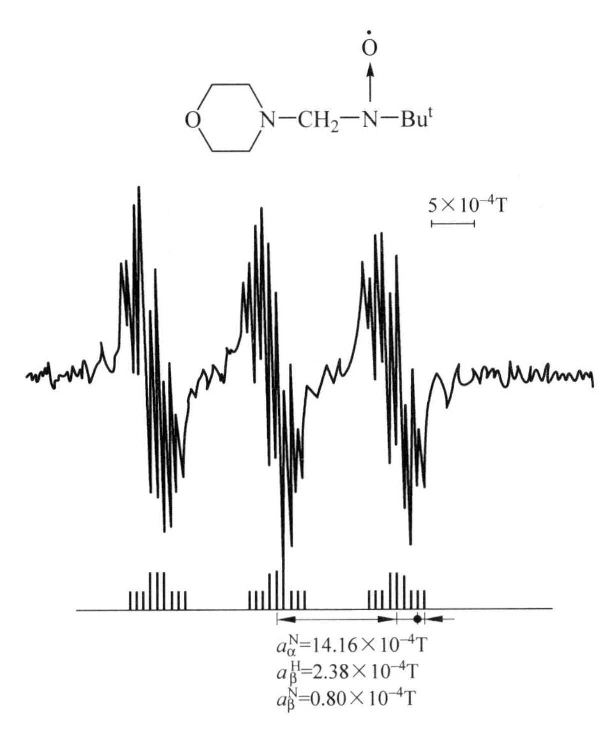

图 3-31　NMMP-APS-MNP-甲醇的 ESR 谱图

由此推断被捕捉前的自由基为 *N*-取代甲基碳自由基，反应途径为

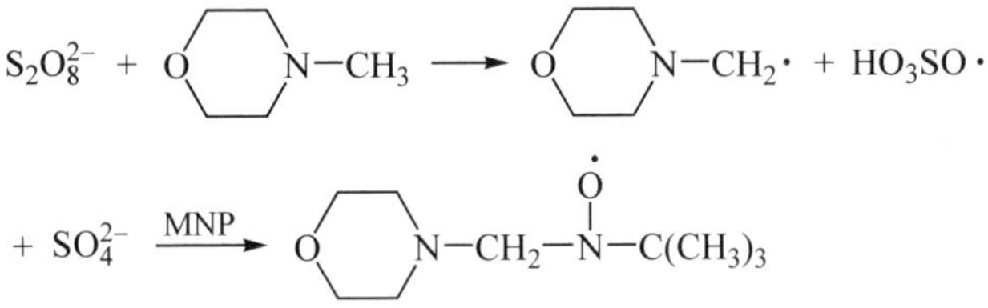

$$S_2O_8^{2-} + O\langle\rangle N-CH_3 \longrightarrow O\langle\rangle N-CH_2\cdot + HO_3SO\cdot$$

$$+ SO_4^{2-} \xrightarrow{MNP} O\langle\rangle N-CH_2-\overset{\dot{O}}{\overset{|}{N}}-C(CH_3)_3$$

MP-$(NH_4)_2S_2O_8$ 于甲醇溶液中，用 MNP 作为捕捉剂，ESR 谱如图 3-32，得到 3 组五重峰，共 15 条谱线，其超精细分裂常数分别为 $a_{\alpha}^{N}=18.7\times10^{-4}$ T，$a_{\beta}^{N}=a_{\alpha x}^{H}=0.88\times10^{-4}$ T，证实了下列自由基的存在，由此推断被捕捉前的自由基为胺自由基。

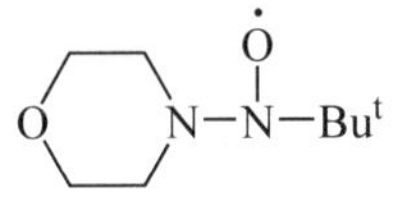

$$O\langle\rangle N-\overset{\dot{O}}{\overset{|}{N}}-Bu^t$$

图 3-32 中在 3 组峰之间出现了一些小峰(加注"×"的峰)，这是溶剂甲醇形成的 $HOCH_2\cdot$ 被 MNP 捕捉后的信号。

反应途径为

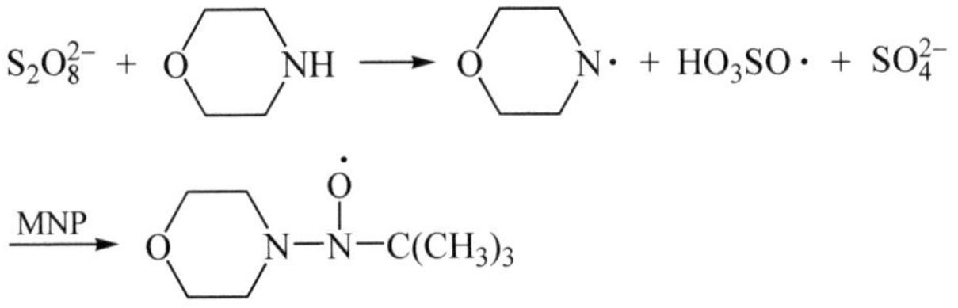

$$S_2O_8^{2-} + O\langle\rangle NH \longrightarrow O\langle\rangle N\cdot + HO_3SO\cdot + SO_4^{2-}$$

$$\xrightarrow{MNP} O\langle\rangle N-\overset{\dot{O}}{\overset{|}{N}}-C(CH_3)_3$$

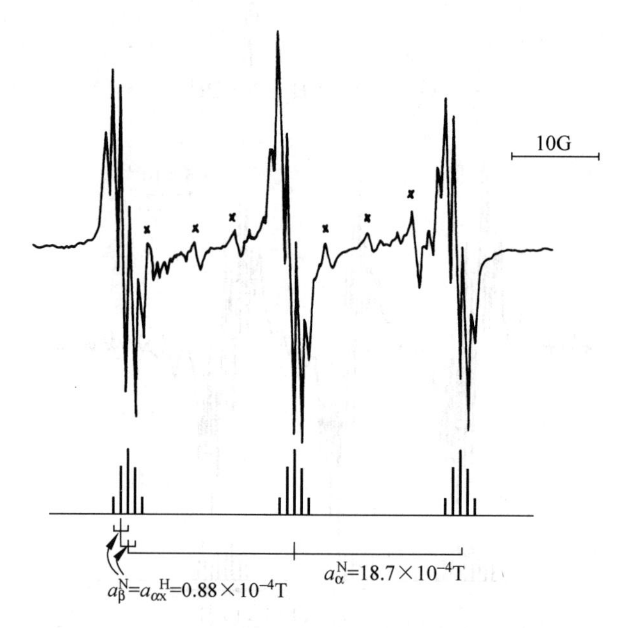

图 3-32 MP-APS-MNP-甲醇的 ESR 谱图

3.7.2 研究聚合反应动力学

用 ESR 可以测定聚合反应各阶段不同类型自由基的变化速度,从而有效地控制产率。对各个阶段产生的自由基可以有选择地分别用特殊的技术(如自旋捕捉、冷冻、流动、沉淀等)延长其寿命,便于用 ESR 在某一阶段对某类自由基(如链增长自由基 $RM_n\cdot$)进行测定,由 ESR 的信号强度随时间的变化规律,求得反应动力学数据。

3.7.3 研究聚合物的链结构

用 ESR 可测定不对称的烯类单体在聚合时的连接方式是头-头还是头-尾结构。例如,氯乙烯聚合时的头-头与头-尾结构的自由基如下:

$$R-CH_2-\underset{\large Cl}{\underset{|}{C}}H\cdot + CH_2{=}\underset{\large Cl}{\underset{|}{C}}H- \begin{cases} \xrightarrow{\text{头-头}} R-CH_2-\underset{\large Cl}{\underset{|}{C}}H-\underset{\large Cl}{\underset{|}{C}}H-CH_2\cdot \\ \xrightarrow[\text{头-尾}]{} R-CH_2-\underset{\large Cl}{\underset{|}{C}}H-CH_2-\underset{\large Cl}{\underset{|}{C}}H\cdot \end{cases}$$

用捕捉剂 MNP 捕捉,得到的加成物分别为

$$R-CH_2-\underset{\large Cl}{\underset{|}{C}}H-\underset{\large Cl}{\underset{|}{C}}H-CH_2-\overset{\overset{\large\dot{O}}{|}}{N}-C(CH_3)_3 \qquad (1)$$

$$R-CH_2-\underset{\underset{Cl}{|}}{CH}-CH_2-\underset{\underset{Cl}{|}}{CH}-\overset{\overset{\dot{O}}{|}}{N}-C(CH_3)_3 \tag{2}$$

头-头结构的聚合物自由基与 MNP 的加成物(1)的 ESR 谱图为 9 条不等强度的谱线，而头-尾结构的聚合物自由基与 MNP 的加成物(2)的 ESR 谱图为 6 条等强度的谱线。用 ESR 测试得到 6 条等强度谱线，故可推断氯乙烯聚合物链中以头-尾连接方式为主。因此可由 ESR 谱图谱线的数目和强度分布来判断聚合物的链结构。

复　习　题

3-1　比较核磁共振与电子顺磁共振波谱分析原理的异同点。

3-2　核磁共振谱图的特点及其所能提供的信息是什么？

3-3　核磁共振波谱定量分析的依据是什么？在定量分析时需要已知标样吗？为什么？

3-4　比较 ^{1}H 核磁共振波谱和 ^{13}C 核磁共振波谱谱图表示方法和所提供的信息的异同点。

3-5　比较核磁共振与电子顺磁共振波谱的分析对象有何差异，各自对样品有什么要求。

3-6　某台仪器测 ^{1}H 核磁共振波谱时，射频频率为 350MHz。若该仪器进行 ^{13}C 核磁共振测量时，射频频率为多少？

3-7　用 60MHz 的 ^{1}H 核磁共振仪器测定样品时，某共振峰的位置距 TMS 峰为 315Hz，若用 ppm 表示应为多少？

3-8　用高分辨 ^{1}H 核磁共振仪器测定聚异丁烯样品，只有两个峰，化学位移分别为 1.46 和 1.08ppm，判别该聚合物中是否含有头-头结构，为什么？

3-9　稳定自由基 DPPH(1,1-二苯基-2-苦基肼自由基)中的 2 个 ^{14}N 核可视为等性核，为什么？

3-10　用捕捉剂 MNP 捕捉到氯乙烯聚合中的头-头和头-尾结构的自由基，它们各有几条 ESR 谱线？画出相应的强度分布图并列出计算式。

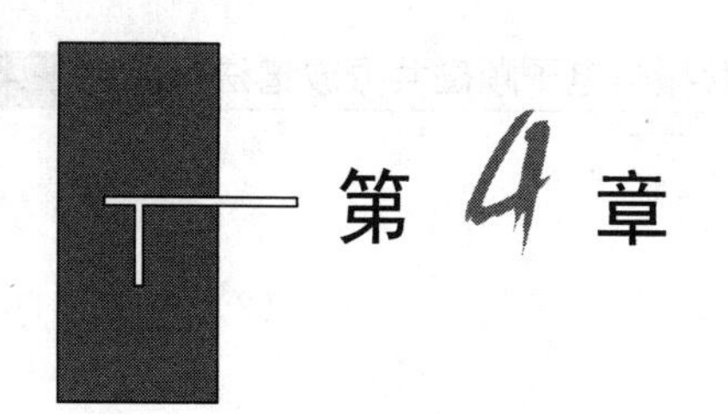

第4章

气相色谱法与反气相色谱法

4.1 色谱分离原理及其分类

色谱分离是在互不相溶的两相即固定相和流动相中进行的一种物理化学分离方法。样品随流动相进入固定相，由于各组分物化特性的不同，它们与固定相之间的相互作用不同，因此在两相(固定相和流动相)中具有不同的分配，在平衡状态下，可用下式表示：

$$K=\frac{C_L}{C_G} \tag{4-1}$$

式中，K 为分配系数，表示在一定温度下达到平衡时，组分在固定相和流动相中的浓度比；C_L 为组分在固定相中的质量浓度，g/mL，C_G 为组分在流动相中的质量浓度，g/mL。

不同的组分之间只要 K 值有微小差别，在两相间反复多次的分配，均能得到分离。K 越大，移动速度越小。若用 K_A，K_B，K_C 分别代表组分 A，B，C 的分配系数，且 $K_C>K_B>K_A$，图 4-1 为其分离示意图。

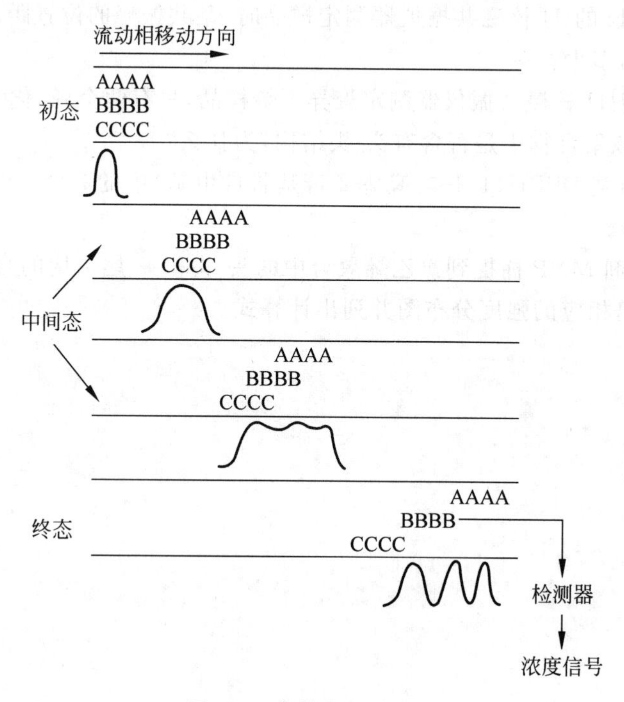

图 4-1　色谱分离示意图

依据分离原理的不同,可将色谱法分成各种类型,如表4-1所示。还有其他的分类方法,例如按照用途不同,可将色谱分成通用色谱、流程色谱、制备色谱、裂解气相色谱与顶空气相色谱等。

表4-1　色谱分类

分离原理	流动相类型	固定相充填方法	色谱名称(英文缩写)
组分在流动相与固体固定相之间的吸附竞争	气体	柱	气固色谱(GSC或GC)
	液体	柱	液固色谱(LSC或LC) 高压液相色谱(HPLC)
		平板	薄层色谱(TLC) 纸色谱(PC)
组分在流动相与液体固定相之间分配竞争	气体	柱	气液色谱(GLC或GC)
	液体	柱	液液色谱(LLC或LC) 高压液相色谱(HPLC)
组分在流动相和固定相之间离子交换竞争	特定离子水溶液	柱	离子色谱(IC)
	液体	柱	离子交换色谱(IEC)
	离子对试剂	柱	离子对色谱(IPC)
在化学惰性的多孔性固定相中组分流体力学体积的差异	液体	柱	尺寸排阻色谱(SEC)
	水	柱	凝胶过滤色谱(GFC)
	有机溶剂	柱	凝胶渗透色谱(GPC)
在两相中组分亲和力的不同	液体	柱	亲和色谱(AC)
临界温度及临界压力以上的高密度气体作为流动相		柱	超临界色谱(SFC)

4.2　气相色谱仪简介

4.2.1　气相色谱仪典型流程图

气相色谱(gas chromatography,GC)是以气体作为流动相的一种色谱法。在气相色谱仪中,混合物蒸气样品随载气被带入装有固定相的色谱柱中,分离成单个组分后,随载气从柱末流出,通过检测器就能得到各组分的信号。其典型流程见图4-2。

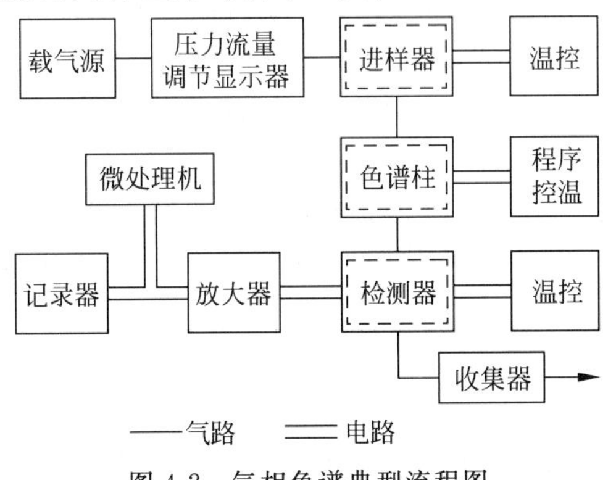

图4-2　气相色谱典型流程图

气相色谱仪虽然种类很多,形式也各不一样,但主要由以下 4 部分组成。

1. 气源和流量调节系统

用于保证载气处于最佳工作状态。

2. 分离系统

该系统包括进样汽化器和色谱柱。色谱柱是仪器的核心部件。一般由玻璃管或不锈钢管制成,可分为:

(1) 分析用填充柱

内径 2～5mm,通常长度为 1～3m。主要用于一般不太复杂混合物的分析。由于这种柱子对样品的负载量较大,也适于痕量分析。目前新发展起来的微填充柱,内径为 0.5～1mm。

(2) 制备用柱

内径 8～10mm,长 1～10m,主要用于分离提纯样品。

(3) 毛细管柱

一般内径为 0.1～1mm,长 1～100m 以上,可以把固定液直接涂覆、键合或交联在管壁上制成开口空心柱,也可以将载体或吸附剂疏松地装入玻璃管中,然后拉制成内径为 0.25～0.5mm 的填充毛细柱。用于分析复杂混合物。

3. 检测系统

用于测定柱后流出组分的浓度(或质量)随时间的变化(微分型检测器),目前有 30 多种检测器,常用的如表 4-2 所示。

表 4-2 常用气相色谱检测器原理及性能

检测器	敏感度	线性范围	检测原理	适用范围
热导检测器(TCD)	10^{-6} mg/mL	$10^4 \sim 10^5$	利用载气和样品组分热导系数的不同,当它们通过热敏元件时,阻值出现差异而产生电信号	通用型检测器;选用 H_2,He 做载气为佳
火焰离子化检测器(FID)	10^{-12} g/s	$10^6 \sim 10^7$	利用有机物在氢火焰中燃烧时生成的离子,在电场作用下产生电信号	选择性检测器;测定有机碳氢化合物
电子俘获检测器(ECD)	10^{-14} g/mL	$10^2 \sim 10^4$	载气分子在 ^{3}H 和 ^{63}Ni 放射源的 β 粒子作用下离子化,并在电场中形成稳定基流,当含电负性基团样品通过时,俘获电子,使基流减小而产生电信号	选择性检测器,组分电负性越强,灵敏度越高,以选用 N_2 或 Ar+5%CH_4 做载气为好
火焰光度检测器(FPD)	约 10^{-11} g/s	约 10^4	利用含硫或含磷的化合物在富氢火焰中会产生特征波长光,然后再转化为电信号	选择性检测器;适宜测定含硫或含磷化合物
碱焰离子检测器(AFID)	约 10^{-11} g/s	10^3	在 FID 的喷嘴附近放置金属化合物,使含氯或含磷化合物离子增加,从而使电信号增强	选择性检测器;适宜测定含氯、磷化合物

4. 其他辅助系统

其他辅助系统包括温控系统、数据处理系统和样品收集器等。

4.2.2　气相色谱固定相

在气相色谱分析中，一组混合物组分能否完全分离开，在很大程度上取决于色谱固定相选择得是否合适。一般在气相色谱中所用的固定相大致可分为以下几种。

1. 吸附剂

具有吸附活性，一般用于分析永久性气体和一些低沸点物质。常用的吸附剂有硅胶、氧化铝、活性炭和分子筛等。

2. 固定液

是指涂渍在多孔的惰性载体表面上起分离作用的物质，在操作温度下是不易挥发的液体。可选择的固定液种类很多，目前已超过200种，适用范围广，而且多数由于具有线性分配等温线，使色谱流出曲线呈高斯分布，因此固定液是气相色谱中使用最多的固定相。

3. 化学键合固定相

这是一种新型固定相，是利用化学反应在载体表面键合上特定基团的固定相。此种固定相比物理涂渍方法所得到的固定相热稳定性能好，液相传质阻力小，柱效高，但其合成较困难，对组分的保留机理还需进一步研究。

4. 高分子多孔小球

苯乙烯和二乙烯基苯的共聚物或其他共聚物多孔小球，可以单独或涂渍固定液后作为固定相。一般认为组分在其表面既存在吸附作用又存在溶解作用。在低温时，可能以吸附为主，在高温时以分配为主。表4-3给出了几种聚合物固定相。

表4-3　几种聚合物固定相

名　　称	化学组成	视密度/(g/mL)	比表面积/(m^2/g)	极性	最高使用温度/℃
GDX-1系列	二乙烯苯、苯乙烯共聚	0.18～0.46	330～630	很弱	270
GDX-2系列	二乙烯苯、苯乙烯共聚	0.09～0.21	480～800	很弱	270
GDX-301	二乙烯苯、三氯乙烯共聚	0.24	460	弱	250
GDX-4系列	二乙烯苯、含氮杂环单体共聚	0.17～0.21	280～370	中等	250
GDX-5系列	二乙烯苯、含氮极性单体共聚	0.33	80	较强	250
GDX-601	含强极性基团聚二乙烯苯	0.3	80	强	200
TDX-01	碳化聚偏氯乙烯	0.60～0.65	800	无	>500
Chromosorb-104	丙烯腈、二乙烯苯共聚	0.32	100～200	强	250
Chromosorb-105	聚芳族聚合物	0.34	600～700	中等	250
Porapak-P	苯乙烯、二乙烯苯共聚	0.32	120	弱	250
Porapak-Q	乙基乙烯苯、二乙烯苯共聚		600～840	很弱	
Porapak-S	苯乙烯、二乙烯苯、极性单体共聚	0.35	470～536	中等	300

固定液的选择并没有严格的规律可循，操作者需依靠自身的实际经验，并参考有关文献资料做出抉择。由色谱分离机理可知，在气液色谱分析中，组分的分离作用主要在于它们在液相中的停留时间，也就是说，分配系数的差异，这一点是由组分和固定液分子之间的相互作用力所决定的。这种作用力不像分子内的化学键力那么强，它属于范德华力(即静电力、诱导力、色散力)和氢键作用力。因此在实际工作中可依据“相似相溶”的规律来选择固定液。即选择的固定液与样品的化学结构相似，极性相似，则分子之间的作用力就强，选择性

就高。在气相色谱手册中可查到各种固定液的性质、最高使用温度、极性指标以及可分离样品的类型。表 4-4 中给出了按“最相邻技术”筛选的几种最常用固定液。

表 4-4 几种常用固定液

名 称	英文名称	商品名	最高使用温度/℃	溶剂	参 考 用 途
角鲨烷	squalane	SQ	150	T	气体烃及轻馏分液体烃(C_1～C_8)
硅橡胶	silicone rubber	SE-30	300	C	适用于各种高沸点化合物
含苯基的聚甲基硅氧烷	polymethyl siloxane	OV-17	300	A,C,D	各种高沸点化合物;和 QF-1 配合可分析含氯农药
三氟丙基甲基硅氧烷	trifluoropropyl methyl siloxane	QF-1	250	A,C,D	含卤素化合物、甾类化合物;能从烷烃、环烷烃分离芳烃和烯烃,从醇分离酮
聚乙二醇-20M	polyethylene glycol-20M	PEG-20M	>200	A,C,D	含氧和含氮官能团及氢和氮杂环化合物;对脂肪烃能分离正构和支化烷烃,烷烃及环烷烃
聚乙二醇丁二酸酯	polyethylene succinate	DEGS	220	A,C,D	脂肪酸酯及其他含氧化合物;分离对位和邻位、间位苯二甲酸酯,饱和及不饱和脂肪酸
β,β′-氧二丙腈	β,β′-oxydi -propionitrile	ODPN	70	A,C,D,M	低级含氧化合物、伯胺、仲胺、不饱和烃、环烷烃和芳烃

注:溶剂代号:A—丙酮;M—甲醇;T—甲苯;C—氯仿;D—二氯甲烷。

4.3 色谱谱图解析

4.3.1 色谱图表示方法

把样品注入色谱仪,随着柱后样品流出浓度(或质量)的不同,通过检测系统可以转化成电信号,得到一张如图 4-3 所示的色谱图。

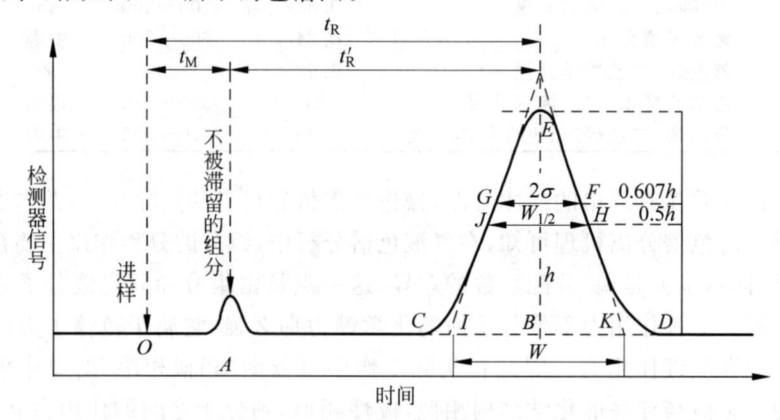

图 4-3 色谱图

谱图的横坐标代表分析时间或流动相流出体积，纵坐标是检测器响应信号，可用来作为柱后样品流出浓度(质量)的表征。谱图中流出组分通过检测器系统所产生的响应信号的微分曲线称为色谱峰。

色谱谱图的解析可从下述3方面进行：

(1) 色谱峰的位置

这是色谱图上很重要的信息，是由组分在两相间的分配状况所决定的，与组分的分子结构有关，因此可表示各组分的种类及其在色谱柱中的运行过程，是定性分析的主要依据，反映了色谱的热力学过程。

(2) 色谱峰的大小和形状

峰大小代表了样品中各组分的含量，是定量分析的主要依据，而峰的宽窄与组分在柱中运动状况有关，反映了色谱的动力学过程，是由组分的结构和操作条件两种因素所决定的。

(3) 色谱峰的分离

表示样品中各组分能否分离开。图4-4显示了色谱峰的3种分离状况。

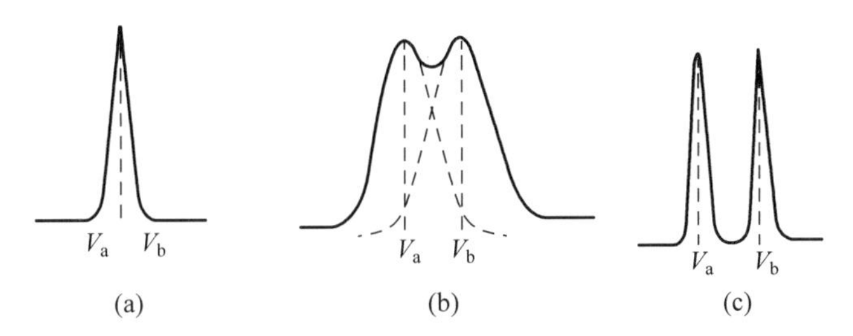

图4-4　色谱峰的3种分离状况

(a) 未分离；(b) 部分分离；(c) 完全分离

4.3.2　色谱过程方程

在色谱分析中是用保留值来描述色谱峰在谱图中的位置的，如图4-3所示。为了准确测定保留值，采用不同的定义和各种表示方法，如表4-5所示。

表4-5　保留值的定义和表示方法

名　称	定　义	关系式
保留时间 t_R(或保留体积 V_R)	组分从进样到出现峰最大值所需时间(或载气体积)	$V_R = t_R F_c$　(4-2)
死时间 t_M(或死体积 V_M)	不被固定相滞留组分从进样到出现峰最大值所需的时间(或载气体积)，即在一定条件下，在流动相中的保留值	$V_M = t_M F_c$　(4-3)
调整保留时间 t'_R(或调整保留体积 V'_R)	各组分在一定条件下，在固定相中的保留值	$t'_R = t_R - t_M, V'_R = V_R - V_M$　(4-4)
校正保留时间 t^0_R(校正保留体积 V^0_R)	用压力梯度校正因子(j)修正的保留值	$t^0_R = jt_R, V^0_R = jV_R$　(4-5)
净保留时间 t_N(或净保留体积 V_N)	用 j 修正的调整保留值	$t_N = jt'_R, V_N = jV'_R$　(4-6)

在表 4-5 中，F_c 是被校正到柱温下的载气体积流速（mL/min）。可以用在色谱柱出口的温度和压力下测得的载气体积流速 F_0 来计算：

$$F_c = F_0(T_c/T_a) \tag{4-7}$$

式中，T_c，T_a 分别代表以热力学温度 K 表示的柱温及室温。

在表 4-5 中的 j 为压力梯度校正因子，用以校正色谱柱中由于流动相的可压缩性所产生的压力梯度：

$$j = \frac{3}{2}\left[\frac{(P_i/P_o)^2 - 1}{(P_i/P_o)^3 - 1}\right] \tag{4-8}$$

式中，P_i，P_o 分别代表柱入口、出口的压力，单位为 MPa。

在表 4-5 中各项保留值的大小都和固定相的用量有关，由于在定性分析中使用不便，因此引入 3 种保留值：比保留体积、相对保留值和保留指数。

比保留体积（V_g），即每克固定液校正到 273K 时的净保留体积：

$$V_g = \frac{273}{T_c}\frac{V_N}{m_c} \tag{4-9}$$

式中，m_c 为固定液的质量，单位是 g。

如果固定液在柱中有流失，固定液含量不易测准，测得的 V_g 值就有误差，故引入相对保留值 r_{is}，其中脚标 i 和 s 分别代表样品与参比组分：

$$r_{is} = \frac{t'_{R(i)}}{t'_{R(s)}} = \frac{V'_{R(i)}}{V'_{R(s)}} \tag{4-10}$$

在求 r_{is} 值时，选择参比组分应与样品组分的调整保留值相接近，这样引起的误差就小。但在实际中，特别是在宽沸程样品分析中，有时不易找到对所有组分都适合的参比组分，因此引入保留指数（I），以一系列正构烷烃为参比物来进行计算。通常以色谱图上位于待测组分两侧的相邻正构烷烃的保留值为基准，用对数内插法求得。每个正构烷烃的保留指数规定为其碳原子数乘以 100：

$$I = 100\left(z + \frac{\lg V'_{R(i)} - \lg V'_{R(z)}}{\lg V'_{R(z+1)} - \lg V'_{R(z)}}\right) \tag{4-11}$$

式中，z，$(z+1)$ 分别代表在组分 i 色谱峰前、后出现的正构烷烃的碳原子数。

在一般情况下，这 3 种保留值与载气流速和固定液含量无关，都可作为定性的参数，其值在色谱手册中均可查到。

根据上述保留值的定义，由式（4-4）可推出色谱过程方程：

$$V_R = V_M + V'_R \tag{4-12}$$

如果不考虑柱外连接部分的体积，则 V_M 可认为是柱中流动相的体积。当组分从柱中流出达到浓度最大值时，保留值应为 V_R，而组分在固定相和流动相中的分配比例应满足下式：

$$V_R C_G = V_M C_G + V_S C_L \tag{4-13}$$

依据式（4-1）可得到下列色谱过程方程：

$$V_R = V_M + K V_S \tag{4-14}$$

式中，V_S 代表固定相的量，对于不同的固定相类型，它具有不同的含义。如果使用固定液，V_S 代表固定液含量；如果使用吸附色谱，V_S 则为吸附剂的表面积等。

式(4-14)把色谱的保留值和热力学系数 K 关联在一起了，这对研究溶液是很有用的，也就是说色谱方法不仅可用于分离混合物，还可用来测定物化常数。

4.3.3 色谱流出曲线方程

当组分具有线性分配等温线且可忽略纵向扩散时，为了研究色谱峰形，依据半经验的塔板理论，把色谱柱看成由一块块塔板组成。在每块板内，气、液瞬间达成平衡且载气是脉冲式冲洗，可推导出色谱流出曲线(即色谱峰曲线)方程为高斯分布曲线，组分浓度 C 与保留值之间应符合下述方程：

$$C=\frac{\sqrt{n}C_0}{\sqrt{2\pi}t_R}\exp\left[-\frac{1}{2}n\left(1-\frac{t}{t_R}\right)^2\right] \tag{4-15}$$

式中，n 为塔板数；t, t_R 为保留值；C_0 为进样量。按高斯分布函数，式(4-15)中的标准偏差 σ 为

$$\sigma=t_R/\sqrt{n} \tag{4-16}$$

则式(4-15)可改写为

$$C=\frac{C_0}{\sigma\sqrt{2\pi}}\exp\left[-\frac{(t-t_R)^2}{2\sigma^2}\right] \tag{4-17}$$

如图 4-3 所示，色谱峰两侧拐点(F,G)之间的距离 $FG=2\sigma$。色谱峰大小一般可用下面两个参数来描述。

(1) 峰高 h

从峰最大值到峰底的距离，即图 4-3 中的 BE。峰最大值时 $C=C_{max}$，则 $t=t_R$，因此 h 可用下式表示：

$$h=\frac{C_0}{\sigma\sqrt{2\pi}} \tag{4-18}$$

(2) 峰宽 W

在图 4-3 峰两侧拐点(F,G)处作切线与峰底相交的两点之间的距离(图上 KI)：

$$W=4\sigma \tag{4-19}$$

有时为了测量的方便，也可用半高峰宽 $W_{h/2}$ 来表示，即峰高一半处的峰宽。

峰宽也是色谱过程中的一个重要指标，是与柱效有关的重要参数，这个参数反映了组分在色谱柱中的运动情况，与组分在气相中的扩散和固定相中的传质状况有关，同时也受色谱操作条件的影响，因此它反映了色谱过程的动力学特性。由于该参数可直接从色谱图中测量，可用来研究柱效及操作条件。

4.3.4 分离度、柱效及其影响因素

气相色谱分析的关键是使混合物各组分能分离，图 4-4 显示了 3 种分离状况：①两组分保留值相同，色谱峰重合，不能分离；②两组分虽然保留值不同且峰间有一定距离，但因峰太宽，彼此重叠，仍不能得到满意的分离；③色谱峰完全分离。可用分离度 R 来描述峰分离情况：

$$R = 2\left(\frac{t_{R(2)} - t_{R(1)}}{W_1 + W_2}\right) \tag{4-20}$$

由上式可知,两个相邻组分要达到良好的分离是由两个因素所决定的。首先是保留值相差越大越好,也就是要选择一个合适的柱子;其次,峰要足够窄,也就是说,要求合适的操作条件和高的柱效。

在色谱分析中,柱效通常用理论板数 n、理论板高 H 或有效板数 n_{eff} 来表示。这些参数可由谱图上得到的峰宽和保留值,通过下述公式计算:

$$n = 5.54\left(\frac{t_R}{W_{h/2}}\right)^2 = 16\left(\frac{t_R}{W}\right)^2 = \left(\frac{t_R}{\sigma}\right)^2 \tag{4-21}$$

$$H = L/n \tag{4-22}$$

$$n_{eff} = 5.54\left(\frac{t'_R}{W_{h/2}}\right)^2 = 16\left(\frac{t'_R}{W}\right)^2 \tag{4-23}$$

式(4-22)中 L 为柱长。n 和 n_{eff} 的数值越大,表示柱效能越高,它们之间的关系是

$$n_{eff} = n\left(\frac{K'}{1+K'}\right)^2 \tag{4-24}$$

式中,K' 为容量因子,是在平衡状态时,组分在固定液与流动相中质量之比:

$$K' = \frac{t'_R}{t_M} \tag{4-25}$$

n 和 n_{eff} 都是无量纲量,在计算时应注意保留值与峰宽的单位要一致。

式(4-18)和式(4-21)表明,峰高正比于进样量和理论板数,反比于保留体积。式(4-21)表明峰宽与保留值成正比,与理论板数成反比。因此在恒温条件下对样品进行分析,随着分析时间的增加,组分峰的宽度也逐渐增加。

板高 H 越小,柱效能越高。

哪些因素影响板高呢?色谱过程可用随机模型来描述,也可用紊流(random walk)理论来解释。由于分子的动态非平衡传质,在固定相中分子移动滞后于平均平衡态,而在流动相中分子移动则超前,如图 4-5 所示。

实验中测定的板高和载气流速的关系曲线如图 4-6 所示。Van Deemter 总结了实验规律,提出用下列方程来描述影响理论塔板高的因素:

$$H = A + B/\bar{u} + C\bar{u} \tag{4-26}$$

式中,$\bar{u}$ 为载气平均线速(cm/s),可用$\bar{u} = L/t_M$ 求出。

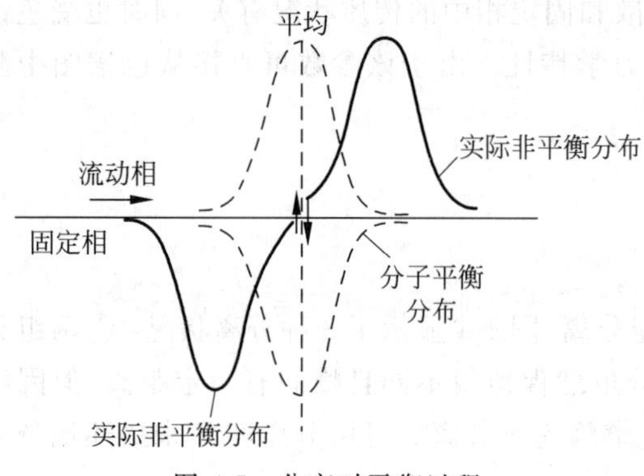

图 4-5 分离时平衡过程

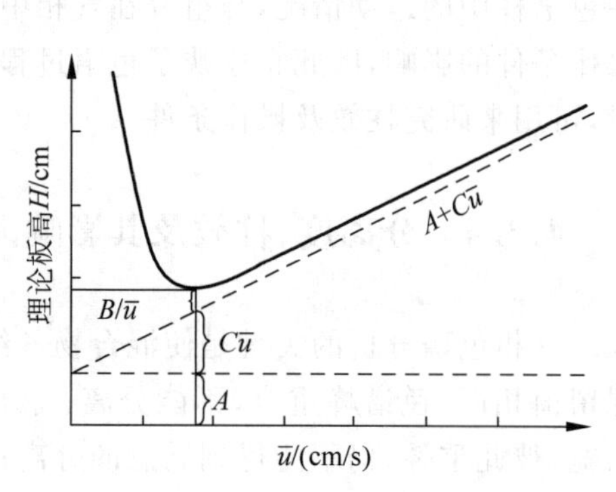

图 4-6 板高与流速关系

$A=\lambda d$,称为涡流扩散项,其中 d 为柱中固定相平均颗粒直径,λ 为装填不规则因子。涡流扩散是由于流动相载着组分通过柱子时的多路径而导致柱效降低、谱峰加宽的一种现象,所以 A 与 $\bar{u}$ 无关。A 相当于图 4-6 中的截距。

$B=2\gamma D_M$,称为纵向扩散项系数。B 与填充物的曲率因子 γ 和气相扩散系数 D_M 有关。对于填充柱,γ 约为 0.6;对于毛细管柱,γ 为 1。纵向扩散是因组分在柱中沿纵向存在浓度梯度及分子的无规运动而造成。$\bar{u}$ 越小,B 的影响越大,从图 4-6 中也可看出,当 $\bar{u}$ 小时,该项起主要作用。

C 为传质阻力项系数。由两部分阻力组成,即气相传质阻力与液相传质阻力。前者是组分由气相到固定相表面传质所受到的阻力,一般在气相色谱中很小,可忽略;后者是液相传质阻力,是组分从气、液两相界面扩散到固定液内,达到平衡后再返回两相界面的传质阻力。随流速增加,C 项影响加大。图 4-6 的曲线的后半部分接近直线,其斜率即为传质阻力项系数。

4.4　定性与定量分析

气相色谱是一种高效、快速的分离技术,特别是近年来由于空心毛细管柱的发展,可在很短时间内分离几十种甚至上百种组分的混合物,这是其他分析、分离方法所不能比拟的。但是仅仅依靠气相色谱定性鉴别每个所分离的组分是比较困难的,这也是色谱分析的弱点。

色谱定性主要依据是组分的保留值,也就是说当色谱条件一定时,组分的保留值是不变的。因此最简便又可靠的方法是在相同色谱条件下(包括进样量也相近)用已知组分和未知组分的保留值相对比,若不一致,可以肯定它们不是同一组分;若一致,就说明它们有可能是同一组分。为使定性结果更充分,一般应使用 2 种(极性、非极性)或 3 种(极性、非极性、氢键)柱来定性。若找不到已知组分,也可依照文献中所查到的组分保留指数的值来对照定性。但严格说来,这种依照保留值来定性的方法,只是必要条件而并不充分。

另一种方法是利用气相色谱与其他分析仪器,如质谱、傅里叶变换红外光谱等联用进行定性。这样既能发挥气相色谱法对复杂混合物分离能力强的特点,又能弥补其难于对每个未知组分定性鉴定的缺点;而且,对质谱、红外等仪器,既可发挥其对单一组分定性鉴定能力强的特点,又能弥补它们不能对多组分混合物进行定性分析的弱点。这种定性方法是比较可靠的。

色谱法用于定量分析既准确又方便。定量分析是依据色谱峰的峰高或峰面积来判断分析物的含量。但是由于同一检测器对不同物质具有不同的响应值(组分通过检测器所产生的信号),使得含量相同的两种组分在通过同一检测器时,所得到的信号可能不相同。因此在进行定量分析时,必须引入相对响应值(s)或校正因子(f)进行校正(即进样量与色谱峰面积的比值)。

定量计算方法很多,目前最广泛应用的有下述 4 种。每种方法都有其特定的应用条件和对仪器的特殊要求,应根据不同的分析对象选用不同的方法,或互相配合使用。

4.4.1 归一化法

当试样中全部组分都显示出色谱峰,且每个组分相应的校正因子都已知时可用下式计算:

$$x_i(\%) = \frac{f_i A_i}{\sum (f_i A_i)} \times 100 \tag{4-27}$$

式中,x_i 为试样中组分 i 的质量分数; A_i,f_i 分别代表组分 i 的峰面积和校正因子。此方法简便、准确,测定结果受操作条件(如进样量、流量等)影响较小。

4.4.2 内标法

当试样组分不能全部从色谱柱流出,或有些组分在检测器上没有信号时,就不能使用归一化法,这时可用内标法。在已知量的试样中加入能与所有组分完全分离的已知量的内标物质,用相应的校正因子校准待测组分的峰值并与内标物质的峰值进行比较,用下式求出待测组分的质量分数:

$$x_i(\%) = \frac{m_i A_i f_{s,i}}{m A_s} \times 100 \tag{4-28}$$

式中,A_i,A_s 分别代表组分 i 与内标物的峰面积; $f_{s,i}$ 为组分 i 与内标物质相比的校正因子; m 和 m_s 分别为试样和内标物的质量。此方法受色谱操作条件变化的影响较小,但内标物加入量一定要准确。

4.4.3 外标法

在相同的操作条件下,分别将等量的试样和含待测组分的标准试样进行色谱分析,再按下式计算组分的含量:

$$x_i = E_i \frac{A_i}{A_E} \tag{4-29}$$

式中,x_i 为试样中组分的质量分数; E_i 为标准试样中组分 i 的含量; A_E 为标准试样中组分 i 的峰面积。这种方法不必加入内标物,不需要求校正因子,分析结果的准确性取决于进样的准确程度和操作条件的稳定性。

4.4.4 叠加法

测出试样中待测组分及一邻近组分的峰值后,在已知量的试样中加入一定量的待测组分,再测出此两组分的峰值,按下式求出待测组分的质量分数:

$$x_i(\%) = \frac{m_i A_i A'_j}{m(A'_i A_j - A_i A'_j)} \times 100 \tag{4-30}$$

式中,m 和 m_i 分别为试样质量和加入组分 i 的质量; A_i 和 A_j 分别为试样中组分 i 和邻近

组分 j 的峰面积；A_i'和 A_j'分别为试样中加入待测组分之后，组分 i 和 j 的峰面积。此方法也不需求校正因子，但要求有纯的待测组分，且加入量一定要准确。

4.5　反气相色谱法

4.5.1　原理

在一般的气相色谱分析中，固定相是已知的，用注射器或定量管把样品注入汽化室，汽化后由载气带入色谱中进行分离。

1966 年 Davis 提出反气相色谱法（inverse gas chromatography，IGC）。IGC 法是把被测样品（如聚合物样品）作为固定相，把某种已知挥发性的低分子化合物（探针分子）注入汽化室汽化后，用载气带入色谱柱中，在气相、聚合物相两相中进行分配。由于聚合物的组成和结构的不同，与探针分子的相互作用也就不同，由此可以用来研究聚合物的各种性质、聚合物与探针分子的相互作用以及聚合物与聚合物之间的相互作用。

反气相色谱法可以利用普通的气相色谱仪器。气相色谱的原理与计算公式等均适用于反气相色谱。选择合适的检测器，检测探针分子在色谱柱中的聚合物相中的保留时间 t_R，直接计算或换算成比保留体积 V_g（式(4-6)和式(4-9)）。依照 V_g 值可以推算出聚合物与探针分子以及聚合物之间的相互作用参数等，根据 V_g 随温度或载气流速的变化还可研究聚合物的性能。

4.5.2　聚合物样品的制备

一般是将聚合物样品作为固定液溶解后涂在合适的载体上，再填充到色谱柱中。也可以直接把薄膜状、纤维状、粉末状的聚合物填充到色谱柱中，还可以用聚合物做固定液制备毛细管柱。

在用涂渍法制备填充柱时，要注意选择载体。要求载体表面呈惰性，且无吸附作用。实际上，仅有少数载体（如色谱用玻璃微珠）几乎无吸附作用，大多数载体都有一定的吸附作用。因此在计算 V_g 时就需要进行如下修正。

设净保留体积 V_N 由两部分组成：一部分是作为固定液的聚合物的溶解，用 K_LV_L 表示；另一部分是载体表面的溶解，用 K_SV_S 表示，则有

$$V_N = K_LV_L + K_SV_S \tag{4-31}$$

式中，V_L 是作为固定液的聚合物的体积；K_L 是聚合物溶解分配系数。将式(4-31)两边除以 V_L 得

$$\frac{V_N}{V_L} = K_L + \frac{K_SV_S}{V_L} \tag{4-32}$$

测定不同流速下的 V_N 值，外推得到流速趋于零时的净保留体积 $(V_N)_0$，改变聚合物的涂渍量，可测得一系列的 $(V_N)_0$ 值，用 $(V_N)_0/V_L$ 对 $1/V_L$ 作图，由式(4-32)可知截距为 K_L，再由下式计算出 V_g 值：

$$V_g = \frac{K_L}{\rho_P} \tag{4-33}$$

式中,ρ_P 为聚合物密度。

在反气相色谱中,要注意准确计算聚合物的质量 m_P,因为由式(4-9)可见,m_P 的准确度直接影响 V_g 的结果。

用聚合物涂渍载体时,聚合物膜的厚度一定要掌握好,测定的要求不同,膜的厚度也不同,须进行条件实验加以确定。图 4-7 是用正十六烷为探针分子,以聚苯乙烯为固定液,$\lg V_g$ 对 $1/T$ 作图,T 为热力学温度。该图表明了涂层厚度对保留值的影响。由图可见,当聚苯乙烯的量从固定相的量的 0.079%增加到 19.7%时,曲线的弯曲度逐渐变大,显示出聚合物的玻璃化转变。

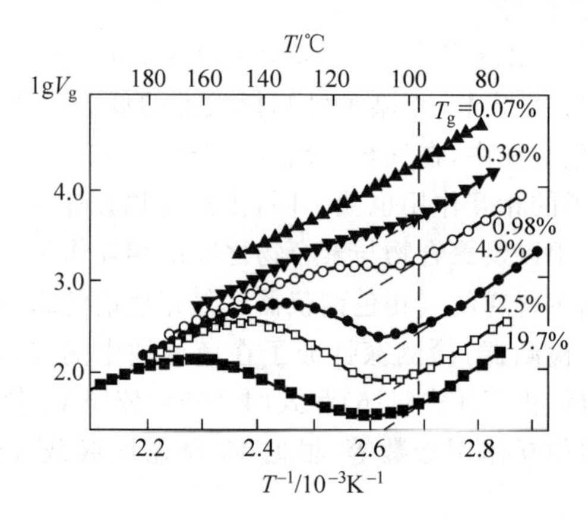

图 4-7 涂层厚度对正十六烷在聚苯乙烯上保留值的影响

4.6 气相色谱法与反气相色谱法在高分子材料研究中的应用

气相色谱只能用于分析气体和在一定温度下能汽化的液体样品,因此气相色谱法在高分子材料研究中的应用可分成两类:一类是样品可直接进行气相色谱分析的,例如单体、溶剂和各种添加剂纯度的测定,以及通过测定反应过程中单体组成的变化来研究某些聚合反应动力学过程;另一类是样品不能直接进行气相色谱分析而需要与其他技术相结合,例如在第 5 章将要介绍的裂解气相色谱技术等。也可以对聚合物样品进行一些处理再行分析。例如可用抽提法处理聚合物,即选择合适的低沸点挥发性溶剂对聚合物中的低分子组分(残余单体或助剂)进行提取,然后再分析提取液。对抽提效果不好的聚合物样品可用适当的低沸点溶剂溶解,溶解后可用两种办法进样:一是稀释后直接进样分析;二是用溶液上部空间分析法(简称液上法)进样。为防止聚合物污染汽化室和色谱柱,进样时可在汽化室末端和入口处填充玻璃棉,并注意定期更换。这种方法也适用于乳液聚合样品的分析。液上法是将聚合物溶液置于一密闭容器中,液面上部留有足够的空间,待挥发性组分在密闭体系中的液相和气相达到分配平衡后,再取上部气态物注入色谱柱进行分析。液上法的灵敏度依赖于被分析组分的蒸气压和其在溶剂中的溶解度。定量测定须先用内标法或外标法求得被测物在气、液两相中的分配系数，才能依照气相组分的测定计算出含量。有的聚合物样品，如聚乙烯，在常温时没有合适的溶剂使其溶解，可采用固体上部空间法，简称固上法。这种方法是将聚合物粉末直接置于密闭容器中，容器内上部留足够的空间，升至一定温度，待被测挥发性组分在气、固两相中达到平衡后，从上部空间取样注入色谱柱进行分析。注意，液上法和固上法都要防止取样过程中组分冷凝，并要求气、液或气、固达到平衡的时间短。如测聚苯乙烯中残留单体含量时，用固上法平衡时间很长，只能用液上法，而测聚氯乙烯中残余单体含量则用固上法。

反气相色谱法可广泛地直接用于聚合物研究中。例如测定某些低聚物的相对分子质量，研究聚合物的热转变温度与相对分子质量的关系，测量聚合物之间、聚合物与溶剂之间的相互作用参数以及结晶聚合物的结晶度和结晶动力学曲线，此外，还可以测定低分子溶剂在聚合物中的扩散系数、扩散活化能等。

4.6.1　聚合物的热转变温度

用反气相色谱研究聚合物的热转变温度主要依据式(4-9)，按一定程序改变柱温 T_c，由于净保留体积 V_N 的变化，使 V_g 随之而变化。其变化可用比保留体积的对数 $\lg V_g$ 对柱温 T_c(热力学温度)的倒数作图来表示。图 4-8 为结晶性聚合物的 $\lg V_g$-$1/T$ 图，图形呈 Z 形，其转折处与聚合物的热转变有关。图中的 AB 段显示聚合物处于玻璃态，探针分子不能扩散到聚合物的内部，而是被吸附在聚合物表面，相当于吸附色谱。柱温升高聚合物表面吸附能力下降，V_g 随 T 升高而线性下降。B 点是曲线刚开始转折的点，此处的温度相当于聚合物的玻璃化转变温度。BD 段聚合物处于高弹态。这一段又分成两个阶段；第一阶段 BC 段，由于聚合物链段运动，探针分子开始扩散到聚合物的内部，但此时由于聚合物本身的粘度大，探针分子扩散进内部后再扩散回流动相中的速度慢，来不及建立扩散平衡，V_g 随 T 升高而升高，到 C 点达到扩散平衡；第二阶段为 CD 段，探针分子在聚合物内部为非晶区扩散，V_g 随 T 升高而降低。在 DF 段聚合物接近熔融，部分结晶向非晶转化，非晶区逐渐增加，使 V_g 随 T 升高而升高。F 点是聚合物由高弹态转化为粘流态，即聚合物的熔点 T_m。在 FG 段，聚合物处于粘流态，聚合物完全是非晶态的熔融态。此阶段探针分子溶解于聚合物中，V_g 随 T 升高而降低。

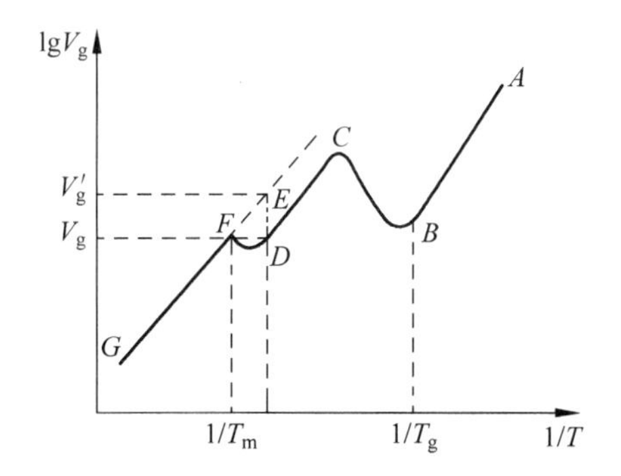

图 4-8　结晶性聚合物的比保留体积随温度的变化

总之，AB 段说明探针分子在聚合物表面吸附，CD 段说明探针分子在聚合物内部为非晶区溶解(对结晶聚合物而言，CD 段在熔点以下，也可以说是本体吸附)，FG 段说明探针分子在聚合物内部所有区域溶解。由于表面吸附热焓和溶解热焓不同,所以 AB 段与 CD 段和 FG 段的斜率不同。

特别要指出一点,用反气相色谱法测定玻璃化转变温度时,要取 AB 段刚刚开始转折处的 B 点,而不能取 BC 段中的最低点。这是与其他实验方法(如示差扫描量热法)的结果对照后得出的结论。

4.6.2 聚合物的结晶度与结晶动力学

由聚合物的热转变曲线不仅可以得到 T_g 和 T_m,还可以获得结晶性聚合物的结晶度信息。

由图 4-8 可见,在某一温度下,D 点所对应的净保留体积值为 V_g。把 GF 线段向低温方向外推,得到 E 点。E 点所对应的净保留体积值为 V'_g,由二者的比值可以得到结晶性聚合物在此温度时的结晶度 X_c:

$$X_c = 1 - \frac{V_g}{V'_g} \tag{4-34}$$

由于反气相色谱法计算结晶度用的是 V_g 和 V'_g 的比值,不需要预先知道聚合物的晶区和非晶区的参数(如比容),这一点优于常用的密度法或 X 射线法。这一方法也不必记录柱中所用聚合物的质量和载气流速,因此对于测定新型结晶聚合物的结晶度,反气相色谱法是一种有效的方法。

反气相色谱法也可用于聚合物结晶动力学的研究。首先使柱温升至聚合物的 T_m 以上,使聚合物熔化后,再将柱温降至略低于 T_m 的某一温度下,测定 V_g 随时间 t 的增加而下降的数值,V_g 下降的速度就是结晶生长的速度。由聚合物熔融时外推得到的某温度下的 V'_g 值是不随时间 t 的增加改变的,而 V_g 值随 t 改变,由此可得不同时间的结晶度 X_c 值,X_c 对 t 作图,可得到聚合物的等温结晶动力学曲线。

4.6.3 低分子化合物在聚合物中的扩散系数与扩散活化能

研究低分子化合物在聚合物中的扩散作用可以得到低分子物质对聚合物膜的渗透能力或聚合物中添加的低分子组分的挥发性。

在不同流速下测定板高可以得到如图 4-6 所示的板高与流速的关系曲线,由该曲线的高载气流速部分的线性斜率可求得式(4-26)中的传质阻力项 $C\bar{u}$ 的系数 C(在高流速时,线性部分纵向扩散项 $B/\bar{u}$ 近似为零)。

由化工原理可知,当载体颗粒为球形时,传质阻力系数 C 为

$$C = \frac{8}{\pi^2} \frac{d_f^2}{D_l} \frac{K'}{(1+K')^2} \tag{4-35}$$

式中,d_f 为载体表面所涂聚合物膜的厚度;K' 为探针分子的容量因子,可由式(4-25)计算得到;D_l 为探针分子在聚合物中的扩散系数。

膜的厚度可由下述若干公式求得。假设柱中填充的载体为球状玻璃微珠,共 N 个,则载体的体积 V 为

$$V = N \frac{4}{3} \pi r^3 \tag{4-36}$$

式中，r 为微珠的统计平均半径，每个微珠的表面积为 $4\pi r^2$，则微珠的总表面积 A 为

$$A = N(4\pi r^2) \tag{4-37}$$

将式(4-36)代入式(4-37)，则

$$A = 3V/r \tag{4-38}$$

若涂在玻璃微珠表面的聚合物质量为 m_p，聚合物的密度为 ρ，则聚合物的体积 V_p 为

$$V_p = m_p/\rho \tag{4-39}$$

因此聚合物在微珠表面的厚度 d_f 为

$$d_f = \frac{V_p}{A} = \frac{m_p/\rho}{3V/r} \tag{4-40}$$

如果玻璃微珠在柱内堆积较密，则微珠的总体积 V 约占柱内体积 V_c 的 70%，V_c 可用柱长及柱内径 r_c 求得，所以

$$V = 0.7V_c = 0.7\pi L r_c^2 \tag{4-41}$$

即

$$d_f = \frac{m_p/\rho}{2.1\pi L r_c^2/r} \tag{4-42}$$

由求得的 d_f 值代入式(4-35)，就可求得扩散系数 D_l。

若在实验中测定不同温度下探针分子在聚合物中的扩散系数 D_l，作 $\lg D_l$-$1/T$ 图，得到斜率为负值的直线，符合阿仑尼乌斯方程，即

$$D_l = D_l^0 e^{-\Delta E_D/RT} \tag{4-43}$$

用该斜率由式(4-43)可求得扩散活化能 ΔE_D。

4.6.4 探针分子与聚合物、聚合物与聚合物之间的相互作用参数

测定探针分子与聚合物、聚合物与聚合物之间的相互作用参数的公式分别为式(4-44)、式(4-45)。

探针分子(用数字 1 表示)与某聚合物(用 i 表示)之间的相互作用参数 x_{1i} 为

$$x_{1i} = \ln\frac{RTv_p}{P_1^0 V_1 V_g} - \left(1 - \frac{V_1}{\overline{M_p} v_p}\right) - \frac{P_1^0}{RT}(B_{11} - V_1) \tag{4-44}$$

式中，v_p 为聚合物的比体积(密度的倒数)；$\overline{M_p}$ 为聚合物的平均相对分子质量；V_1 为探针分子的体积；P_1^0 为探针分子的饱和蒸气压；B_{11} 为探针分子的第二维利系数。

两种聚合物 2 和 3 之间的相互作用参数 x_{23} 可以由探针分子 1 分别与聚合物 2,3 以及 2 和 3 的混合物的相互作用参数 x_{12}，x_{13} 和 $x_{1(23)}$ 求得

$$x_{23} = \frac{V_2}{V_1 \phi_1 \phi_2}(x_{12}\phi_2 + x_{13}\phi_3 - x_{1(23)}) \tag{4-45}$$

式中，V_2 为聚合物 2 的链节的体积；ϕ_2 和 ϕ_3 为共混物中聚合物 2 和 3 的体积分数(据不同的质量配比计算而得)。

均聚物-均聚物的共混物组分间的相容性对加工成型及产品的性能有相当大的影响，测定两种聚合物之间的热力学相互作用参数对于理解共混体系的相容性十分重要。测定非晶聚合物之间相互作用参数的方法通常有蒸气吸附法，小角中子散射法及反气相色谱法等。

如果共混物中有一组分是结晶的,则可在其结晶熔点以上,使共混物处于非晶状态,用反气相色谱法测定聚合物两组分之间的相互作用,用式(4-44)和式(4-45)计算参数 x_{23}。例如聚己内酯(PCL)是结晶型聚合物(式(4-45)中脚标 2),其熔点为 63℃,聚碳酸酯(PC)是非晶聚合物(式(4-45)中脚标 3),在 70℃时测定二者的相互作用参数 x_{23},发现不同配比的共混物的 x_{23} 都为负数,说明这一体系的相容性能佳,而且用 IGC 法测得的各配比的 x_{23} 的均方根值与用示差扫描量热法所得的 x_{23} 值是相近的(详见第 6 章热分析的应用部分)。

复 习 题

4-1 气相色谱仪的基本设备包括哪几部分?各有什么作用?

4-2 什么叫保留值?它反映了色谱过程的什么特征?

4-3 组分和固定液分子间有哪些作用力?固定液的选择原则是什么?

4-4 什么叫峰宽(区域宽度)?它反映了色谱过程的什么特性?

4-5 塔板理论和速率理论的区别与联系是什么?

4-6 色谱定性的依据是什么?主要方法有哪些?

4-7 色谱定量分析中,峰面积为什么要用校正因子进行校正?其含义是什么?

4-8 色谱定量方法有哪几种?各适用于什么情况?

4-9 反气相色谱与气相色谱主要区别是什么?

4-10 为什么可以用反气相色谱法测定聚合物的玻璃化转变温度、结晶度等?

4-11 用反气相色谱研究环氧树脂固化过程时,探针分子保留值的变化规律是什么?

4-12 在反气相色谱中做定量计算时常用的保留值是什么?为什么用聚合物做固定液时要准确计算它的质量?

4-13 依据气相色谱仪的分离和检测原理,综合分析气相色谱分析的优缺点以及如何合理使用气相色谱分析法。

4-14 在室温为 25℃,大气压为 0.101 325MPa 时,测得色谱条件如下:柱长 2m,柱温 50℃,柱前表压 0.066MPa,记录仪纸速 20mm/min,用皂膜流量计测得柱后流量 18.4mL/min,测得各组分数据如下:

峰编号	样品名称	保留时间/min	峰底宽/mm
A	空气	0.28	
B	丙烷	1.57	2.8
C	正丁烷	2.49	4.5
D	丁烷-2	2.95	5.3
E	正戊烷	4.38	7.9
F	环己烷	7.22	12.8
G	正己烷	7.89	14.1
H	正丙醇	8.88	16.0
I	正丁醇	10.11	18.2
J	正庚烷	14.36	25.7

(1) 求①压力校正因子；②死体积 V_M；③正戊烷的 V_R 和 V_N 值。

(2) 用环己烷的数据求理论板数 N 及有效板高 H_{eff}。

(3) 计算丁烷-2、正己烷和正丁醇的保留指数。

(4) 估计乙醇的校正保留时间。

(5) F 峰和 G 峰的分离度 R 是多少？这两个峰是否完全分离？

(6) 如果所有的组分含量均相等，则它们的峰高是否相等？峰面积是否相等？为什么？

(7) 为什么峰底宽的值随保留时间增加而增大？

4-15　为了用色谱法（氢焰检测器）分析 C_8 芳烃异构体，先配制已知芳烃混合液进行分析，然后再测定未知样品，其数据如下：

组　分	乙　苯	对二甲苯	间二甲苯	邻二甲苯
已知样：配样量/g	0.4051	0.3528	0.2834	0.4587
峰面积/mm^2	116.0	98.0	82.0	130.0
未知样：峰面积/mm^2	138.0	86.0	166.0	115.0

求各组分校正因子及未知物含量。

4-16　用反气相色谱测定聚苯乙烯玻璃化转变温度，数据如下：

柱温/℃	保留时间/s	死时间/s	校正后流量/(mL/min)
80	72.2	27.2	19.3
90	55.9	28.0	20.3
95	52.1	28.2	21.3
100	51.6	28.4	23.2
105	52.7	28.2	23.9
110	52.7	29.1	24.4
120	52.5	29.6	23.4

求聚苯乙烯玻璃化温度。

4-17　两种不同结晶度聚乙烯的反气相色谱曲线所给出的信息有什么不同？

4-18　有一根 1m 的气液色谱柱，在 10，20，40mL/min 3 种流速下测得理论板数分别为 1205，1250，1000，求 Van Deemter 方程中的 A，B，C 值以及载气最佳流速及在此流速下的板高。

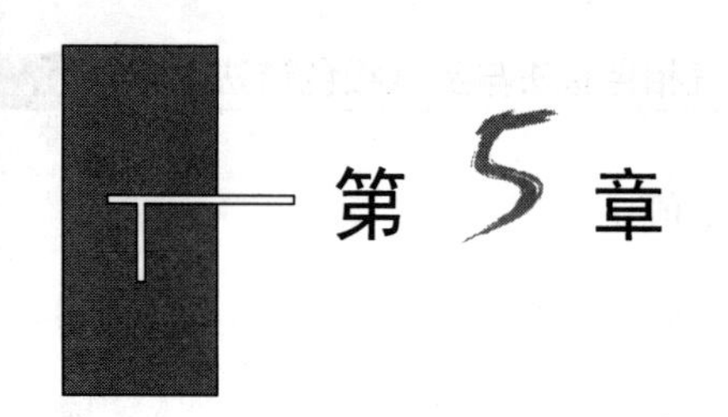

第5章

聚合物的热解分析

5.1 聚合物热解分析的特点

聚合物的热解分析的基本原理是在隔氧情况下，在一定的温度下使聚合物发生热解，生成低分子产物，然后再用一定方法对低分子产物（气体或冷凝液）进行测定。由于在一定的热解条件下，高分子链的断裂是遵循一定的规律的，只要热解条件选择合适，得到的低分子产物就具有一定的特征性。例如有机玻璃裂解可得到大量的甲基丙烯酸甲酯；而聚氯乙烯热解得到的却是大量的苯。通过分析低分子产物可鉴别和确定聚合物的组成与结构。

由于高分子材料的组成与结构都比较复杂，又是多分散性的，特别是有些高分子材料不熔融，又不溶解，应用近代仪器方法对高分子材料进行研究时，制样有困难，而采用热解方法就可以使一些只能用于分析低分子有机化合物的方法，也可用来研究高分子材料了。

聚合物的热解分析如果是在比较缓和的条件下进行，聚合物逐渐分解，此过程一般称为降解；若是瞬间达到高温，聚合物主链断裂成小分子，则称为热裂解。

热解分析所采用的方法分为两大类：一类是不经分离直接测定聚合物裂解产物，如有机质谱法（mass spectroscopy，MS）、裂解傅里叶变换红外光谱法（Py-FTIR）等；另一类是把聚合物的裂解产物分离成单个组分，然后进行测定，如裂解气相色谱法（pyrolysis gas chromatography，PGC）、PGC-MS联用及PGC-FTIR联用等。

本章将首先介绍聚合物热裂解的一般模式，然后介绍MS，PGC及PGC-MS联用技术。

5.2 聚合物热裂解的一般模式

5.2.1 高分子的热裂解反应

高分子的热裂解大致如图5-1所示。这些反应中，有的为分子内反应，有的为分子之间的反应。在热解分析中要抑制分子之间的反应，使聚合物分子一次断裂生成具有特征结构的分子。

一般裂解分析是采用400～900℃瞬间裂解，裂解反应大致按以下3步进行。

(1) 引发——开始反应，形成高分子游离基：

$$M_n \longrightarrow M_i\cdot + M_{n-i}\cdot \quad (无规引发) \qquad (5\text{-}1)$$

$$M_n \longrightarrow M_n\cdot \quad (末端引发) \qquad (5\text{-}2)$$

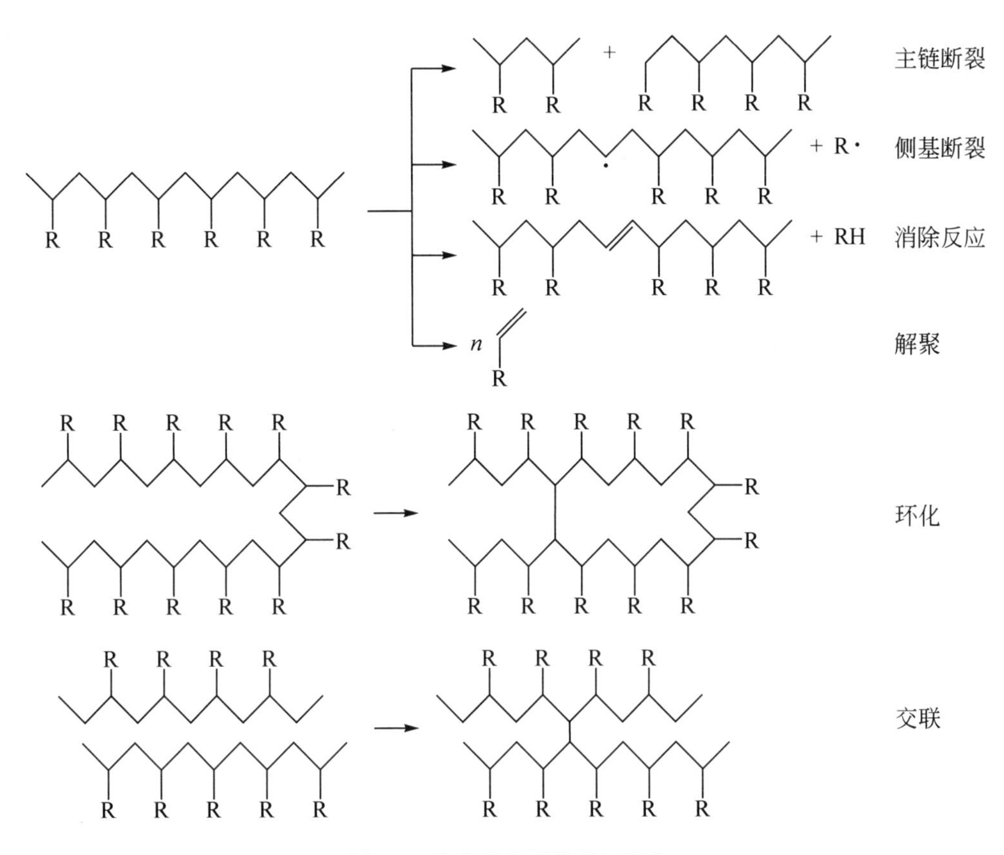

图 5-1　聚合物主要热裂解形式

(2) 降解——逆增长或游离基转移。前者可形成拉链式反应，产生大量的单体；后者会产生一定数量的二聚体和多聚体：

$$M_i \cdot \longrightarrow M_{i-1} \cdot + M \quad (单体) \tag{5-3}$$

$$M_i \cdot \longrightarrow M_{i-2} \cdot + M_2 \quad (二聚体) \tag{5-4}$$

$$M_i \cdot \longrightarrow M_{i-n} \cdot + M_n \quad (多聚体) \tag{5-5}$$

(3) 链终止——反应停止。

上述反应可很快发生再聚合反应或歧化反应使反应终止：

$$M_i \cdot + M_k \cdot \longrightarrow M_{i+k} \tag{5-6}$$

$$M_i \cdot + M_i \cdot \longrightarrow M_{2i-1} + M \tag{5-7}$$

也可由于体系存在微量的不纯物使反应终止，如 O_2，H_2O，CH_4，H_2 等都可终止反应。

可以用拉链式裂解链长 ZL(zip-length)表示解聚的难易程度。ZL 表示一个高分子游离基引发后，所生成的单体数。这个值可以从单纯热分解时聚合度(DP)的降低来推算。如图 5-2 为聚合物平均聚合度与聚合物质量损失的关系曲线。曲线 1 表示聚合物在降解时迅速挥

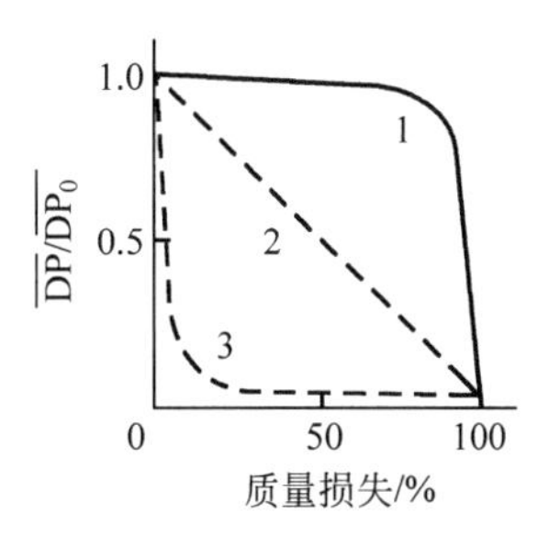

图 5-2　聚合物平均聚合度与聚合物质量损失的关系曲线

$\overline{DP}$——平均聚合度；

$\overline{DP_0}$——初始的平均聚合度

发,而相对分子质量却变化很小,ZL 值大;曲线 3 表示聚合物降解特点是相对分子质量降解迅速,而质量只有很少变化,ZL 值接近 0;曲线 2 介于二者之间。

5.2.2 几种典型的聚合物裂解方式

几种典型的裂解方式如下。

1. 乙烯类的高分子一般以主链断裂为主

引发可由无规断裂及末端基断裂形成:

$$\sim C-\underset{X}{C}-C-\underset{X}{C}-C-\underset{X}{CH} \longrightarrow \sim C-\underset{X}{C}\cdot + \cdot C-\underset{X}{C}\sim \quad \text{无规}$$

$$\sim C-\underset{X}{C}-C-\underset{X}{C}-C-\underset{X}{CH} \longrightarrow \sim C-\underset{X}{C}\cdot + C-\underset{X}{CH} \quad \text{端基}$$

逆增长反应可生成大量的单体:

$$\sim C-\underset{X}{C}-C-\underset{X}{C}\cdot \longrightarrow \sim C-\underset{X}{C}\cdot + C=\underset{X}{C} \quad (\text{单体})$$

如果产生的是游离基转移反应,则生成二聚体、三聚体等:

$$\sim C-\underset{X}{C}-C-\underset{X}{C}-C-\underset{X}{C}\cdot \longrightarrow \sim C-\underset{X}{C}\cdot + C=\underset{X}{C}-C-\underset{X}{C} \quad (\text{二聚体})$$

反应终止可通过再聚合:

$$\sim C-\underset{X}{C}\cdot + \cdot C-\underset{X}{C}\sim \longrightarrow \sim C-\underset{X}{C}-C-\underset{X}{C}\sim$$

或歧化反应:

$$\sim C-\underset{X}{C}\cdot + \cdot C-\underset{X}{C}\sim \longrightarrow \sim C-CH + C=C\sim$$

以及其他不纯物 Y(如 O_2,H_2O,CH_4,H_2 等)而完成:

$$\sim C-\underset{X}{C}\cdot + Y \longrightarrow \sim C-\underset{X}{C}-Y$$

在这种裂解形式的聚合物中,若反应是由末端基断裂形成游离基,然后按连锁反应机理、形成"拉链式"开裂的,则逆增长反应迅速,最后得到的主要是单体。其降解规律如图 5-2 中曲线 1,典型例子如聚甲基丙烯酸甲酯,其 ZL 值为 2.5×10^3。

如果反应是在主链任意处断裂,形成高分子游离基,然后不是按连锁机理发生解聚,只是继续发生无规断裂,这样得到的裂解产物中,单体的产率很低,主要是大量的低聚体,如

图 5-2 中曲线 3，最典型的例子是聚乙烯，其 ZL 值接近 0。主要裂解产物是一系列不同碳数的烯烃，而乙烯的生成率却很低。

断裂也可能是介于上述二者之间，一些分子质量大的聚合物多半为这种情况。由于它们的末端基数量相对较少，在引发时，可能在主链任意处断裂，一部分游离基发生逆增长，形成单体；另一部分游离基可能从聚合物分子中夺取一个氢原子而终止反应。这种断裂使聚合度下降，得到的裂解产物中单体和二聚体、多聚体都比较多，如图 5-2 中曲线 2，聚苯乙烯就属于这一类，其 ZL 值为 3。

2. 由侧链的断裂引起主链的断裂

典型的例子是聚氯乙烯。首先经下述反应脱 HCl：

$$\sim C(Cl)-C-C(Cl)-C\sim \longrightarrow \sim C(Cl)-C-\dot{C}-C + \cdot Cl$$

$$\longrightarrow \sim C(Cl)-C=C-C\sim + HCl$$

在主链上具有双链结构能进一步脱 HCl 形成聚炔烃：

$$\sim C-C(Cl)-C=C-C\sim \longrightarrow \sim C=C-C=C-C\sim + HCl$$

如果反应是在 250～350℃进行，几乎能定量地生成聚炔烃。如果迅速升温到 500℃左右，形成的聚炔烃结构很快引起主链断裂，并发生游离基转移：

$$\sim C-C=C-C=C-C=C-C=C-C\sim$$

$$\longrightarrow \sim C-C=C-C=C-C=C\cdot + \cdot C=C-C\sim$$

$$\longrightarrow \sim C\cdot + C_6H_6\,(\text{苯环}) + \cdot C=C-C\sim$$

当然游离基转移方式不同，也可形成 $HC{=}CH$，$H_2C{=}CH{-}C{\equiv}CH$ 等碎片，但在 500℃下，优先生成苯。

3. 丙烯腈类聚合物的断裂

在 200℃左右，这类聚合物会发生分子内环化反应：

$$-\overset{H_2}{C}-\underset{C\equiv N}{CH}-\overset{H_2}{C}-\underset{C\equiv N}{CH}-\overset{H_2}{C}-\underset{C\equiv N}{CH}- \longrightarrow \text{环化结构}\ (-N=C-N=C-N=C-)$$

随加热时间延长，颜色逐渐变黄。但如果在 500～600℃高温，则瞬间裂解，主链被切断，除单体外还能生成相当多的二聚体和三聚体。如果丙烯腈叔碳上的氢被甲基所取代，成为聚甲基丙烯腈，就很难发生分子内的环化反应，而容易解聚生成大量的单体。

4. 主链具有不饱和键的聚合物的断裂

例如聚丁二烯，由于主链上存在不饱和键，在双键旁边的 β 位和 α 位易被切断：

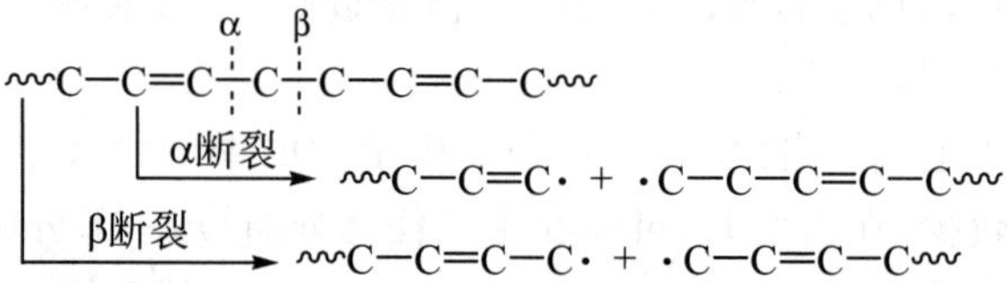

α β

~C—C=C⋮C⋮C—C=C—C~

α断裂 → ~C—C=C· + ·C—C—C=C—C~

β断裂 → ~C—C=C—C· + ·C—C=C—C~

β断裂主要是逆增长反应,形成1,3-丁二烯单体;α断裂后容易形成游离基的转移,生成二聚体乙烯基环己烯。因此聚丁二烯在500℃时裂解,主要得到的是单体和二聚体。

5. 主链上具有杂原子的聚合物的断裂

由于在一般情况下,杂原子和C的结合要比C—C键弱,因此这些弱的键很容易断裂,下面所列举的聚合物均易在α位和β位处断裂:

聚酰胺 ~C(=O)⋮N(H)⋮C~ (α, β)

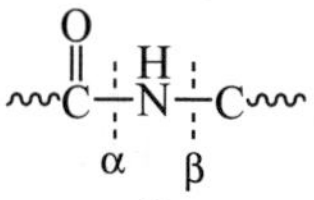

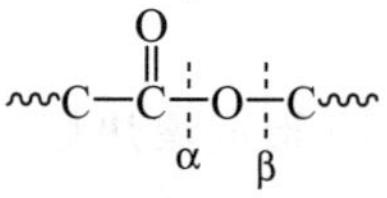

聚酯 ~C—C(=O)⋮O⋮C~ (α, β)

聚醚 ~C⋮O⋮C(=O)⋮O⋮C~ (β, α, α, β)

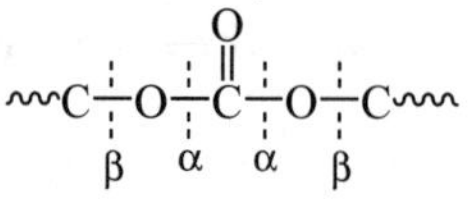

聚碳酸酯

~C(=O)—(⋮O⋮—C₆H₄—C(CH₃)₂—C₆H₄—⋮O⋮C(=O)—)ₙ (α, β, β, α)

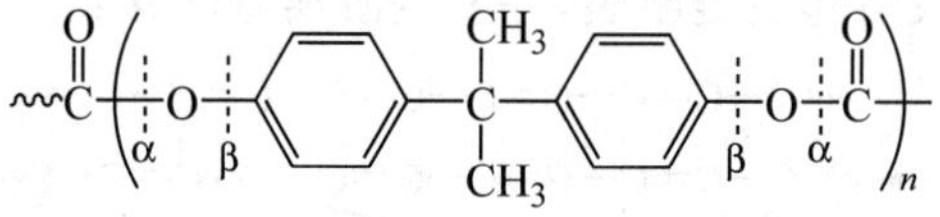

双酚A型聚碳酸酯在550℃裂解生成的低分子碎片主要是苯酚、对甲苯酚、对乙苯酚、对正丙酚、对异丙酚等。

5.3 有机质谱

5.3.1 概述

在高真空状态下,用高能量的电子轰击样品的蒸气分子,打掉分子中的价电子,形成带正电荷的离子,然后按质量与电荷之比(简称质荷比,用 m/e 表示)依次收集这些离子,得到离子强度随 m/e 变化的谱图,称为质谱。

由于在一定条件下,所得到的离子碎片的质量数及强度与样品分子的结构有一定的关系,因此质谱可用于结构分析。

在质谱分析中,如果仪器刚好能把质量为 m 和$(m+\Delta m)$的离子分开,则该仪器的分辨率 R 定义为

$$R=\frac{m}{\Delta m} \tag{5-8}$$

在低分辨质谱或质量的非精确测量时，引入“质量数”这一术语。某原子的质量数是该原子的相对原子质量的整数部分。

按照质谱分析的对象不同，可分为有机质谱、无机质谱和同位素质谱。在聚合物研究中，主要是用有机质谱。质谱除了可用来确定元素组成和分子式，还可以依照谱图中所提供的碎片离子的信息，进一步判断分子的结构式。

质谱分析的特点是应用范围广、灵敏度高、分析速度快。虽然质谱对于无论何种形态的样品都能分析，但进入质谱仪后，必须使样品成为蒸气，因此原本不适合用于聚合物分析。但是，近年来发展的软离子化技术使得用质谱分析聚合物大分子成为可能，如基质辅助激光解吸-离子化质谱(MALDI-MS)。此外，质谱还可以提供高分子材料中含有的少量的低聚体及助剂的信息，这对聚合物的研究也是很有用的。由于质谱可用于聚合物热解产物(多为有机小分子)的结构鉴定，因此本节仅介绍有机小分子的质谱分析。

5.3.2 有机质谱仪简介

有机质谱仪各部分的组成如图 5-3 的方块图所示。

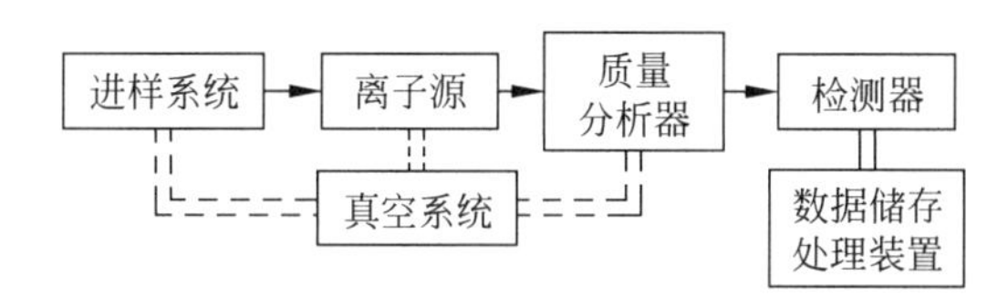

图 5-3 有机质谱仪方块图

1. 进样系统

该系统主要作用是把处于大气环境中的样品送入处于高真空状态的质谱仪中，并加热使样品成为蒸气分子。

2. 离子源

使样品分子成为离子，并会聚成具有一定能量的离子束。

常用的离子源有两种。一种是电子轰击源(EI)。采用高能量的电子轰击样品分子，使其成为离子。当用不同能量的电子轰击样品分子时，得到的碎片离子是不同的，如图 5-4 所示。从图(a)中可观察到乙酸乙酯在 14eV 电子能量轰击下已能形成离子。进一步加大电子轰击能量，高质量的离子减少，低质量的离子增加。目前一般有机质谱仪中 EI 源的轰击能量在 70eV 左右，远大于分子电离电压，因此能使分子离子的各种化学键进一步开裂，形成碎片离子。对于一些稳定性较差的分子，为了获得分子离子通常可采用另一种离子源即化学电离源(CI)。

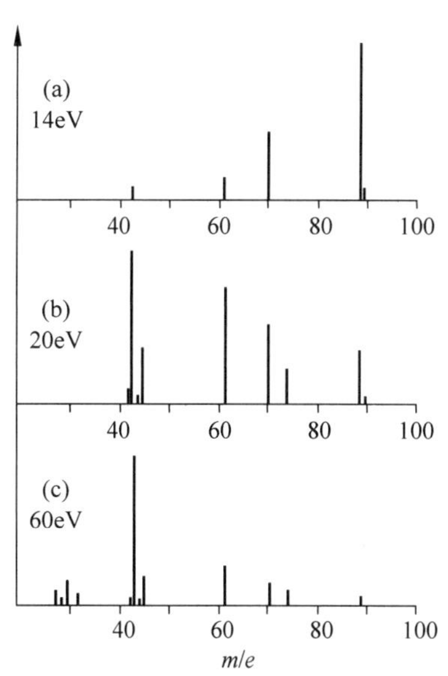

图 5-4 乙酸乙酯在不同电子轰击能量下的质谱

化学电离源是在通入 60～280Pa 的反应气，例如 CH_4 气的情况下工作的，CH_4 被电离，所生成的离子和样品分子碰撞产生分子离子。若用 A 表示样品分子，HX^+ 表示反应气离子，反应过程可表示如下：

$$A + HX^+ \longrightarrow [A—H]^+ + X + H_2 \tag{5-9}$$

或者

$$A + HX^+ \longrightarrow AH^+ + X \tag{5-10}$$

式(5-9)的反应形成为$(M-1)^+$的离子，式(5-10)的反应形成$(M+1)^+$的离子，因此在化学电离源中除得到分子离子(M)峰外，还有(M+1)的峰，而且强度还相当大。

除上述两种常用的离子源外，为获得分子离子，还可采用场致电离源(FI)，其特点是阳极为尖锐的刀片或细丝，阳极和阴极之间的距离通常小于 1mm，当在两极上加稳定的直流高电压时，在阳极尖端附近可产生 10^7V/cm 的场强，直接把附近样品分子中的电子拉出形成正离子。在这种离子源中所形成的主要也是分子离子，碎片离子很少。另有一种与FI相似的场解吸电离源(FD)。在使用 FD 源时，样品是配成溶液，然而滴在 FD 发射极的发射丝上(一般是经过活化后的钨丝)，待溶剂挥发后，样品吸附在发射丝上，通电后样品解吸，并扩散到高场强的场发射区被离子化，它的谱图更加简单，分子离子峰比 FI 的还要强。

在比较先进的有机质谱仪中，通常是把 EI 源和 CI 源联用，或者是 EI-FD，EI-FI 联用，这样既可获取分子离子的信息，又可通过碎片离子进一步了解分子结构。

3. 质量分析器

质量分析器主要功能是把不同 m/e 的离子分开，因此是 MS 的心脏部分。质量分析器的种类很多，下面介绍两种最简单的质量分析器的工作原理。

(1) 单聚焦质量分析器

单聚焦质量分析器工作原理如图 5-5 所示。样品在离子源形成离子后，在离子源出口处被电场加速，获得一定的能量：

$$\frac{1}{2}mv^2 = eU \tag{5-11}$$

式中，m 为离子质量；v 为离子速度；e 为离子电荷量；U 为加速电压。具有一定速度的离子进入分析器后，在磁场力的作用下，离子运动方向改变，进行圆周运动，离心力和磁场力应达到平衡：

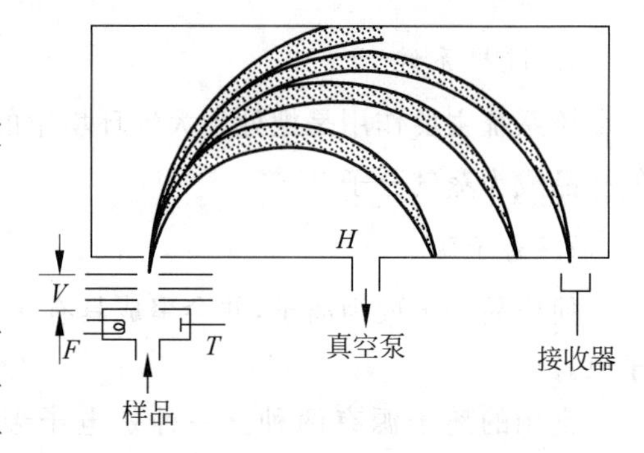

图 5-5 单聚焦质量分析器示意图

$$evH = mv^2/r_m \tag{5-12}$$

式中，H 为分析器磁场强度；r_m 为离子圆周运动半径。合并式(5-11)和式(5-12)得到

$$m/e = \frac{H^2 r_m^2}{2U} \tag{5-13}$$

由图 5-5 可知，当仪器一定时(也即 H 和 U 一定)，只有运动半径为 r_m 的离子才能到达接收器而被检测出来。由式(5-13)可知，当 r_m 一定时，可采用固定 H 对 U 扫描或固定 U 对 H 扫描，都可在接收器上依次收到不同 m/e 的离子，前者称为电压扫描，后者称为磁场扫描。在实际使用中，为了消除离子能量分散对分辨率的影响，一般使用双聚焦质量

分析器。

(2) 四极滤质器

这种分析器是由四根截面呈双曲面的平行电极组成的，如图5-6所示，对角线的两根电极为一组，共有两组电极。在这两组电极上分别加大小相等、方向相反的射频电压 $U_0\cos\omega t$ 和直流电压 U，如图5-7所示。在四极杆之间就形成一个电场，当从离子源出来的具有一定速度的离子进入四极电场后，受到电场力的作用发生振荡。当四极电场一定时，只有一种 m/e 的离子能获得稳定的振荡，通过四极电场达到检测器，而其他 m/e 的离子由于不稳定振荡而不能通过四极滤质器。如果固定 U_0/U，改变 U_0 值(这时 U 也随之变)就可实现对不同 m/e 的离子进行扫描。这种分析器的优点是扫描速度快，适合于色-质联用，体积小，操作容易，但分辨率低，而且有质量歧视效应。

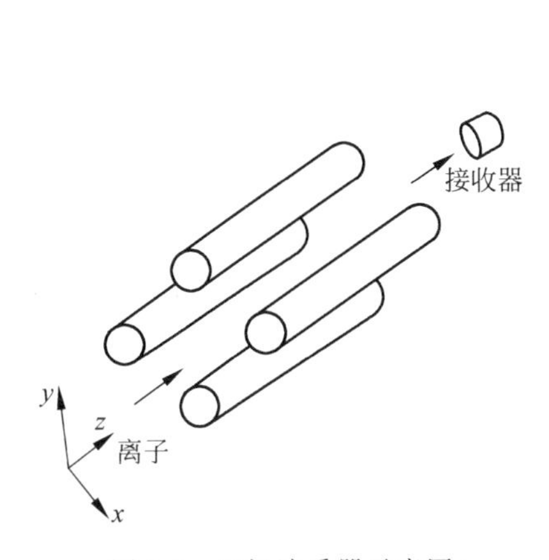

图5-6 四极滤质器示意图

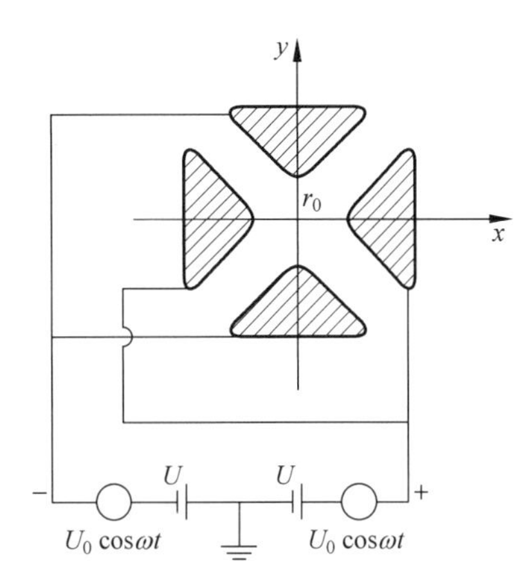

图5-7 四极杆电压示意图

4. 检测器

把接收的阳离子转化成电信号，经过放大后输入数据处理装置。

目前应用比较多的是电子倍增器。当一定能量的离子打在电极上后，产生二次电子，通过多级倍增放大，输入放大器。一般测量的电流强度在 $10^{-17}\sim10^{-9}$ A。

5.3.3 有机质谱图的表示方法

在一般的有机质谱中，为了能更清楚地表示不同 m/e 离子的强度，不用质谱峰而用线谱来表示，这称为质谱棒图(通称为质谱图)。如图5-4所示。

质谱图的横坐标是质荷比 m/e，表示碎片离子的质量数，与样品的相对分子质量有关。纵坐标为离子流强度，通常称为丰度。丰度的表示方法有两种。常用的方法是把图中最高峰称为基峰，把它的强度定为100%，其他峰以对基峰的相对百分值表示，称为相对丰度；也可用绝对丰度来表示，即把各离子峰强度总和计算为100，再表示出各离子峰在总离子峰中所占的百分比。谱图中各离子碎片丰度的大小是与分子结构有关的，因此可提供有关分子结构类型的信息。

5.4 有机质谱谱图解析

有机质谱分析在确定化合物的结构中是很重要的工具，但是谱图的解析又是一项比较困难的工作。样品在离子源中被打成碎片，要从谱图中碎片的信息，分析出原样品分子的结构当然不是一件容易的事。就好像一个花瓶被打成许多碎片后，再要把这些碎片拼成原来的花瓶是很困难的。何况并不知道给你的一堆碎片是什么物件，要拼出原物就更困难了。当然在MS中分子的碎裂不是任意的，而是遵循一定机制的，因此了解在质谱中能形成哪几类离子，掌握分子的典型碎裂机制，有助于解析谱图。真正要掌握谱图的解析，需要依靠在实践中不断积累经验。

在5.3节已经提到，采用不同离子源获得的谱图是不同的，本章只讨论EI谱图，简要介绍谱图解析的一般规律，更详细的内容可参阅有关质谱分析的专著。

5.4.1 有机质谱中的离子

在有机质谱中出现的离子有分子离子、同位素离子、碎片离子、多电荷离子和亚稳离子等。

1. 分子离子

样品分子在高能电子轰击下，丢失一个电子形成的离子叫分子离子：

$$\underset{\text{中性分子}}{M^{\cdot\cdot}} + e^- \longrightarrow \underset{\text{分子离子}}{M^{\rceil\overset{+}{\cdot}}} + 2e^-$$

由于被打掉一个电子，这种分子离子必定带有未成对电子，所以是具有奇电子数的游离基，称为奇电子离子(用 $OE^{\overset{+}{\cdot}}$ 表示)。

在分子离子中正电荷所处的位置，取决于被打掉的电子。一般处于最高分子轨道能级，最低电离电位的电子易被打掉。按电离电位的次序应是 σ 电子 $>$ π 电子 $>$ n 电子。在烷烃分子中只有 σ 电子，所以在形成分子离子时，阳离子游离基的位置是不固定的，但当有分支存在时，易在分支碳上形成正电荷。在烯烃分子中有 σ 和 π 电子，易在双键处形成正电荷。当分子中有杂原子存在时，则杂原子上的n电子易被打掉，从而形成正电荷。

谱图中其他离子是由分子离子碎裂而成的，因此分子离子也可称为“母离子”。由分子离子的质量数，可确定化合物的相对分子质量。分子离子峰的强度随化合物结构不同而变化，因此可用于推测被测化合物的类型。凡是能使产生的分子离子具有稳定结构的化合物，其分子离子峰就强，例如芳烃或具有共轭体系的化合物、环状化合物的分子离子峰就强。反之，若分子的化学稳定性差，则分子离子峰就弱，如化合物分子中含有—OH，—NH_2 等杂原子基团或带有侧链，都能使分子离子峰减弱，甚至有些化合物的分子离子峰在谱图上不能显示。各类化合物分子离子峰的强度按以下次序排列：

芳香族化合物＞共轭烯烃＞烯烃＞环状化合物＞羰基化合物＞直链烃＞醚＞酯＞胺＞酸＞醇。

当然，分子离子峰的强弱也和测定的条件有关，如图5-4中所示，当电子轰击能量低时，分子离子峰就强。

判断分子离子峰的 3 个必要(但非充分)条件如下：

(1) 必须是质谱图中质量数最大的一组峰(包括它的同位素峰组)。

(2) 分子离子是样品的中性分子打掉一个外层电子而形成的，因此必定是奇电子离子，而且符合"氮规则"(即不含氮或含偶数氮的化合物其相对分子质量一定是偶数，含有奇数氮的化合物其相对分子质量一定是奇数)。

(3) 要有合理的碎片离子。由于分子离子能进一步断裂成碎片离子，因此必须能够通过丢失合理的中性碎片，形成谱图中高质量区的重要碎片离子。

如不符合上述规则的，可认为不是分子离子峰。

2. 同位素离子

组成有机化合物的大多数元素在自然界是以稳定的同位素混合物的形式存在的。通常轻同位素的丰度最大，如果质量数用 M 表示，则其重同位素的质量大多数为 $M+1$，$M+2$ 等。常见元素相对其轻同位素的丰度见表 5-1。该表是以元素轻同位素的丰度为 100 作为基准。

表 5-1　常见元素相对其轻同位素的丰度表

元素	轻同位素	$M+1$	丰度	$M+2$	丰度
氢	^{1}H	^{2}H	0.016		
碳	^{12}C	^{13}C	1.08		
氮	^{14}N	^{15}N	0.38		
氧	^{16}O	^{17}O	0.04	^{18}O	0.20
氟	^{19}F				
硅	^{28}Si	^{29}Si	5.10	^{30}Si	3.35
磷	^{31}P				
氯	^{35}Cl	^{37}Cl	32.5	^{37}Cl	32.5
溴	^{79}Br	^{81}Br	98.0	^{81}Br	98.0
碘	^{127}I				

这些同位素在质谱中所形成的离子，称为同位素离子，在质谱图中往往以同位素峰组的形式出现，分子离子峰是由丰度最大的轻同位素组成的。

在质谱图中同位素峰组强度比与其同位素的相对丰度有关，可用下列二项式的展开项来表示：

$$(a+b)^n \tag{5-14}$$

其中 a 代表轻同位素的丰度；b 代表同一元素重同位素的丰度；n 指分子中该元素的原子个数。在图 5-8 中显示了含卤素化合物同位素峰之比。

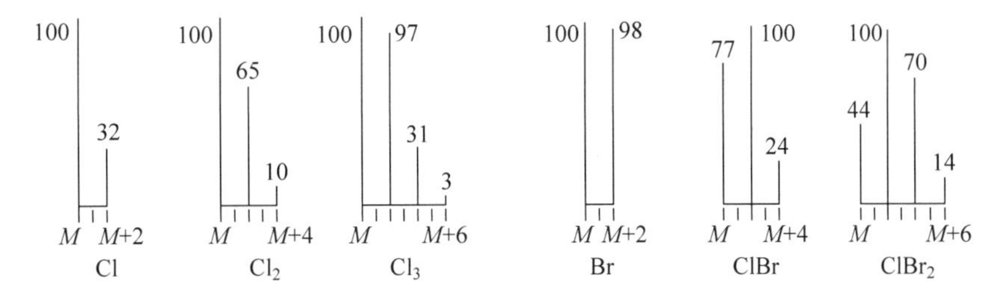

图 5-8　含卤素化合物同位素峰之比

例如，^{35}Cl∶^{37}Cl≈3∶1。若分子中含有一个氯，同位素峰组强度比 M∶$(M+2)$≈3∶1；若含 2 个氯，则式(5-14)的展开项为 $a^2+2ab+b^2$，同位素峰组强度比 M∶$(M+2)$∶$(M+4)$＝9∶6∶1。分子离子的同位素峰组对确定分子式是很有用的信息。当分子的元素组成不同时，它们的同位素峰组的强度就会发生变化。特别是含有一些特殊元素，如 Cl，Br，Si，S 等的化合物，当$(M+2)$峰的强度小于 4%时，就不可能含有这些元素；当$(M+2)$峰比较大时，就应考虑是否含有 Cl，Br 等元素。如果$(M+1)$峰丰度大，主要考虑^{13}C 的贡献，如果碳数不可能太大，就应考虑是否含有 Si。

3. 碎片离子

一般有机分子电离只需要 10～15eV，但在 EI 源中，分子受到大约 70eV 能量的电子轰击，使形成的分子离子进一步碎裂，得到碎片离子。这些碎片离子可以是简单断裂，也可以由重排或转位而形成的。它们在质谱图中占有很大的比例。因为碎裂过程是遵循一般的化学反应原理的，所以由碎片离子可以推断分子离子的结构。

4. 多电荷离子

若分子非常稳定，可以被打掉两个或更多的电子，形成 $m/2e$ 或 $m/3e$ 等质荷比的离子。当有这些离子出现时，说明化合物异常稳定。一般，芳香族和含有共轭体系的分子能形成稳定的多电荷离子。

5. 亚稳离子

在电离过程中，一个碎片离子 m_1^+ 能碎裂成一个新的离子 m_2^+ 和一个中性碎片。一般称 m_1^+ 为母离子，m_2^+ 为子离子。当质量为 m_1 的离子的寿命≪5×10^{-6}s 时，上述碎裂过程是在离子源中完成的，因此测到的是质量为 m_2 的离子，测不到质量为 m_1 的离子。如果质量为 m_1 的离子的寿命≫5×10^{-6}s 时，上述反应还未能进行，离子已经到达检测器，测到的只是质量为 m_1 的离子。但如果质量 m_1 离子的寿命介于上述二种情况之间，在离子源出口处，被加速的是 m_1 质量的离子，而到达分析器时 m_1^+ 碎裂成 m_2^+，所以在分析器中，离子是以 m_2 的质量被偏转，因此在检测器中测到的离子 m/e 既不是 m_1，也不是 m_2，而是 m^*：

$$m^* = \frac{m_2^2}{m_1} \tag{5-15}$$

这就叫亚稳峰。它的峰形较宽，强度弱，而且质量数也不一定是整数。只有在磁质谱中才能测定。亚稳峰对寻找母离子和子离子以及推测碎裂过程都是很有用的。

5.4.2 典型的碎裂过程机制

仔细研究大量有机化合物的质谱，可以观察到大多数离子的形成具有一定的规律性。这些规律与有机化学中某些化学反应的规律是相符合的。各种不同的开裂类型与分子的官能团及结构有密切的关系，因此掌握各种化合物在质谱中的开裂的经验规律，对谱图解析是很有价值的。

1. 键的开裂与表示方法

碎裂过程均伴有化学键的开裂，这种开裂主要以下述 3 种形式进行。

(1) 均裂

一个σ键上的两个电子均裂开，每个碎片上保留一个电子：

$$X-Y \longrightarrow X\cdot + \cdot Y \tag{5-16}$$

单箭头⌒表示一个电子的转移。

(2) 异裂

当一个σ键开裂时，两个电子转移到同一个碎片上：

$$X-Y \longrightarrow X^+ + :Y \tag{5-17}$$

双箭头⌒表示两个电子的转移。

(3) 半异裂

已经离子化的σ键再开裂，只有一个电子转移：

$$X + \cdot Y \longrightarrow X^+ + \cdot Y \tag{5-18}$$

α开裂、β开裂、γ开裂是指开裂键的位置分别处于官能团和α碳、α碳和β碳以及β碳和γ碳之间。

2. 键开裂的预测

预测化合物中键开裂的路径及难易程度，在谱图解析中很有价值。在化合物中越易进行的开裂反应所形成的碎片离子的几率越大，在谱图中反映出的碎片峰也就越强。一般碎裂反应如果符合下述原则，反应易于进行。

(1) 反应产生的碎片离子稳定性较好

在烷基苯的碎裂中，形成草鎓离子稳定性好，因此易发生β开裂：

$$C_6H_5-CH_2 \vdots R^{+\cdot} \xrightarrow{-R\cdot} C_6H_5-CH_2^+ \longrightarrow C_7H_7^+ \quad m/e\ 91 \tag{5-19}$$

在带支链的碳氢化合物中，由于正碳离子的稳定性次序为

$$R_1-\overset{R_2}{\underset{R_3}{C^+}} > R_1-\overset{R_2}{\underset{H}{C^+}} > R_1-\overset{C}{\underset{H}{C^+}} \tag{5-20}$$

因此碳氢化合物中易在带有支链处开裂；含有杂原子的化合物，由于杂原子中不成键电子能使碳原子的正电荷稳定，故易发生β开裂，如

$$C_6H_5-CH_2-CH_2-\overset{+\cdot}{N}H_2 \xrightarrow{-\,CH_3C_6H_4\dot{C}H_2} CH_2=\overset{+}{N}H_2 \tag{5-21}$$

在含有羰基的化合物中，氧原子的不成键电子使其正电荷稳定，因此易发生α开裂，如

$$R-\underset{\underset{O^{+\cdot}}{\|}}{C}-R' \xrightarrow{-R\cdot} \underset{\underset{O^+}{\|}}{C}-R' \longleftrightarrow {}^+\underset{\underset{O}{\|}}{C}-R' \tag{5-22}$$

(2) 反应能消除稳定的中性小分子

如果在碎裂时，伴随稳定中性小分子的丢失，如失去 H_2O，CO，NH_3，H_2S，CH_3COOH，CH_3OH 等，则碎裂反应易进行，如

$$\underset{M-17}{[M-OH]^{+}} \xleftarrow[\text{困难}]{-HO\cdot} [ROH]^{+\cdot} \xrightarrow[\text{容易}]{-H_2O} \underset{M-18}{[M-H_2O]^{+\cdot}} \tag{5-23}$$

$$\underset{M-59}{[M-OAc]^{+\cdot}} \xleftarrow[\text{困难}]{} [ROAc]^{+\cdot} \xrightarrow[\text{容易}]{-AcOH} \underset{M-60}{[M-AcOH]^{+\cdot}} \tag{5-24}$$

（3）反应过程在能量上是有利的

键的相对强度较弱的地方易断裂。表 5-2 列出了部分有机化合物化学键的键能。从表中可观察到，单键的键能弱，因此当有不饱和键和单键共存时，单键易先断裂。例如，按表 5-2 丁酮应该是 C—C 键先断裂，而 C—C 键中又以受邻近羰基影响而呈一定极性的 C—C 键最弱，故丁酮中，α 开裂占优势。

表 5-2　各种键的键能 kJ/mol

键	C—H	C—C	C═C	C≡C	C—N	C═N	C≡N	C—O
键能	409.20	345.60	607.10	835.13	304.60	615.05	889.52	359.00
键	C═O	C—S	C═S	C—F	C—Cl	C—Br	C—I	O—H
键能	748.94	271.96	535.55	485.34	338.90	284.51	213.38	462.75

如果碎裂反应过程有利于共轭体系的形成，能解除环的张力和位阻，以及能够形成稳定的环状（多数是六元环）过渡态的迁移，产生重排反应等，都使碎裂反应易于进行。

3. 阳离子的开裂类型

综合上述键开裂预测的各种因素，可以把阳离子（包括分子离子和碎片离子）的开裂归结为以下几种类型：

（1）单纯开裂

只发生一根键的断裂，脱去一个游离基，产生的碎片是原分子中的结构单元。在单纯开裂中，由于开裂键位置不同又可分为 σ 开裂、β 开裂和 α 开裂。

① σ 开裂

只有当不存在 n 和 π 电子时，这种开裂形式才能成为主要的开裂形式，否则，就是次要的。这种断裂的特征是，可在谱图上低质量端观察到带有烷基的偶电子系列（质量数相差 14）：

$$[R-\overset{|}{\underset{|}{C}}-\overset{|}{\underset{|}{C}}-R']^{+\cdot} \longrightarrow \begin{cases} R-\overset{|}{\underset{|}{C}}^{+} + \cdot\overset{|}{\underset{|}{C}}-R' \\ R-\overset{|}{\underset{|}{C}}\cdot + \overset{|}{\underset{|}{C}}^{+}-R' \end{cases} \tag{5-25}$$

上述两种碎裂都可产生，其几率大小取决于生成阳离子的相对稳定性。

② β 开裂

当分子含有双键时，很少发生不饱和键和 α-C 之间的乙烯型键开裂，绝大多数是烯丙基型的键开裂：

$$R-\overset{|}{C}=\overset{|}{C}-\overset{|}{\underset{|}{C}}-R \xrightarrow{-e} R-\overset{+\cdot}{C}-C-\overset{\frown}{C}\,\vdots\,\overset{\frown}{R'} \longrightarrow R-\overset{+}{\underset{|}{C}}-\underset{|}{C}=\overset{|}{\underset{|}{C}} + \cdot R' \tag{5-26}$$

在键中含有杂原子时，也形成这种类型的开裂：

$$R-\overset{+}{X}-C\overset{\alpha}{-}\!\!\!\!\!\!\overset{\beta}{}\;C-C \longrightarrow R-\overset{+}{X}=C\langle \;+\; \cdot\overset{|}{\underset{|}{C}}-\overset{|}{C}\langle \qquad (5\text{-}27)$$

$$\updownarrow$$

$$R-\ddot{X}-\overset{+}{C}\langle$$

其中 X 为 O,N,S 等原子。

③ α 开裂

例如 R—X(X 为 F,Cl,Br,I,NR_2',SR′,OR′等)，发生

$$R-X^{\urcorner\dot{+}} \longrightarrow R^+ + \cdot X \qquad (5\text{-}28)$$

$$R-X^{\urcorner\dot{+}} \longrightarrow R\cdot + X^+ \qquad (5\text{-}29)$$

式(5-28)和式(5-29)所示的两种反应，究竟主要发生哪一种，取决于生成的离子的相对稳定性。如醚，R^+ 稳定性好，在谱图上反映出 R^+ 的峰比 OR′峰强，而在硫醇中则相反，$R'S^+$ 的峰比 R^+ 峰强。

酮类的开裂也属于这一类，在羰基两侧开裂：

$$-R'\,\vdots\,\overset{\overset{+\cdot}{O}}{\overset{\|}{C}}\,\vdots\,R- \longrightarrow {}^+O{\equiv}C-R + \cdot R' \qquad (5\text{-}30)$$

$$\longrightarrow {}^+O{\equiv}C-R' + \cdot R \qquad (5\text{-}31)$$

当然，这种开裂也可能形成 R^+ 和 $^+R'$，但强度较弱。

总之，单纯开裂是断掉一个键，脱离一个游离基，因此母离子和子离子之间可用下列关系表示：

$$OE^{\dot{+}} \xrightarrow{\text{单纯开裂}} EE^+ + \text{游离基} \qquad (5\text{-}32)$$

(2) 重排

先发生氢原子的转移，同时产生一根以上键的开裂，重排产生的碎片并非原分子中的结构单元。重排也可分成下列几种类型：

① γ-H 的重排

一般是转移氢原子，但有时苯基或烷基也可转移(环氧基转移的较少)。迁移时，一般是经过一个六元环过渡态：

$$R'CH(H)-CH_2-C(=\overset{+\cdot}{O})-R\ (\text{六元环，}CH_2) \xrightarrow{-CH_2=CHR'} H_2C=C(\overset{+\cdot}{O}H)-R \qquad (5\text{-}33)$$

R 可为烷基、氢、羟基、烷氧基或胺基。同样，链烯、烷基苯、苯基乙醇、芳基醚都可发生这种类型的重排。

② 由官能团与氢原子结合引起的重排

例如下列开裂：

$$-(C)_n-\overset{|}{C}-X^{\urcorner\dot{+}}\ \cdots\ \underset{/\ \backslash}{C}-H \longrightarrow -(C)_n-\overset{|}{C}^{\urcorner\dot{+}}\!-\!\underset{|}{C}- \;+\; HX \qquad (5\text{-}34)$$

X 可为 $OCOCH_3$，OH，SH，F，Cl，Br，I 等，重排可引起小分子脱离，当 $n=0,1,2,3,4$ 等都会发生这种反应。例如醇类脱水就属于这类反应。

③ 逆狄尔斯-阿德耳反应

经此反应，环烯分子离子会产生共轭二烯离子：

$$\text{乙烯}^{+\cdot}\ (m/e\ 28) + \text{丁二烯} \longleftarrow \text{环己烯}^{+\cdot}\ (m/e\ 82) \longrightarrow \text{乙烯} + \text{丁二烯}^{+\cdot}\ (m/e\ 54) \tag{5-35}$$

④ 碎片离子重排

单纯开裂后得到的碎片离子也可发生重排：

$$R-\underset{\underset{X^{+\cdot}}{|}}{CH}-CH_2-CH_2-R' \xrightarrow[-R\cdot]{\text{单纯开裂}} \underset{\underset{X^{+}}{\|}}{CH}-CH_2-CH_2-R' \longleftrightarrow {}^{+}\underset{\underset{X}{|}}{CH}-CH_2-\overset{\overset{H}{|}}{CH}-R' \xrightarrow{-CH_2=CH-R'} H-\overset{+}{\underset{\underset{X}{|}}{C}}-H \longleftrightarrow H-\underset{\underset{X^{+}}{\|}}{C}-H \tag{5-36}$$

X 为 OH，SH，NH_2。同样，如果杂原子在主链中，也可发生碎片离子简单碎裂后再重排。

上述①和②类型为：首先是 C—H 键开裂，然后重排再产生简单开裂，脱去一个小的稳定的中性分子，产生一新的碎片离子。这个碎片离子一般与原结构形式不同，其通式为：

$$EE^{+} \xrightarrow[\text{转移重排}]{H} \xrightarrow{\text{单纯开裂}} EE^{+} + \text{中性分子} \quad (EE^{+}\text{为偶电子数离子}) \tag{5-37}$$

$$OE^{+\cdot} \xrightarrow[\text{转移重排}]{\gamma H} \xrightarrow{\text{单纯开裂}} OE^{+\cdot} + \text{中性分子} \tag{5-38}$$

母离子可以是分子离子，也可以是碎片离子。

阳离子开裂除上述两种类型外，还可产生复杂开裂（脱离中性分子和游离基，一般发生在脂环和芳香环中）及双重重排（有两个氢原子发生迁移，同时产生几根键的开裂）。在这里不再详细介绍了。

5.4.3 常见典型有机化合物的谱图

依照上述键开裂的规则，各类有机化合物由于结构上的差异，在谱图上显示出各自特有的开裂规律。掌握这些典型有机化合物谱图解析，对未知物谱图解析是很有用的。

1. 饱和烃的谱图

一般是产生 σ 碎裂、谱图如图 5-9 所示。谱图特征是偶电子系列质量数相差 14，即相差—CH_2 基团。最高点出现在 $C_3 \sim C_6$ 处，对直链烷烃其碎片的最高质量出现在 $M-29$ 处。若有分支则在分支处易断裂，从图中可看出直链烃和支链烃很容易区别开来。

2. 醚类化合物

醚类主要产生 β 断裂，得到偶电子系列的质量数为 45，59，73，87，…：

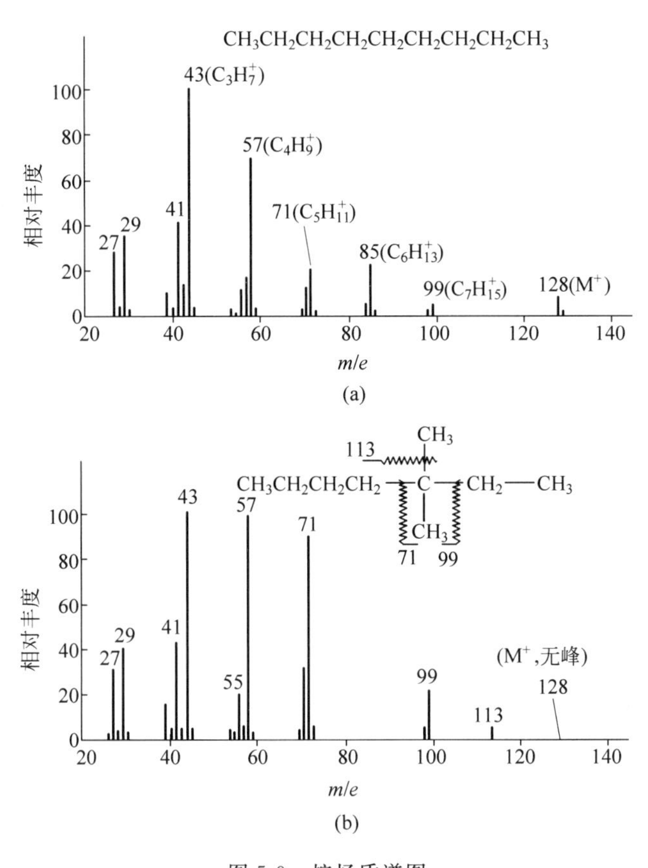

图 5-9 烷烃质谱图

(a) 正壬烷；(b) 3,3-二甲基庚烷

$$R\!-\!\!\!\!\vdots\, CH_2-\overset{+\cdot}{O}-CH_2\,\vdots\!\!\!-R' \xrightarrow{-R'\cdot} RCH_2-\overset{+}{O}=CH_2$$

$$\xrightarrow{-R\cdot} CH_2=\overset{+}{O}-CH_2-R' \tag{5-39}$$

同时，在醚类化合物中，也会产生 α 开裂，R—OR′可产生 R^+ 或 OR'^+ 离子，但 R^+ 比 OR'^+ 的稳定性高，因此在图 5-10 中 m/e 43 峰大于 m/e 59 峰。图 5-10 为异丙醚的质谱图及其主要峰的开裂方式。

谱图中 m/e 45 的基峰是由 m/e 87 的碎片峰碎裂形成的：

$$(H_3C)_2CH-O-CH(CH_3)_2 \xrightarrow[-CH_3]{-e^-} \underset{m/e\ 87}{CH_3-CH=\overset{+}{O}-CH(CH_3)-CH_3}$$

$$\xrightarrow{-CH_2=CH-CH_3} \underset{m/e\ 45}{CH_3-CH=\overset{+}{O}H} \tag{5-40}$$

3．醇类

如式(5-23)所示，醇类易脱水。伯醇和仲醇分子离子峰很小，而叔醇测不出其分子离子峰。醇易产生 β 开裂，形成氧鎓离子：

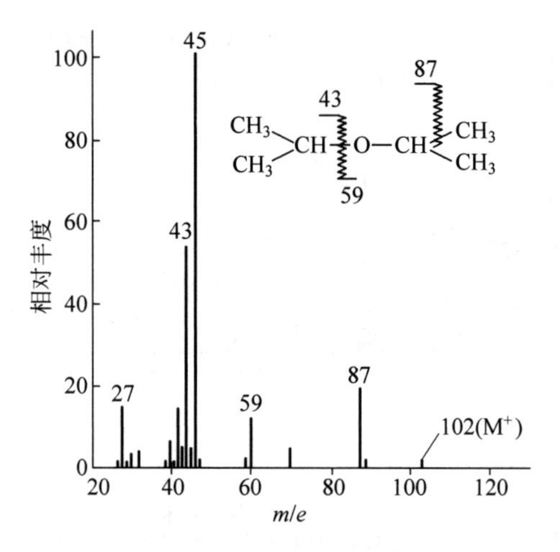

图 5-10 异丙醚的质谱图

$$R-\overset{\overset{+\bullet}{OH}}{\underset{H}{C}}-R' \longrightarrow R-\overset{\overset{+}{OH}}{\|}{CH} + \cdot R' \tag{5-41}$$

对于长碳链的醇,可形成 m/e 为 31,45,59,73,…的偶电子系列峰。高级醇也很容易同时失去水和乙烯、产生 $M-46$ 的碎片峰:

$$H_2C(OH^{+\bullet})\text{—}CH_2\text{—}CH_2\text{—}CH(H)\text{—}R \xrightarrow[-C_2H_4]{-H_2O} [H_2C-CH-R]^{+\bullet} \tag{5-42}$$

4. 羰基类化合物

酮类很容易按式(5-30)和式(5-31)的方式发生 α 开裂,如图 5-11 中 m/e 57 和 m/e 85 的碎片离子。

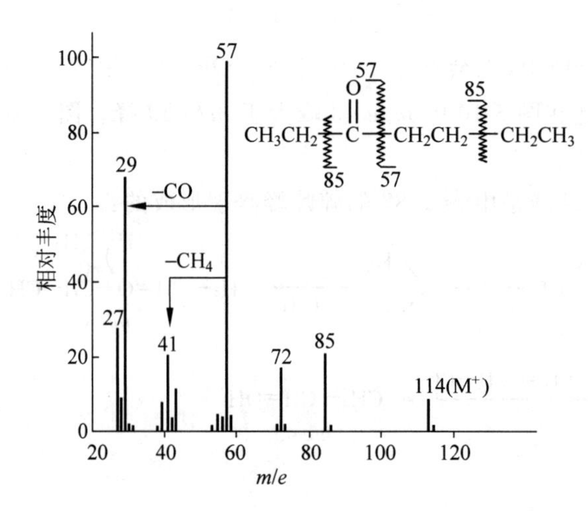

图 5-11 酮类化合物的质谱图

当有 γ-H 存在时，可按式(5-43)的形式发生重排反应：

$$\text{R}'\text{CH}-\text{CH}(\text{R})-\text{H}\cdots\overset{+\cdot}{\text{O}}=\text{C}(\text{X})-\text{CH}_2 \xrightarrow{-\text{RCH}=\text{CHR}'} \text{CH}_2=\text{C}(\text{X})-\overset{+\cdot}{\text{O}}\text{H} \tag{5-43}$$

随着取代基 X 不同，得到的烯醇离子的 m/e 也不同，如下所示：

X	H	CH_3	NH_2	OH	C_2H_5	OCH_3
m/e	44	58	59	60	72	74

因此依照重排峰($OE^{+\cdot}$)的 m/e 可确定取代基，如图 5-11 所示，重排峰为 m/e 72，可知羰基与乙基相连。

一般羧酸酯类分子离子峰很明显。在开裂时也易发生羰基的 α 开裂，形成 $R-C\equiv O^+$ 和 $^+O\equiv C-OR'$ 离子。例如甲酯类可产生以下 4 种离子：

$$\underset{M-31}{\text{R}-\text{C}\equiv\text{O}^+}\quad \underset{m/e\ 59}{{}^+\text{O}\equiv\text{C}-\text{OCH}_3}\quad \underset{m/e\ 31}{\overset{+}{\text{O}}-\text{CH}_3}\quad \underset{M-59}{\text{R}^+}$$

如图 5-12 甲基丙烯酸甲酯的谱图所示。但因该图是由 $m/e=33$ 开始扫描，因此在图中未显示 $m/e=31$ 的碎片峰。

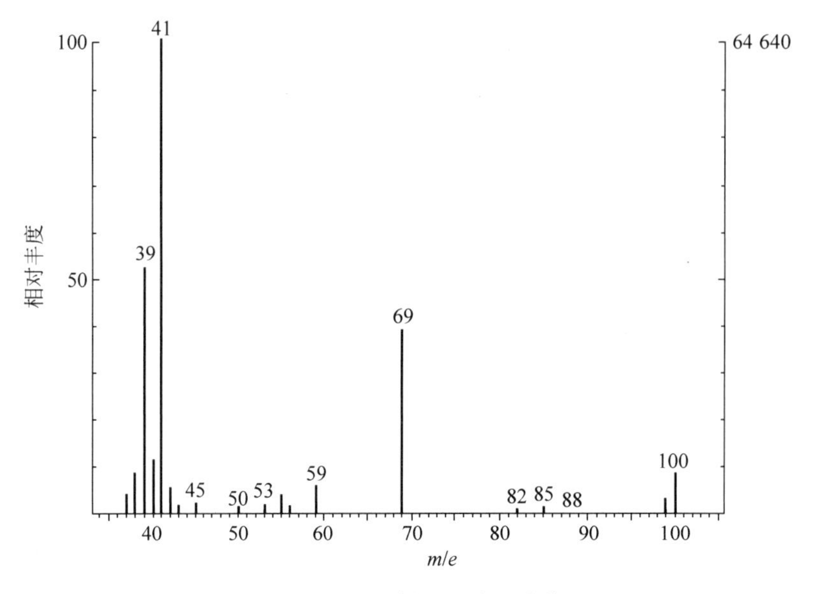

图 5-12　甲基丙烯酸甲酯的质谱图

而在乙酸酯中，如式(5-24)所示，容易脱去乙酸，形成 m/e 为 $M-60$ 的碎片离子。

在长链甲酯中，易形成 $(CH_2)_nCOOCH_3^{\rceil+\cdot}$ 碎片，其中 $n=2,6,10,\cdots$，也即形成 m/e 为 87，143，199，255，311，367，…偶电子系列碎片。

5. 胺类及酰胺类化合物

一级胺 RCH_2NH_2 易发生 β 开裂，产生 m/e 30 的基峰：

$$\mathrm{R{-}CH_2{-}\overset{+\bullet}{N}H_2 \xrightarrow{-R\cdot} CH_2{=}\overset{+}{N}H_2}\quad (m/e\ 30) \tag{5-44}$$

烷基胺可形成 m/e 为 30,44,58,72,86,100,114,…的偶电子系列峰。

酰胺的谱图比较复杂,在脂肪族伯酰胺中主要是 α 开裂:

$$\mathrm{R{-}\overset{O}{\overset{\|}{C}}{-}NH_2}]^{+\bullet} \xrightarrow{-R\cdot} \mathrm{\overset{+O}{\overset{\|}{C}}{-}NH_2} \longleftrightarrow \mathrm{\overset{O}{\overset{\|}{C}}{-}\overset{+}{N}H_2} \tag{5-45}$$

在所有大于丙酰胺的直链伯酰胺中,可发生由 γ-H 重排形成 m/e 59 的基峰:

$$\mathrm{H_2N{-}\overset{\overset{+\bullet}{O}\cdots H{-}CHR}{\overset{\|}{C}}{-}CH_2{-}CH_2} \xrightarrow{-CH_2=CHR} \mathrm{H_2N{-}\overset{\overset{+}{O}{-}H}{\overset{|}{C}}{=}CH_2}\quad (m/e\ 59) \tag{5-46}$$

6. 芳烃化合物

芳烃化合物的分子离子峰一般比较强。图 5-13 是甲苯的质谱图。图中基峰 $m/e=91$,是稳定的䓬鎓离子所致。䓬鎓离子 $C_7H_7^+$ 还可进一步分裂形成 $C_5H_5^+$ (m/e 65),$C_3H_3^+$ (m/e 39)碎片。在有苯环存在时往往会形成 m/e 为 39,51,65,77,…的特征系列碎片。

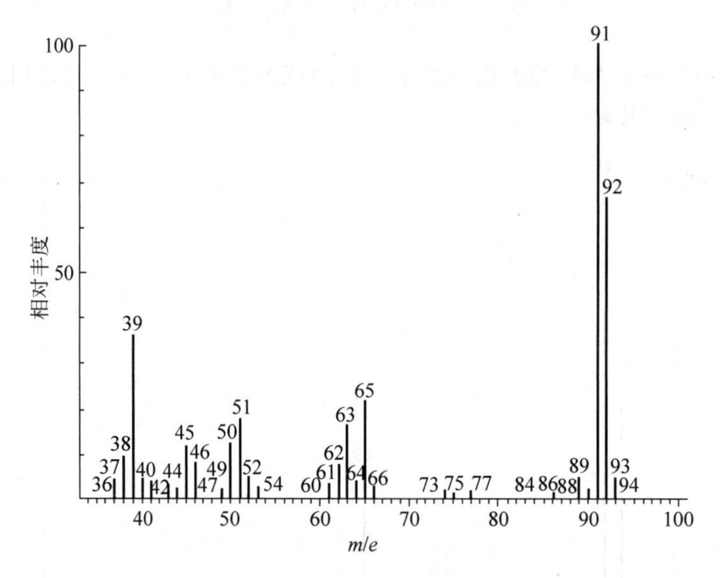

图 5-13 甲苯的质谱图

当苯环有其他官能团取代时,其主要分裂途径与烷烃相似,从易到难按以下次序排列:

$$\mathrm{C_6H_5{-}\overset{O}{\overset{\|}{C}}{-}CH_3}]^{+\bullet} \longrightarrow \mathrm{C_6H_5\overset{O^+}{\overset{\|}{C}}} + \mathrm{CH_3\cdot}$$

$$\mathrm{C_6H_5{-}\overset{CH_3}{\underset{CH_3}{C}}{-}CH_3}]^{+\bullet} \longrightarrow \mathrm{C_6H_5{-}\overset{CH_3}{\underset{CH_3}{C^+}}} + \mathrm{\cdot CH_3}$$

$$\mathrm{C_6H_5{-}\overset{O}{\overset{\|}{C}}{-}OCH_3}]^{+\bullet} \longrightarrow \mathrm{C_6H_5\overset{O^+}{\overset{\|}{C}}} + \mathrm{\cdot OCH_3}$$

$$C_6H_5N(CH_3)_2]^{+\cdot} \longrightarrow C_6H_5\overset{+}{N}(CH_3){=}CH_2 + H\cdot$$

$$C_6H_5CHO]^{+\cdot} \longrightarrow C_6H_5C{\equiv}O^+ + H\cdot$$

$$C_6H_5OCH_3]^{+\cdot} \longrightarrow C_6H_5O^+ + CH_3\cdot$$
$$C_6H_5OCH_3]^{+\cdot} \longrightarrow C_6H_6]^{+\cdot} + CH_2O$$

$$C_6H_5I]^{+\cdot} \longrightarrow C_6H_5^+ + I\cdot$$

$$C_6H_5OH]^{+\cdot} \longrightarrow C_5H_6^{+\cdot} + CO$$

$$C_6H_5CH_3]^{+\cdot} \longrightarrow C_6H_5CH_2^+ + H\cdot$$

$$C_6H_5Br]^{+\cdot} \longrightarrow C_6H_5^+ + Br\cdot$$

$$C_6H_5NO_2]^{+\cdot} \longrightarrow C_6H_5^+ + \cdot NO_2$$
$$C_6H_5NO_2]^{+\cdot} \longrightarrow C_6H_5O^+ + \cdot NO$$

$$C_6H_5NH_3]^{+\cdot} \longrightarrow C_5H_6]^{+\cdot} + HCN$$

$$C_6H_5Cl]^{+\cdot} \longrightarrow C_6H_5^+ + Cl$$

$$C_6H_5CN]^{+\cdot} \longrightarrow C_6H_4]^{+\cdot} + HCN$$

$$C_6H_5F]^{+\cdot} \longrightarrow C_6H_5^+ + \cdot F$$

依照此规律可推测双取代或多取代的苯环化合物的质谱。

5.4.4 未知化合物谱图解析举例

有机质谱谱图解析工作是比较困难的，尽管随计算机技术的发展，可以利用计算机进行谱图检索，但检索结果，由于种种原因不一定可靠。何况有些谱图在谱库中不一定存在，因此还是要掌握谱图的一般解析方法。谱图解析可依据质谱中离子的类型和开裂的一般规律进行，上述典型有机化合物的谱图也可帮助确定化合物的大致类型。

解析程序可以是多种形式的，归结起来有下述几步：

(1) 确定分子离子峰和决定分子式

首先按照分子离子峰的条件确定分子离子峰，根据分子离子峰的质荷比确定分子式。一般在高分辨仪器中，峰匹配精度可达 ppm 数量级，因此由分子离子峰 m/e 小数点后的尾数就可确定大概的分子式。若是在低分辨仪器中，可借助同位素峰组来判断(Beynon 按相对分子质量排列了一个同位素丰度表可帮助判断。该表可在手册中查到)。

在确定分子式后进一步计算不饱和度，确定分子中环加双键数。

(2) 确定碎片离子的特征

把质谱图上重要的碎片离子峰用奇电子数离子($OE^{+\cdot}$)和偶电子数离子(EE^+)标记出来。在 $OE^{+\cdot}$ 中由于仅丢掉了原分子中的一个成键电子，所以化合物的化合价未变，应仍符合“氮规则”；而在 EE^+ 中原来参与成键元素的化合价发生了变化，也就不符合“氮规则”了。所谓氮规则是指有机化合物中含有奇数个氮原子时，相对分子质量为奇数；含有偶数个氮原子时，相对分子质量为偶数。因此运用“氮规则”可协助判别 $OE^{+\cdot}$ 和 EE^+。这种标记方法对于研究各碎片离子的归属和识谱都是很重要的。

在一般化合物谱图中 EE^+ 系列比较多，由式(5-32)可知为单纯开裂形成的。当在谱图中高质量端发现 $OE^{+\cdot}$ 时，就要注意分子具有重排的特征。

为了确定结构式需要对碎片离子进行分析，首先要注意高质量端中性碎片丢失的特征。因为丢失的碎片可反映出取代基的特征。例如 $M-15$ 可能是丢失了—CH_3，因此分子中应有—CH_3 基团。$M-18$ 可能丢失 H_2O，则可能是醇类分子，见表 5-3。

表 5-3 常见的高质量端中性碎片的丢失

（M—X 中的 X 及其一般来源）

质量数	X 通式	一般来源
$M-1$	H	烷基腈化物、醛、胺、分子质量低的氟化烷
$M-15,29,43,57,\cdots$	C_nH_{2n+1}	通过 α-碎裂丢失烷基
$M-16$	O	砜、氮氧化物，对于环氧化合物、醌类等丰度较小
	NH_2	芳胺（丰度较小）
$M-17$	OH	酸、肟
	NH_3	胺类，一般不常见，除非有别的基因使消去后的电荷更稳定
$M-18,32,46,60,\cdots$	$H_2O+C_nH_{2n}$	醇（尤其是一级醇），相对分子质量较高的醛、酮、酯、醚，邻甲基芳香酸
$M-19,33,47,\cdots$	$C_nH_{2n}F$	氟代烷
$M-20$	HF	主要来自一级氟代烷
$M-26,40,54,68,\cdots$	$C_2H_2(CH_2)_n$	芳香碳氢化合物
$M-27,41,55,69,\cdots$	C_nH_{2n-1}	某种重排，失去 2H（R—2H）
$M-27$	HCN	含氮杂环、芳胺、氰化物
$M-26,40$	$C_nH_{2n}CN$	R—CN，当 R^+ 很稳定时
$M-28$	N_2	ArN=NAr
	CO	芳香含氧化合物（芳酮、酚类），环状酮、醌
$M-28,42,56,70,\cdots$	C_nH_{2n}	Mclafferty 及类似的重排
$M-29,43,57,71,\cdots$	$C_nH_{2n+1}CO$	$C_nH_{2n+1}COR$ 及类似的碎裂（R^+ 很稳定）
$M-46$	CH_2O_2	脂肪族二元酸 亚甲二氧化合物 CH_2(O—)(O—)
$M-48$	SO	芳香亚砜
$M-59,73,\cdots$	$C_nH_{2n+1}COO$	ROCOR′或 RCOOR′（当 R^+ 很稳定，R′较小时）
$M-60,74$	$C_nH_{2n+1}COOH$	R′COOR（当 R^+ 较稳定，R′较小时）
$M-60$	COS	硫代碳酸酯
$M-64$	SO_2	RSO_2R'（砜），$ArSO_2OR$（芳香磺酸酯）
$M-79$	Br	RBr
$M-127$	I	RI

同时也要注意在谱图低质量端形成的一些特征性的偶电子系列。例如，有 m/e 为 15，29，43，57，71，85，99，…碎片，肯定为烷烃系列 C_nH_{2n+1}，质量数延长多少表示有几个碳。而烷基胺（$—C_nH_{2n}NH_2$）则有 m/e 为 30，44，58，72，…偶电子系列。见表 5-4。

表 5-4 常见的低质量端的碎片离子系列

（主要是偶电子离子系列）

m/e	通 式	一 般 来 源
15，29，43，57，71，85，…	C_nH_{2n+1} $C_nH_{2n+1}CO$	烷基 饱和羰基、环烷醇、环醚
19，33，47，61，75，89，…	$C_nH_{2n+1}O_2$	酯、缩醛和半缩醛
26，40，54，68，82，96，110，…	$C_nH_{2n}CN$	烷基氰化物、双环胺类
30，44，58，72，86，…	$C_nH_{2n+2}N$ $C_nH_{2n+2}NCO$	脂肪胺类 酰胺、脲类、氨基甲酸酯类
31，45，59，73，…	$C_nH_{2n+1}O$ $C_nH_{2n-1}O_2$ $C_nH_{2n+3}Si$ $C_nH_{2n-1}S$	脂肪族醇、醚 酸、酯类、环状缩醛和缩酮 烷基硅烷 硫杂环烷烃，不饱和、取代的含硫化合物
31，50，69，100，119，131，169，181，193，…	C_nF_m	全氟烷、全氟煤油(PFK)
33，47，61，75，89，…	$C_nH_{2n+1}S$	硫醇、硫醚
38(39，50，51，63，64，75，76)		带负电性取代基的芳香族化合物
39(40，51，52，65，66，77，78)		带给电子基团的芳香族或杂环芳香族化合物
39，53，67，81，95，109，…	C_nH_{2n-3}	二烯、炔烃、环烯烃
41，55，69，83，97，…	C_nH_{2n-1}	烯烃、环烷基、环烷失去 H_2
55，69，83，97，111，…	$C_nH_{2n-1}CO$ $C_nH_{2n}N$	环烷基羰基、环状醇、醚 烯胺和环烷氨、环状胺类
56，70，84，98，…	$C_nH_{2n}NCO$ $C_nH_{2n+2}NO$	异氰酸烷基酯 酰胺
60，74，88，102，…	$C_nH_{2n}NO_2$ NO_2	亚硝酸酯
46	$C_nH_{2n+1}O_3$	碳酸酯类
63，77，91，…(45，57，58，59，69，70，71，85)		噻吩类
69，81～84，95～97，107～110		硫连在一个芳环上的化合物
72，86，100，…	$C_nH_{2n}NCSO$	异硫氰酸烷基酯
77，91，105，119，…	$C_6H_5C_nH_{2n}$	烷基苯化合物
78，92，106，120，…	$C_5H_4NC_nH_{2n}$	吡啶衍生物、氨基芳香化合物
79，93，107，121，…	C_nH_{2n-5}	萜类及其衍生物
81，95，109，…	$C_nH_{2n-1}O$	烷基呋喃化合物、环状醇、醚
83，97，111，125，…	$C_4H_3SC_nH_{2n}$	烷基噻吩类
105，119，133，…	$C_nH_{2n+1}C_6H_4CO$	烷基苯甲酰化合物

(3) 提出结构式并对照谱图确认

要找出谱图上每一个峰的归宿是很困难的，但确定与主要峰特别是高质量端的较强峰相当的离子碎片应当是可能且必需的。

单靠 MS 一种谱图确定未知化合物是困难的，可以和其他分析方法对照确定未知化合物的化学结构。

下面举 3 个简单的例子，说明未知物谱图解析的一般程序。

例 5.1 利用同位素峰组确定结构。

图 5-14 为某常用高分子溶剂的谱图。

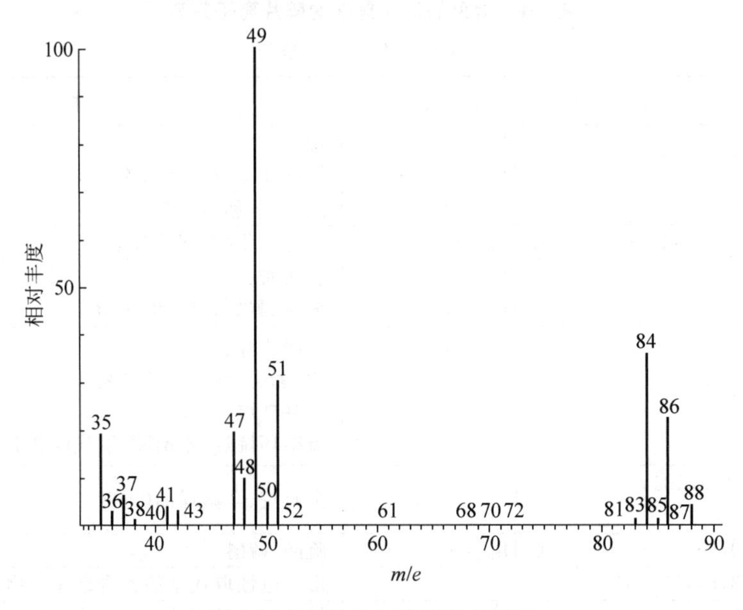

图 5-14 某种有机溶剂的质谱图

首先确认分子离子峰，在谱图中质量数最高的离子 m/e 88。如果此离子为分子离子，则有 $M-2$ 和 $M-4$ 的峰。但由于图上 $M-4$ 峰（$m/e=84$）的丰度比较大，按分子离子峰的条件判别可能性不大，因此应考虑 m/e 84，86，88 为一同位素峰组，分子离子峰为 m/e 84。再观察谱图中同位素峰组的丰度比约为 $M:(M+2):(M+4)=9:6:1$，该化合物可能含有两个氯原子。依照相对分子质量初步推测该溶剂的分子式是 CH_2Cl_2，为二氯甲烷。然后再根据谱图进一步验证：

$$CH_2Cl_2^{+\cdot} \xrightarrow{-\cdot Cl} \underset{m/e\ 49,51}{CH_2Cl^{+}}$$

因此基峰是分子离子峰丢掉一个氯游离基而形成的，m/e 49 与 51 峰丰度之比约为 3∶1，与该碎片离子结构符合。

例 5.2 已知某一化合物不含氮，其谱图如图 5-15 所示。

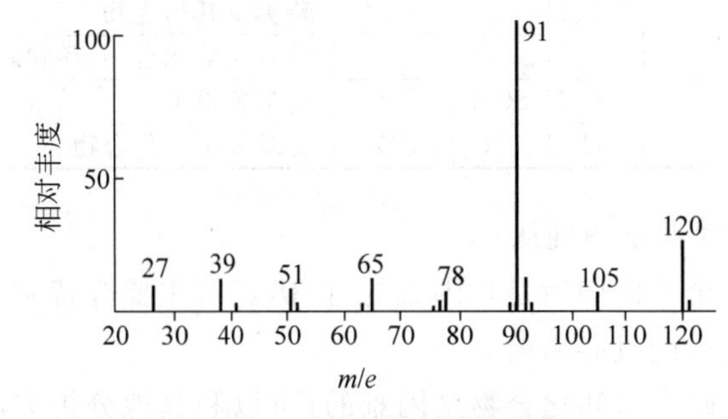

图 5-15 未知化合物质谱图

最高质量端的峰质量数为120,符合分子离子峰条件,可假定为分子离子峰。由于无特殊元素的同位素峰,只能从碎片离子的特征推出结构。先标记 $OE^{+\cdot}$ 和 EE^{+},其中只有 m/e 92 的碎片峰为 $OE^{+\cdot}$,其他均为 EE^{+} 峰。由 m/e 为 39,51,65,77,91 的偶电子系列峰的特征可知未知化合物中应有苄基离子的结构;在高质量端 m/e 105,91 的峰分别为 $M-15$ 和 $M-29$,化合物中应含有甲基和乙基;$OE^{+\cdot}$ 碎片峰应为重排峰,则化合物中可能有 γ-H 存在,依照上述各点推测化合物可能为正丙苯。进一步验证各主要碎片峰的开裂方式如下:

$$C_6H_5-CH_2-CH_2-CH_2-H^{+\cdot} \xrightarrow[-CH_2=CH_2]{\gamma\text{-H重排}} C_6H_6=CH_2^{+\cdot}\ (m/e\ 92)$$

$$C_6H_5CH_2CH_2CH_3^{+\cdot} \xrightarrow[-C_2H_5\cdot]{\beta\text{开裂}} C_6H_5CH_2^{+} \longrightarrow C_7H_7^{+}\ (m/e\ 91) \xrightarrow{-C_2H_2} C_5H_5^{+}\ (m/e\ 65)$$

$$C_6H_5CH_2CH_2CH_3^{+\cdot} \xrightarrow{-\dot{C}H_2-CH_2-CH_3} C_6H_5^{+}\ (m/e\ 77) \xrightarrow{-CH\equiv CH} C_4H_3^{+}\ (m/e\ 51)$$

可确定未知化合物为正丙苯。

例 5.3 未知化合物分子式为 $C_4H_{10}O$,其谱图如图 5-16 所示。

由分子式可知 m/e 74 的峰为分子离子峰。计算不饱和度为0,不含有双键,可能为脂肪族醇或醚类化合物。从碎片离子分析,m/e 59 的峰为 $M-15$,分子中应含有—CH_3。查表 5-4 可知由 m/e 31,45,59 组成的偶电子系列峰可能为 $C_nH_{2n+1}O$ 或 $C_nH_{2n-1}O_2$ 的碎片峰,但后者不可能产生 m/e 31 的基峰,而且此碎片峰含有双键,与所计算的不饱和度也不符,因此只可能为前者。考虑到应含有—CH_3,可以列出可能的结构式为:

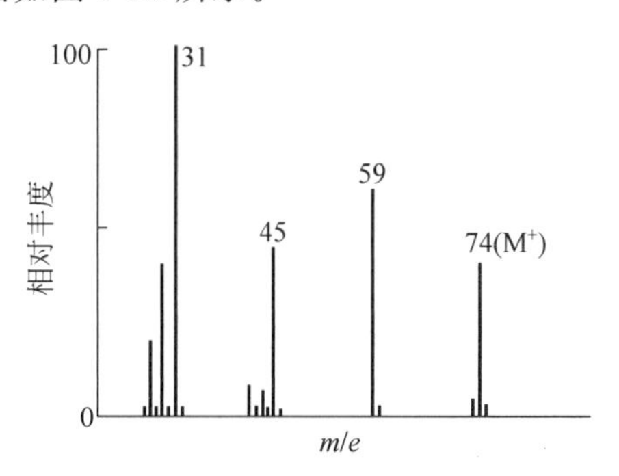

图 5-16 未知化合物的质谱图

(a) $C_2H_5-O-C_2H_5$

(b) $CH_3-O-CH_2-CH_2-CH_3$

(c) $HO-CH_2-CH_2-CH_2-CH_3$

如果是化合物(c)应有 $M-18$ 的峰,图 5-16 中未出现,因此可排除。化合物(b)$M-15$ 峰不可能很强,因此可能性最大的为化合物(a)的结构,进一步验证:

$$C_2H_5-\overset{+\cdot}{O}-C_2H_5 \xrightarrow{-CH_3} \underset{m/e\ 59}{C_2H_5-\overset{+}{O}=CH_2} \xrightarrow[\text{重排}]{-C_2H_4} \underset{m/e\ 31}{H\overset{+}{O}=CH_2}$$

$$C_2H_5-\overset{+\cdot}{O}-C_2H_5 \xrightarrow{-H\cdot} C_2H_5-\overset{+}{O}=CHCH_3 \xrightarrow[\text{重排}]{-C_2H_4} \underset{m/e\ 45}{H\overset{+}{O}=CHCH_3}$$

5.5 裂解气相色谱分析

若在一般的气相色谱仪的进样器处安装一个裂解器，迅速加热使样品裂解成碎片，并随载气进入气相色谱仪，这种分析方法叫裂解气相色谱(PGC)。

裂解气相色谱发展的历史虽然较短，但由于色谱技术和裂解装置的不断进步，尤其是PGC-MS联用技术的应用，它已成为高分子材料研究的重要手段。

5.5.1 裂解气相色谱的特点

(1) 可以对各种物理形态和形状的物质进行分析，并能给出明显的特征谱图。

(2) 可以在较大范围内调节裂解条件，对于结构类似的样品，能比较方便地选择最适宜的裂解条件，从而显示出样品差异的特征。

(3) 分析样品不用提纯，可以不经过分离直接鉴定高分子材料及其中的某些助剂、残留单体和溶剂等。

(4) 仪器设备简单，操作简便，分析速度快。

(5) 应用范围宽，目前不仅广泛用于高分子材料研究的各个领域，而且在石油化工、环境保护、艺术和考古、微生物学、临床医学、食品和医药工业、法检等各个领域都有广泛的应用。

(6) 由于影响样品裂解的因素较多，裂解过程比较复杂，因此定量重复性差。定性鉴别时，各实验室之间相互比较也较困难。作为各种不同样品的指纹谱图，裂解谱图的特征性是较强的，但如果要对每个碎片峰进行定性鉴别就比较困难。

5.5.2 热裂解装置

裂解过程受裂解条件的影响很大。一般聚合物样品在低温裂解时，降解速度慢，副产物多，高沸点油状物多，气相产物特征峰可能不明显；若温度太高，又可能裂解成太小的碎片，也不具有特征性。如聚苯乙烯，在425℃时主要生成苯乙烯及其二聚体；在825℃时，除单体外，还生成苯、甲苯、乙烯、乙炔等碎片；如裂解温度继续增高，达到1 025℃，则完全裂成低分子碎片，生成大量的苯和乙烯等，就不具有原来聚合物的特征了。因此在裂解时选择最佳的裂解条件，并进行严格控制，才能得到重现性好、特征性强的裂解谱图。所以对裂解装置有如下的要求：

(1) 要有足够的温度调节范围，且温度控制比较容易实现。

(2) 升温速度快。高分子材料的裂解速度是很快的，例如聚苯乙烯在550℃时，裂解一半只要10^{-4}s，如果不能很快达到裂解温度，聚合物在升温过程中就会不断分解，无法控制裂解条件。

(3) 次级反应要小。即裂解后，裂解产物能很快移出裂解器，不至于在裂解器内继续发生二次反应，生成其他副产物。

(4) 裂解器无催化作用。

目前最常用的裂解装置有下述3类。它们各具有优缺点，应根据不同的条件选用不同的裂解器。

1. 热丝/带式裂解器

样品涂在热丝线圈(或加热带)上，通电流热丝被加热使样品裂解。这种装置结构简单，死体积小。目前采用电容放电式的快速热丝装置，升温速度较快。

2. 管炉裂解器

在石英管外用一管炉加热，样品用进样杆送入管内。温度容易测量，并能连续调温和控温，各种形状的样品都能很方便地测定。升温速度取决于样品舟和进样杆的热容。这种装置死体积较大，二次反应相对突出。

3. 居里点裂解器

居里点裂解器又称高频感应裂解器。用高频感应方法使铁磁材料迅速加热，当达到居里点温度时，材料失磁，加热停止，因此可维持在一恒定的温度上。用不同组成的铁磁材料控制不同的温度。合金材料组成与居里点温度的关系见表5-5。

表5-5　合金材料组成与居里点温度

合金组成(百分比)	居里点温度/℃	合金组成(百分比)	居里点温度/℃
Ni(100)	358	Ni(67)∶Co(33)	660
Fe(48)∶Ni(51)∶Cr(1)	440	Fe(100)	770
Fe(49)∶Ni(51)	510	Ni(40)∶Co(60)	900
Fe(40)∶Ni(60)	590	Fe(50)∶Co(50)	980
Fe(30)∶Ni(70)	610		

这种裂解器的特点是当高频电源功率足够大时，升温速度快，死体积小，二次反应也少。但温度控制受限制，不能连续变化。

5.5.3　裂解气相色谱谱图解析

裂解气相色谱谱图的表示方法与气相色谱谱图一样。所不同的是在气相色谱中，样品的每个组分在谱图中只有一个色谱峰，而在裂解气相色谱中，即使是单组分样品，由于在裂解器中已被裂解成多种碎片，因此进入色谱柱分离后得到的谱图显示的不是一个峰，而是一组峰，每个单峰表征一种碎片成分。依照此特点，PGC谱图的解析可采用“指纹图”或“特征峰”的方法进行。

1. 指纹图法

所谓“指纹图”的方法，是依照整个谱图的形状来鉴别样品。由5.2节所述聚合物的热裂解规律可知，在一定的裂解气相色谱条件(包括裂解条件和色谱分析条件)下，各种不同的样品具有能相互区别的特征谱图，因此可采用与在同样条件下测定的已知材料谱图对照的方法来鉴别聚合物。

由于裂解谱图较复杂，为了能清晰地表达谱峰的特征，可以与MS谱图一样采取“棒图”的形式表示。同样，可以选最大峰为基峰，纵坐标用相对丰度表示，基峰为100，横坐标为相对保留值，基峰为1。

目前在PGC的谱图解析中，不像光谱分析那样有一套通用的标准谱库，其原因是裂解过程较复杂，而裂解条件和色谱条件又很难统一。为使各实验室之间数据能共享，必须解决保留值的标准化问题。保留值标准化可参照GC的方法，用相对保留值法，就是在PGC谱图中选择参照色谱峰对裂解产物的保留值进行校正，也可以在裂解色谱样品中加入内标物，如脂肪酸甲酯或烃类化合物作为参考峰。就参照峰的个数而言，最少需要两个，但是对于分析时间长的复杂的裂解谱图，所选的参照峰应分布在整个谱图上，有人曾采用过7个参照峰。最合理的方法是采用保留指数法，在GC中保留指数是采用正构烷烃作参照峰，而在聚合物的PGC谱图中，可采用在相同PGC条件下测定的聚乙烯裂解谱图中的一系列正构烯烃为标准计算保留指数。采用这种方法，不仅受分析条件波动影响小，而且同种样品在不同实验室之间测定，得到的保留指数偏差较小，可以做到各实验室之间数据共享。

谱图的相似性用相似系数$S_{i,j}$表示，脚标i和j分别代表两张谱图，若每张谱图有N个碎片（N约为10），则

$$S_{i,j}=\sum\left[\frac{I_k^i}{I_k^j}\right]\Big/N \tag{5-47}$$

式中，I_k^i，I_k^j分别为每张谱图中k峰的相对丰度（一般选择$I_k^i/I_k^j\leqslant 1$）。当$S_{i,j}=1$时，两张谱图完全重合，但只要$S_{i,j}\geqslant 0.85$，就可以认为是相似或重复谱图。

2. 特征峰法

另一种谱图解析的方法是特征峰法。这种方法不需要对照整个谱图，只需研究单个的峰即可。所谓“特征峰”是与样品的组成和结构有明确的对应关系的峰，例如高分子材料裂解后产生的单体峰，可作为化学结构的表征；共聚物则应以共聚二聚体的碎片作为特征峰。特征峰的定性方法与气相色谱中的一样，可采用对照已知标样保留值的方法，也可用PGC-MS或PGC-FTIR联用技术来定性。

特征峰的方法也可用于高分子材料的定量分析。

无论采用上述哪种方法进行谱图解析，都要求谱图重复性好，除了应严格控制裂解色谱条件外，特别应注意控制进样量。样品量通常为10～150μg，厚度小于0.1mm。在这种小的取样量情况下，因为高分子材料的不均匀性会影响结果的代表性，因此在进行定量分析时，采用多次测定结果统计平均的方法来解决这一矛盾。

5.5.4 裂解气相色谱的进展

PGC在发展的初期，主要用于高分子材料的鉴别、共聚和共混材料的定量分析等，因此在选择特征峰时，一般以单体或其低碳数的碎片为主，以求单体收率高且谱峰简单。随着研究工作的深入，特别是研究聚合物的精细结构、链结构等时，希望能从谱图上得到更多的信息，故重点就转移到研究聚合物的二聚体、三聚体以及更高碳数的碎片，这样就要求进一步提高PGC的分辨率，从而出现了高分辨PGC技术。这种技术是通过改进裂解装置，把毛细

色谱技术运用到裂解色谱中实现的。这种技术不仅提高了分辨率，如果和 MS 联用还可以测定碎片的结构，对于研究共聚结构，特别是序列分布很有用。

在聚烯烃类聚合物的 PGC 分析中，由于聚合物的无规断裂，产生不同碳数的不饱和烃碎片，使谱图很复杂。在这种情况下，可采用裂解加氢技术，使不饱和碎片加氢饱和，大大简化了 PGC 谱图。图 5-17 所示为聚乙烯的裂解加氢气相色谱图。加氢后原来具有相同碳数和类似结构的二烯烃、烯烃和烷烃，由 3 个峰变成对应的烷烃峰，且峰强也增加了，有利于谱图解析，如下式：

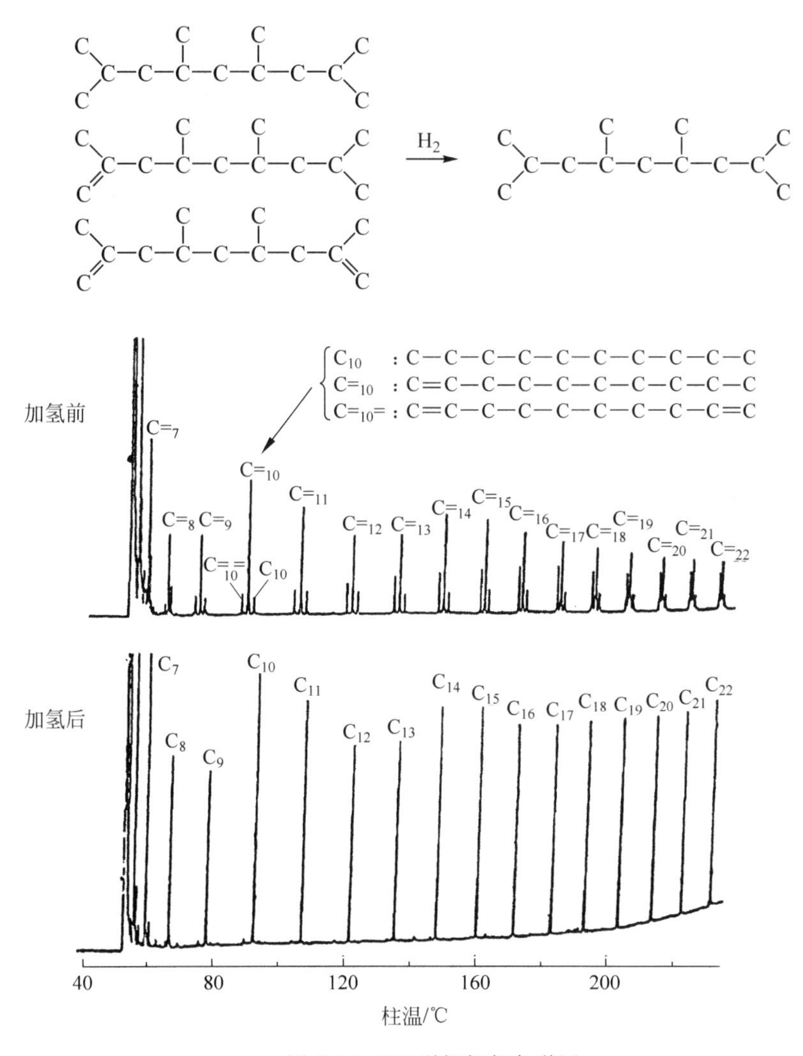

图 5-17 PE 裂解加氢色谱图

加氢装置是在裂解器后接一加氢填充柱，然后再接到 GC 仪器上。加氢填充柱分上、下两部分；上部填料固定液与色谱柱所用的相同，起过滤作用，防止高沸点产物污染加氢柱；下部是加氢段，内装经过 500℃通氢活化的加氢催化剂（一般用铂催化剂）。

裂解加氢色谱技术，主要用于研究聚烯烃的支链度、等规结构等。

此外，为了分析涂料、粘接剂等含有一定溶剂或低分子添加剂的高分子材料，以及研究高分子材料在不同温度下的热分解过程或反应机理，可采用多段裂解与程序升温裂解技术。例如在分析某防水涂料中是否含有煤焦油成分（煤焦油加入防水涂料，不仅可以降低成本，而且可以提高其抗基层开裂能力。但由于煤焦油中含有大量芳烃和稠环化合物，对人体健康有害，因此不宜用于人居环境中的防水涂料）时，先将裂解器温度设定为300℃，这时其中添加的煤焦油成分挥发出来进入色谱。然后再升高裂解温度至600℃，使剩余物在高温下进行裂解色谱分析，获得聚氨酯的裂解谱图。这种方法的优点是可省略去除高分子材料样品中溶剂或其他添加剂的预处理工序，大大方便了实验操作。同时运用这一技术还可模拟材料在不同加工温度条件下的变化状态。

在聚醚、聚酰胺、环氧、酚醛树脂等缩聚类聚合物以及天然产物、糖类、氨基酸类等的分析中，由于极性的裂解产物容易吸附在裂解器和色谱柱内，不仅使谱图特征性变差，峰分离不完全，而且会对仪器造成污染。此时可采用热辅助水解-烷基化（thermally assisted hydrolysis and alkylation，THA）技术，将样品与少量烷基化试剂（一般用四甲基氢氧化铵或四丁基氢氧化铵）共裂解，裂解生成的低分子碎片中的有机酸、醇、胺、酚等立即在热环境中转化成相应的酯，然后再进行色谱分析。采用这项技术，不仅可以在较低温度下得到更有特征性的裂解产物，而且还可以减少聚合物裂解的残渣量。例如图5-18所示为聚砜在烷基化处理前后的裂解谱图。烷基化后得到了非常具有特征性的碎片峰。此外，还可能测定聚合物的端基及相对分子质量、支化和交联以及序列分布。

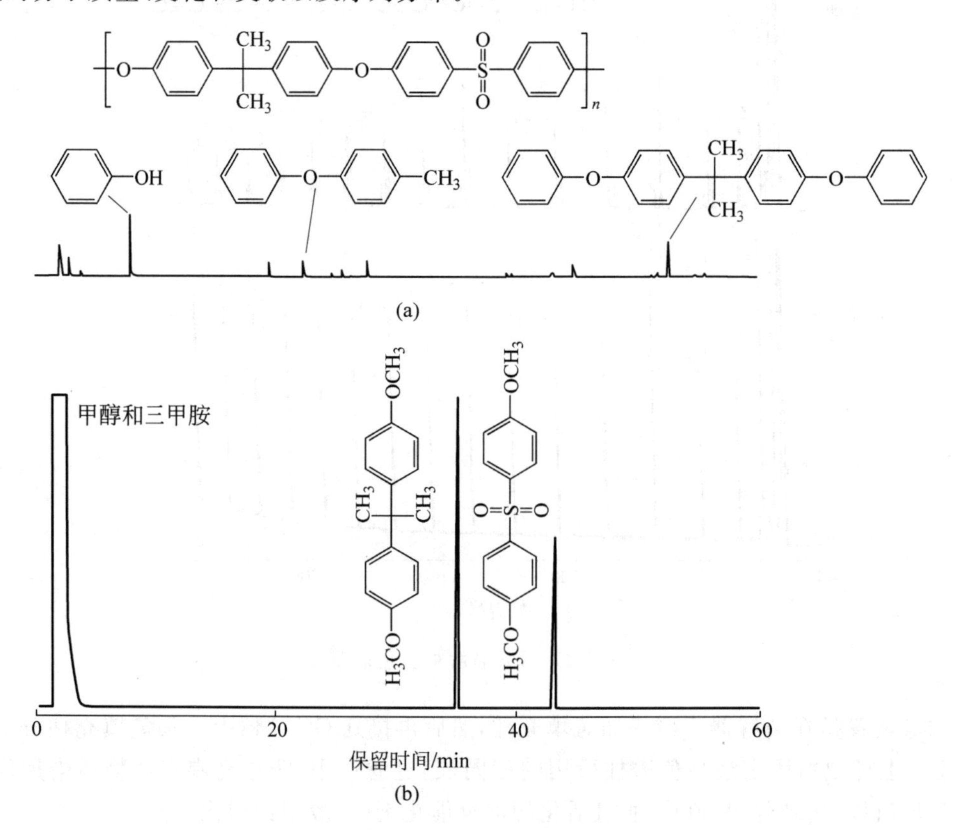

图5-18 聚砜的裂解谱图

(a) 700℃不加四甲基氢氧化铵；(b) 300℃加四甲基氢氧化铵

5.6　PGC-MS 联用技术

一般的有机质谱仪都能与气相色谱仪相连组成 GC-MS 联用系统。这种联用系统既可以发挥色谱能很好地分离混合物的优点，又能发挥质谱对样品鉴定比较方便的特点，同时避免了这两种仪器各自的弱点，成为有机混合物分析鉴定不可少的一种方法。

5.6.1　PGC-MS 联用接口

由于气相色谱和有机质谱都是对蒸气样品进行分析，有机质谱的分析灵敏度和扫描速度均能与气相色谱相匹配，因此联用比较方便。但 GC 需用载气，在高于大气压的条件下工作，而 MS 则工作在高真空状态，因此二者相连时必须采用一个接口装置，把气相色谱流出物中的载气除去，只让样品蒸气进入质谱仪。

GC-MS 接口装置种类很多，最常用的是分子分离器，如图 5-19 所示。当不同分子质量的气体通过喷嘴时，具有不同的扩散速度。GC 载气(在 GC-MS 联用时一般采用氦气)分子质量小、扩散快，很容易被真空泵抽走，而样品分子分子质量大，不易扩散，依靠惯性继续向前进入质谱仪。

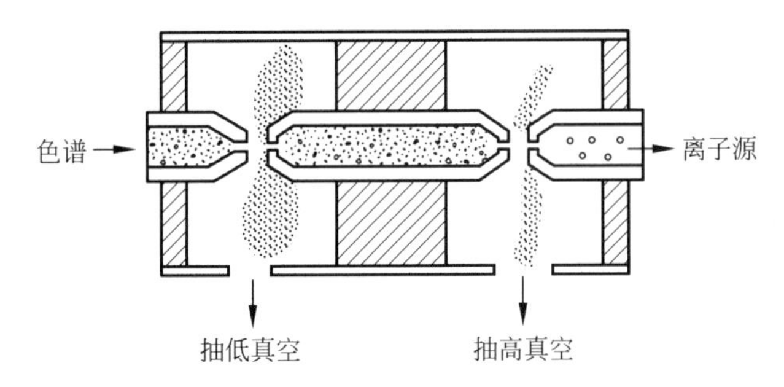

图 5-19　分子分离器示意图

在用毛细管色谱和质谱相连时，由于毛细管柱所用载气流量较小，当质谱仪真空泵抽速足够大时，也可直接相连。

PGC-MS 联用技术是在 GC-MS 联用的基础上，在色谱仪中安装一个裂解器进行分析的，其谱图表示方法是一致的。PGC-MS 是聚合物热解分析的一个很重要的手段。

5.6.2　GC-MS 联用谱图表示方法

GC-MS 联用谱图的表示方式有下述几种。

1. 总离子流色谱图

在离子源出口处，测定离子流强度随时间的变化。由于是在质量分析器之前测定的，因此测到的是总离子流强度随时间的变化，也即色谱流出物样品量随时间的变化，相当于一张色谱图。

2. 重建离子流色谱图

不是在离子源出口处测定总离子流，而是依靠计算机计算每次扫描得到的质谱图上离子强度的总和即总离子强度,再重新绘制出这些总离子流强度随扫描次数或分析时间变化的曲线,这种曲线称为重建离子流色谱图(RIC),如图 5-20 所示。图中色谱峰顶所标数值由上向下依次为:扫描次数(相当于保留值)、峰高和峰面积。依照扫描次数可调出质谱图,如图 5-21 所示即为图 5-20 中第 4 个色谱峰即第 98 次扫描的 MS 图。从质谱图的分析可判别该化合物为聚苯乙烯的单体苯乙烯。其余 21,42,56 次扫描的质谱图分别如图 5-14,图 5-12,图 5-13 所示。

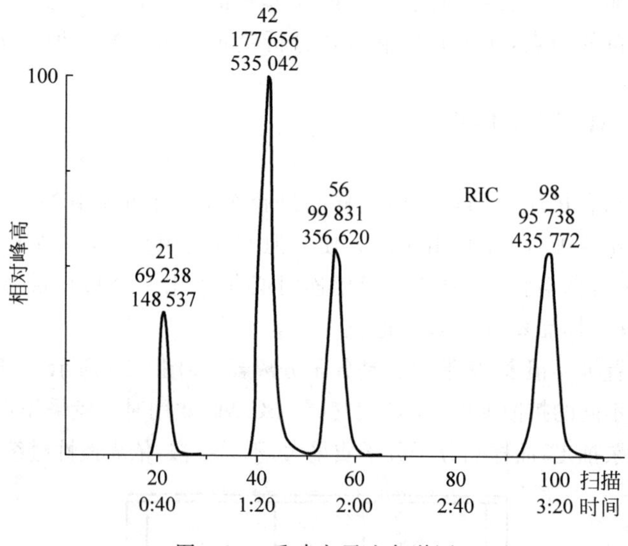

图 5-20 重建离子流色谱图

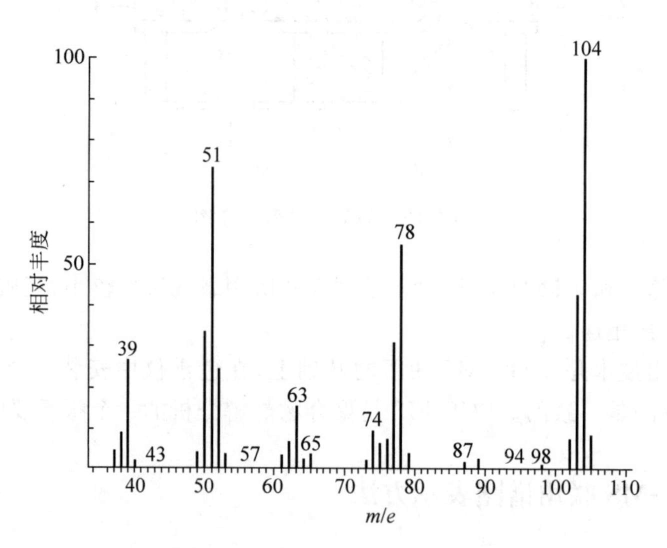

图 5-21 第 98 次扫描的质谱图

这种色谱图的特点是重建离子流强度测定是在质量分析器之后,随质量扫描范围的变更而改变,因此可扣除掉柱流失等因素。但也有缺点,若计算机采样时间选择不合适,重建离子流色谱图的分离就会受到影响。

3. 质量色谱图

只选择一种或几种 m/e 离子,测定这些离子强度随分析时间变化所得曲线即为质量色谱图。此法优点是可提高分析灵敏度。如为了确定在聚氯乙烯裂解时，哪些裂解碎片（即色谱峰）中含有氯，可作 m/e 35 和 m/e 37 的质量色谱图，就可以检测含氯的碎片。同时用质量色谱图也可进一步区分色谱图中未完全分离的组分。

例如分析某未知共聚物，其 PGC-MS 谱图如图 5-22 所示。由 MS 谱图可确定图中 5.48min 的峰为苯乙烯，3.54min 和 6.96min 的峰分别为甲苯和甲基苯乙烯，也是与苯乙烯单元相关的。2.15min 的峰可能为丙烯腈，1.97min 的峰则表明第 3 种组分的存在，因此做质量色谱图（图 5-23）以进一步分析鉴定。图中最上面的是总离子流色谱图，下面依次是质量数为 53，54，104 离子的质量色谱图。

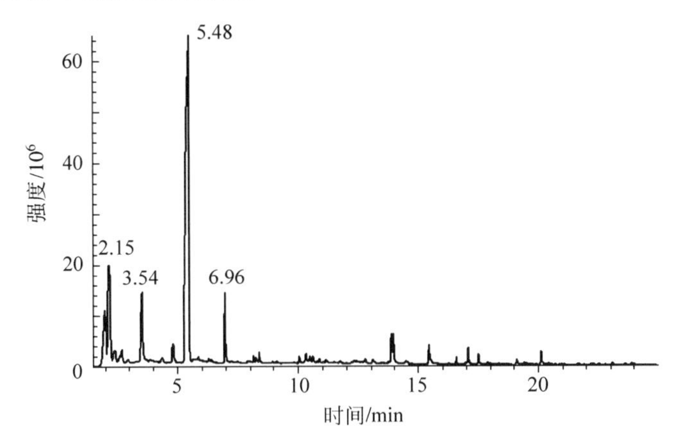

图 5-22　未知共聚物的 PGC-MS 谱图

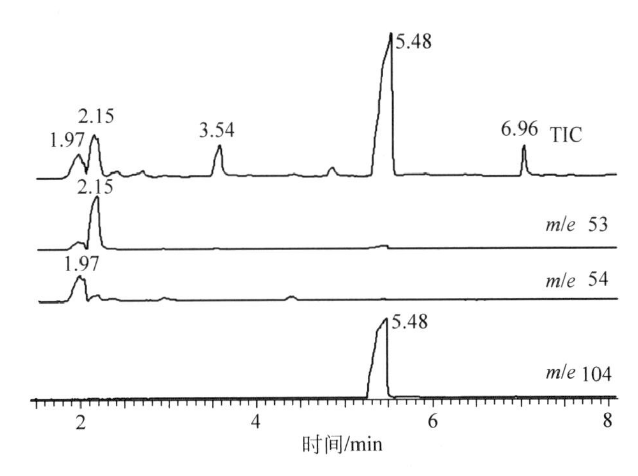

图 5-23　未知共聚物的质量色谱图

从图 5-23 可以发现，1.97min 的峰代表质量数为 54 的丁二烯，2.15min 的峰代表质量数为 53 的丙烯腈，二者的峰有部分重叠。从质量色谱图可分别得到 1.97min 和 2.15min 峰的质谱图，如图 5-24 和图 5-25 所示。由上述两张质谱图可确定在未知共聚物中，除苯乙烯外，还存在丁二烯和丙烯腈。为了进一步证实聚丁二烯的存在，做 m/e 108 的质量色谱图，找到 4.3min 的色谱峰含有该碎片离子，通过 MS 谱图可确证为乙烯基环己烯，是丁二烯的二聚体。因此尽管在共聚物的 PGC-MS 谱图中，表征丁二烯单元的峰很小且不明显，通过质量色谱图仍可确定为 ABS 三元共聚物。

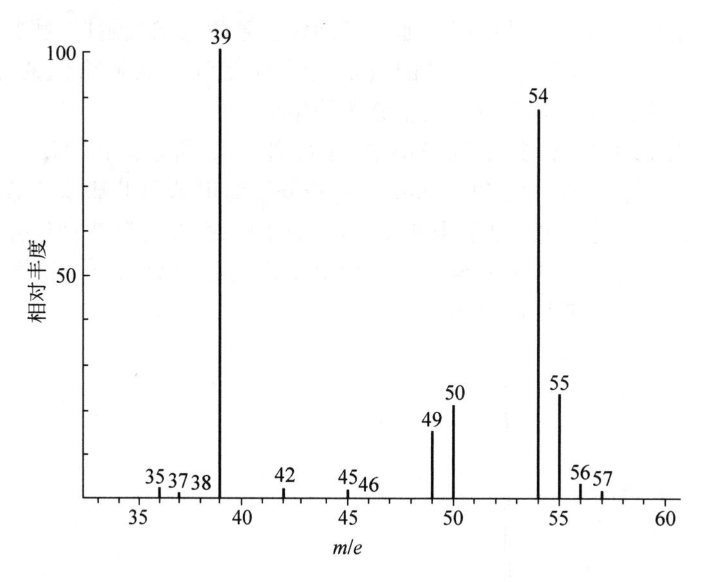

图 5-24　1.97min 峰的 MS 谱图

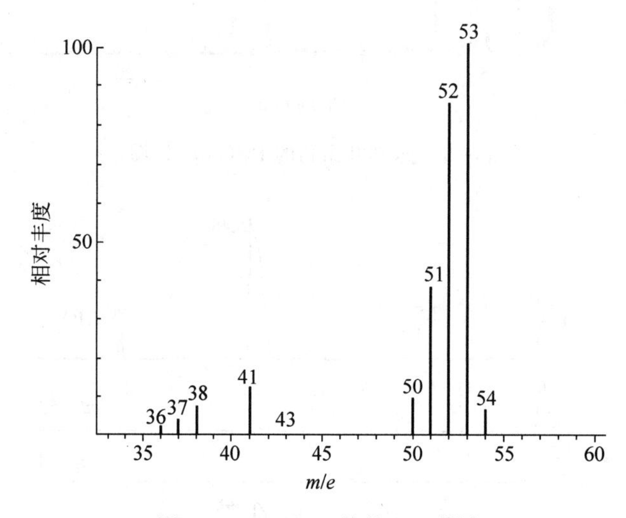

图 5-25　2.15min 峰的 MS 谱图

5.6.3　PGC-MS 谱图解析的几个问题

在用 PGC-MS 确定热裂解指纹谱图中的特征碎片峰时，应注意下面几个问题。

1. PGC 谱图与 PGC-MS 所得到的重建离子流色谱图的区别

尽管在进行 PGC-MS 分析时，可以照搬 PGC 的全部色谱条件，但这两种方法所得到的色谱图还是有差别的。在 PGC-MS 中是用有机质谱仪作为色谱柱后流出物的检测器，而在 PGC 中通常是用氢焰离子化检测器检测。由于检测方式的差异，得到的谱图相对峰高（或丰度）比是不同的。特别是在某些样品裂解时，会产生一些小分子无机气体，如 CO_2，HCl，SO_2 等，使用氢焰检测器时，检测不出这些无机气体，而在 MS 中则可检测出来，故导致用两种方法测得的谱图中低沸点部分峰的强度、形状和数目各不相同。对于大多数有机化合物，质谱的检测灵敏度通常比氢焰检测器低，因此在 PGC-MS 中可能有些峰检测不出来，就需要加大进样量，这对样品的瞬间裂解是有影响的，也会使谱图发生变化。

此外，一般在 PGC 中是用氮气作载气，而 PGC-MS 中必须用氦气作载气。由于二者导热系数相差 6 倍左右，再加上样品量的差异，使得 PGC-MS 分析时的裂解状态与 PGC 分析时不同，谱图也会产生差异。因此在对照 PGC 谱图和 PGC-MS 的重建离子流色谱图时，必须十分仔细谨慎。

2. 质谱图中分子离子峰的确认

由于在 PGC-MS 中得到的一些大分子裂解碎片的分子链较长，在有机质谱中不易得到分子离子峰，而且这些大分子裂解碎片的相对生成量也小，在这些碎片离子的质谱图中，就观察不到分子离子峰。例如图 5-26 是聚乙烯的 PGC-MS 总离子流色谱图，图 5-27、图 5-28、图 5-29 分别为 14.74min，14.83min 和 14.56min 的色谱峰（分别对应 $C_{14}H_{28}$，$C_{14}H_{30}$ 和 $C_{14}H_{26}$）的质谱图。可以发现，图 5-29 未显示出分子离子峰。

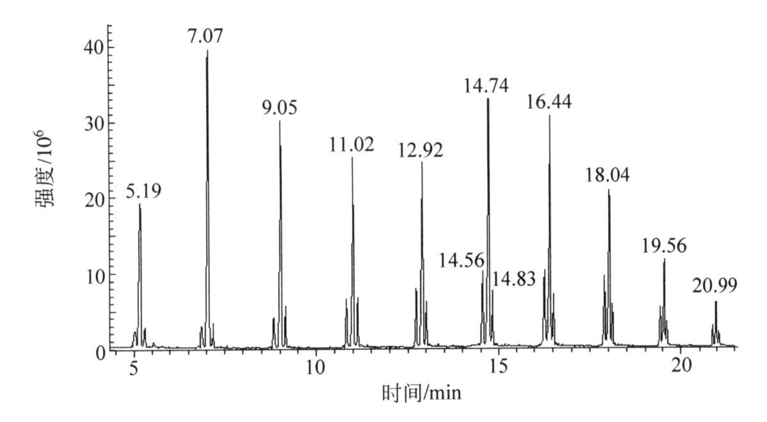

图 5-26　聚乙烯的 PGC-MS 总离子流色谱图

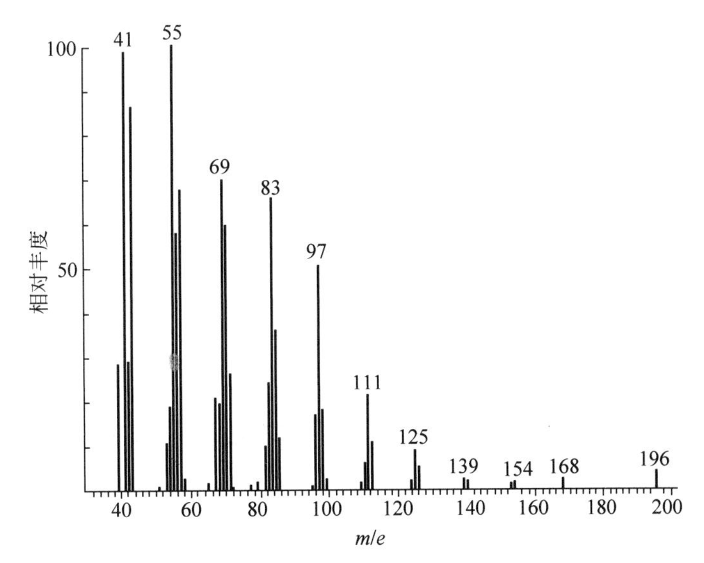

图 5-27　14.74min 峰质谱图

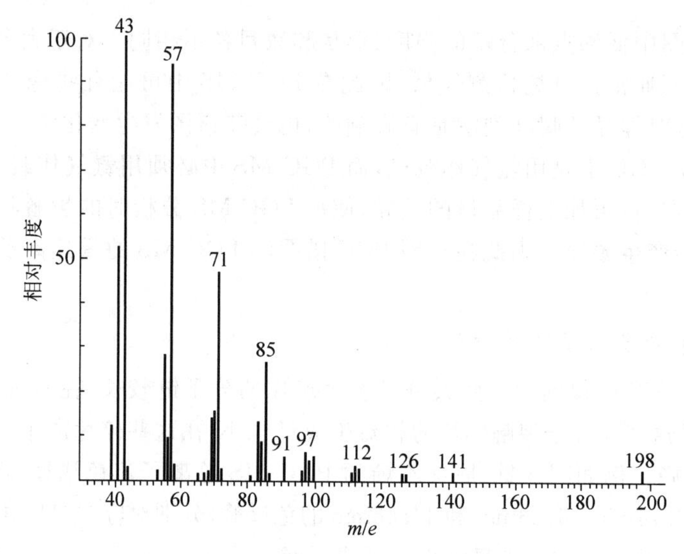

图 5-28　14.83min 峰质谱图

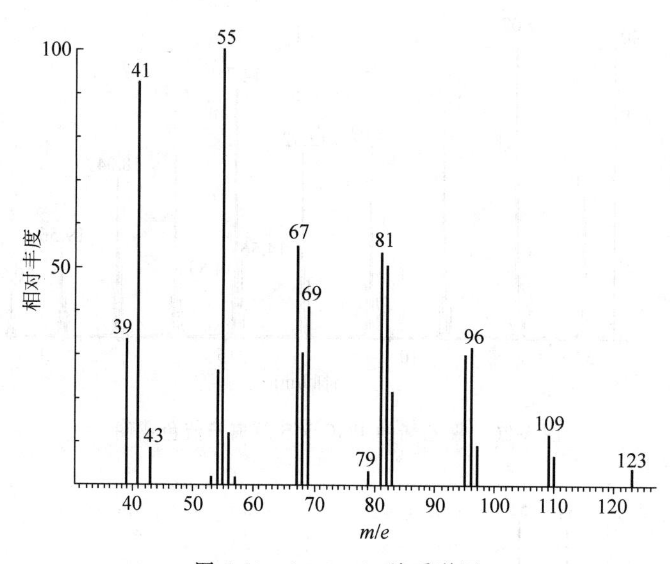

图 5-29　14.56min 峰质谱图

因此在 PGC-MS 分析中，为了确认分子离子峰，可更换离子源，用化学电离源分析，或者把质谱图与保留值结合起来，以确认分子离子峰是否存在。

3. 质量色谱图的应用

对于在 PGC 谱图中一些未完全分离的峰(甚至重叠峰)，可在 PGC-MS 中采用质量色谱图来加以区分。

5.7 热裂解分析在高分子材料研究中的应用

热裂解分析方法目前已在高分子研究的许多领域中，获得了广泛的应用。其应用范围涉及各主要聚合物品种和各种高分子材料，不仅用于剖析高分子材料的组成和结构，而且也用于研究高分子反应及热降解机理等，成为分析和研究高分子材料必不可少的手段。

5.7.1 聚合物的定性鉴定

用 PGC 方法鉴别聚合物，可采用指纹图法或特征峰法。最简单的方法是选用已知样品，在同样条件下进行指纹图的对照。在缺乏已知样品，或不知未知样品属于何种类型的聚合物时，可采用 PGC-MS 的方法，测定特征碎片峰的结构，然后再推测聚合物的类型。例如图 5-30(a)为某未知三元共聚物的 PGC-MS 谱图。从总离子流色谱图中可观察到 2.03min，3.03min 和 6.10min 的峰为主要峰，从这 3 个峰的质谱图(图 5-30(b)、(c)和(d))可知分别为丁二烯、甲基丙烯酸甲酯和苯乙烯，由此可推测未知共聚物为甲基丙烯酸甲酯-丁二烯-苯乙烯三元共聚物(MBS)。

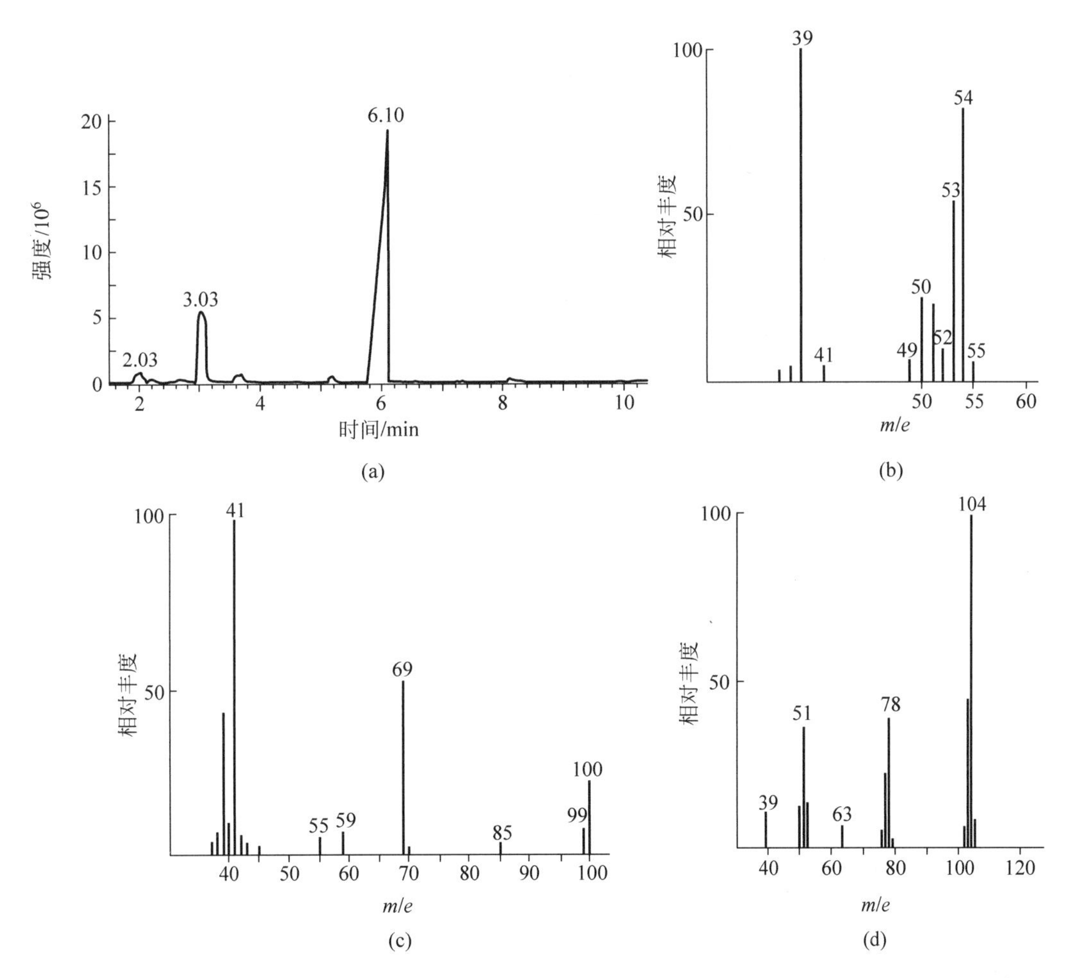

图 5-30 某未知三元共聚物的 PGC-MS 谱图(a)和 2.03min(b)、3.03min(c)和 6.10min(d)的质谱图

裂解色谱对鉴别同系列的聚合物也具有很大的优越性。例如图 5-31 为芳香聚酯的裂解模式及其在 $n=2,3,4,5,6$ 时的 PGC 谱图。

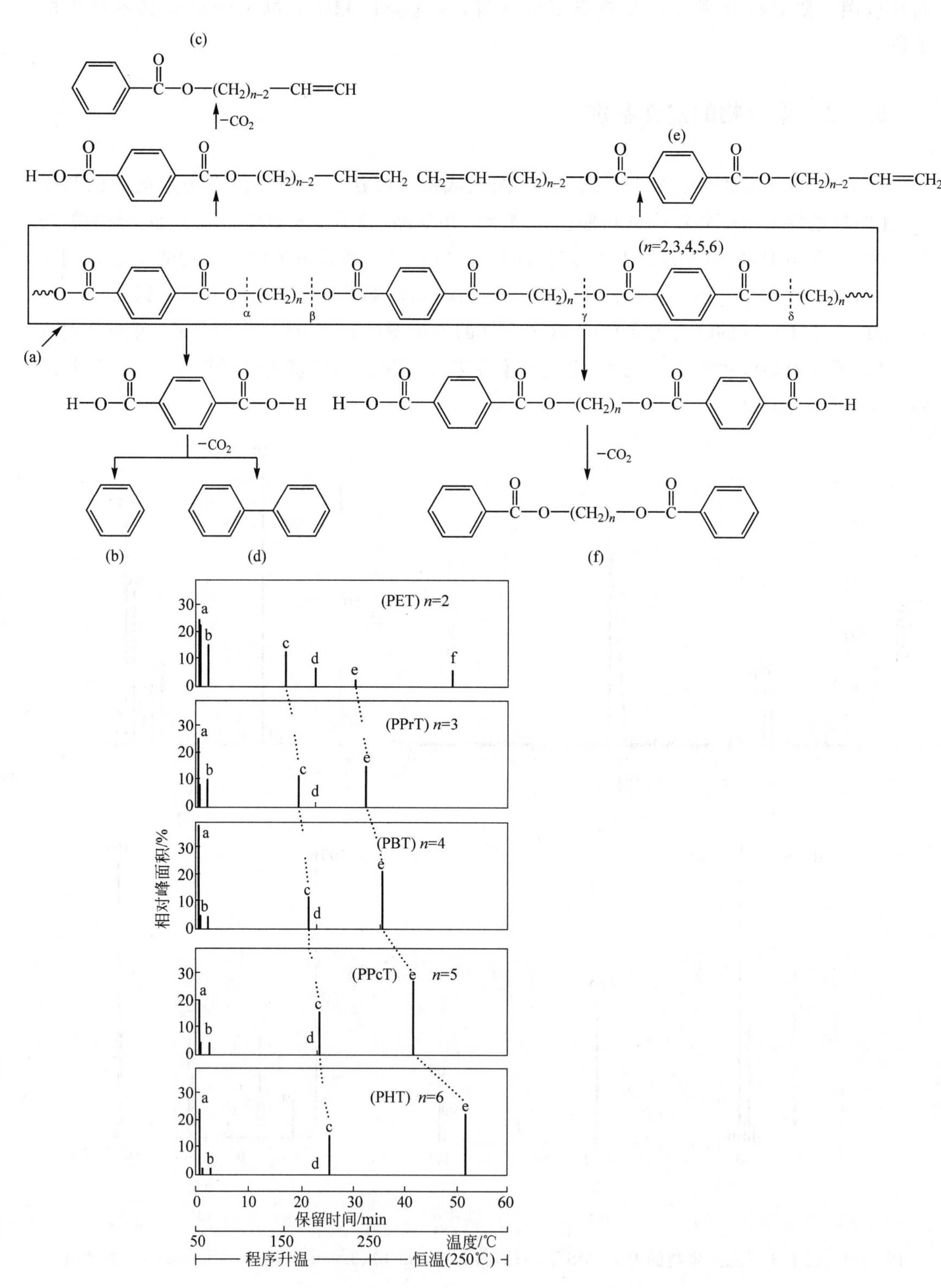

图 5-31 芳香聚酯的裂解模式及其在 590℃时的 PGC 谱图

当 n 不同时，c，e，f 碎片峰的含碳数不同，反映在 PGC 谱图中的保留值也不相同，可依照色谱保留值来判别为何种聚酯。

5.7.2 共混物和共聚物的区分

只要选择合适的裂解条件，就可区分共聚物和共混物。例如图 5-32 为聚丙烯酸甲酯(PMA)、聚苯乙烯(PS)及丙烯酸甲酯-苯乙烯共聚物 P(MA-S)的 PGC 谱图。从图中可分别找到 M，MM，MMM 和 S，SS，SSS，即单体、二聚体、三聚体的特征峰。如果是上述两种均聚物的共混物，则其谱图应为此两种均聚物谱图的叠加；若是共聚物，则应在裂解谱图中找到 MS，MMS 及 MSS 等碎片峰。这些特征碎片峰不仅可用于区分共混物和共聚物，而且还可用于测定共聚物链的序列结构。

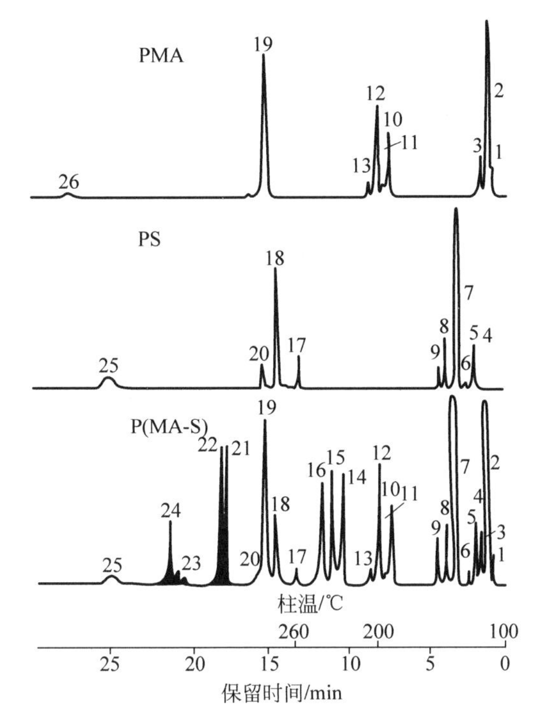

图 5-32　PMA，PS 及 P(MA-S)的 PGC 谱图

2—M 单体；7—S 单体；10，11，12，13—MM 二单元组；14，15，16—MS 混杂二单元组；17，18，20—SS 二单元组；19—MMM 三单元组；21，22—MMS 混杂三单元组；23，24—MSS 混杂三单元组；25—SSS 三单元组

在研究共混物时，需注意避免在裂解过程中产生二次反应，因为二次反应可能使两种均聚物在形成裂解碎片时，产生分子间的反应，而形成共聚物的碎片。

5.7.3 高分子材料的定量分析

PGC 定量分析一般用于测定共混物或共聚物中不同结构单元的组成比，也可用于测定高分子材料中添加剂或无机填料的量。

PGC 定量分析的原理和方法与第 4 章中所介绍的气相色谱的定量分析方法是一样的。用 PGC 进行定量分析的关键是选择合适的特征峰和制备标样(即已知组成的样品)。例如测定聚甲基丙烯酸甲酯和聚苯乙烯的共混物组成,可选择 MMA 和 St 为特征峰,然后配制一系列不同组成的已知共混物样品作标样,测定 MMA 和 St 的峰面积比与组成的工作曲线,有了工作曲线,即可测定未知共混材料的组成。

必须注意的是,当共聚物序列分布不同时,由于受到"边界效应"的影响(即相邻单元的影响),单体生成率是不同的,也就是说共聚物的定量工作曲线可能与共混物的不重合,因此不能相互通用。在共聚物进行定量分析时,可以用其他方法,例如核磁共振的方法测定标样的组成。

需要再次强调的是,高分子材料的不均匀性和 PGC 的取样量很小这一对矛盾会使定量分析数据分散性变大,因此对测定结果要进行分析,判别造成数据分散的原因。如果是材料本身的不均匀性造成的,则应增加重复分析的次数,然后用统计平均值来计算。

5.7.4 高分子链结构的测定

由 5.2 节所述聚合物的热裂解机理,可知在一定的裂解色谱条件下,产生裂解碎片的结构和生成率是随高分子链结构的不同而变化的,因此可用热解分析的方法研究高分子链结构。

1. 共聚物序列分布的测定

共聚物在一定条件下裂解时,其不同低聚体的生成率(或者浓度)不仅与共聚物组成有关,而且也受共聚单元序列分布的影响。假设有 A,B 组成的二元共聚物,由于与 B 单元的连接情况不同,在以 A 单元为中心的三单元组中可分成下列 4 种情况:

$$\sim\sim A—A—A\sim\sim \xrightarrow{K_1} A \tag{5-48}$$

$$\sim\sim A—A—B\sim\sim \xrightarrow{K_2} A \tag{5-49}$$

$$\sim\sim B—A—A\sim\sim \xrightarrow{K_3} A \tag{5-50}$$

$$\sim\sim B—A—B\sim\sim \xrightarrow{K_4} A \tag{5-51}$$

其中 K 代表每种情况下,A 单体被裂解出来的几率参数。在多数情况下,$K_2=K_3$。K 值越大,说明 A 单体的生成率越高。同时,A 单元的生成率也与含有 A 单元的三单元组浓度有关。因此可由单体的生成率来研究共聚物的序列分布。

同理,也可通过二聚体、三聚体等来研究序列分布。最典型的例子是氯乙烯(V)-偏二氯乙烯(D)共聚物序列分布的测定。在 5.2 节中已说明,聚氯乙烯在裂解时首先脱去 HCl,形成共轭双键,然后断裂形成六元环,由 3 个单元得到苯的碎片。同样,聚偏二氯乙烯也可通过上述途径碎裂生成三氯代苯和偏二氯乙烯单体。在共聚物中,不同的三单元组生成的裂解碎片如下所示:

V—V—V ⟶ (苯环)

V—V—D, V—D—V, D—V—V ⟶ (苯环)—Cl

D—D—V, D—V—D, V—D—D ⟶ (间二氯苯，Cl, Cl)

D—D—D ⟶ (1,3,5-三氯苯，Cl, Cl, Cl)

上述不同组成的共聚物的 PGC 谱图如图 5-33 所示。由图中可看到，当 D 单元增加时，苯峰减小，一氯代苯峰增大，继而出现二氯代苯峰。随后，一氯代苯峰反而减小，三氯代苯峰出现，直到全部裂解碎片均为三氯代苯和偏二氯乙烯时，表明全部链均为 D—D—D 结构。由图中各种碎片峰的定量组成可计算共聚物中三单元组的几率分布，如图 5-34 所示。图中实线为理论计算曲线，点代表实测值，二者相符。

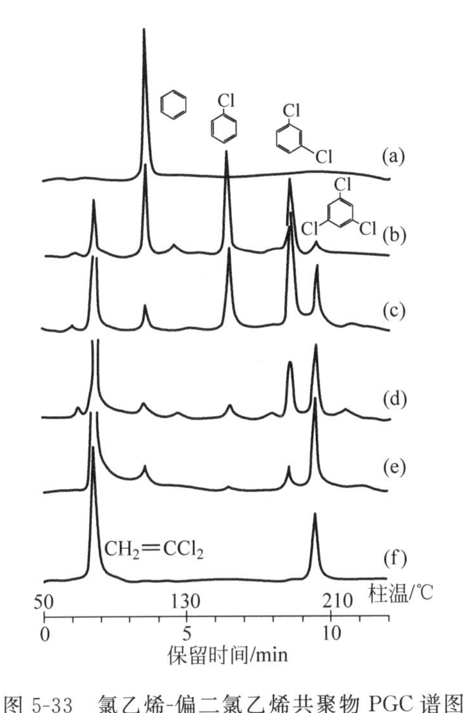

图 5-33 氯乙烯-偏二氯乙烯共聚物 PGC 谱图

(a) PVC；(b)～(e) 共聚物，偏二氯乙烯含量为：(b) 0.127，(c) 0.281，(d) 0.598，(e) 0.784，(f) PVDC

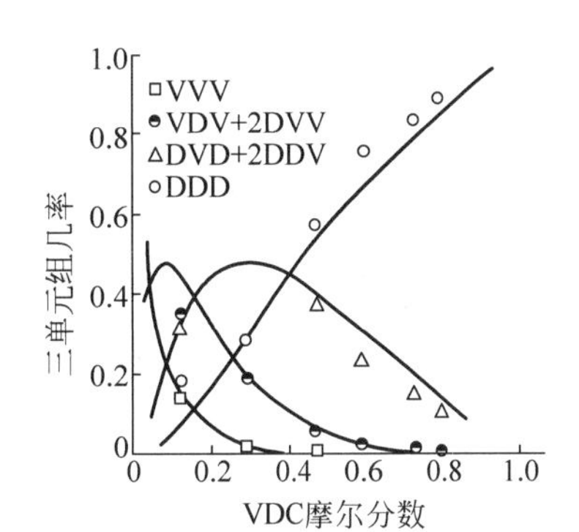

图 5-34 PVDC 共聚物组成与分布

2. “头-头”键接结构的测定

在聚合物链中，大多数为“头-尾”相接，若有“头-头”结构存在，会影响产品的性能。用 PGC 分析可测定“头-头”结构存在与否。例如上述氯乙烯和偏二氯乙烯的共聚物中，如有“头-头”相接的链段，则 D—V—D 三单元组生成的应为邻二氯苯和对二氯苯；而 D—D—D 则形成 1，2，5-三氯苯。这样在 PGC 谱图上应出现上述碎片峰。从图 5-33 的谱图中，未发现上述碎片峰，说明在该共聚物中“头-头”键接的几率很小。

3. 支化度的测定

在高压聚乙烯中，短支链的含量会影响聚合物的特性。为了使 PE 的 PGC 谱图中裂解碎片峰简化成烷烃,采用加氢高分辨裂解色谱,谱图如图 5-17 所示。当有支链存在时,应当形成异构烷烃的特征峰。一般选用 n-C_{10} 和 n-C_{11} 之间的小峰,即 C_{11} 的异构烷烃作为特征峰(主要是因为这一区域分离比较好)。

为了确定支链的含量,可采用模型化合物来模拟,一般用乙烯和 α-链烯烃的共聚物作为模型化合物。共聚组成不同,支链含量就不同。一般,支链含量是指在 1 000 个碳中支链的含量,可用其他方法如 IR 光谱测定。模型化合物的支链类型如下所示:

样品	α-链烯	支链	支链含量	样品	α-链烯	支链	支链含量
EP	丙烯	甲基	20	EHP	1-庚烯	戊基	12
EB	1-丁烯	乙基	24	EO	1-辛烯	己基	20
EHX	1-己烯	丁基	18				

其局部裂解谱图如图 5-35 所示。可以由模型化合物中特征峰与不同支链长度和含量的关系求出 PE 中支链的含量。

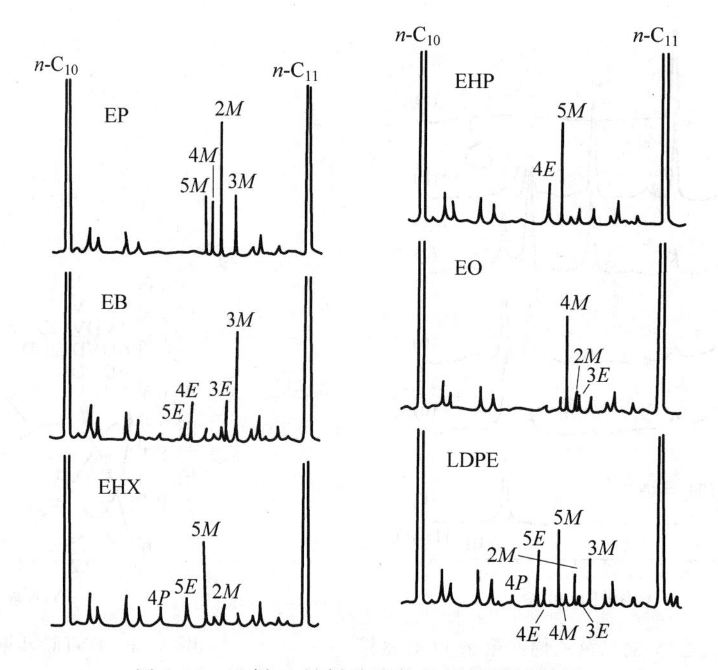

图 5-35 乙烯-α-链烯共聚物的局部裂解谱图

用 PGC 研究高分子链结构,还可以测定交联度、空间立构等。这里就不一一介绍了。

5.7.5 聚合物反应过程的研究

1. 环氧树脂的固化反应

当环氧树脂热裂解时,产生的低沸点碎片主要是丙烯醛、烯丙醇和乙烯等。当环氧树脂固化后,环氧基被打开,这时形成的主要裂解产物为乙醛和丙酮。图 5-36 所示为部分固化的环氧树脂裂解谱图。随着固化反应的进行,不断取样分析,就可以观察到上述碎片峰相对生成率的变化情况。环氧树脂在不同固化温度下，反应 1h 后，各裂解碎片相对生成率的变化状况，如图 5-37 所示。

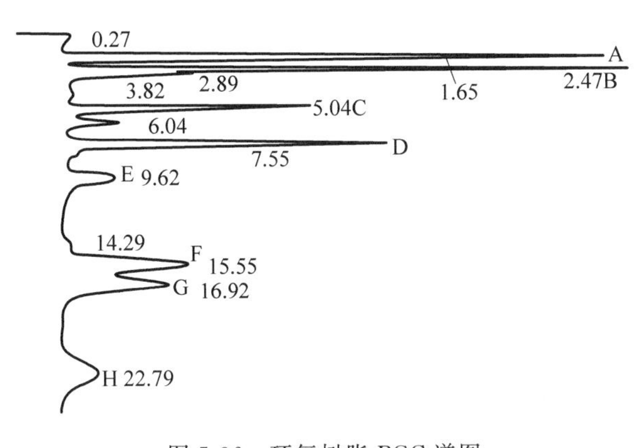

图 5-36 环氧树脂 PGC 谱图

色谱条件：100℃(停 1min)升温到 150℃(升温速率 6℃/min)后保持恒温

A—甲烷；B—乙烯；C—丙烯；D—乙醛；E—1-丁烯；F—丙烯醛；G—丙酮；H—烯丙醇

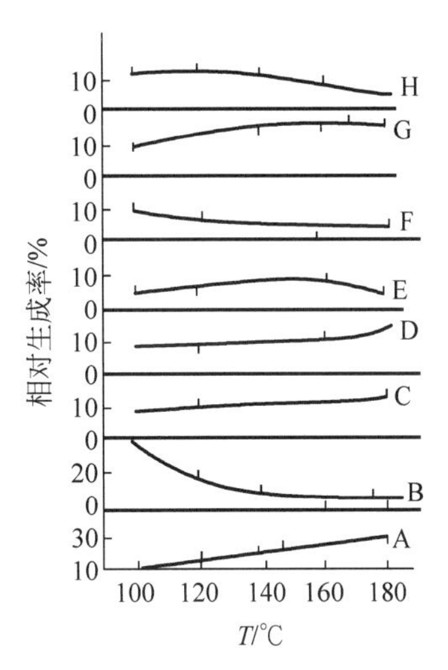

图 5-37 环氧树脂在不同温度下固化 1h 后，各裂解碎片相对生成率变化曲线

这一结果也可用于研究碳纤维/环氧树脂复合材料界面的化学反应。

由于碳纤维表面存在活性基团，在不加催化剂的情况下，在一定温度下也能使环氧树脂发生固化反应。为了进一步研究上述固化反应是环氧树脂自身的反应，还是在复合材料界面上产生的化学键合，采用 β-萘酚缩水甘油醚环氧为模型化合物。该化合物分子中只有一端有环氧基。先用 PGC 法证实在碳纤维(CF)表面物理吸附的环氧树脂(EP)可用二甲基甲酰胺(DMF)洗涤除去。然后把涂有模型化合物的 CF 在 180℃下反应 5h，用 DMF 洗涤反应产物，分别测定洗涤后的 CF 和 DMF 洗涤液中 EP 的裂解谱图，见图 5-38 和图 5-39。对比这两张谱图，可证实 EP 和 CF 之间确有化学键合存在，从而为环氧基复合材料化学键合理论提供了实验依据，并为今后进一步开展复合材料界面研究提供了一条新的途径。

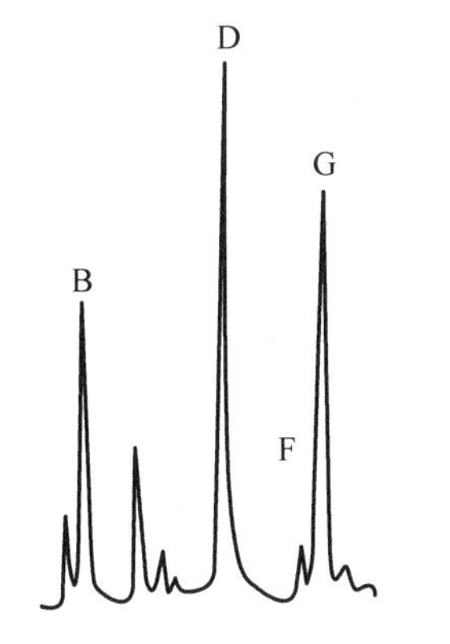

图 5-38 180℃加热 5h 后洗涤过的 CF 的 PGC 谱图

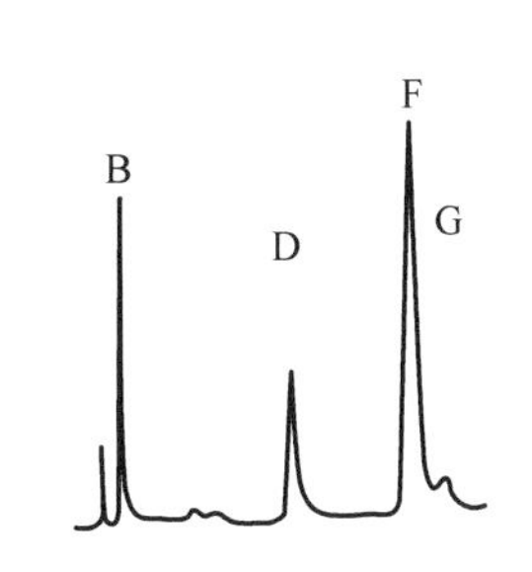

图 5-39 180℃加热 5h 后洗涤液中 EP 的 PGC 谱图

2. 聚合物的催化裂解

在固体酸催化下,PE 可裂解产生大量的小分子链烃和芳烃,提供了将废弃塑料转变为化学品或油料的可能途径。在裂解器和 GC 之间加接一段填充柱,内装催化剂,即可用 PGC 来模拟聚合物,如 LDPE 的催化裂解过程,并对产物进行定性、定量分析。LDPE 裂解遵循无规断裂机理,产生一系列不同碳数的烃,几乎不产生芳烃。在固体酸催化下,LDPE 的产物发生了很大的变化,产生大量小分子烃和芳烃,尤其是苯、甲苯和二甲苯,几乎没有长链烃,见图 5-40。

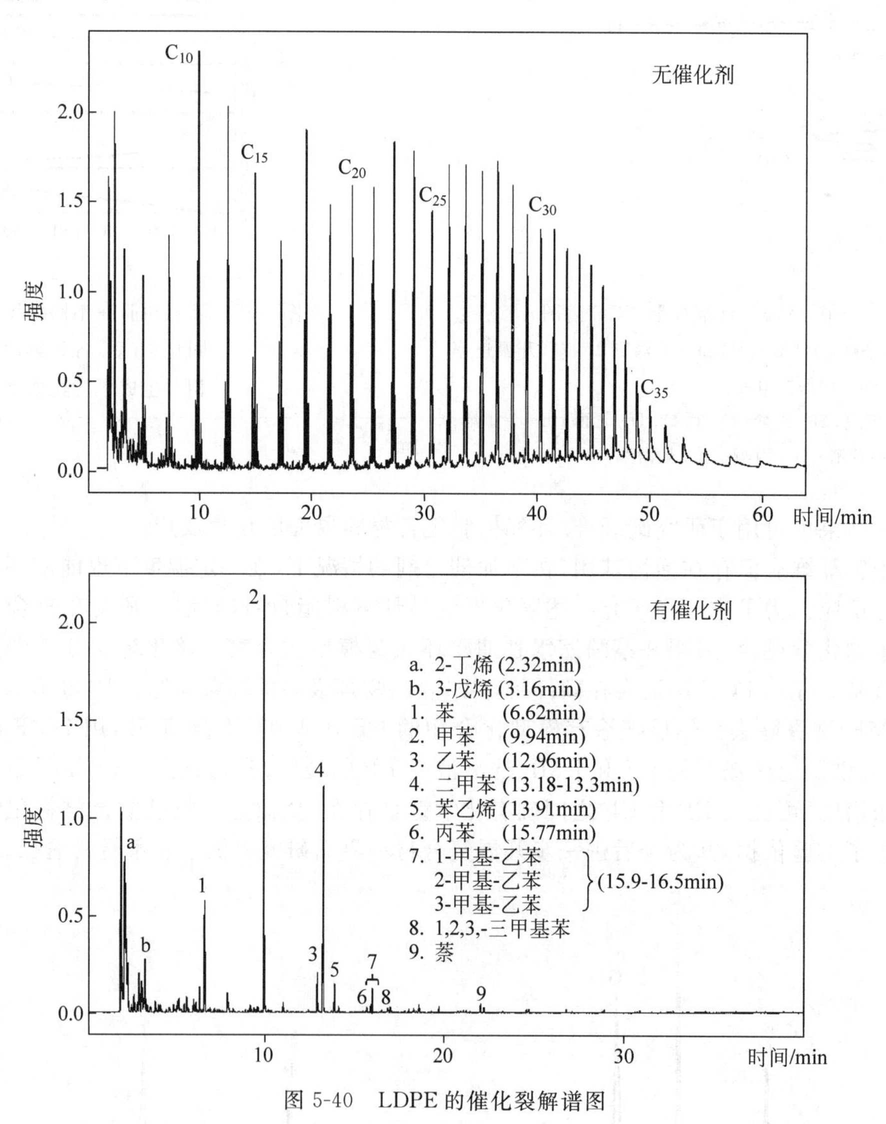

图 5-40 LDPE 的催化裂解谱图

5.7.6 聚合物合金材料在流动过程中分散相迁移状况的研究

在加工聚碳酸酯(PC)与聚乙烯(PE)共混合金材料的过程中,可用 PGC 法测定试件不同截面处共混材料的组成分布,来研究分散相(PE)在 PC 中含量的变化。

首先按所需工艺条件，把 PC/PE 合金材料制成标准样条，然后在测定部位切取厚 1.5mm 宽 3mm 的小样条一块，在生物切片机上，依次切成 15μm 厚的薄片作为样品。样品取样示意图见图 5-41。

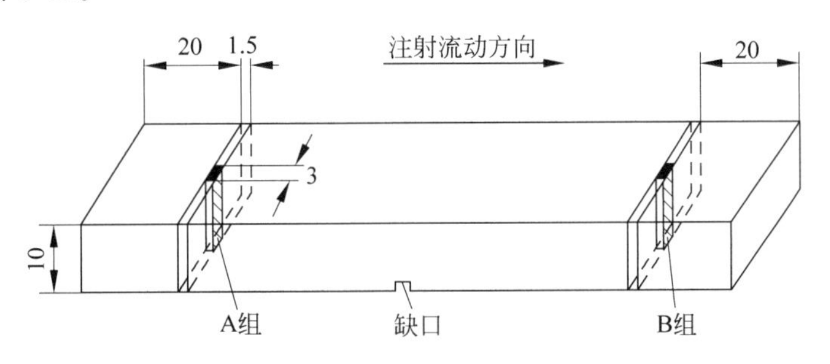

图 5-41　标准样条取样位置示意图

样条的 PGC-MS 重建离子流色谱图如图 5-42 所示。峰 1 的相对生成率可作为合金材料中 PE 含量的表征。用已知组成的共混样品做定量工作曲线。测定不同样片的 PE 含量。A 和 B 两组样品 PE 含量的分布曲线如图 5-43、图 5-44 所示。图中表层为 0，试样中心处为 5mm。由图可观察到 PE 分散相在注射流动过程中向外层迁移，在外表层处，PE 含量高，在中心处，PE 含量低，而且降低过程是不均匀的，呈波浪状（聚合物合金制品分层也是这一原因造成的）。这一结果与样品经过刻蚀后，在电子显微镜下观察到的图像相符合。

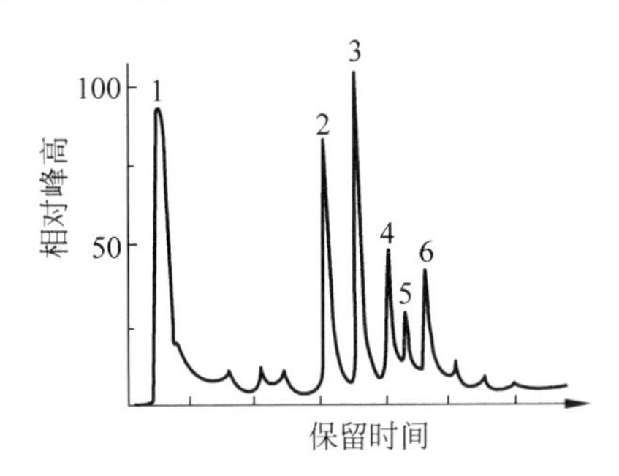

图 5-42　PC/PE 的 PGC-MS 重建离子流色谱图

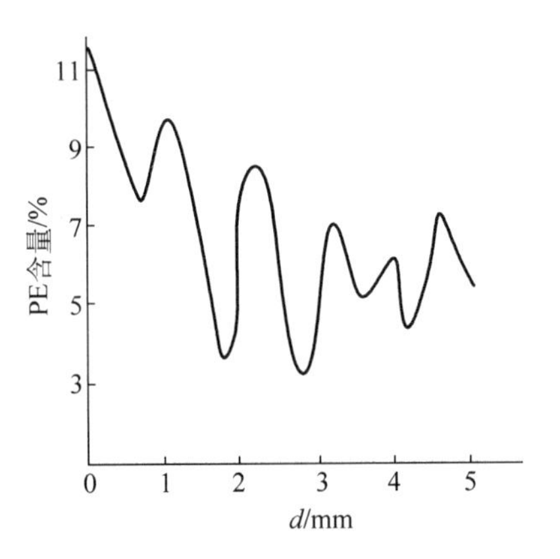

图 5-43　A 组样品 PE 含量分布图

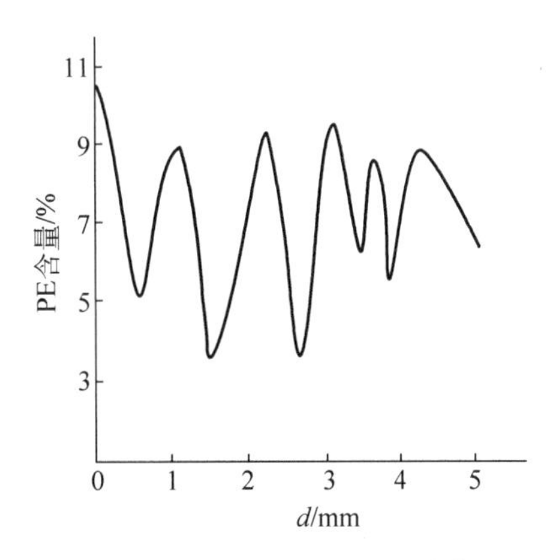

图 5-44　B 组样品 PE 含量分布图

复 习 题

5-1 为什么可以用热解分析方法研究聚合物？

5-2 有机质谱的分析原理及其所能提供的信息是什么？

5-3 有机质谱谱图的表示方法是什么？是否谱图中质量数最大的峰即为分子离子峰，为什么？

5-4 同位素峰的特点是什么？如何在谱图中识别同位素峰？

5-5 谱图解析的一般原则是什么？

5-6 某化合物 $M=142$，$M+1$ 峰的强度为 M 峰的 11%，写出可能的分子式。

5-7 裂解气相色谱谱图的特点及其所能提供的信息是什么？

5-8 比较裂解气相色谱与气相色谱谱图解析的异同点。

5-9 比较总离子流色谱图、重建离子流色谱图和质量色谱图的异同点。

第6章

热 分 析

6.1 热分析的定义与分类

现代热分析是一个广义的概念，是分析物质的物理参数随温度变化的有关技术。

国际热分析协会(International Confederation for Thermal Analysis，ICTA)于1977年将热分析定义为“热分析是测量在受控程序温度条件下，物质的物理性质随温度变化的函数关系的一组技术。”其中，物质是指被测样品(或者其反应产物)；程序温度一般采用线性程序，也可使用温度的对数或倒数程序。

热分析技术的范围相当广泛。依照所测样品物理性质的不同，可把热分析法分成几类，见表6-1。

表6-1　主要热分析方法的分类

测定样品的物理性质	所用方法名称
热量变化	差热分析、示差扫描量热
质量变化	热失重
挥发性产物	逸出气分析
尺寸变化	热膨胀(可分为体膨胀和线膨胀)
热-力分析	静态法——热机械曲线法 动态法——扭摆法、扭辫法、动态粘弹谱法、动簧法
热-电分析	热释电流法
热-光分析	热释光分析

热分析法与第5章讨论的热解分析法都是测定聚合物在不同温度下的变化，但前者(如差热分析和示差扫描量热法等)不一定发生高分子链的断裂，而后者则一定要发生高分子链的断裂。

本章只对示差扫描量热分析和热失重分析方法作一简单介绍，热-力分析将在第7章介绍。

进行逸出气分析(evolved gas analysis，EGA)时，样品挥发物的检测一般是采用氢焰检测器，如果需要对所逸出的气体混合物进行分离，或进一步定性测定，也可采用EGA与GC，MS，FTIR联用的方法。在第5章中已经讲述过的裂解气相色谱装置及本章中将要介绍的热失重装置也都可用于样品挥发性产物的分析。

在热-电方法中，使试样处在较高温度(如极化温度)下，加一强的静电场(极化电场)进行极化处理。经过一定时间(极化时间)后,在保持电场的情况下,使试样冷却到低温,然后再除去电场,试样构成驻电体。在程序升温的条件下,测定驻电体两端释放的电流即为热激放电电流(thermally stimulated current,TSC)。在测得的热激放电电流与温度的曲线中,峰值温度与聚合物的转变温度相对应。运用这个方法可进行多重转变等链运动的研究。

在热-光分析中,样品处在低温下,受高能辐照,然后在程序升温条件下释放出光。在测得的热释光强与温度(或时间)的变化曲线中,峰值与聚合物的转变温度相对应。此法可用于研究聚合物光活性、链运动及晶态与非晶态结构等。

6.2 示差扫描量热分析

6.2.1 示差扫描量热法的原理与装置

示差扫描量热法(differential scanning calorimetry,DSC)是使试样和参比物在程序升温或降温的相同环境中,用热量补偿器以增加电功率的方式,即对参比物或试样中温度低的一方给予热量的补偿,使两者的温度差保持为零,测量所做的功,即试样的吸放热变化量对温度(或时间)的依赖关系的一种技术。DSC的热谱图的横坐标为温度 T(或时间 t),纵坐标为热量变化率 $\mathrm{d}H/\mathrm{d}t$,得到的$(\mathrm{d}H/\mathrm{d}t)$-$T$ 曲线中出现的热量变化峰或基线突变的温度与聚合物的转变温度相对应。DSC可测定聚合物的玻璃化转变温度(T_g)、结晶温度(T_c)、结晶熔融温度(T_m)、比定压热容(C_p)以及相转变的焓值等,因此是高分子材料研究中最常用的手段之一。

示差扫描量热仪由控温炉、温度控制器、热量补偿器、放大器、记录仪组成。其主要部分的结构示意图见图6-1。

图6-2是一条典型的DSC曲线。从图中可以得到聚合物转变温度的信息,阴影部分的面积直接对应吸收或放出的热量。

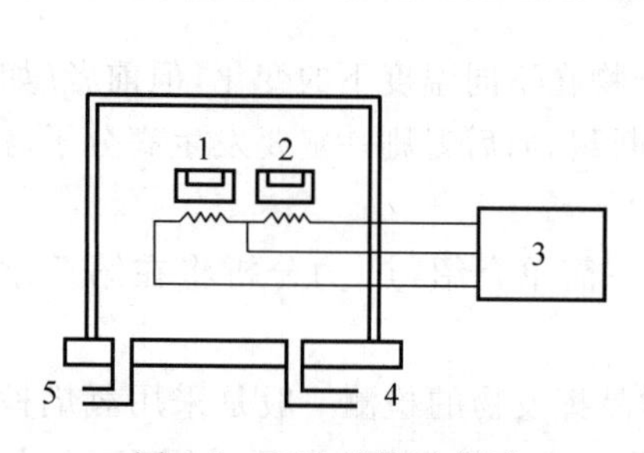

图6-1 DSC结构示意图

1—参考池;2—样品池;3—热量补偿器;4—载气入口;5—载气出口

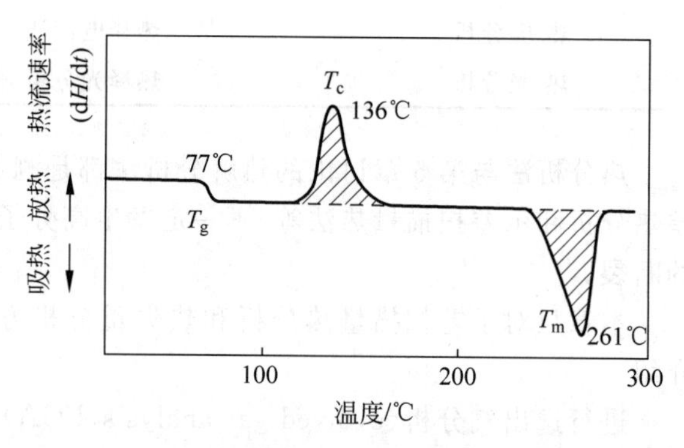

图6-2 聚对苯二甲酸乙二醇酯(PET)的DSC曲线

6.2.2 示差扫描量热法的实验技术

1. 样品

DSC 分析的样品一般为固体，粒度小或为薄膜状可以保证受热均匀。样品量需要根据样品的热效应调节，一般用量为 1～10mg。图 6-3 给出了样品用量对测得的聚乙烯薄膜熔融温度的影响。对于复合材料或聚合物的共混物，因其组成的不均一性，样品量需要 10mg 左右以保证结果的代表性。用 DSC 分析液体时，需将坩埚加盖密封。

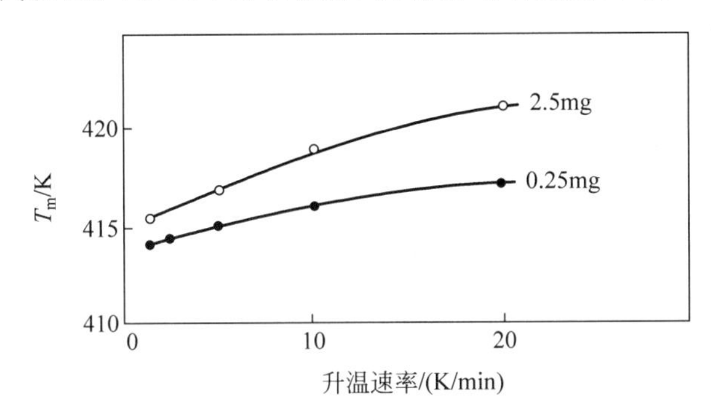

图 6-3 聚乙烯薄膜熔融温度随升温速率和样品量的变化

在 DSC 分析中往往要对仪器的温度和仪器常数进行校准，常用来进行校准的标准物质如表 6-2 所示。

表 6-2 常用的校正 DSC 测定温度的标准物质

标准物质	发生平衡转移的温度/℃	熔融焓 ΔH_f/(J/g)
偶氮苯	34.6	90.43
硬脂酸	69	198.87
菲	99.3	104.67
In	156.4	322.80
季戊四醇	187.8	28.59
Sn	231.9	60.62
Pb	327.4	23.22
Zn	419.5	111.4

多数高分子样品是在 350℃以下进行 DSC 分析（温度更高可能发生分解），因此表 6-2 只列出了平衡转移温度在 420℃以下的部分标准物质，更高温度使用的标准物质从略。

2. 升温速率

升温速率对 DSC 测定结果影响很大。升温速率快，峰形尖锐，得到的转变温度偏高，还可能造成相邻转变峰的重叠，影响峰面积的测量；升温速率低，测试效率低，还会使得高分子链的热转变与松弛缓慢，在热谱图上的变化不明显，影响转变温度尤其是玻璃化转变温度的确定（图 6-4）。因此须根据样品的导热性能，选择适当的升温速度，常用的升温速率为 5～10℃/min。从图 6-3 中亦可发现，当样品量较大时，升温速率对转变温度的影响较明显。

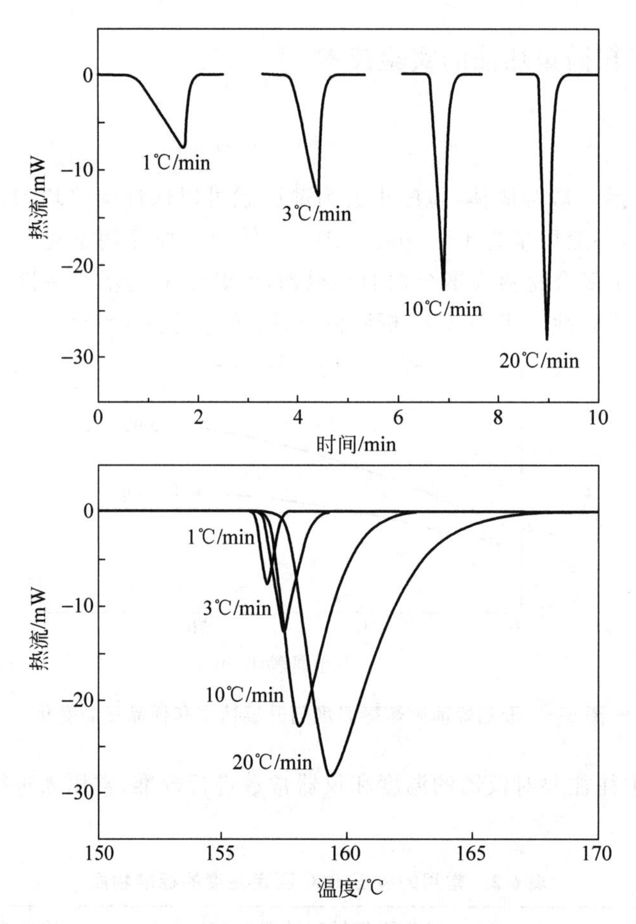

图 6-4 升温速率对标准样品 In 的 DSC 曲线的影响

应注意的是,在保证 DSC 谱图各转变峰的分离度的前提下,升温速度的变化对转变温度有影响,但对谱图中吸热或放热峰的峰面积无影响(对峰的高低和宽窄有影响),因此不影响 DSC 的热量的定量计算。

3. 气氛

一般使用 N_2 或 He 作为载气,一方面可以防止样品发生氧化,另一方面也可以减少样品中可能存在的挥发组分对检测器的腐蚀。

4. 热历史

样品受热的历史对它的性能影响很大,尤其是聚合物样品的转变与松弛受加工温度、冷热处理的时间与速度、放置的温度与时间的影响更大,在做热分析和进行谱图分析时要特别注意。例如图 6-5 中所示线性低密度聚乙烯(LLDPE),当采用图(a)中降温程序从熔体冷却结晶时,得到图(b)中曲线 1; 直接从熔体自然冷却结晶时,得到曲线 2。多阶降温程序使得共聚物中不同链段的结晶都得以体现。

如需消除样品的不同热历史,可以将样品以 10℃/min 的升温速率加热至熔点以上 30℃,保持 5~10min。

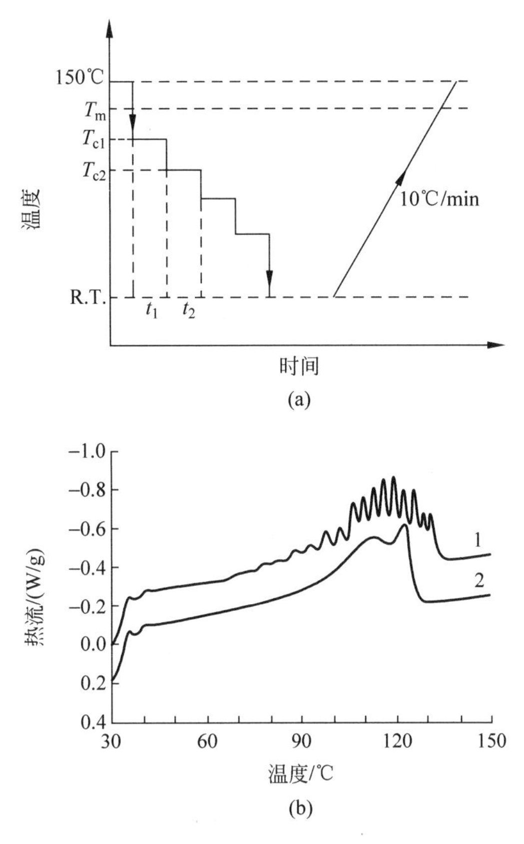

图 6-5　不同热历史的 LLDPE 的结晶熔融行为

1—多阶冷却结晶；2—自然冷却结晶

R. T. 代表室温

6.2.3　示差扫描量热法的数据处理

从 DSC 曲线中可以得到各种转变温度的信息。图 6-6 是玻璃化转变区的 DSC 曲线，T_g 可以取图中的 T_{ig} 或 T_{mg}。T_{ig} 是转变曲线上升段斜率最大点的切线和基线延长线的交点，T_{mg} 是中点温度。图 6-7 是结晶熔融区的 DSC 曲线，T_m 可以取图中的熔融起始温度（T_{im}/T'_{im}）、峰值温度（T_{pm}）或熔融结束温度（T_{em}/T'_{em}）。在冷却结晶曲线中可以同样选取。

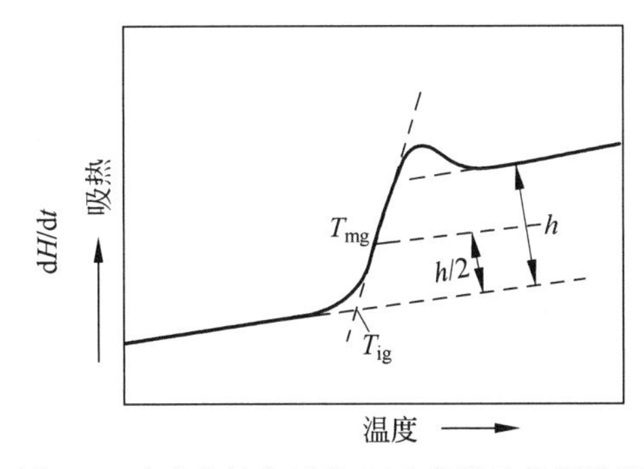

图 6-6　玻璃化转变区的 DSC 曲线及特征温度

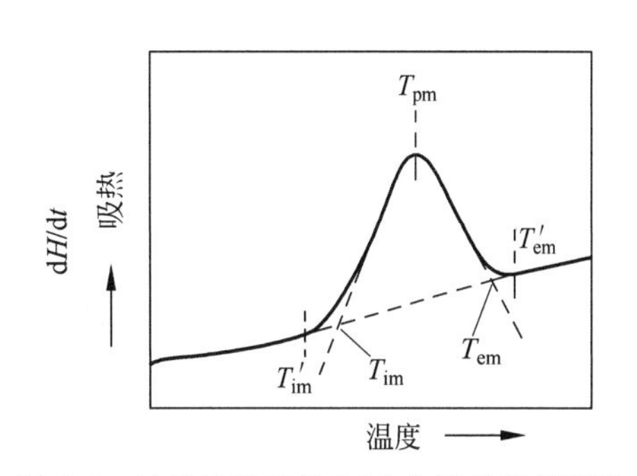

图 6-7　结晶熔融区的 DSC 曲线及特征温度

从 DSC 曲线中还可以得到各种转变焓的信息，一般是通过对相应的峰进行面积积分得到。

6.2.4 温度调制示差扫描量热法

在 DSC 测试曲线中，许多热效应（如玻璃化转变与大分子链的松弛过程）会相互重叠，而且对于在升温过程中会发生冷结晶的样品，由于测得的结晶熔融焓包含了冷结晶的贡献，因此测定初始结晶度时常常会得到错误的偏大的结果。为此，人们开发了温度调制(temperature modulated) DSC (TMDSC)，即在一个线性升温速率上叠加一个周期性变化的温度。对于正弦调制，程序温度为

$$T(t) = T_0 + \beta t + A_T \sin\omega t \tag{6-1}$$

式中，T_0，β 和 t 分别是初始温度、线性升（降）温速率（一般 1～5℃/min）和时间；A_T 是调制振幅（一般为 0.03～3℃）；ω 为调制频率，$\omega=2\pi/p$，p 为调制周期（一般为 40～100s）。

DSC 测定曲线上任一点的总热流包括两部分，一部分是可逆热流，是样品比热 C_p 的函数，是由于样品分子的运动引起的，与温度变化的速率有关；另一部分 $f(T,t)$ 是由于分子运动受阻而产生的不可逆热流，与热力学温度和时间有关：

$$\frac{\mathrm{d}Q}{\mathrm{d}t} = C_p\beta + f(T,t) \tag{6-2}$$

常规的 DSC 只能测定总热流，而 TMDSC 则可将这两部分分开测量，从而更清楚地反映样品在加热过程中的变化。一般来说，不可逆热流曲线反映了如化学反应（氧化、固化、分解等）和非平衡相转变（冷结晶、松弛等）的存在，而玻璃化转变则在可逆热流曲线上出现。此外，TMDSC 还可以直接测定 C_p。

6.3 热失重分析

6.3.1 热失重法的原理与装置

热失重法(thermogravimetry，TG)是在程序升温的环境中，测量试样的质量对温度（或时间）的依赖关系的一种技术。在热谱图上横坐标为温度 T（或时间 t），纵坐标为样品保留质量的分数，所得的质量-温度（或时间）曲线成阶梯状。有的聚合物受热时不只一次失重，每次失重的百分数可由该失重平台所对应的纵坐标数值直接得到。失重曲线开始下降的转折处即开始失重的温度为起始分解温度（T_i），曲线下降终止转为平台处的温度为分解终止温度（T_f）。热失重微分曲线(DTG)的峰值温度就是最大失重速率对应的温度 T_{max}。典型的热失重曲线见图 6-8。

热重分析仪由加热器、温度控制器、微量热天平、放大器、记录仪组成。其主要部分电磁式微量热天平的结构示意图如图 6-9 所示。

热天平横梁的两端分别为样品盘和平衡砝码盘。当样品受热质量发生变化时，横梁产生偏转力使一端所连接的挡板随之偏移。挡板的偏移由光电管接收，经微电流放大器放大

后,信号被送到动圈式电磁场,促使感应线圈产生平衡扭力以保持天平的平衡。这样可以通过测量电信号的变化得到失重曲线。

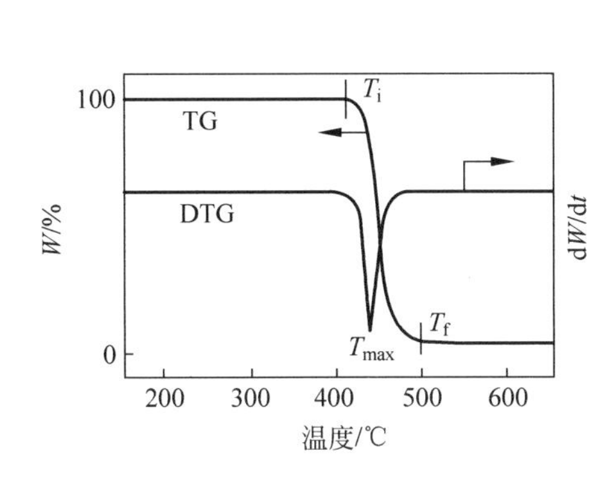

图 6-8 典型的热失重曲线

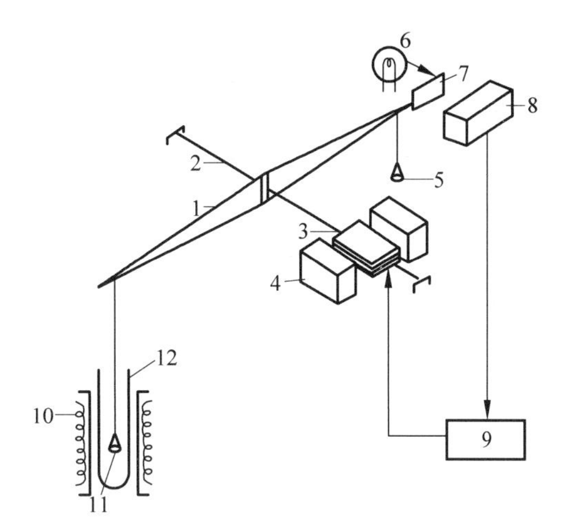

图 6-9 电磁式微量热天平示意图

1—梁;2—支架;3—感应线圈;4—磁铁;5—平衡砝码盘;6—光源;7—挡板;8—光电管;9—微电流放大器;10—加热器;11—样品盘;12—反应管

6.3.2 热失重法的实验技术

1. 样品

由于聚合物样品的导热差,为了保证样品受热均匀,对温度变化的反应灵敏,样品量要少,同时兼顾样品的均一性,一般选择样品量为 2~5mg。样品最好是粉末(粒度越细越好)或薄膜。

热重分析温度很高,因此要求盛放样品的坩埚耐高温,且对样品、中间产物、最终产物和气氛都是惰性的,一般用铂或氧化铝坩埚。

2. 升温速率

升温过快或过慢会使 TG 曲线向高温或低温侧偏移,甚至掩盖应有的平台。对于导热不好的高分子材料样品,一般用 5~10℃/min;对传热快的无机物和金属,则可用 10~20℃/min 的升温速率。

3. 气氛

根据分析要求而定,常用的气氛有氮气(无氧情况下的热分解)、空气或氧气(氧化气氛下的热分解)。

6.3.3 热失重法的数据处理

国际标准组织(ISO)推荐的热失重特征温度和质量的定义如下。

(1) 一阶失重曲线

一阶失重曲线见图 6-10(a),起点 A 和终点 B 是失重曲线斜率最大点的切线分别与起始段和失重结束后基线延长线的交点,C 则是 A 和 B 的中点。A,B 和 C 点对应的温度分别为起始分解温度 T_A,中点分解温度 T_C 和最终分解温度 T_B。A 点和 B 点的质量分别为 m_S 和 m_B,质量损失率 M_L 为

$$M_L = \frac{m_S - m_B}{m_S} \times 100\% \tag{6-3}$$

(2) 多阶失重曲线

各转变点及质量的定义与一阶失重曲线类似,见图 6-10(b)。各段的质量损失率分别定义为

$$M_{L1} = \frac{m_S - m_{B1}}{m_S} \times 100\% \tag{6-4}$$

$$M_{L2} = \frac{m_{A2} - m_{B2}}{m_S} \times 100\% \tag{6-5}$$

(3) 质量增加

有时由于氧化反应等原因,会导致质量的增加,如图 6-10(c)。质量增量为

$$M_G = \frac{m_M - m_S}{m_S} \times 100\% \tag{6-6}$$

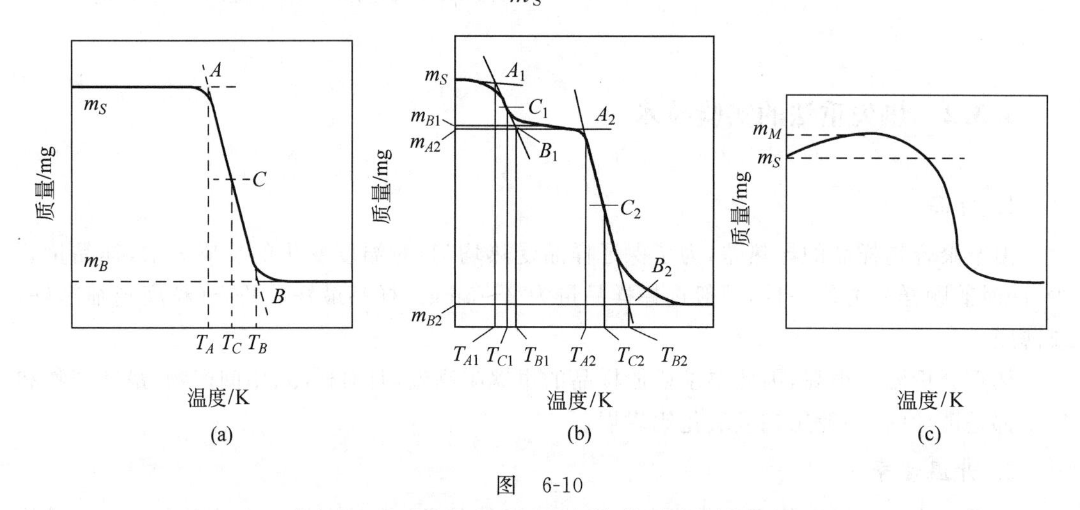

图 6-10

(a) 一阶失重;(b) 多阶失重;(c) 质量增加情况下的特征温度和质量

6.4 示差扫描量热法与热失重法在聚合物研究中的应用

DSC,TG 在聚合物研究中的应用很广泛。这些方法不仅可以提供有关聚合物体系(包括聚合物共混物、共聚物、均聚物)的各种转变温度,热转变的各种参数(热容、热焓、活化能等),结晶聚合物的结晶度,聚合物的热稳定性,聚合物的固化、氧化和老化等方面的重要信息,而且还是研究不同的热历史、不同的处理和加工条件对聚合物的结构与性能的影响的强有力的手段。以下介绍几个典型方面的应用。

6.4.1　热转变温度

聚合物的热转变温度与其组成和结构密切相关。如聚对苯二甲酸乙二醇酯(PET)具有良好的化学性能和物理机械性能，是纤维和薄膜的良好材料。欲对该材料进行加工，需掌握其各转变温度。如图 6-2 中，77℃，136℃和 261℃分别为它的玻璃化转变温度 T_g、冷结晶温度 T_c 和熔融温度 T_m。

利用玻璃化转变温度可以研究非晶态共混物的相容性。如果两组分相容，则它们的 T_g 会随着共混组成的不同而发生相应的变化，否则说明两组分不相容。图 6-11 是聚乳酸(PLLA)和聚乙烯醇(PVA)共混物的 DSC 曲线。可见，在共混物中各组分仍然独立地发生玻璃化转变，表明 PLLA 组分和 PVA 组分不相容。

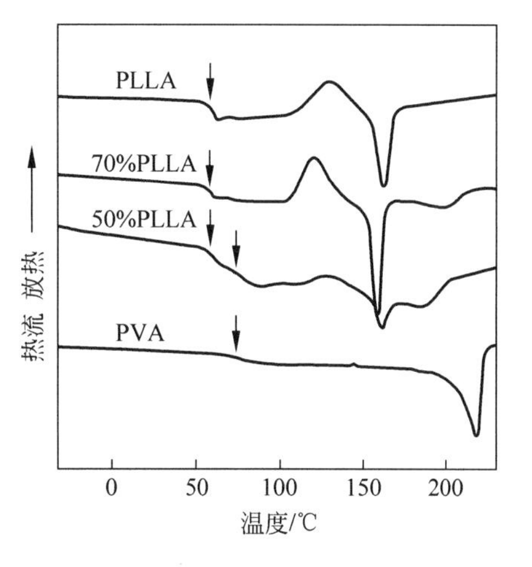

图 6-11　不同组成的 PLLA/PVA 共混物的 DSC 曲线

6.4.2　初始结晶度

聚合物的初始结晶度对其加工和性能非常重要。在 DSC 测定过程中，由于聚合物会在升温过程中重排和再结晶，因此测定的初始结晶度常常值得怀疑。用 TMDSC 测定可以较好地解决这一问题。如用 DSC 和 TMDSC 测定淬火 PET 初始结晶度的曲线如图 6-12。X 射线衍射已证明此样品中不存在结晶结构。从 DSC 曲线上看，初始结晶的熔融焓应为(50.77－36.59)J/g＝14.18J/g，与 X 射线衍射测定结果不符。TMDSC 的不可逆热流曲线清楚地表明，在淬火 PET 的升温过程中，除了在 133.67℃时的冷结晶外，熔融的同时还伴随有结晶过程。因此，由升温过程引起的结晶焓应为这两个峰的总和，即 134.6J/g，与可逆热流曲线中结晶的熔融焓 134.3J/g 大致相同，因此，初始结晶度约为 0，与 X 射线衍射结果一致。从图中还可以看到，玻璃化转变出现在可逆热流曲线上。

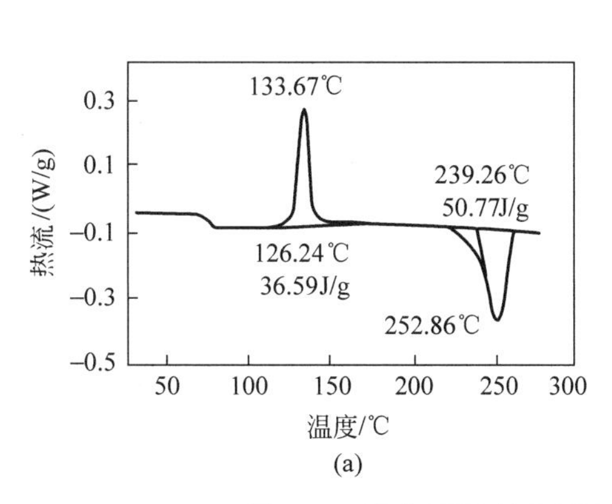

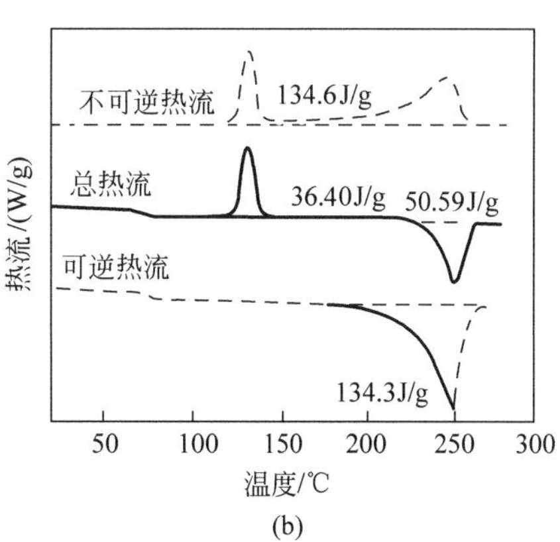

图 6-12　淬火 PET 的 DSC(a)和 TMDSC(b)升温曲线

6.4.3 聚合物体系热力学参数的测定

热分析方法能获得多种热力学参数,其中共混体系的相互作用参数 χ 可以作为衡量该体系的相容性的参数之一。

Nishi 等应用 Flory-Huggins 格子理论推导出热力学上相容的两个聚合物体系中,可结晶的聚合物的熔融温度 T_m 随非晶组分的混入而下降,下降的关系式及其与两种聚合物间的相互作用参数的关系式如下:

$$T_m^0 - T_m = - T_m^0(V_2/\Delta H_2)B\varphi_3^2 \tag{6-7}$$

$$B = RT(\chi_{23}/V_3) \tag{6-8}$$

式中,V_2 和 V_3 分别为结晶与非晶聚合物的链节摩尔体积;ΔH_2 为结晶组分的摩尔熔融热;φ_3 为非晶组分的体积分数。这些参数可从文献中查到或计算得到。B 为与单位体积内聚能有关的参数,可由作图法得到。T_m^0 为结晶聚合物的熔点,T_m 为结晶-非晶共混物中结晶聚合物的熔点。T_m^0 和 T_m 可由 DSC 法测得。T 为选定的高于结晶聚合物组分熔点的某一温度,根据研究对象和实验条件确定。这样就可以通过下述实例中的方法求得结晶-非晶共混物间的相互作用参数 χ_{23}。把聚己内酯-聚碳酸酯(PCL-PC)共混体系的$(T_m^0 - T_m)/\varphi_3$ 对 φ_3 作图(图 6-13)。由图中直线的斜率可求得 B,由式(6-8)可求得 PCL 与 PC 之间的相互作用参数 $\chi_{23} = -0.705$,所得结果与用反气相色谱法测定的 PCL-PC 共混体系的 χ_{23} 吻合(见 4.6 节)。确证这一体系有好的相容性。

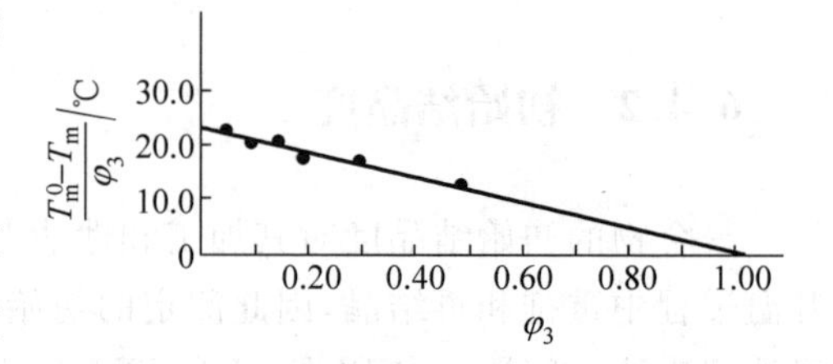

图 6-13 PCL-PC 体系$(T_m^0 - T_m)/\varphi_3$ 与 φ_3 的关系

6.4.4 结晶度及结晶动力学

利用 DSC 可求得聚合物的结晶度 X_c:

$$X_c = \frac{\Delta H}{\Delta H_0} \times 100\% \tag{6-9}$$

其中 ΔH 和 ΔH_0 分别是样品和 100%结晶的同种聚合物的熔融焓。对于绝大多数聚合物,100%结晶的样品是得不到的,因此通常采用外推法求得或用每摩尔重复单元的熔融焓 ΔH_u 代替。ΔH_u 可根据 Flory 关系式,由小分子稀释剂导致的聚合物平衡熔点的下降求得:

$$\frac{1}{T_m} - \frac{1}{T_m^0} = \left(\frac{R}{\Delta H_u}\right)\left(\frac{V_u}{V_1}\right)(\varphi_1 - x_1\varphi_1^2) \tag{6-10}$$

其中 T_m 是聚合物-稀释剂体系的熔点,V_u 和 V_1 是重复单元和稀释剂的摩尔体积,φ_1 是稀释剂的体积分数,x_1 是热力学相互作用参数。

用 DSC 研究聚合物的等温结晶动力学通常有两条路线。最常用的是将聚合物从熔体迅速冷却到设定的结晶温度,并保持在此温度直至结晶完成。当聚合物有冷结晶现象时,则采用将熔融的聚合物用液氮淬冷，然后迅速升温至设定的结晶温度的路线。结晶动力学参数可以用 Avrami 方程求得：

$$\ln(1-X_c)=-kt^n \tag{6-11}$$

其中 k 是结晶速率常数，n 是与成核机理和生长方式有关的常数。

用 $\lg[-\ln(1-X_c)]$ 对 $\lg t$ 作图，可求得 k 和 n。如碳纤维增强尼龙-6 在不同温度下的 DSC 等温结晶曲线及结晶动力学曲线见图 6-14。在结晶的后期，由于晶粒开始相互碰撞，生长方式不再符合 Avrami 方程，因此出现了偏离。

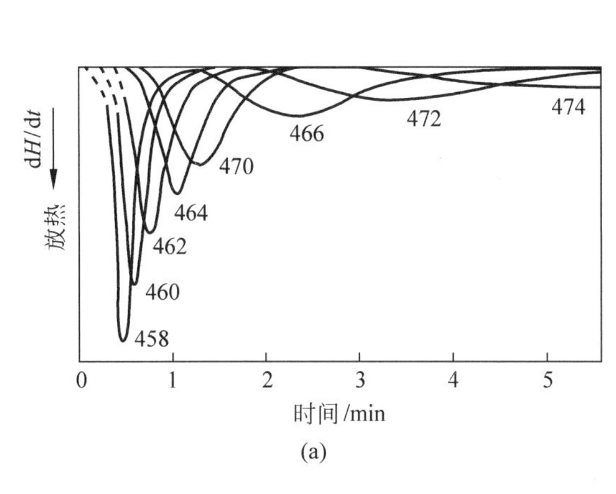

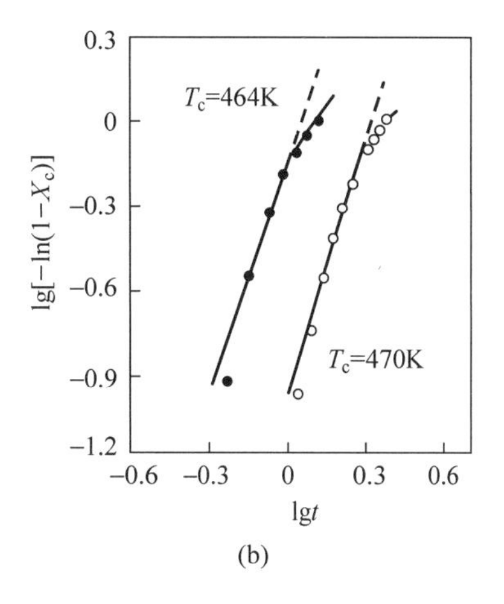

图　6-14

(a) 碳纤维增强尼龙-6 复合材料在不同结晶温度下的 DSC 曲线；(b) $\lg[\ln(1-X_c)]$和 $\lg t$ 的关系

聚合物非等温动力学过程比较复杂，主要的研究理论有 Ozawa 方法、Jeziorny 方法和莫志深方法，此处不再详述。

6.4.5　聚合物的热稳定性

热失重法是测定聚合物热稳定性常用的方法之一。在比较不同样品的热稳定性时，常常采用的是初始分解温度（图 6-10(a)中 T_A）和对应特定失重百分比的温度（如 $T_{0.05}$ 表示失重 5%时的温度）。此外，DTG 曲线中的峰值温度对应的最大分解速率温度 T_{max} 也可以作为表征热稳定性的指标。图 6-15 是几种常见聚合物的热失重曲线。由图可得知这几种聚合物的分解温度、分解快慢及分解的程序。如聚氯乙烯在 300℃左右失重 60%后，趋于稳定，当温度升至 400℃左右后又逐渐分解；聚甲基丙烯酸甲酯、聚乙烯、聚四氟乙烯分别在 400℃，500℃，600℃左右彻底分解，失重几乎 100%，而聚酰亚胺在 650℃以上分解，失重才 40%左右。据此可见，这几种材料的耐温性能差异很大，聚酰亚胺的热稳定性能最好。

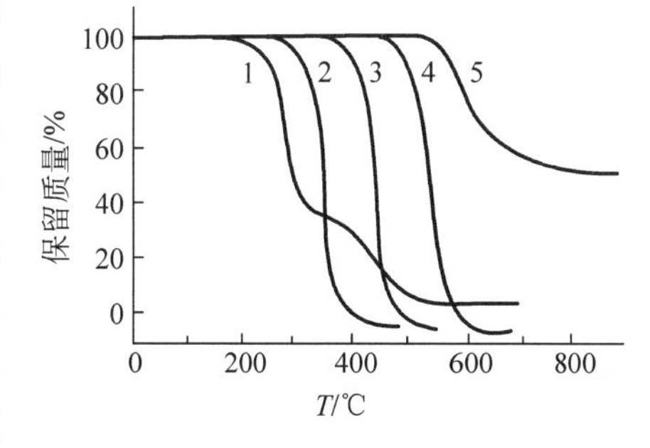

图 6-15　几种聚合物的 TG 曲线

1—聚氯乙烯；2—聚甲基丙烯酸甲酯；3—聚乙烯；4—聚四氟乙烯；5—聚酰亚胺

TG也是研究聚合物热分解反应动力学的有效手段。在程序升温情况下，测定反应的转化率和温度（或时间）的关系。假设聚合物样品是均一的；不存在重叠或平行的热分解反应；样品各处的温度均一，没有温度梯度；以及分解产生的气体没有扩散阻力，则有

$$\frac{d\alpha}{dt}=k(T)(1-\alpha)^n \tag{6-12}$$

其中 α 是转化率，$\alpha=\frac{m_s-m}{m_s-m_f}$，而 m_s，m 和 m_f 分别是初始、t 时刻和最终的样品质量；n 是反应级数，假定在反应过程中保持不变；$k(T)$ 是反应速率常数，符合 Arrhenius 方程：

$$k(T)=A\exp\left(-\frac{E}{RT}\right) \tag{6-13}$$

其中 A 和 E 分别为指前因子和分解反应活化能。

将式(6-13)代入式(6-12)，有

$$\frac{d\alpha}{dt}=A\exp\left(-\frac{E}{RT}\right)(1-\alpha)^n \tag{6-14}$$

在程序升温条件下，$dT=\beta dt$，β 为升温速率。因此

$$\frac{d\alpha}{(1-\alpha)^n}=\frac{A}{\beta}\exp\left(-\frac{E}{RT}\right)dT \tag{6-15}$$

求解上式的方法很多，常用的有以下几种。

(1) 微分方法

Freeman-Carroll 方法：

$$\frac{d[\ln(d\alpha/dt)]}{d[\ln(1-\alpha)]}=n-\frac{E}{R}\frac{d(1/T)}{d[\ln(1-\alpha)]} \tag{6-16}$$

因此，用 $\frac{d[\ln(d\alpha/dt)]}{d[\ln(1-\alpha)]}$-$\frac{d(1/T)}{d[\ln(1-\alpha)]}$ 作图，即可由斜率和截距求得 E 和 n。该方法只需测定一条TG曲线就可以求解动力学参数，但受样品量和升温速率影响较大。

Kissinger 方法：

$$\ln\left(\frac{\beta}{T_P^2}\right)=\ln\left(\frac{AR}{E}\right)+\ln[n(1-\alpha_P)^{n-1}]-\frac{E}{RT_P} \tag{6-17}$$

其中 T_P 和 α_P 分别为热分解速率最大时的热力学温度和转化率。以 $\ln\left(\frac{\beta}{T_P^2}\right)$-$\frac{1}{T_P}$ 作图，即可由斜率求得活化能 E。

(2) 积分方法

Flynn-Wall-Ozawa 方法：

用 Doyle 方法对式(6-15)积分，当 $E/RT\geqslant 20$ 时，有如下近似关系成立：

$$\lg\beta=\lg\frac{AE}{g(\alpha)R}-2.315-\frac{0.457E}{RT} \tag{6-18}$$

其中 $g(\alpha)=\frac{A}{\beta}\int_0^T e^{-\frac{E}{RT}}dT$，是转化率的积分。

测定不同升温速率下的TG曲线，对某一给定转化率，以 $\lg\beta$-$\frac{1}{T}$ 作图，即可由斜率求得活化能 E。

Coats-Redfern 方法：

$$\ln \frac{g(\alpha)}{T^2} = \ln \frac{AR}{\beta E} - \frac{E}{RT} \tag{6-19}$$

由 $\ln \frac{g(\alpha)}{T^2}$-$\frac{1}{T}$曲线可求得活化能 E 和指前因子 A。

如图 6-16 是用 Kissinger 方法得到的聚对苯撑苯并双噁唑(PBO)的热降解动力学曲线，热分解反应活化能为 352.2kJ/mol。图 6-17 是用 Flynn-Wall-Ozawa 方法得到的不同转化率下的 PBO 降解动力学曲线，平均活化能为 338.3kJ/mol。可见，两种方法得到的结果吻合得很好。

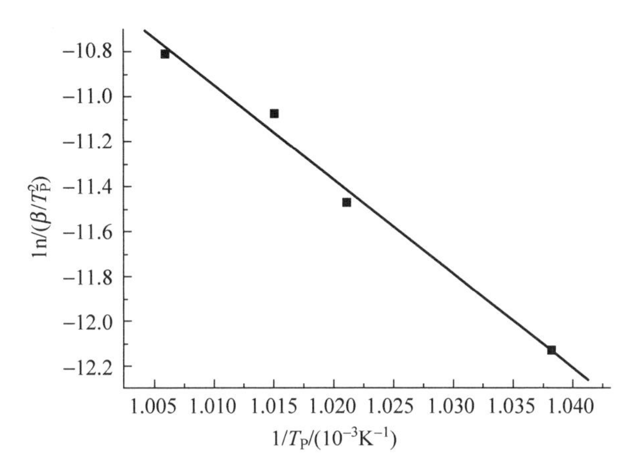

图 6-16　PBO 降解的 Kissinger 曲线

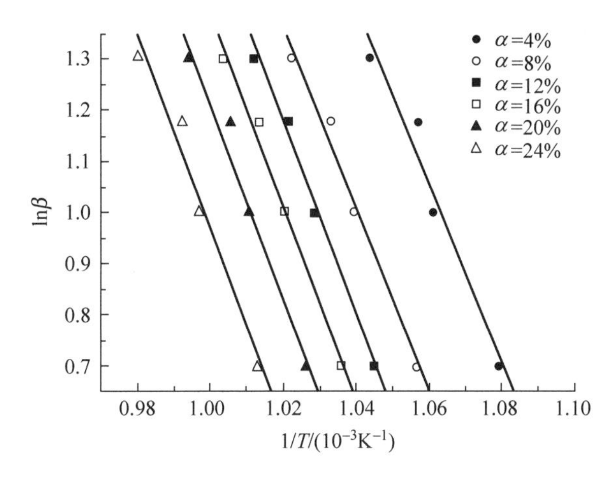

图 6-17　不同转化率下 PBO 降解的 Flynn-Wall-Ozawa 曲线

复 习 题

6-1　影响热分析结果准确性的主要因素有哪些？

6-2　将一个部分固化的环氧树脂样品反复做 3 次 DSC 谱图，试述谱图所给出的信息。

第7章

聚合物的热-力分析

聚合物的力学性能的研究方法很多，一般力学性能指标可用常规测试的方法得到，如用电子拉力机可得到材料的拉伸、压缩、弯曲、剪切、冲击等强度数据。本章讲述的是聚合物在程序受热条件下的力学分析方法。主要介绍热机械曲线法、扭摆法、扭辫法、动态粘弹谱法及振簧法，前一种为静态力学方法，后4种为动态力学方法。

7.1 概　　述

7.1.1 聚合物的物理状态

聚合物在升温过程中受到恒定外力的作用会发生形变，典型的无定形聚合物的形变(D)-温度曲线如图7-1。曲线的3个区域Ⅰ,Ⅱ,Ⅲ分别对应于它的3种物理状态，即玻璃态、高弹态、粘流态。曲线开始突变处的温度分别为玻璃化转变温度T_g和粘流温度T_f。典型的结晶型聚合物的形变-温度曲线不存在玻璃态向高弹态的转变区域，当达到它的熔融温度T_m时整个分子链可以运动，开始转变到流动态；交联度很高的聚合物的形变-温度曲线中不存在粘流态区域；在相对分子质量很低的聚合物的形变-温度曲线中不存在高弹态区，其流动温度低。

聚合物在升温过程中受到周期性变化外力的作用会发生物理状态的变化，常用储能模量的对数值或损耗角正切值来衡量。线型无定形聚合物的典型动态力学谱如图7-2所示，同形变-温度曲线类似，有玻璃态、橡胶态(高弹态)、粘流态3个区域，曲线突变处的温度分别为聚合物的玻璃化转变温度T_g和粘流温度T_f。聚合物的结晶度、交联度、相对分子质量不同也会影响动态力学谱的变化趋势。

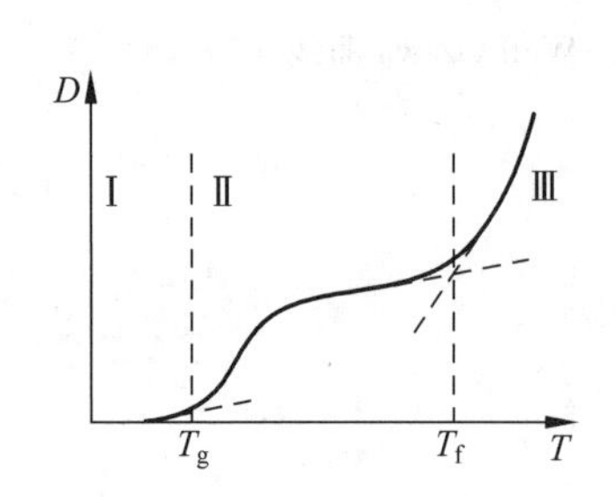

图7-1　无定形聚合物的形变-温度曲线

Ⅰ—玻璃态；Ⅱ—高弹态；Ⅲ—粘流态

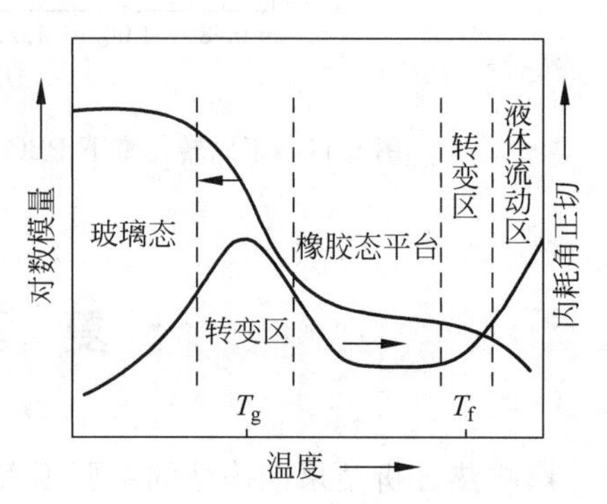

图7-2　线型无定形聚合物的动态力学谱

除聚合物本身的结构或组成的因素外，外部条件对形变-温度曲线或动态力学谱的影响也很大，如聚合物的热历史、加工条件、作用力的频率、测试温度变化快慢等。

7.1.2 静态法与动态法

形变-温度曲线由静态法——热机械曲线法获得，它是在一恒定力的作用下，聚合物形变随温度的变化；而动态法是在周期性变化的力的作用下，聚合物形变随温度的变化。常用的测试方法中，扭摆法和扭辫法是属自由衰减振动类；动态粘弹谱法属强迫振动非共振类；振簧法属强迫振动共振类。与静态法相比，采用动态法可以更深入地研究聚合物的力学性能，不仅能得到聚合物的玻璃化转变温度，而且能定量地获得聚合物在受力过程中吸收的能量，即测量消耗于聚合物分子间内摩擦的能量——内耗。

在动态热-力谱中，内耗往往用损耗角正切 $\tan\delta$（又称耗能因子）来衡量，有时也用损耗角 δ 衡量。它与在一个完整的周期应力作用下，聚合物所消耗的能量与所储存的能量之比成正比，可由储能模量 E' 和损耗模量 E'' 求得

$$\tan\delta = \frac{\sin\delta}{\cos\delta} = \frac{E''}{E'} \tag{7-1}$$

其中

$$E' = \frac{\sigma_0}{\varepsilon_0}\cos\delta \tag{7-2}$$

$$E'' = \frac{\sigma_0}{\varepsilon_0}\sin\delta \tag{7-3}$$

$$E^* = E' + iE'' \tag{7-4}$$

式中，σ_0 为应力；ε_0 为应变；E^* 为复合模量。

在动态力学方法中用不同的仪器时，表示损耗的方式亦不同，故应加以注意。用不同的仪器所测得的模量亦不同，动态粘弹谱仪测量的是杨氏模量 E，扭摆仪和扭辫仪测量的是剪切模量 G。

在条件合适的情况下，动态法测定聚合物的热转变温度能够得到比静态法更多的信息。例如ABS，在橡胶含量低于30%以下时，塑料相AS为连续相，橡胶相B是分散相。用静态法测定其玻璃化转变时，只能测出连续相AS的转变温度 T_{g2}，而用动态法测量时，在橡胶含量为10%时，既能得到连续相AS的玻璃化转变温度 T_{g2}，又能得到分散相B的玻璃化转变温度 T_{g1}。用动态法还能得到聚合物多重转变温度，详见7.4节。

7.2 主要测试方法的原理与装置

7.2.1 热机械曲线法

热机械曲线法（thermomechanical analysis，TMA）是静态热-力法，设备简单，操作方便，能获得聚合物主要的热转变温度的信息。

热机械曲线法的原理是在程序控温的条件下，给试样施加一定量的负荷（恒力），试样随着温度（或时间）的变化而发生形变，用特定的方法测定这种形变过程，最后以形变对温度作图，便得到形变-温度曲线（图 7-1），称为热机械曲线。施加给试样的恒力可以是压缩力、拉伸力或弯曲力等，常用的是压缩力。

此法使用压缩式形变-温度仪，它由压样杠杆及样品炉、形变与温度测量系统、记录仪组成。利用差动变压器将压样杆的位移变化转换成电信号，通过测量系统检测形变，绘制出形变-温度曲线。

7.2.2 扭摆法

扭摆法（torsional pendulum analysis，TPA）是动态热-力法中常用的方法，它属于自由衰减振动类。自由衰减振动是在一个小的形变范围内，研究振动周期、相邻两振幅间的对数减量与温度间的关系。

扭摆法的原理如图 7-3 所示。试样两端夹在夹具中，一端的夹具固定在支架上，另一端的夹具连接在可以自由转动的惯性杆上。惯性杆水平置于两块磁铁之间，但与两磁铁不成一直线，当按微动开关给磁铁通以短暂的电流时，可驱使惯性杆扭转一小角度，惯性杆即周期性地扭摆起来，试样随其做周期性的扭摆。利用换能器将这种摆动振幅的大小变为电信号，记录出振幅的衰减曲线如图 7-4 所示。P 代表周期，是试样每摆动一次所需要的时间；A 代表振幅，是试样每次摆动的距离。由于聚合物的内耗，摆动振幅逐渐衰减。由振幅 A 可求得对数减量Δ，由 Δ 和 P 可求得剪切储能模量 G'、损耗模量 G''和损耗角正切 $\tan\delta$。

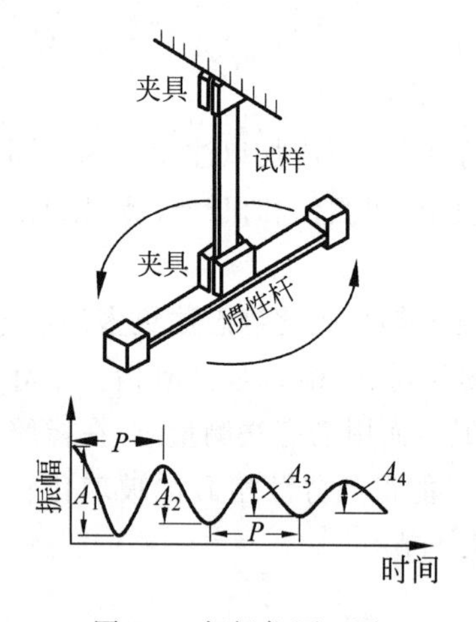

图 7-3 扭摆仪原理图

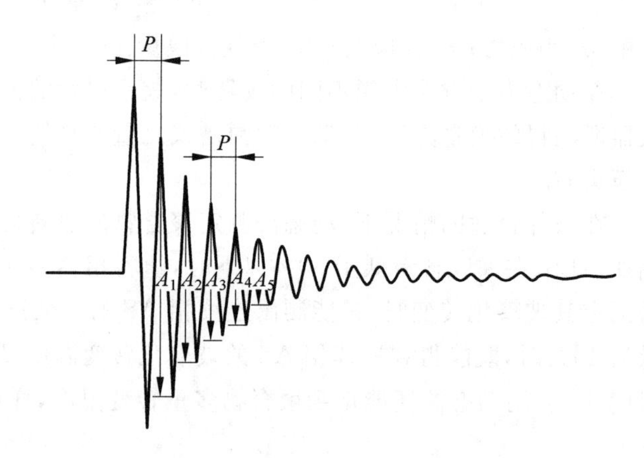

图 7-4 扭摆仪记录的衰减曲线

对数减量 Δ 的定义为相邻两个振幅之比的自然对数，即

$$\Delta = \ln\frac{A_1}{A_2} = \ln\frac{A_2}{A_3} = \cdots = \ln\frac{A_n}{A_{n+1}} \tag{7-5}$$

式中，$A_1, A_2, \cdots, A_n, A_{n+1}$ 分别为第 1,2,…,n,n+1 个振幅的宽度。由对数减量 Δ、扭摆体系的转动惯量 I 及依赖于试样尺寸的常数 K 推导出：

储能模量

$$G' = \frac{I}{KP^2}(4\pi^2 - \Delta^2) \tag{7-6}$$

损耗模量

$$G'' = \frac{4\pi I\Delta}{KP^2} \tag{7-7}$$

当 $\Delta \ll 1$ 时

$$G' \approx \frac{4\pi^2 I}{KP^2} \tag{7-8}$$

如果试样的截面积为矩形

$$K = \frac{CD^3\mu}{16L} \tag{7-9}$$

将式(7-9)代入式(7-8)

$$G' = \frac{64\pi^2 LI}{CD^3\mu P^2} \tag{7-10}$$

式中，L 为试样有效部分的长度，即两夹具间的距离，cm；C 为试样的宽度，cm；D 为试样的厚度，cm；μ 为形状因子，其数值由 C/D 值决定，可从表 7-1 中查出。

表 7-1　形状因子 μ 的数值

C/D	1.00	1.20	1.40	1.60	1.80	2.00	2.25	2.50	2.75	3.00	3.50
μ	2.249	2.658	2.990	3.250	3.479	3.659	3.842	3.990	4.111	4.213	4.373
C/D	4.00	4.50	5.00	6.00	7.00	8.00	10.00	20.00	50.00	100.00	∞
μ	4.493	4.586	4.662	4.773	4.853	4.913	4.997	5.165	5.266	5.300	5.333

由式(7-6)和式(7-7)得

$$\tan\delta = \frac{G''}{G'} = \frac{4\pi\Delta}{4\pi^2 - \Delta^2}$$

当 Δ 比较小时，Δ^2 更小

$$\tan\delta \approx \Delta/\pi \tag{7-11}$$

这样，可由式(7-10)和式(7-11)计算得到聚合物试样在某一温度的剪切储能模量和损耗因子。以合适的温度间隔在不同的温度按微动开关进行扭摆实验，可得到样品的一系列 G' 和 $\tan\delta$ 值，用其分别对温度作图，即可得到该样品的动态力学谱。

7.2.3　扭辫法

扭辫分析法(torsional braid analysis，TBA)是在扭摆法基础之上发展起来的，同属于自由衰减振动，其原理和数据处理方法都与扭摆法类同。二者主要的区别在于制样不同。扭辫法是将聚合物溶液或熔融体浸渍在一特制的辫子上进行测试，适于难成型为一定形状的聚合物的测试，并易于做胶状树脂的固化反应的研究。

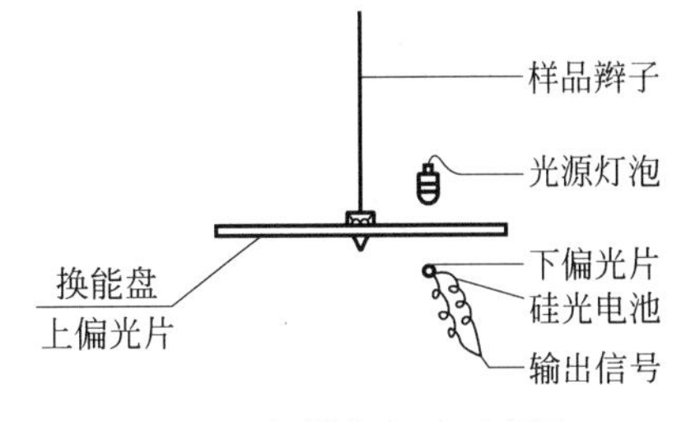

图 7-5　扭辫仪扭动示意图

扭辫仪的扭动示意图如图 7-5 所示。测定时涂有样品的特制辫子的上端与启动装置连接，下端与换能

盘连接。用启动器使辫子扭转一个角度，它便自由扭动起来，并带动换能盘转动，使上偏振片与下偏振片之间的夹角周期性地变化，因而使透光强度发生变化。这种变化由光电池转换成电信号后，由记录仪记录出与扭摆仪的衰减曲线相似的图形（图 7-4）。由图可测得周期 P 和振幅 A，由式(7-5)可根据振幅算出对数减量 Δ。当 Δ 较小时，可求得 $\tan\delta$，由 P 算出相对刚度 $1/P^2$，由 Δ 和 $1/P^2$ 可得模量的相对值。由对数减量 Δ 对温度 T 作图或以相对刚度 $1/P^2$ 对温度 T 作图可以获得转变温度。

扭辫法只能获得模量的相对值，因为样品是附着在辫子上的，几何形状不规则。扭辫仪的辫子是用惰性纤维编织成的，扭辫仪的换能器为偏振器。当偏振器上、下偏振片的光轴相平行时，即二者的夹角 $\theta=0°$时，透光最强；当两光轴相垂直时，即 $\theta=90°$时，光不能透过；光强度随 θ 变化的线性最佳范围为 $\theta=45°\pm15°$。测试时要注意把辫子的扭转角度控制在这个范围之内。

7.2.4 动态粘弹谱

动态粘弹谱(dynamic viscoelastic spectroscopy，DVES)是目前用于研究聚合物热-力学性能的几种方法中应用最广泛的一种，其自动化程度高，灵敏度高。

动态粘弹谱法是强迫振动非共振法，其主要器件如图 7-6 所示。主机是由控温箱（试样箱）、振荡器、平移器、传感器组成。试样在控温箱中，两端被夹在夹具中，一端的夹具接振荡器，另一端的夹具接传感器。振荡器将一定频率的正弦变化的应变作用于试样，同时此应变也反映到平移器，试样产生的应力则由传感器接收。平移器和传感器将接收到的应变和应力的变化信号同时输送到信号放大器和计算机，可绘制出模量-温度、损耗角正切-温度的关系曲线。

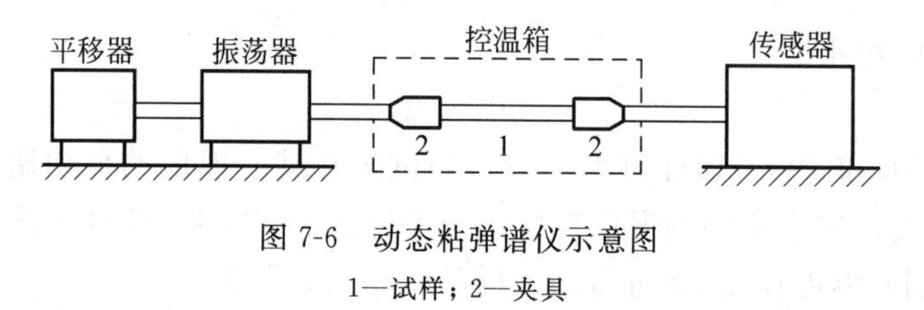

图 7-6 动态粘弹谱仪示意图

1—试样；2—夹具

7.2.5 振簧法

振簧法又称为动簧法(dynamic spring analysis，DSA)是动态热-力法中应用较早的一种。振簧法是强迫共振法，将片状或纤维状试样的一端夹在一夹具上，夹具连接在可周期性变动频率的振动系统上。当夹具受控振动时，样品也随同发生振动，检测并记录样品振动的振幅，绘制振幅-频率曲线，曲线形状似高斯分布曲线。根据频率分布半宽计算出杨氏模量和损耗角正切值，计算公式如下：

$$E'=\frac{Kl^4\rho}{d^2}f_r^2 \tag{7-12}$$

$$E'' = \frac{Kl^4\rho}{d^2} f_r \Delta f \tag{7-13}$$

$$\tan\delta = \frac{E''}{E'} = \frac{\Delta f}{f_r} \tag{7-14}$$

式中，K 为形状系数，平板状样品的 $K=38.24$（基波谐振），圆柱状样品的 $K=51.05$（基波谐振点）；l 为试样长度；d 为试样厚度或直径；ρ 为聚合物的密度；f_r 为共振频率；Δf 为频率分布半宽，一般用振幅-频率曲线峰高 $1/\sqrt{2}$ 处峰的宽度——半指数宽度，也有用峰高 1/2 处峰的宽度——半宽度。

7.3　热-力分析实验技术

7.3.1　几种热-力法的选择

静态法与动态法相比，经济简便。如果样品量较多，可将其加工成片状，先用热机械曲线法测试其主要的转变，然后再有针对性地进行动态热-力分析，这样效果较好。

扭摆法和动态粘弹谱法对试样的规格要求严格。试样须制成矩形片状或纤维，试样必须厚薄或粗细均匀，边沿与表面光滑整齐。若试样合适，则可以得到聚合物的许多精细变化的信息。

对于不易成型的样品和粘性样品的热固化的研究，用扭辫法和弹簧式振簧仪为好，样品可以浸渍在扭辫仪的辫子上或涂附于振簧仪的弹簧上进行测试。

7.3.2　升温速度及测试频率的影响

热-力分析中，升温速度的快慢和测试频率的高低对聚合物的力学性能表征的影响很大。就玻璃化转变而论，升温速度过快，链段在玻璃化转变温度 T_g 时来不及运动，当温度升高到补偿了链段运动所需要的时间，链段的运动才能在热-力谱上表现出转变来，所得到的 T_g' 值是偏高的；当测试频率过高时，链段在应有的玻璃化转变温度 T_g 时也来不及运动，同样当温度升高到补偿了链段运动所需要的时间时，链段的运动才能在热-力谱上表现出转变来，所得到的 T_g' 值也是偏高的。热-力分析中一般升温速度要慢一些，往往低于 3℃/min。测试频率范围一般为 0.1～10Hz。

7.4　热-力分析在聚合物研究中的应用

用热-力分析的方法可以分析聚合物的各种转变温度与其结构性能的关系，测定聚合物储能模量大小及用于克服高分子链内摩擦的能量的变化规律，探索聚合物的多重转变；研究多嵌段聚合物的组成对性能的影响及树脂的固化过程等。

7.4.1 聚合物的转变温度与结构性能

由于分子链结构的不同,各种不同类型的聚合物表现出的力学性能差异甚大。图 7-7 是静态的热机械曲线法得出的几种常见聚合物的形变-温度曲线。曲线 1 和 5 为结晶性聚合物聚乙烯和聚酰胺,由曲线看不到玻璃态向高弹态的转变区域,因为这两种聚合物的结晶度都高,即使在较高温度下,仍能保持其较完整的结晶结构;当温度高达熔点时,大分子链开始运动,并随着温度的上升,结晶逐渐破坏,到完全熔融时,形变迅速增大。曲线 2,3 和 4 为无定形聚合物聚苯乙烯、聚氯乙烯和聚异丁烯,它们都具有玻璃态向高弹态的转变区域。高弹平台的宽窄与分子链的柔顺性的大小相关。聚异丁烯分子链的柔顺性最大,高弹平台区域最宽,聚苯乙烯的柔顺性要小得多,聚氯乙烯的柔顺性介于二者之间。

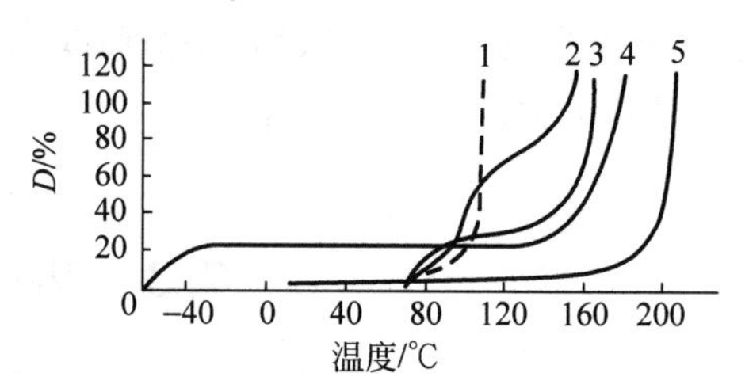

图 7-7 几种聚合物形变-温度曲线的比较

1—聚乙烯;2—聚苯乙烯;3—聚氯乙烯;4—聚异丁烯;5—聚酰胺

7.4.2 聚合物的模量与损耗

模量和损耗是表征聚合物粘弹性的重要参数。用动态热-力分析法所得的模量-温度曲线和损耗-温度曲线,可以分析聚合物在动态力作用下模量、损耗的变化规律,以便确定材料的加工条件和使用范围。图 7-8 是用扭摆法测试的全同聚丙烯损耗和弯曲模量与温度的关系曲线。由图(a)可见,在 10℃以下,模量下降的趋势较平缓,总的下降幅度较小,不到两个数量级,这是硬质聚合物模量变化的特点;在 10℃以上,模量显著下降,表明材料已从玻璃态进入了高弹态,损耗相应增大。图(b)是损耗(用损耗角 δ 表示)与温度的关系曲线,显示了全同聚丙烯的三重转变。图中的 β 转变为玻璃化转变。在玻璃化转变以上还有一转变峰(图中的 α 转变),是结晶预熔所致的转变。该图是 1959 年 Muus 用扭摆法做的,他当时对转变峰的命名与当前公认的命名不同,现在将玻璃化转变命名为 α 转变,而将低于玻璃化转变温度以下的转变,依次命名为 β,γ,δ 及 ε 转变。

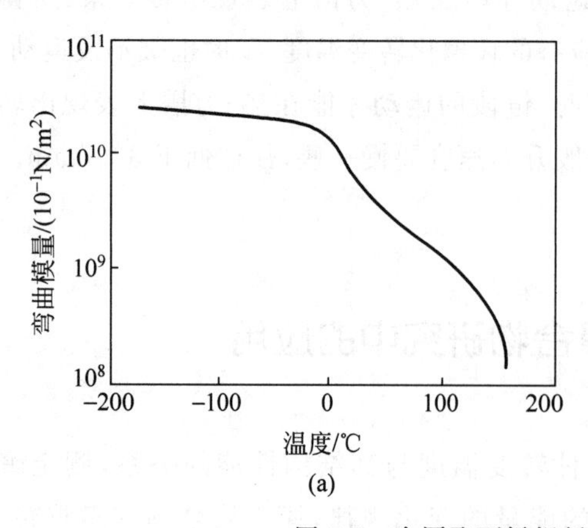

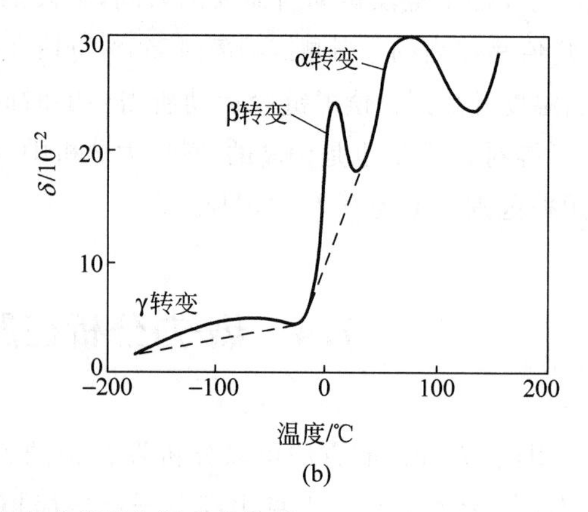

图 7-8 全同聚丙烯损耗和弯曲模量与温度的关系

几乎所有的韧性聚合物，或抗冲击强度高的聚合物，都有显著的次级转变（β和γ峰）。

7.4.3　聚合物的多重转变

聚合物链结构的复杂性导致它的转变的多重性。除了玻璃化转变（α转变）、熔融流动转变两个主转变外，有些聚合物还会在玻璃化转变温度以下存在β，γ，δ，ε转变。在玻璃化转变温度以上，有的无定形聚合物有液液转变 T_{ll}，有的结晶型聚合物有不同晶型之间的转变 T_{cc}。动态热-力分析法，对热-力作用下聚合物的精细变化的研究是很有效的。文献报道非晶态聚苯乙烯的多重转变的类型与相应可能的运动机构如表7-2所列。

表7-2　非晶态聚苯乙烯的多重转变

转变类型	温度/℃	可能的分子运动机构
T_{ll}	160	整链运动
$T_g(\alpha)$	100	链段绕主链轴转动
$T_{gg}(\beta)$	50	链侧苯基转动
(γ)	－143	链节曲柄运动
(δ)	－235～－245	苯基的摆动和颤动

还有报道聚甲基丙烯酸甲酯的α，β，γ和δ转变的温度分别为约100℃，20℃，－173℃和－269℃，认为α转变是分子链段的运动，β转变是酯基的运动，γ转变是α-甲基（主链上的甲基）的运动，δ转变是酯基中的甲基的运动。这些信息都可以由动态热-力的方法获得。

7.4.4　多嵌段聚合物组成对性能的影响

聚醚氨酯共聚物是多嵌段聚合物，二异氰酸酯、双官能基扩链剂组成硬段，聚醚为软段，硬段往往会形成微区分散在共聚物体系之中。当硬段含量变化时，对储能模量和玻璃化温度的影响较大。图7-9是4种不同组成的聚醚氨酯共聚物的动态粘弹谱图。图中曲线1，2，3，4分别为硬段含量35％，46％，60％，73％的试样。由图（a）储能模量-温度谱可见，随着硬段含量的增加，模量随温度上升的变化逐渐平缓；由图（b）损耗因子-温度谱可见，随着硬段含量的增加，损耗峰向高温方向偏移，峰形明显变宽。表明随着硬段含量的增加，溶在软段中的硬段的浓度增加了。但这并不等于硬段与软段的相容性增加了，还必须与其他测试方法相对照，才可以对相容性的优劣做出结论。经傅里叶红外光谱测定，硬段含量分别为60％和35％的3号和1号样品相比，1号样品的微相分离程度比3号高，相容性差。

7.4.5　高分子材料的阻尼特性

如果一种材料在某个使用温度或频率范围内有较高的损耗模量或损耗因子，那么这种材料就可以用作此条件下的阻尼材料。它将外加的机械能等通过分子内摩擦转变成热能耗散而表现出阻尼特性。如图7-10中，苯乙烯（S）和4-羟基苯乙烯（HS）的梯度共聚物（组成在分子链上呈梯度分布）与相应的无规共聚物和嵌段共聚物相比，在很宽的温度范围内同时

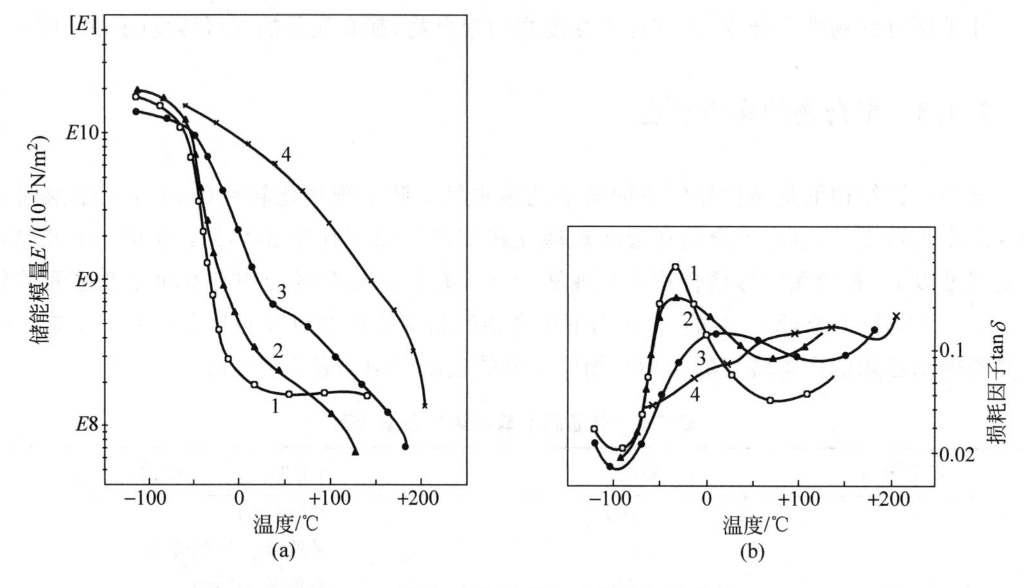

图 7-9 不同组成的聚醚氨酯的动态粘弹谱

表现出了较高的储能模量和损耗模量，梯度共聚物的 E' 从 1GPa 下降到 100MPa 对应的温度范围至少是无规共聚物的 4 倍。

吸波或吸音材料也是一类阻尼材料，关注的是在某一频率范围内的损耗。

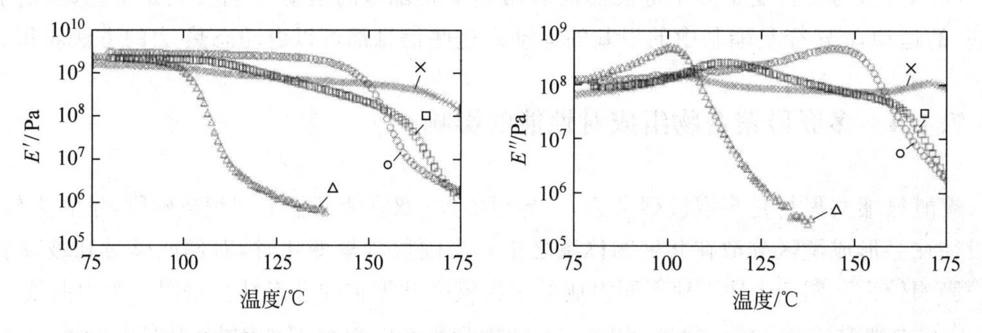

图 7-10 PS 均聚物（△）和 S/HS 共聚物（梯度（□）无规（○）嵌段（×））的动态粘弹谱

复 习 题

7-1 各种热-力学方法的测试对象分别是什么？

7-2 用动态热-力学方法获取聚合物损耗曲线的意义何在？

7-3 两个结晶度不同的同种聚合物样品的动态力学谱图的模量和内耗曲线有何不同？

7-4 当动态力学测试的频率过高或过低，得到的 E' 与 E'' 将如何变化？

7-5 结晶性聚合物的形变-温度曲线是怎样的？

7-6 耐寒性好的聚合物在低温下也表现出一定的韧性，试画出这类聚合物的动态力学谱示意图。

第 8 章

相对分子质量及其分布的测定

8.1 概　　述

8.1.1 测定聚合物相对分子质量及其分布的意义

聚合物的性能特别是机械性能、加工性能及高分子在溶液中的特性等都与聚合物分子质量有关。例如一般的聚苯乙烯制品平均相对分子质量为十几万，如果低到几千则极易粉碎，几乎没有什么应用价值。当相对分子质量达到 20 万以上时，机械性能比较好，但再增大到百万以上时，又难以加工，也失去了实用价值。图 8-1 显示了在一般材料中聚合物性能、可加工性与相对分子质量的关系。

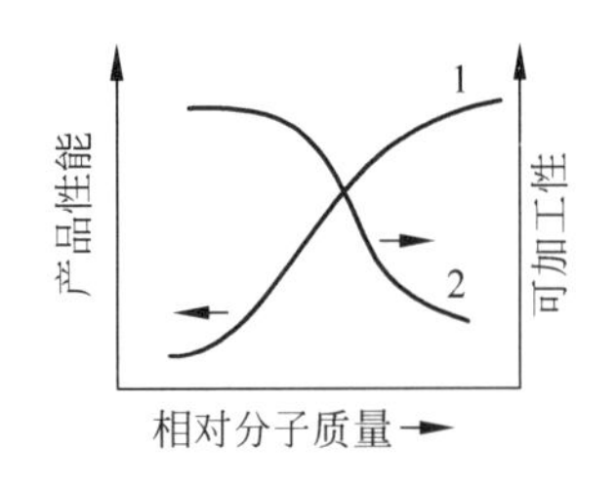

图 8-1　聚合物性能、可加工性与相对分子质量的关系

1—性能与相对分子质量的关系；2—可加工性与相对分子质量的关系

高分子材料的加工性能，不仅和聚合物的平均相对分子质量有关，而且也与相对分子质量分布宽度有关。例如在涤纶片基生产过程中，若相对分子质量分布过宽，即含有较多的高分子质量和低分子质量部分时，其成膜性差，抗应力开裂能力也会降低。测定聚合物的相对分子质量分布也是研究高分子聚合或降解动力学的重要途径之一。

聚合物相对分子质量的多分散性是其基本特征之一，平均相对分子质量及其分布宽度不仅可用于表征聚合物的链结构，而且也是决定高分子材料性能的基本参数之一，因此研究聚合物就必须掌握相对分子质量及其分布的测定方法。

8.1.2 聚合物的统计平均相对分子质量

聚合物的相对分子质量只具有统计的意义，用实验方法测定的相对分子质量只是某种统计平均相对分子质量。

假设在聚合物样品中，相对分子质量为 M_i 的分子数为 N_i，则该部分的质量应为

$$W_i = N_i M_i \tag{8-1}$$

按照不同的统计平均方法就可得到不同的平均相对分子质量，如数均相对分子质量(M_n)、重均相对分子质量(M_w)、Z(Z 定义为 $Z_i = W_i M_i$)均相对分子质量(M_Z)及粘均相对分子质量(M_η)。这几种平均相对分子质量可分别按下列各式计算：

$$\overline{M}_n = \frac{\sum N_i M_i}{\sum N_i} = \frac{\sum W_i}{\sum W_i M_i^{-1}} \tag{8-2}$$

$$\overline{M}_w = \frac{\sum W_i M_i}{\sum W_i} \tag{8-3}$$

$$\overline{M}_Z = \frac{\sum Z_i M_i}{\sum Z_i} = \frac{\sum W_i M_i^2}{\sum W_i M_i} \tag{8-4}$$

$$\overline{M}_\eta = \left(\frac{\sum W_i M_i^\alpha}{\sum W_i}\right)^{1/\alpha} \tag{8-5}$$

式中的 α 为$[\eta]=KM^\alpha$ 公式中的指数。当 $\alpha=-1$ 时，由上式可知 $\overline{M}_\eta=\overline{M}_n$；当 $\alpha=1$ 时，$\overline{M}_\eta=\overline{M}_w$。通常 α 为 0.5～1，因此 $\overline{M}_n<\overline{M}_\eta\leqslant\overline{M}_w$，$\overline{M}_\eta$ 更接近 $\overline{M}_w$。

如果用一个连续变化函数 $f(M)$来描述聚合物的相对分子质量分布，则几种平均相对分子质量也可以分别写成如下形式：

$$\overline{M}_n = \frac{1}{\int f(M) M^{-1} \mathrm{d}M} \tag{8-6}$$

$$\overline{M}_w = \int f(M) M \mathrm{d}M \tag{8-7}$$

$$\overline{M}_Z = \frac{\int f(M) M^2 \mathrm{d}M}{\int f(M) M \mathrm{d}M} \tag{8-8}$$

$$\overline{M}_\eta = \left(\int f(M) M^\alpha \mathrm{d}M\right)^{1/\alpha} \tag{8-9}$$

有多种测定聚合物平均相对分子质量的方法。例如可用化学反应测定聚合物的端基数，从而计算平均相对分子质量（端基分析方法）；也可利用聚合物的物化性质，如高分子稀溶液的热力学性质（沸点上升、冰点下降及渗透压）、动力学性质（超速离心沉降、粘度、体积排除），及光学性质（光散射）等测定平均相对分子质量。各种测定方法由于分析原理不同，计算时所采取的统计方法也不同，因此所得到的聚合物平均相对分子质量的统计意义及所适用的相对分子质量范围也就不同，如表 8-1 所示。

表 8-1　各种平均相对分子质量测定方法的适用范围和统计意义

测定方法	测定的平均相对分子质量	适用范围
端基分析	$\overline{M}_n$	$<3\times10^4$
沸点上升、冰点下降	$\overline{M}_n$	$<3\times10^4$
气相渗透压	$\overline{M}_n$	$<2\times10^4$
膜渗透压	$\overline{M}_n$	$3\times10^4\sim5\times10^5$
粘度法	$\overline{M}_\eta$	$2\times10^4\sim10^6$
光散射	$\overline{M}_w$	$10^4\sim10^7$
超速离心沉降	$\overline{M}_w$、$\overline{M}_Z$	$10^4\sim10^7$
小角 X 射线散射	$\overline{M}_w$	$10^4\sim10^7$
电子显微镜法	$\overline{M}_n$	$>10^6$
凝胶渗透色谱法	各种平均相对分子质量	$<10^7$

单用平均相对分子质量很难描绘聚合物试样的多分散性，为了说明聚合物相对分子质量分布的宽窄可采用分布宽度参数。

分布宽度指数是指聚合物中各相对分子质量与平均相对分子质量之间的均方差，用 σ_n 和 σ_w 来表示。

$$\begin{aligned}\sigma_n^2 &= \overline{(M-\overline{M}_n)_n} \\ &= (\overline{M}^2)_n - \overline{M}_n^2 \\ &= \overline{M}_n\overline{M}_w - \overline{M}_n^2 \\ &= \overline{M}_n^2(\overline{M}_w/\overline{M}_n - 1)\end{aligned} \tag{8-10}$$

同样 σ_w 可由下式表示：

$$\begin{aligned}\sigma_w^2 &= \overline{(M-\overline{M}_w)_w} \\ &= \overline{M}_w\overline{M}_Z - \overline{M}_w^2 \\ &= \overline{M}_w^2(\overline{M}_Z/\overline{M}_w - 1)\end{aligned} \tag{8-11}$$

由式(8-10)和式(8-11)可知，相对分子质量的分布宽度指数是和两种平均相对分子质量的比值有关，即

$$d = \overline{M}_w/\overline{M}_n$$

或

$$d = \overline{M}_Z/\overline{M}_w \tag{8-12}$$

d 称为相对分子质量多分散性系数。

对于有一定分布宽度的聚合物，相对分子质量分布范围越宽，其平均相对分子质量的差别越大。依照式(8-10)、式(8-11)可知，当 $\sigma_n^2>0$ 时，$\overline{M}_w>\overline{M}_n$；当 $\sigma_w^2>0$ 时，$\overline{M}_Z>\overline{M}_w$。因此对有一定分散性的样品，4 种统计平均相对分子质量之间的关系为：$\overline{M}_Z>\overline{M}_w>\overline{M}_\eta>\overline{M}_n$，只有当相对分子质量均一时，$\overline{M}_Z=\overline{M}_w=\overline{M}_\eta=\overline{M}_n$。

8.1.3 相对分子质量分布的表示方法

分布宽度指数(或多分散性系数)虽然反映了相对分子质量分布的宽窄，但不能反映出聚合物各个级分的含量和相对分子质量之间的关系。为了表示聚合物的相对分子质量分布，一般可采用图解法和函数法。

图解法较简单，即把聚合物按相对分子质量大小不同分成若干级分，测出每个级分的相对分子质量 M_i 和质量分数 w_i，绘制出一张离散型的相对分子质量分布图，如图 8-2 所示。这种分布图只能粗略地描述各级分的含量和相对分子质量的关系。当离散点数或所取位置不同时，分布图无法相互比较。另一种图解法是采用连续分布曲线。

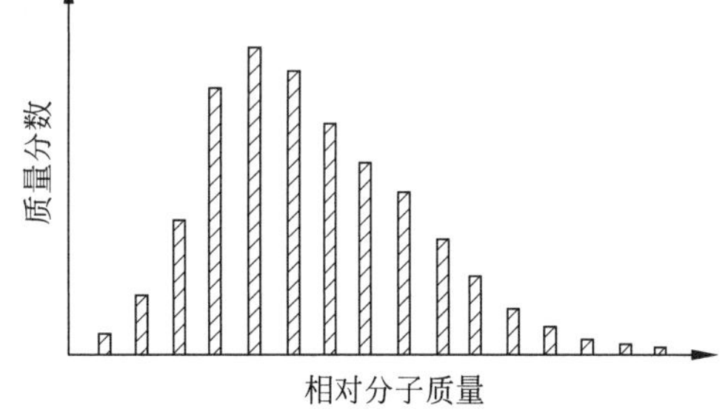

图 8-2 离散型相对分子质量分布图

图 8-3 为聚合物相对分子质量的微分分布曲线，图中横坐标为相对分子质量 M，是连续变量，当纵坐标采用质量分数时，得到的曲线是质量分布曲线；用摩尔分数时，得到的为数量分布曲线。这种连续分布曲线也可用积分曲线表示，如图 8-4 所示。这时纵坐标是用累积质量分数(或累积摩尔分数)表示，称为积分质量分布(或积分数量分布)曲线。

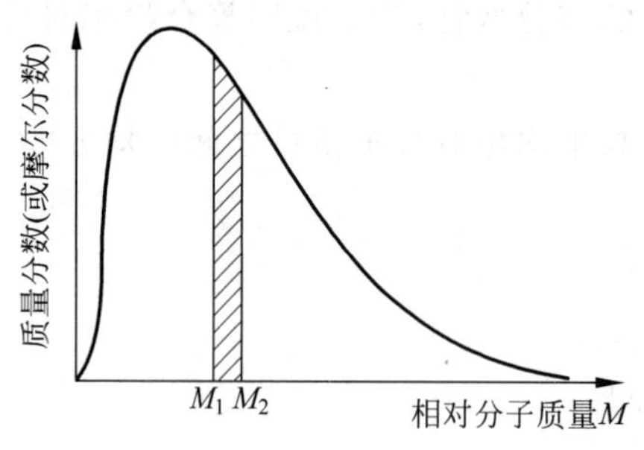

图 8-3　相对分子质量微分分布曲线

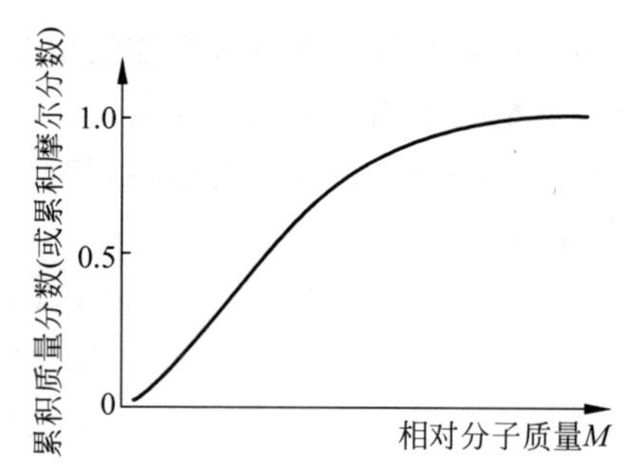

图 8-4　相对分子质量积分分布曲线

如果不考虑聚合物的聚合过程，用数学模型来表示上述相对分子质量微分分布曲线，称为模型分布函数，最常用的可分为三大类：

1. Schulz 函数

$$W(M)=\frac{(-\ln a)^{b+2}}{\Gamma(b+2)}M^{b+1}a^{M} \tag{8-13}$$

式中，a 和 b 为两个可调节的参数，b 随分布宽度的增加而减小。Γ 函数由下式定义：

$$\Gamma(n)=\int_0^{\infty}x^{n-1}\mathrm{e}^{-x}\mathrm{d}x$$

当 $n>0$ 时

$$\Gamma(n+1)=n\Gamma(n) \tag{8-14}$$

依照式(8-6)、式(8-7)及式(8-12)可计算出 Schulz 分布函数中 a,b 和平均相对分子质量及多分散性系数之间的关系：

$$\overline{M}_n=(b+1)/(-\ln a) \tag{8-15}$$

$$\overline{M}_w=(b+2)/(-\ln a) \tag{8-16}$$

$$d=(b+2)/(b+1) \tag{8-17}$$

2. 董履和函数

$$W(M)=yz\exp(-yM^{z})M^{z-1} \tag{8-18}$$

式中，y 和 z 为可调节的两个参数。同理，可计算出平均相对分子质量：

$$\overline{M}_n=\frac{y^{-1/z}}{\Gamma(1-1/z)} \tag{8-19}$$

$$\overline{M}_w=\frac{y^{-1/z}}{\Gamma(1+1/z)} \tag{8-20}$$

$$d=\Gamma(1-1/z)/\Gamma(1+1/z) \tag{8-21}$$

z 随分布宽度的增加而减小。

3. 对数正态分布函数

$$W(M)=\frac{1}{\beta\sqrt{\pi}M}\exp\left(-\frac{1}{\beta^2}\ln^2\frac{M}{M_p}\right) \tag{8-22}$$

式中，β 和 M_p 为两个可调节的参数。

$$\overline{M}_n=M_p\mathrm{e}^{-\beta^2/4} \tag{8-23}$$

$$\overline{M}_w=M_p\mathrm{e}^{\beta^2/4} \tag{8-24}$$

$$d = e^{\beta^2/2} \tag{8-25}$$

β 值随分布宽度的增加而增加。在这里应注意曲线的峰值为 $M_{max}=e^{-\beta^2/2}$，小于 $\overline{M}_n$ 和 $\overline{M}_w$。

聚合物的相对分子质量分布取决于聚合反应机理。通过聚合反应动力学方程或采用统计方法得出的相对分子质量分布函数称为理论分布函数，根据实验方法测出的聚合物样品的实际相对分子质量分布曲线可推出模型分布函数。把模型分布函数与理论分布函数对比，可用于研究聚合反应机理。

8.1.4　相对分子质量分布的一般测定方法

相对分子质量分布的测定是基于聚合物相对分子质量与某一物性的依赖关系，采用不同的方法将样品中不同相对分子质量的分子分开。大致可分为3类方法：

(1) 利用高分子在溶液中的分子运动性质测定相对分子质量分布。例如表8-1中所列举的超速离心沉降法，不仅能测定平均相对分子质量，也可在离心沉降的过程中，对一个个级分分别测定，从而得到分布曲线。

(2) 利用聚合物的溶解度与其分子质量之间的依赖关系进行分级。这是实验室中采用的比较方便的一种方法。在高分子溶液中缓缓加入沉淀剂(或逐步降低温度)，分子质量大的聚合物首先析出，因此可分步加入沉淀剂使其分相。当达到平衡时，把沉淀分离出来，再继续向溶液中加入沉淀剂，就可达到对聚合物进行分级的目的。当然，也可采用逆过程，即溶解分级或升温分级来完成这一过程。

(3) 上述两类方法操作繁琐费时，实际上得到的数据都是离散性数据，因此当前最好的方法是利用高分子流体力学体积的不同测定相对分子质量分布，即凝胶渗透色谱法，这也是本章所介绍的重点。

8.2　凝胶渗透色谱

8.2.1　凝胶渗透色谱仪

凝胶渗透色谱(gel permeation chromatography，GPC)，也称尺寸排除色谱(size exclusion chromatography，SEC)，是液相色谱的一种，由4部分组成，即流动相系统、分离系统、检测系统和其他辅助系统。其典型的流程图如图8-5所示。

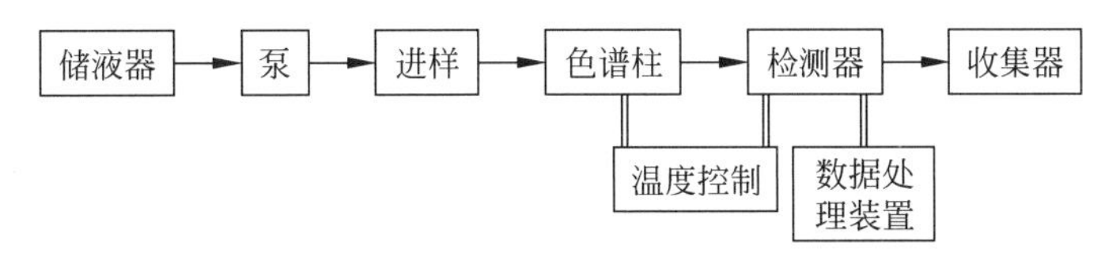

图8-5　凝胶渗透色谱典型流程图

1. 流动相系统

流动相系统由流动相贮槽(包括脱气装置)、高压泵组成。

高压泵是凝胶渗透色谱仪中的重要部件,它直接影响仪器性能。要求高压泵能抗溶剂腐蚀,流量恒定,无脉动,有较大的调节范围,输出压力达15～45MPa,泵的死体积小。目前常用的泵主要有两大类:一类是机械泵,泵的内体积小,能提供恒速流动相;另一类是放大泵,输出脉动小,提供恒压流动相。

2. 分离系统

分离系统是凝胶渗透色谱仪的心脏部分,由进样系统、色谱柱组成。

进样系统一般采用高压六通阀进样。

色谱柱是用内部抛光的不锈钢柱制成,为直形,长度为20～50cm,内径为7～10mm,柱内填充多孔凝胶状固定相。比凝胶孔径大的分子完全不能进入孔内,随流动相沿凝胶颗粒间流出柱外,而较小的分子则可或多或少地进入孔内。因此大分子流程短,保留值小;小分子流程长,保留值大。所以,凝胶渗透色谱是根据分子流体力学体积的大小,按照从大到小的顺序进行分离的。其特点是样品的保留体积不会超出色谱柱中溶剂的总量,因而保留值的范围是可以推测的。这样可以每隔一定时间连续进样而不会造成谱峰的重叠,提高了仪器的使用率。当然伴随着的缺点是柱容量较小。常用的凝胶如表8-2所示。

表8-2 凝胶渗透色谱固定相分类

凝胶类型	凝胶名称	耐压性	流动相
软质 有机胶	交联葡聚糖凝胶 交联聚丙烯酰胺凝胶	常压	水
半硬质 有机胶	高交联聚苯乙烯	较高压	有机溶剂
硬质 无机胶	多孔硅胶 多孔玻珠	高压	

3. 检测系统

根据凝胶渗透色谱的特点,在测定聚合物相对分子质量分布曲线时,需能同时测定每个级分的浓度和相对分子质量。常用的检测器有以下3类。

(1) 浓度检测器

常用的有示差折光检测器(RI)和紫外吸收检测器(UV)。

示差折光检测器根据流出液的浓度不同,折光指数不同的原理,通过连续测定样品流路和参比流路间液体的折光指数的差值,就可以检测流出液浓度。它是通用型的检测器,对样品的灵敏度较低,对温度变化敏感。

紫外吸收检测器是选择性检测器,只对特定结构的聚合物有响应,对流动相无信号,灵敏度高。

(2) 粘度检测器

测定柱后流出液的特性粘度$[\eta]$,依照Mark-Houwink方程:

$$[\eta]=KM^{\alpha} \tag{8-26}$$

即可换算得到聚合物的相对分子质量M。式中,K和α为常数,与聚合物类型、溶剂和溶液温度有关。

常用毛细管粘度检测器,测定柱后淋出液流经毛细管粘度计时在毛细管两端所产生的压差。流体通过毛细管的压差 ΔP 与流体粘度 η 成正比：

$$\Delta P = k\eta \tag{8-27}$$

式中，k 为仪器常数，可由下式求出：

$$k = (8u/\pi)(l/R^4) \tag{8-28}$$

式中，u 为淋洗液流速；l 和 R 分别为毛细管长度和半径。当毛细管形状和流速一定时，溶液和溶剂的压差比 $\Delta P_i/\Delta P_0$ 等于它们的粘度比 η_i/η_0，因此任一级分流出液的$[\eta]_i$ 可用式(8-29)表示：

$$[\eta]_i = [\ln(\Delta P_i/\Delta P_0)/C_i]_{C_i \to 0} \tag{8-29}$$

GPC 流出液的浓度是很低的，符合 $C_i \to 0$ 的条件。式(8-29)中 C_i 可通过浓度型检测器测出。粘度检测器在使用时要求流速稳定和粘度计温度恒定。

(3) 分子质量检测器

可以直接测定淋出液中聚合物的重均相对分子质量，如用光散射检测器。其工作原理如下：当光通过高分子溶液时，会产生瑞利散射。采用瑞利比 R_θ 来描述散射光：

$$R_\theta = r^2 I/I_0 \tag{8-30}$$

式中，I_0 和 I 分别代表入射光和散射光强度；r 为观察点与散射中心的距离。散射光强及其对散射角 θ(即入射光与散射光测量方向的夹角)和溶液浓度 C 的依赖性与聚合物的相对分子质量、分子尺寸、分子形态有关。对于分子链呈无规线团状的高分子溶液，当采用小角激光光散射检测器(low angle laser light scattering，LALLS)时，可以认为 $\theta \to 0$。同时，由于 GPC 测定的溶液浓度很低，可以认为 $C \to 0$，因此 R_θ 与溶质的重均相对分子质量之间的关系为

$$\frac{KC}{R_\theta} = \frac{1}{\overline{M}_w} \tag{8-31}$$

式中，K 为仪器常数：

$$K = \frac{4\pi^2}{N\lambda^4} n^2 \left(\frac{\mathrm{d}n}{\mathrm{d}C}\right)^2 \tag{8-32}$$

式中，N 为阿伏加德罗常数；λ 是入射光波长；n 是溶液的折光指数。因此在 GPC 中，只要有浓度型检测器和 LALLS 联用，就可直接测出流出液中样品的重均相对分子质量。

4. 其他辅助系统

其他辅助系统包括温控系统、数据处理系统和样品收集器等。

8.2.2 凝胶渗透色谱分离机理

1. 凝胶渗透色谱的色谱过程方程

凝胶渗透色谱柱是用多孔填料充填的，其分离能力与填料孔径有关。

柱的总体积由 3 部分组成，即填料骨架体积、填料孔体积及填料粒间体积。其中填料骨架体积对分离不起影响，柱空间体积主要由后两部分组成。因此当把第 4 章中的色谱过程方程 $V_R = V_M + KV_S$ 用于凝胶渗透色谱时，V_M 代表填料粒间体积，V_S 代表填料孔体积。V_R 也称为淋洗体积。样品在分离过程中，大分子的保留体积为 V_M，小分子的保留体积则为 $V_M + V_S$。因此分配系数 K 应在 0 与 1 之间，即 $0 \leqslant K \leqslant 1$。

2. 凝胶渗透色谱分离机理简介

对于上述凝胶渗透色谱的色谱过程方程,不同的学者从不同的角度设计了各种模型进行解释,并运用分子参数和柱结构参数计算了 V_R 或 K 值。目前模型机理可分成 3 类:①平衡排除理论;②限制扩散理论;③流动分离理论。下面简要地介绍这 3 种理论,但不涉及复杂的数学推导及有关 V_R 或 K 值的计算。

(1) 平衡排除理论

这里所谓平衡是指扩散平衡。该理论的假设条件是溶质分子扩散出固定相孔洞所需要的时间远小于溶质区域在此停留的时间,也就是说可以不考虑扩散的影响。聚合物在溶液中是以无规线团形式存在,线团具有一定的尺寸,只有小于凝胶孔尺寸的分子才能进入孔中,这样大分子能进入的孔洞数目比小分子要少;即使大、小分子都能进入的孔洞,在孔中也存在着不可渗透的孔壁,限制了溶质分子的渗入体积。不同的学者在解释这一现象时,又提出了不同的模型。一种是构象降低模型,即认为只有某些高分子线团的构象才能存在于孔内,分子越大,能存在的构象数越少;另一种是立体排斥模型,是把溶质分子看成一个整体,在孔内活动范围减小,其减小的孔壁厚度为高分子线团的平均有效半径。

总之,大分子能进入的孔洞少,在孔内流经的路程也短;小分子能进入的孔洞多,在孔内流经的路程也长;中等分子则介于二者之间。所以大分子所走路程最短,最先从柱中流出。如果大分子不能进入任何一个凝胶孔,则保留体积 $V_R=V_M$;若小分子能进入每个孔洞,其保留体积为 $V_R=V_M+V_S$;一般中等的分子则满足式(4-14)的色谱过程方程,分配系数 $0\leqslant K\leqslant 1$。在这里分子的大小是由分子的流体力学体积(即分子围绕它的中心旋转的球体积)所决定的。

(2) 限制扩散理论

在上述平衡排斥理论的假设中没有考虑溶质分子大小不同在扩散速度上的差别。限制扩散理论认为在分离时溶质分子在流动相和固定相之间没有达到平衡。在色谱柱中,大小不同的溶质分子的扩散速度是不同的,分子的扩散系数随 R/a 的比值增大而迅速减小(此处假设凝胶孔为圆柱形,a 是孔的截面半径,R 为分子半径)。

按照上述理论,大小不同的分子其扩散受阻情况是不同的。小分子不仅能进入的孔洞多,而且能扩散到孔的深层,在孔中停留时间就长;大分子由于受扩散速度的限制,只能扩散到填料少数大孔的表层,即产生所谓有限扩散现象,在孔中停留时间短,所以大分子从柱中流出快。

依照这个理论,分离过程是和流速有关的。特别是对于分子质量高的样品,由于扩散速度小,当流速大时,两相间不能达到平衡,会影响流出曲线的形状。

(3) 流动分离理论

流动分离理论的模型把填料的孔洞假设成细长管子。当溶液在细长管子中高速流动时,就存在着流速场,即管子中间的液体比靠近管壁的液体流动快,形成一个抛物线型的流速场。

由于半径大,大分子的溶质在流动时不能靠壁而被集中到管子的中心区域,故靠近管壁的是小分子。在抛物线型流速场的影响下,中心区域大分子的流动快,因此从柱中先流出;小分子靠近管壁流速慢,经过足够长的距离后,就可达到分离的目的。

3. 各种分离机理在凝胶渗透色谱分离中的作用

上述的分离理论是学者们从不同的角度采用不同的模型研究得出的，最终都可以在各自的实验中找到证明。这是由于 GPC 主要是研究淋洗体积和相对分子质量之间的关系，因此显得对相对分子质量测定不敏感。这些分离机理相互之间并不排斥，凝胶渗透色谱条件不同，占主导作用的分离机理便会不同。在多数情况下，排除理论在分离中起主要作用，随着流速的增加，扩散理论逐渐起作用，而流动分离理论只有在流速很高时才起作用。因此在一般情况下，凝胶渗透色谱的分配系数 K_{GPC} 是平衡排除和扩散两种效应贡献的结果：

$$K_{GPC} = K_X K_D \tag{8-33}$$

式中，K_X 为平衡条件下一部分溶质分子被排除所做的贡献；K_D 为溶质分子在流动相和固定相之间的径向扩散的贡献。K_X 没有流速依赖性，而 K_D 具有流速依赖性。当流速减小时，流动相中的溶质和固定相的接触增加使 K_D 增加。当流速减小到一定程度时，K_D 接近 1。这时 K_{GPC} 就接近于 K_X，平衡排除理论起主要作用。

K_D 的流速依赖性对于分子质量高的样品或扩散系数小的样品影响更大。在实验中观察到，用多孔硅胶填料时，V_R 的流速依赖性很小，即 K_D 接近 1，K_{GPC} 接近 K_X。但当用交联聚苯乙烯作为柱填料时，V_R 值的流速依赖性明显，这时 $K_D<1$，$K_{GPC}<K_X$。流动分离效应在普通的填充柱的实验条件下不起主要作用，因此是观察不到的。只有当柱中能形成毛细管束时，即在高流速的状态下该理论才起作用。

8.3 凝胶渗透色谱的数据处理

8.3.1 凝胶渗透色谱谱图

由于目前的凝胶渗透色谱仪大多仅配有浓度检测器，因此得到的谱图与一般色谱谱图是一样的。横坐标代表色谱保留值，纵坐标为流出液的浓度。因此横坐标的值表示了样品的淋洗体积或级分，这个值是与相对分子质量的对数值成比例的，表征了样品的相对分子质量；纵坐标的值是与该级分的样品量有关，表征了样品在某一级分下的质量分数。因此凝胶渗透色谱图可看作是以相对分子质量的对数值为变量的微分质量分布曲线。

对于单分散性的聚合物样品，其色谱图的保留值即反映了样品的相对分子质量。一般这种单分散性样品的色谱曲线与式(4-17)所描述的一样，可用高斯分布函数表示。

对于多分散性样品，其凝胶渗透色谱曲线是许多单分散性样品分布曲线的叠加，如图 8-6 所示。曲线下面的面积正比于样品量，是各单分散性样品量的总和。这种曲线的形状不一定与高斯分布函数一致，而是和样品的相对分子质量分布状态有关，因此色谱峰的峰位不直接表示样品的平均相对分子质量。在这种情况下，需通过数据处理来获得平均相对分子质量。

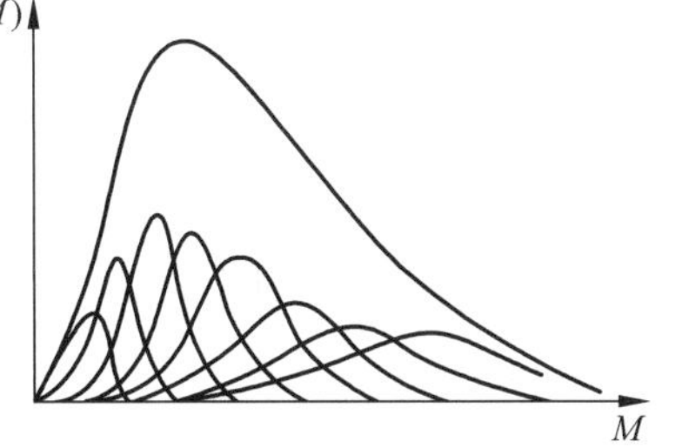

图 8-6 聚合物单分散性相对分子质量分布曲线的叠加

8.3.2 相对分子质量校正曲线

由 GPC 谱图计算样品的相对分子质量分布的关键是把 GPC 曲线中的淋洗体积 V 转换成相对分子质量 M,这种相对分子质量的对数值与淋洗体积之间的关系曲线($\lg M$-V 曲线)称为相对分子质量校正曲线。该曲线测量的精度直接影响到测定的相对分子质量分布的精度,因此相对分子质量校正曲线的确立成为凝胶渗透色谱中关键的一环。

校正曲线的测定方法很多,大致可分为两大类即直接校正法和间接校正法。直接校正法有单分散性标样校正法、渐近试差法和窄分布聚合物级分校正法等;间接校正法有普适校正法、无扰均方末端距校正法、有扰均方末端距校正法等。下面只介绍常用的 3 种校正曲线方法,即单分散性标样校正法、渐近试差法和普适校正法。

1. 单分散性标样校正法

选用一系列与被测样品同类型的不同相对分子质量的单分散性($d<1.1$)标样,先用其他方法精确地测定其平均相对分子质量,然后在同样条件下进行 GPC 分析。每个窄分布标样的峰位淋洗体积与其平均相对分子质量相对应,这样就可做出 $\lg M$-V 校正曲线,如图 8-7 所示。

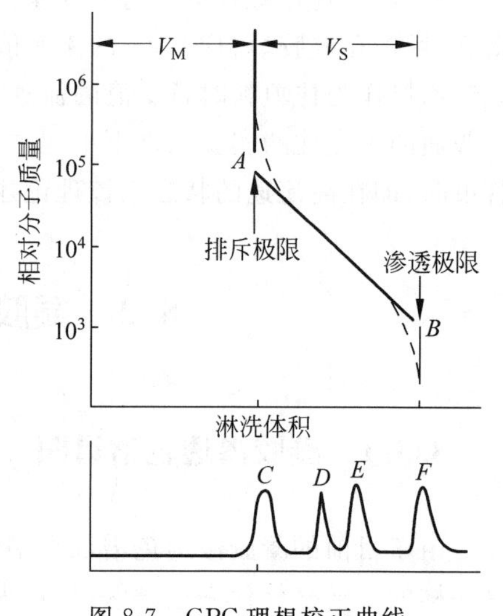

图 8-7 GPC 理想校正曲线

在图 8-7 中,A 点称为排斥极限,凡是相对分子质量比此点大的分子均被排斥在凝胶孔外;B 点称为渗透极限,凡是相对分子质量小于此值的都可以渗透入全部孔隙。

对于线性校正曲线可用下列方程表示:

$$\lg M = A - BV_e \tag{8-34}$$

式中,V_e 为淋洗体积(也可用保留时间);M 代表相对分子质量;A 和 B 为常数,$B>0$。

如果校正曲线是非线性的,则可用曲线方程或多段折线方程表示。

这种测定校正曲线的方法简便,准确性高,但获得与被测样品相同种类的窄分布高分子样品比较困难,限制了它在实际中的应用。

2. 渐近试差法

在实际工作中,有时不易获得窄分布的标样,可选用 2~3 个不同相对分子质量的聚合物标样(平均相对分子质量需精确测量,为已知的),采用一种数学处理方法即渐近试差法,可计算出校正曲线。由于这种方法不需要窄分布样品,因此也可称为宽分布样品测定校正曲线法。

先对已知标样进行 GPC 分析,得到 GPC 谱图。然后依照式(8-34)任意规定一组 A 和 B 的值,得到一条校正曲线,依照此校正曲线方程计算已知标样的平均相对分子质量,把所得到的数据与原始数据进行比较,如不相符合,再修正 A,B 值,重新计算。这样反复试差,直到计算出的结果与已知标样相差在允许的误差范围内(一般小于5%~10%),即可确定校正曲线。

渐近试差法的优点是不需要窄分布标样,实验操作方便,其缺点是不能确定凝胶柱的排斥和渗透极限,只能适用于线性的校正曲线,得到的校正曲线也只是近似的。

3. 普适校正法

GPC反映的是淋洗体积与聚合物流体力学体积之间的关系。各种聚合物的柔顺性是不同的,分子质量相同而结构不同的聚合物在溶液中的流体力学体积也是不同的。因此由上述介绍的两种方法所确定的校正曲线只能用于测定与标样同类的聚合物,当更换聚合物类型时,就需要重新标定。如果校正曲线能用聚合物的流体力学体积来标定,这类校正曲线就具有普适性。

依照聚合物链的等效流体力学球的模型,Einstein粘度关系式如下:

$$[\eta] = 2.5NV/M \tag{8-35}$$

式中,$[\eta]$为特性粘度;M为相对分子质量;V为聚合物链等效球的流体力学体积;N为阿伏加德罗常数。依照上式可用$[\eta]M$来表征聚合物的流体力学体积。

如果用$\lg[\eta]M$-V作校正曲线应该比$\lg M$-V的校正曲线更具普适性。也就是说,不同的聚合物,在同样的GPC实验条件下,当其淋洗体积相同时,下式应成立:

$$[\eta]_1 M_1 = [\eta]_2 M_2 \tag{8-36}$$

脚标1和2分别代表两种聚合物。把Mark-Houwink方程(式(8-26))代入式(8-36),可得

$$K_1 M_1^{1+\alpha_1} = K_2 M_2^{1+\alpha_2} \tag{8-37}$$

两边取对数:

$$\lg K_1 + (1+\alpha_1)\lg M_1 = \lg K_2 + (1+\alpha_2)\lg M_2$$

$$\lg M_2 = \frac{1}{1+\alpha_2}\lg\left(\frac{K_1}{K_2}\right) + \frac{1+\alpha_1}{1+\alpha_2}\lg M_1 \tag{8-38}$$

因此只要知道两种聚合物样品在实验条件下的参数K_1,α_1和K_2,α_2的值,就可由第一种聚合物的校正曲线依上式换算成第二种聚合物的校正曲线。

实验证明该法对线性和无规线团形状的高分子的普适性较好,而对长支链的高分子或棒状刚性高分子的普适性还有待进一步研究。

此方法的优点是只要用一种聚合物(一般采用窄分布聚苯乙烯)作校正曲线就可以测定其他类型的聚合物,但先决条件是两种聚合物的K和α值必须已知,否则仍无法进行定量计算。常用聚合物-溶剂体系的K,α值列在表8-3中。

8.3.3 相对分子质量分布的计算

单分散性样品只要测出GPC谱图就可从图中求出保留值,然后直接从校正曲线查出对应的相对分子质量。

计算多分散性样品相对分子质量分布有两种方法:一种是函数法;另一种是条法。

表 8-3 常用聚合物-溶剂体系的参数表

溶剂	聚合物	温度/℃	$K\times10^3$/(mL/g)	α	相对分子质量$\times10^{-4}$
四氢呋喃	聚苯乙烯	25	1.6	0.706	>0.3
		23	68	0.766	5～100
	聚苯乙烯(梳状)	23	2.2	0.56	15～1120
	聚苯乙烯(星型)	23	0.35	0.74	15～60
	聚氯乙烯	23	1.63	0.766	2～17
	聚甲基丙烯酸甲酯	23	0.93	0.72	17～130
	聚碳酸酯	25	3.99	0.77	
		25	4.9	0.67	0.8
	聚乙酸乙烯酯	25	3.5	0.63	1～100
	聚异戊二烯	25	1.77	0.735	4～50
	天然橡胶	25	1.09	0.79	1～100
	丁基橡胶	25	0.85	0.75	0.4～400
	聚 1,4-丁二烯	25	76	0.44	27～55
	聚 1,4-丁二烯(8%乙烯)	25	4.57	0.693	8～110
	聚 1,4-丁二烯(28%乙烯)	25	4.51	0.693	2～20
	聚 1,4-丁二烯(52%乙烯)	25	4.28	0.693	2～20
	聚 1,4-丁二烯(73%乙烯)	25	4.03	0.693	2～20
邻二氯苯	聚苯乙烯	135	1.38	0.7	0.2～90
	聚乙烯	135	4.77	0.7	0.6～70
		135	5.046	0.693	1～100
	聚丙烯	135	1.3	0.78	2.8～46
间甲酚	聚苯乙烯	135	2.02	0.65	0.4～200
	涤纶	135	1.75	0.81	0.27～3.2
		135	2	0.9	<0.08
氯仿	聚苯乙烯	25	7.16	0.76	12～280
		25	11.2	0.73	7～150
		30	4.9	0.794	19～373
	聚醋酸乙烯酯	25	20.3	0.72	4～34
	聚乙烯基吡咯烷酮	25	19.4	0.64	2～23
	聚甲基丙烯酸甲酯	25	4.8	0.8	8～137
		30	4.3	0.8	13～263
	聚甲基丙烯酸丁酯	25	4.37	0.8	8～80
	聚碳酸酯	25	11	0.82	0.8～27
	聚丙烯酸乙酯	30	31.4	0.68	9～54
	聚环氧乙烷	25	206	0.5	<0.15
	乙基纤维素	25	11.8	0.89	4～14

续表

溶剂	聚合物	温度/℃	$K\times10^3$/(mL/g)	α	相对分子质量$\times10^{-4}$
丙酮	聚甲基丙烯酸甲酯	25	7.5	0.7	2～740
	聚甲基丙烯酸丁酯	25	18.4	0.62	100～600
	聚丙烯酸甲酯	25	5.5	0.77	28～160
	聚丙烯酸乙酯	30	20	0.66	16～50
	聚丙烯酸异丙酯	30	13	0.69	6～30
	聚丙烯酸丁酯	25	6.85	0.75	5～27
	聚环氧乙烷	25	156	0.5	<0.3
	聚甲基丙烯腈	20	95.5	0.53	35～100
	丁腈橡胶	25	50	0.64	2.5～100
	丙烯腈-氯乙烯共聚物	20	38	0.68	4.5～12.7
	纤维素醋酸丁酸酯	25	13.7	0.83	1～210
	三醋酸纤维素	20	2.38	1	2～14
	三硝酸纤维素	20	2.8	1	1～250

1. *函数法*

这种方法是先选择一种能描述测得的GPC曲线的函数，然后再依据此函数和相对分子质量定义求出样品的各种平均相对分子质量。在实际中由于许多聚合物谱图是对称的，近似于高斯分布，因此应用最多的是用高斯分布函数来描述。如用级分质量分数的形式表示，则有

$$W(V)=\frac{1}{\sigma\sqrt{2\pi}}\exp\left[-\frac{(V-V_{\mathrm{p}})^2}{2\sigma^2}\right] \tag{8-39}$$

为计算平均相对分子质量，需要按式(8-34)把保留体积V变换成相对分子质量M，为计算方便把式(8-34)变换成下式：

$$\ln M=A-B_1V_{\mathrm{e}} \tag{8-40}$$

式中，$B_1=2.303B$。在更换变量时还必须满足下式：

$$\int_0^{\infty}W(V)\mathrm{d}V=\int_0^{\infty}W(M)\mathrm{d}M \tag{8-41}$$

即样品总质量不变，则可得到以相对分子质量为自变量的质量微分分布函数如下：

$$W(M)=\frac{1}{M\sigma'\sqrt{2\pi}}\exp\left[-\frac{1}{2}\left(\frac{\ln M-\ln M_{\mathrm{p}}}{\sigma'}\right)^2\right] \tag{8-42}$$

其中，$\sigma'=B_1\sigma$；M_{p}为峰位相对分子质量，可由校正曲线中查出。只要把上式代入式(8-6)、式(8-7)和式(8-12)即可求出$\overline{M}_w$、$\overline{M}_n$和多分散性系数d：

$$\overline{M}_w=M_{\mathrm{p}}\exp(B_1^2\sigma^2/2) \tag{8-43}$$

$$\overline{M}_n=M_{\mathrm{p}}\exp(-B_1^2\sigma^2/2) \tag{8-44}$$

$$d=\overline{M}_w/\overline{M}_n=\exp(B_1^2\sigma^2) \tag{8-45}$$

因此在把GPC谱图近似成高斯分布函数计算时，各种平均相对分子质量和多分散性系数值仅仅与峰位相对分子质量M_{p}、校正曲线斜率B_1和谱峰宽度σ有关。但是当谱图不对称或出现多峰时，就不能近似成高斯分布函数，则式(8-43)～式(8-45)不适用，这时可采用下面介绍的条法计算平均相对分子质量。

2. 条法

把 GPC 曲线沿横坐标分成 n 等份，然后切割成与纵坐标平行的 n 个长条，相当于把整个样品分成 n 个级份，每个级份的淋洗体积相等。

由 GPC 谱图上可求出每个级份的淋洗体积 V_i 和浓度响应值 H_i。再通过校正曲线求出 i 级份的相对分子质量 M_i，级份的质量分数 w_i 可由下式求出：

$$\overline{w}_i = H_i \Big/ \sum_{i=1}^{n} H_i \tag{8-46}$$

样品的平均相对分子质量可按照统计平均相对分子质量的定义计算。由于在此处使用的是质量分数，式(8-2)和式(8-3)可改写成下列形式：

$$\overline{M}_n = \frac{1}{\sum \overline{w}_i / M_i} = \frac{\sum H_i}{\sum H_i / M_i} \tag{8-47}$$

$$\overline{M}_w = \sum \overline{w}_i M_i = \frac{\sum H_i M_i}{\sum H_i} \tag{8-48}$$

其他统计平均相对分子质量和多分散性系数也可用相同的方法计算。这种计算方法的优点是可以处理任何形状的 GPC 谱线的数据。

8.3.4 峰展宽的校正

在第 4 章中已叙述过，色谱过程不可避免地存在着样品区域的展宽，使色谱峰加宽，这一现象在 GPC 中同样存在。依照式(4-26)，在 GPC 中影响峰加宽的主要是涡流扩散、纵向扩散和高分子在凝胶孔洞中的扩散等因素。由于这些因素的影响，得到的 GPC 谱图比实际的相对分子质量分布宽。按照随机模型，在 GPC 谱图中得到的标准偏差 σ_s 用下式表示：

$$\sigma_s^2 = \sigma_D^2 + \sigma^2 \tag{8-49}$$

式中，σ_D^2 是由于色谱动力学过程各种效应引起的方差；σ^2 是样品多分散性引起的真实宽度分布方差。式(8-45)的多分散性系数 d_s 可用下式表示：

$$\begin{aligned} d_s &= \exp[B_1^2(\sigma_D^2 + \sigma^2)] \\ &= d\exp[B_1^2\sigma_D^2] \end{aligned} \tag{8-50}$$

令峰加宽因子 G 为

$$G = \exp\left(\frac{B_1^2\sigma_D^2}{2}\right) = \sqrt{d_s/d} \tag{8-51}$$

如果用 $\overline{M}_{wS}$，$\overline{M}_{nS}$ 和 d_s 分别表示由 GPC 谱图中测得的重均、数均相对分子质量和多分散性系数，则样品真正的相对分子质量为

$$\overline{M}_w = \overline{M}_{wS}/G \tag{8-52}$$

$$\overline{M}_n = \overline{M}_{nS}/G \tag{8-53}$$

$$d = d_s/G^2 \tag{8-54}$$

因此只要预先测定 G 值，就可以从实际的 GPC 谱图中计算出样品真实的平均相对分子质量。

G 值最简单的测定方法是利用单分散性的低分子化合物或特大分子质量样品进行测定，前者在渗透极限之外，而后者在排斥极限之外，因此在谱图中所反映出的峰宽，仅仅是由

色谱动力学过程即 σ_D 造成的,由此可求出 G 值。如果考虑到 G 值与相对分子质量之间有一定的依赖关系,采用上述方法误差较大,则可考虑采用已知分布宽度的样品,测定其 GPC 谱图,由于 σ 值已知,从图中求出 σ_s 即可算出 G 值。

当色谱柱效足够高时,由色谱过程引起的峰加宽影响较小,因此随着高效柱的使用,柱效不断提高,色谱过程引起的峰加宽效应可忽略,这给相对分子质量分布的计算带来极大的方便。

8.4 凝胶渗透色谱在高分子研究中的应用

凝胶渗透色谱能成功地应用于测定聚合物的相对分子质量分布和各种统计平均相对分子质量,已成为高分子材料研究和应用中不可少的手段之一。GPC 在高分子中应用很广,本节仅就几个主要方面作一简介。

8.4.1 凝胶渗透色谱在高分子材料生产及加工过程中的应用

在高分子材料生产过程中,可用凝胶渗透色谱分析监测聚合过程,选择最佳工艺条件,研究聚合反应机理。采用不同的聚合工艺条件,得到的产品相对分子质量分布是不同的。通过相对分子质量分布的分析,可以得到聚合机理的信息,例如苯乙烯辐射聚合,在不同的聚合温度下得到的 GPC 曲线是不同的,如图 8-8 所示。

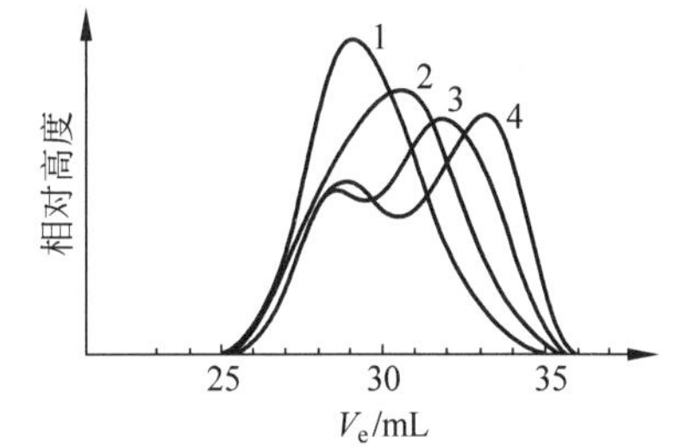

图 8-8 辐射聚合聚苯乙烯的 GPC 曲线

1—30℃,4.98%; 2—15℃,5.47%; 3—0℃,5.30%; 4—−10℃,4.59%

图 8-8 中 GPC 曲线是在水分含量为 5.2×10^{-3}mol/L,辐射剂量率为 8.15×10^{3}Gy/h 下测定的。30℃聚合时产物的 GPC 曲线呈单峰,随聚合温度降低 GPC 曲线出现双峰,至−10℃聚合产物的 GPC 曲线尾部出现的低分子质量的峰增至最高。由于自由基聚合在高温进行,离子型聚合在低温进行,因此在高分子质量部分先出现的峰可认为是按自由基聚合得到的产物,而后出现的峰,即低分子质量部分的峰则是由阳离子型聚合得到的产物。由此可推测低温下,苯乙烯辐射聚合过程可能同时存在两种聚合机理,即自由基和阳离子型聚合,以及此两种机理的过渡状态。

在聚合物的加工过程中,由于加热和剪切等作用,聚合物的分子质量会发生变化,直接影响到材料的性能。表 8-4 列出了 4 种不同牌号的聚碳酸酯样品在加工前后相对分子质量的变化情况。从表中可看出,不同牌号的样品在加工前后分子质量变化的情况是不同的。其中 PC-D 样品加工后重均相对分子质量最大,其冲击韧性相对应该最好,但这与实际测定的情况不相符。这主要是因为当聚碳酸酯相对分子质量低于 2×10^4 以下时,各项性能指标急剧下降,因此 2×10^4 以下的部分含量越小,冲击韧性越好。PC-D 样品尽管重均相对分子质量大,但在 2×10^4 以下的部分所占的质量分数也大,因此导致其冲击韧性降低。但低分子质量部分多,可改善其加工流动性。

表 8-4 不同聚碳酸酯样品在加工前后相对分子质量的变化

聚碳酸酯样品	PC-C		PC-T		PC-S		PC-D	
	前	后	前	后	前	后	前	后
相对分子质量$\times 10^{-4}$								
$\overline{M}_w$	3.30	3.22	3.64	3.06	2.58	2.50	3.58	3.24
$\overline{M}_n$	1.40	1.40	1.45	1.21	1.18	1.14	1.15	1.03
$\overline{M}_Z$	4.87	4.79	5.62	4.78	3.91	3.83	7.27	6.52
$\overline{M}_\eta$	3.16	3.08	3.48	3.06	2.46	2.39	3.32	3.02
M_w 分布								
4×10^4 以上	31.3%	29.9%	36.2%	27.5%	19.3%	18.1%	30.5%	28.8%
$2\times 10^4 \sim 4\times 10^4$	36.3%	36.2%	32.9%	34.2%	35.2%	34.7%	26.7%	28.5%
2×10^4 以下	32.4%	33.9%	30.9%	38.3%	45.5%	47.2%	42.8%	44.7%

用 GPC 研究聚合物的加工过程时，可以在加工过程中不断地取样分析，以确定最佳的加工条件。例如在橡胶制品的生产过程中，一般要进行塑炼。不同种类的橡胶原料在塑炼过程中相对分子质量分布的变化是不相同的，如天然橡胶在塑炼开始时，由于有凝胶存在，颗粒较大不能通过凝胶柱头的滤板，在 GPC 谱图中上反映不出来。随着塑炼时间增加，在 GPC 谱图中可观察到平均相对分子质量下降，但在相对分子质量高的尾端出现小峰，说明天然胶的凝胶被破碎。当塑炼时间再增加时，相对分子质量高的尾端的小峰逐渐消失，平均相对分子质量进一步下降，相对分子质量分布变窄。达到一定的程度后，即使再延长塑炼时间，相对分子质量分布也无明显变化，因此可依照 GPC 的分析结果确定经济的塑炼时间。

8.4.2 共聚物的研究

在共聚物中不仅存在相对分子质量分布，而且其共聚组成也具有一定的分布，这两者之间是相互关联的。用 GPC 可以同时测定共聚物的相对分子质量分布和组成分布，既可研究共聚反应过程，也可测定共聚物组成。一般利用 GPC 测定共聚组成有两类方法：一类方法是利用凝胶渗透色谱与其他分析手段联用，如 GPC-FTIR，GPC-PGC 等联用，同时测定相对分子质量分布和组成分布。图 8-9 和图 8-10 是端羧基液体丁腈橡胶(CTBN)的相对分子质量和组成分布图，采用裂解色谱法测定 GPC 柱后流出物高分子链中的丙烯腈(AN)含量，可以比较准确、快速地得到 CTBN 组成随相对分子质量变化的分布曲线。图中的两种样品所采用的共聚工艺不同，图 8-9 的两种单体采用一步法投料，AN 分布不均匀，而图 8-10 的样品在共聚时，第二单体是分步加入的，因此 AN 分布较均匀，这一结果有助于共聚理论的研究。另一类方法是利用双检测器，一般采用紫外检测器与示差折光检测器串联，后者对共聚组成变化不敏感，得到的是共聚物浓度随相对分子质量变化的曲线，即相对分子质量分布曲线；而前者对共聚物中某一组分有选择性吸收，可用于监测共聚物组成的变化，能得到共聚物组成随相对分子质量变化的曲线。图 8-11 是各种丁苯橡胶的相对分子质量分布与组成分布图，其中图(a)是自由基聚合的丁苯胶，相对分子质量分布较宽、但组成分布较均匀；图(b)是阴离子聚合得到的丁苯胶，相对分子质量分布窄但共聚组成变化比较大；同样，图(c)，图(d)，图(e)是在不同的共聚反应条件下制备的，组成分布也具有各种不同的类型。

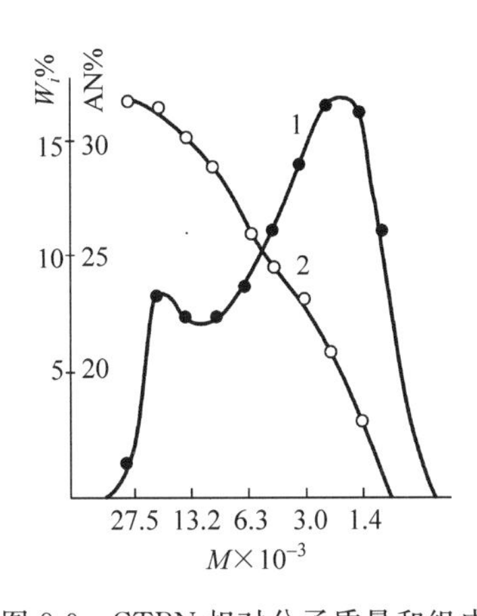

图 8-9 CTBN 相对分子质量和组成分布图(一步法)曲线

1—$W_i\%$-M 曲线；2—AN%-M 曲线

$W_i\%$—相对分子质量为 M 的组分的质量分数,%；

AN%—CTBN 中 AN 的质量分数,%；M—相对分子质量

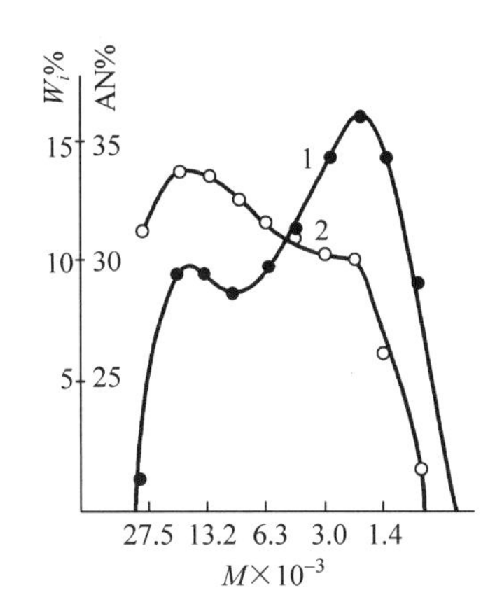

图 8-10 CTBN 相对分子质量和组成分布图(分步法)曲线

1—$W_i\%$-M 曲线；2—AN%-M 曲线

$W_i\%$—相对分子质量为 M 的组分的质量分数,%；

AN%—CTBN 中 AN 的质量分数,%；M—相对分子质量

如果把 RI 和 LALLS 串联使用,由于 LALLS 对相对分子质量高的部分敏感,可用于检测具有轻度交联的聚合物。如图 8-12 是用 RI 和 LALLS 串联测得的乙丙共聚物的 GPC 曲线,其中图(a)是乙烯-丙烯二元共聚物的谱图；图(b)是加入第三单体 5-亚乙基-2-降冰片烯后的谱图。聚合物产生轻度交联,在 RI 检测的谱图中观察不到,但在 LALLS 检测的谱图中非常明显。

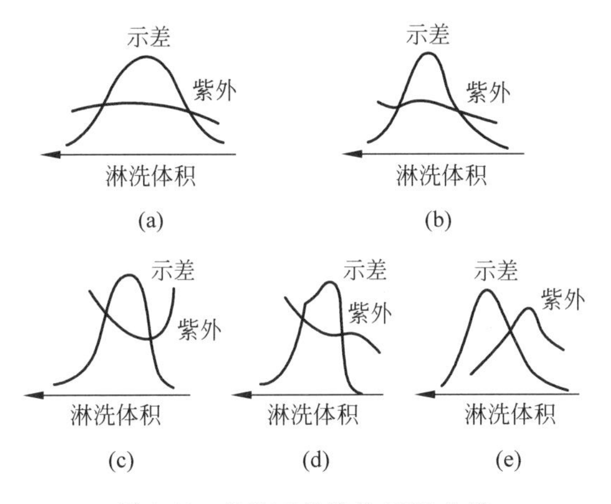

图 8-11 各种丁苯胶的 GPC 曲线

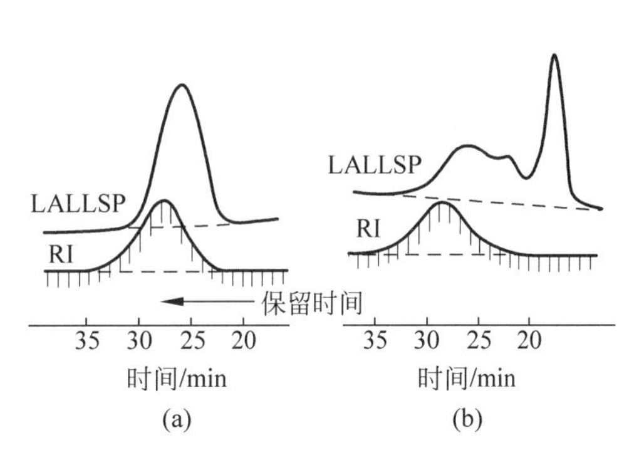

图 8-12 乙烯-丙烯二元与三元共聚物的 RI 和 LALLS 凝胶渗透色谱图

8.4.3 支化聚合物的研究

高分子在聚合过程中,如果产生支化,会使其一系列参数都发生变化,也是影响高分子材料性能的因素之一。支化链一般分为长支链和短支链,前者的支链长度与主链相当,后者的支链长度只相当于较长的侧基。短支链的存在破坏高分子链的规整性,使材料结晶困难；长支链的存在影响材料的流动性,对加工性能有影响。

与相同分子质量的线性聚合物相比，支化后的聚合物在给定的溶剂中具有较低的特性粘度和较小的流体力学体积。式(1-1)已给出了支化情况与其特性粘度之间的关系。在用GPC分析时，当支化聚合物与线性聚合物有相同的流体力学体积时，则下式成立：

$$[\eta]_B M_B = [\eta]_L M_L \tag{8-55}$$

线型聚合物的$[\eta]_L M_L$可按照一般GPC数据处理方式得到，这样只需测出支化聚合物中$[\eta]_B$和M_B中任一数值就可按上式求出另一数值。因此最简便的方法是采用自动粘度计或小角激光光散射仪作为GPC的检测器，直接测出支化聚合物的$[\eta]_B$或M_B，依据式(1-1)算出支化因子G，当与支化点类型有关的因子ε已知时，即可测出支化点数目g。

8.4.4 高分子材料老化过程的研究

高分子材料在使用过程中由于光、热、氧及微生物等的作用会引起高分子链的降解，使高分子材料老化而影响材料的性能和使用寿命。凝胶渗透色谱是研究这种降解过程的很好手段。用凝胶渗透色谱可以观察材料在使用过程中分子链的断裂、耦合与交联，可以为老化机理的研究提供必要的数据。例如聚碳酸酯(PC)是性能优异的工程塑料，但其耐热水老化性能很差，因此使它在许多领域中的应用受到限制。用共混的方法制备聚合物合金材料，可以改善其耐热水老化的性能，其中最突出的是聚碳酸酯-聚乙烯(PC-PE)合金材料。表8-5列出了用GPC方法测定的PC和PC-PE合金在100℃和80℃的水中处理后，相对分子质量的变化值。$\overline{M}_w$随水处理天数变化曲线如图8-13所示。

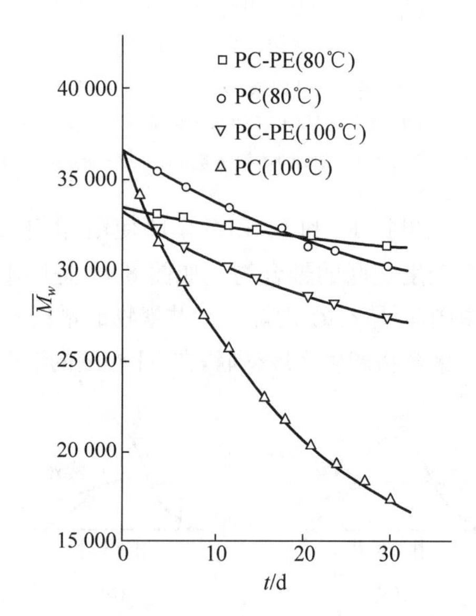

图8-13 PC和PC-PE合金在100℃和80℃水中处理后的$\overline{M}_w$-t曲线

表8-5 PC和PC-PE合金在100℃和80℃水中处理后相对分子质量的变化

水解时间/d	PC				PC/PE			
	100℃		80℃		100℃		80℃	
	M_w	M_w/M_n	M_w	M_w/M_n	M_w	M_w/M_n	M_w	M_w/M_n
0	37 000	2.28	37 000	2.28	33 300	2.12	33 300	2.12
1	35 200	2.26	36 400	2.25	32 900	2.19	33 300	2.19
2	33 500	2.27	38 700	2.27	32 100	2.35	33 000	2.31
4	32 000	2.29	35 700	2.27	32 200	2.32	33 100	2.32
7	29 500	2.24	34 700	2.28	31 200	2.40	32 600	2.32
12	26 800	2.32	34 500	2.25	30 400	2.31	32 400	2.32
15					29 700	2.39	32 200	2.24
16	22 600	2.28						
21	20 200	2.29	31 600	2.27	28 600	2.39	32 000	2.30
24	19 200	2.30	31 100	2.29	28 200	2.41	31 800	2.32
30	17 500	2.22	29 900	2.24	27 800	2.41	31 400	2.30

由图 8-13 和表 8-5 可见，在 100℃ 沸水中，纯 PC 的分子质量下降最快，大约在 20d 左右，平均相对分子质量降到 2 万以下，失去了工程材料的性能。而 PC-PE 合金在同样条件下降解速率减慢很多。

从表 8-5 中还观察到它们的相对分子质量分布宽度指数基本不变。

由上述分子质量随水处理时间的变化规律，还可计算出这两种样品在热水中的降解速率 K 和水解活化能 E。

当某聚合物分子发生随机断键时，其断键数 S 为

$$S=\frac{\mathrm{DP}_0}{\mathrm{DP}_t}-1 \tag{8-56}$$

式中，DP_0 和 DP_t 分别为初始和 t 时刻的聚合度。在 t 时间内，一根化学键发生断裂的几率 α 为

$$\alpha=S/(\mathrm{DP}_0-1) \tag{8-57}$$

当 $\mathrm{DP}_0\gg1$ 时有

$$\alpha=S/\mathrm{DP}_0 \tag{8-58}$$

将式(8-56)代入上式

$$\alpha=\frac{1}{\mathrm{DP}_t}-\frac{1}{\mathrm{DP}_0} \tag{8-59}$$

降解速率常数 K 为

$$K=\mathrm{d}\alpha/\mathrm{d}t \tag{8-60}$$

当水解转化率比较低时，断键数比原有键数小得多，下式成立：

$$Kt=\frac{1}{\mathrm{DP}_t}-\frac{1}{\mathrm{DP}_0} \tag{8-61}$$

考虑到在凝胶渗透色谱中 $\overline{M}_w$ 的测定精度较好，而 PC 在水解时，相对分子质量分布宽度指数 d 基本不变，因此上式可用下式表示：

$$\frac{1}{\overline{M}_{wt}}-\frac{1}{\overline{M}_{w0}}=\frac{K}{254d}t \tag{8-62}$$

式中，254 为 PC 重复单元的相对分子质量。作 $\left(\frac{1}{\overline{M}_{wt}}-\frac{1}{\overline{M}_{w0}}\right)$-$t$ 图，如图 8-14 所示。由曲线的斜率可求出降解速率常数 K 值，见表 8-6。由于曲线的线性很好，可以推定 PC 的降解反应符合一级反应动力学。依照阿累尼乌斯公式可以进一步计算出 PC 的水解活化能 E=(80±8)kJ/mol。

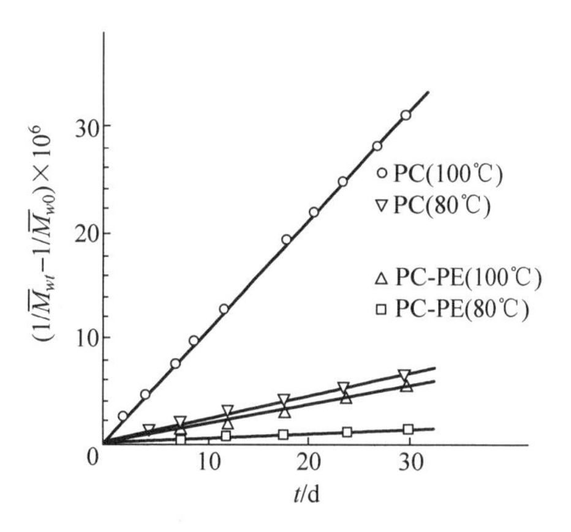

图 8-14　PC 和 PC-PE 合金中的 PC 在热水中的降解速率

表 8-6　在不同水解温度下 PC 的水解速率常数

材　　料	PC		PC-PE	
温度/℃	100	80	100	80
K/(mol/(mol·s))	68.30	13.63	14.14	3.38

采用 GPC 研究 PC 的水解不仅可测定分子质量的变化规律，计算水解速率常数和活化能，还可进一步提供 PC 水解的方式。在用 GPC 测定过程中，发现纯 PC 和 PC-PE 合金中的 PC 的 GPC 谱图的尾峰是不相同的。将尾峰部分收集后用气相色谱和傅里叶变换红外光谱进行测定，证实在纯 PC 中尾峰主要是苯酚，而在 PC-PE 合金的 PC 中，尾峰除苯酚外还存在双酚 A。因此可推测纯 PC 的水解主要是大分子部分产生键的无规断裂；而在 PC-PE 合金中，PC 的水解除上述过程外，主要在端基附近水解，因而可以发现双酚 A 的尾峰。

8.5 场流分离技术

在用 GPC 方法分离聚合物样品时，由于柱压的影响，相对分子质量＞10^7 以上的超高分子质量样品流过凝胶渗透色谱柱时，易产生分子链的断裂，出现分子降解。后来人们采用一种新的聚合物分离技术，即场流分离技术（field-flow fractionation，FFF）来替代色谱分离技术，便解决了超高分子质量聚合物的分离问题。

FFF 的分离原理如图 8-15 所示。在两块板中间留一定的空隙，使溶液流过，形成流动场。在此流动场的垂直方向加一个场力，由于场与流动场中聚合物样品的相互作用，迫使样品靠向槽壁，在槽壁处形成一个薄的稳态层。

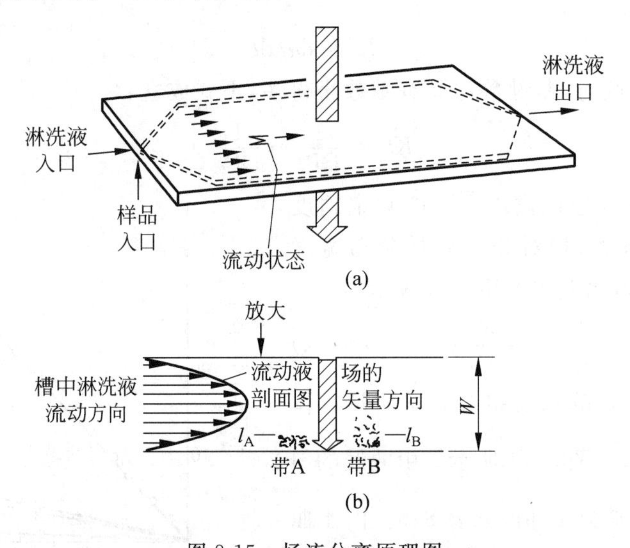

图 8-15 场流分离原理图

(a) 槽的形状及流动场和力场方向示意图；(b) 槽中流动状态放大图

由于力场梯度的作用，较大的分子比较小的分子更易被推向槽壁，使溶液在槽中流动的剖面呈抛物线，如图 8-15(b)所示。

所加的场可以是电场、离心场或温差场等。例如在槽的上下可加两块金属板，上板加热，下板通冷却水，即可形成与槽垂直的温差场。

在具体应用时，只需把凝胶渗透色谱仪中的色谱柱更换成上述场流分离装置，其他部件，如进样器、检测器、数据处理装置等均不必更换即可实现场流分离。但必须注意，与 GPC 不同，这里首先被洗脱出来的是小分子，随后才是大分子。

该项技术目前已成功地用于分离聚苯乙烯、聚甲基丙烯酸甲酯、聚乙烯、聚异丁烯、聚四氢呋喃等多种聚合物。其分离的相对分子质量范围为 $10^3 \sim 10^{18}$，大约相当于粒子尺寸 $10^{-3} \sim 10^2 \mu m$。

8.6　相互作用色谱

GPC 中聚合物分子与固定相没有相互作用，仅仅是根据聚合物分子的流体力学体积不同进行分离，对线型聚合物的分析结果较好，对非线型聚合物及共聚物则偏差较大。相互作用色谱（interaction chromatography，IC）利用聚合物与固定相的相互作用进行分离，可以研究共聚物的组成、化学结构、规整度和官能度的差异，分辨率远高于 GPC，但需针对聚合物体系选定合适的温度梯度、溶剂梯度。这两种色谱条件下相对分子质量和淋洗体积之间的关系见图 8-16。与 GPC 相反，IC 中的淋洗体积是随聚合物相对分子质量增加而增大的。其中，液相色谱临界条件是指聚合物、溶剂、固定相三者之间的相互作用使得不同相对分子质量的组分同时被淋洗出来，在这个条件下，色谱的分离作用消失了。

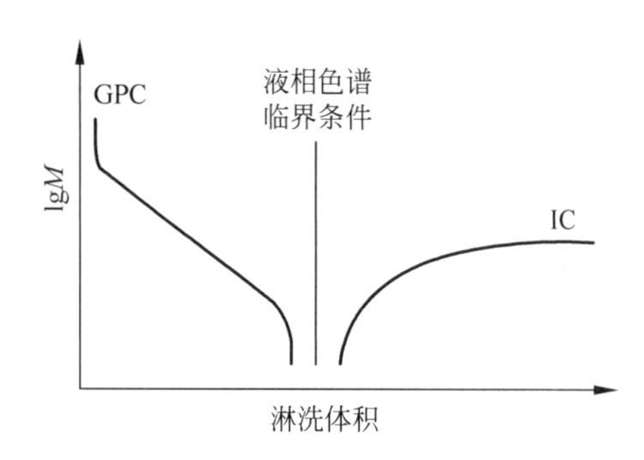

图 8-16　3 种色谱条件下相对分子质量和淋洗体积的关系

由于聚合物与固定相和流动相之间的相互作用对温度敏感，因此温度梯度 IC（temperature gradient IC，TGIC）常用来提高 IC 的分辨率。TGIC 可以很好地分离不同支化结构的聚合物，包括星型聚合物、H 星聚合物和超支化聚合物等。例如图 8-17 是高度支化的 PS（$F_1 \sim F_7$ 的支链数目不同）用 GPC 和 TGIC 分析的结果，TGIC 的分辨率远高于 GPC。

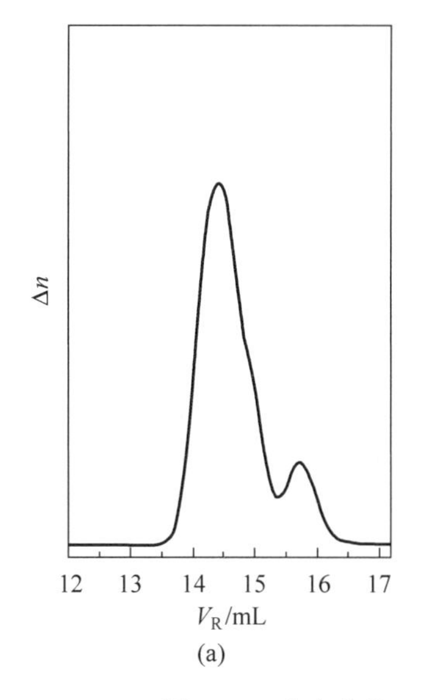

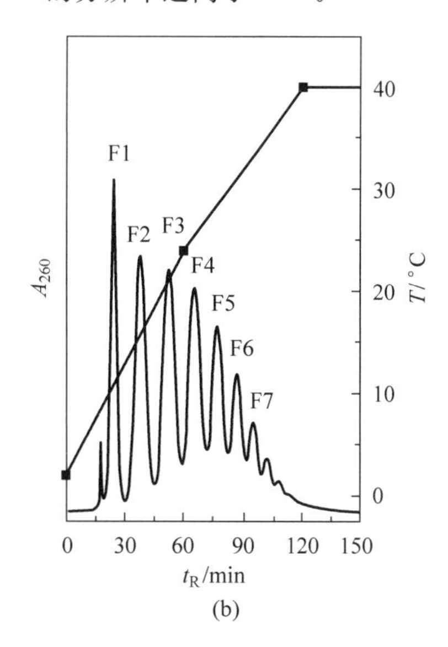

图 8-17　高度支化 PS 的 GPC（A）和 TGIC（B）谱图

此外,TGIC 还可以和 GPC 结合使用来分析聚合物共混物。如图 8-18 中采用 TGIC 和 GPC 双分离机理方法分析了 11 个 PS 标样和 5 个 PMMA 标样的共混体系,流动相是 PMMA 的良溶剂。需要注意的是,对于 PMMA,分子质量的洗脱次序是由大到小;对于 PS,则是由小到大。

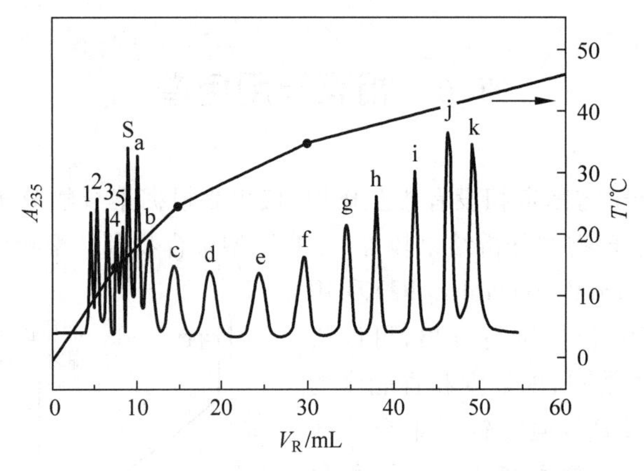

图 8-18 TGIC 和 GPC 联合分析 PMMA-PS 共混体系

a～k—相对分子质量 1 700～2 890 000 的 PS;1～5—相对分子质量 1 500 000～2 000 的 PMMA;S—溶剂峰

由于分离依赖相互作用的强弱,因此 TGIC 不仅对不同分子质量能达到很高的分辨率,而且对带活性端基或官能团的组分也有很好的分离能力。如图 8-19 所示,端羟基的 PS 和不含端羟基的 PS 可以清楚地分开,GPC 则不能,因为一个羟基对相对分子质量的影响完全可以忽略。

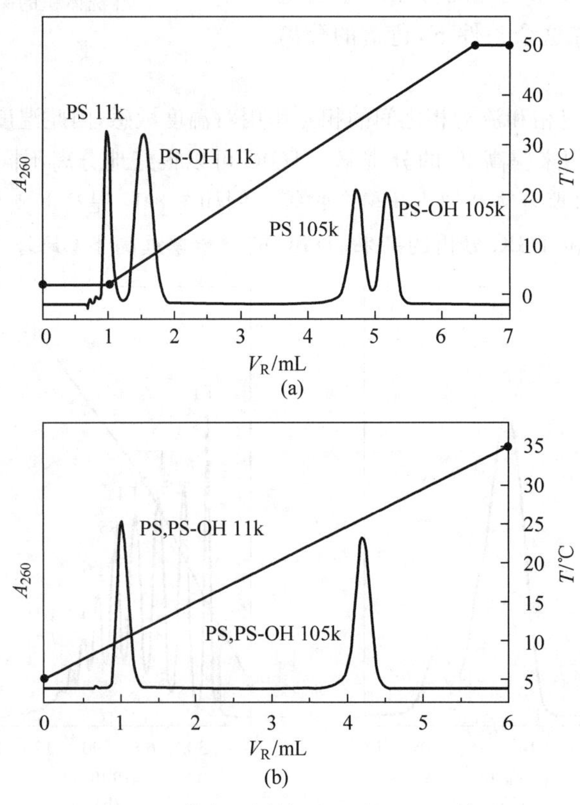

图 8-19 带有不同端基 PS 的 TGIC 谱图

(a) TGIC;(b) GPC

8.7 基质辅助激光解吸/离子化飞行时间质谱

基质辅助激光解吸/离子化飞行时间质谱(matrix-assisted laser desorption/ionization time-of-flight mass spectrometry,MALDI-TOF MS)是新发展起来的一种软离子化技术。它可以不依赖任何标样,准确测定大分子的相对分子质量及其分布,因此从最初对生物大分子的表征,迅速扩展到合成聚合物相对分子质量及其分布的测定。目前已有报道,该方法能测定的最大相对分子质量可达 1 500 000。

这种方法用极短(1～100ns)的激光脉冲照射样品和基质的混合物,基质吸收能量并传递给样品分子,使其迅速解吸,形成分子离子而不进一步碎裂成更小的离子。解吸出来的分子离子进入飞行时间质谱进行鉴别。由于不同质量的离子具有不同的飞行速度,到达检测器的时间也就不同,从而将不同质量的离子分开。

制样是 MALDI-TOF MS 分析能否成功的关键,其中最重要的就是基质的选择。基质要能和样品分子均匀混合,吸收激光能量并传递给样品分子,使其解吸到气相并离子化。常用于聚合物的基质见表 8-7。一般情况下,极性的基质用于极性的聚合物(如 PMMA,PEG 等),非极性的基质用于非极性(如 PS)或无官能团(如 PE)的聚合物。

表 8-7 适用于聚合物分析的基质

基　质	适用的激光波长/nm	应用对象
芥子酸	266,337	聚丙烯酸
	355	磺化聚苯乙烯
2,5-二羟基苯甲酸	266	PEG 及其混合物
	337	聚(R)-3-羟基丁酸酯
	355	PMMA,PVAc
1,8,9-蒽三酚	337	PS,PMMA,PEG 以及聚甲基丙烯酸十二酯、芳香环状低聚物
反式-3-吲哚丙烯酸	337	树枝状聚醚和 PMMA,PS,PVC,PVP,PC
2-(4-羟基苯基偶氮)苯甲酸	337	PVC,PC

1. 相对分子质量及其分布测定

用 MALDI-TOF MS 测定聚合物的相对分子质量,可以从质谱图中直接计算出 $\overline{M}_w$,$\overline{M}_n$ 和多分散性系数 d:

$$\overline{M}_w = \frac{\sum M_i^2 I_i}{\sum M_i I_i} \tag{8-63}$$

$$\overline{M}_n = \frac{\sum M_i I_i}{\sum I_i} \tag{8-64}$$

$$d = \overline{M}_w / \overline{M}_n \tag{8-65}$$

式中,M_i 是某组分的相对分子质量,可从横坐标直接读出;I_i 是该组分的信号强度。

如图 8-20 是阴离子聚合的 PS 的 MALDI-TOF MS 谱图,相对分子质量 2 000～12 000

的各组分都得以分离。峰与峰之间的距离是104.15，是一个苯乙烯重复单元的质量。

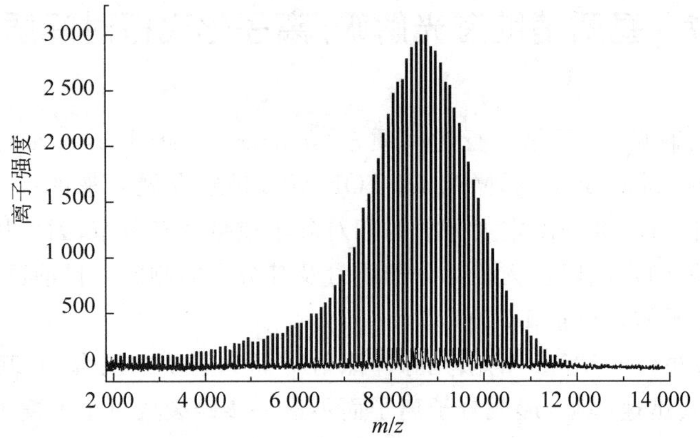

图 8-20　阴离子聚合的 PS 的 MALDI-TOF MS 谱图

一般认为，MALDI-TOF MS 适用于测定窄分布的样品（$d<1.2$），此时测定结果与 GPC 等传统方法得到的结果吻合（表 8-8）。当相对分子质量分布较宽时，高分子质量端难以离子化，产生质量歧视。此时可将 GPC 与 MALDI-TOF MS 联用，先对样品进行分级后再测定每个级分，可以得到较好的结果。

表 8-8　MALDI-TOF MS 与其他方法测得的相对分子质量的比较

聚合物	重均相对分子质量 $\overline{M}_w$	数均相对分子质量 $\overline{M}_n$	$\overline{M}_w/\overline{M}_n$	测定方法
PEG7100	6 865	6 655	1.03	MALDI-TOF MS
	7 043	6 874	1.03	GPC
		6 600		VPO
PEG40000	37 039	36 842	1.01	MALDI-TOF MS
	41 500	36 500	1.14	GPC
	41 400			LS
PS46000	47 319	46 760	1.01	MALDI-TOF MS
	43 500	42 000	1.03	GPC
PS70000	74 518	73 914	1.01	MALDI-TOF MS
	67 500	66 000	1.03	GPC
	69 000			LS

2. 端基分析

MALDI-TOF MS 谱峰对应的高分子链的离子结构可表示如下：

$$G_1—AAAAAAAA—G_2\cdots C^+$$

其中，G_1 和 G_2 为聚合物的末端基团，C^+ 为质子或金属阳离子，A 为重复单元。末端基团质量的计算公式如下：

$$M_{end} = M_{peak} - M_{cat} - nM_{re} \tag{8-66}$$

其中，M_{peak} 表示谱峰对应离子的质量；M_{cat} 表示阳离子的质量；M_{re} 表示重复单元的质量。通过公式可以计算得到末端基 G_1+G_2 对应的值，再结合聚合物的引发和终止过程分析确定聚合物端基。

如聚(3-己基噻吩)(P3HT)的 MALDI-TOF MS 谱图如图 8-21 所示。P3HT 是经 2-溴-5-氯镁-3-己基噻吩催化聚合而来，得到的末端基团可能是 Br/Br，Br/H 或 H/H。以 30 个单体得到的质谱峰为例：

$$166.3(M_{re}) \times 30 + 79.9(\text{Br}) + 1.0(\text{H}) = 5\,069.9$$

与图 8-21 中 5 069.80 的 Br/H 相符，而末端基为 Br/Br 或 H/H 的质谱峰 5 148.8 和 4 989.0 没有观察到，可以确定末端基团为 Br/H。

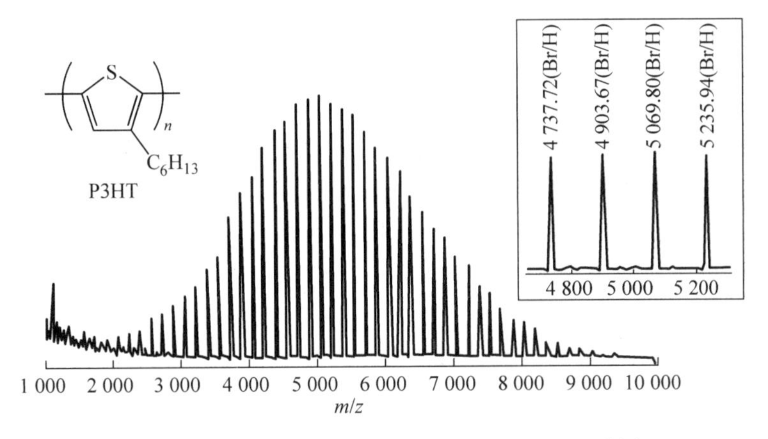

图 8-21　聚(3-己基噻吩)的 MALDI-TOF MS 谱图

此外，MALDI-TOF MS 还可以用于共聚物分析和反应机理研究等。共聚物分析的难点在于将各个组分都成功离子化，否则易产生对某一组分的质量歧视，从而影响结果的准确性。

复 习 题

8-1　试比较气相色谱与液相色谱的异同点。

8-2　试总结凝胶渗透色谱的分离机理。

8-3　用凝胶渗透色谱测定相对分子质量及其分布时，为什么要进行相对分子质量的校正？

8-4　相对分子质量校正方法有哪几种？比较其优缺点。

第 9 章

高分子材料的透射电子显微术

透射电子显微术在高分子研究中有着重要的地位。它可用来观察高分子晶体的形貌和结晶结构,研究多组分高分子材料中分散相的分布情况,测定高分子的相对分子质量分布和多孔高分子薄膜的微孔大小与分布,还可用来使高分子晶体的晶格甚至高分子本身直接成像。透射电子显微术在高分子科学的发展中取得突出成果的例子是1957年首次拍摄到了聚乙烯单晶体的电子显微像和电子衍射花样。在这以前关于结晶高分子材料的聚集态结构一直沿用缨状胶束模型。缨状胶束模型是一个以纤维素的X衍射研究为基础而建立起来的极其粗糙的模型,它没有反映出聚合物结构的具体细节,并否认有高分子单晶体存在的可能,因而不能用来深入探讨高分子材料的结构、加工、物性间的相互关系。鉴于这一原因,在20世纪30和40年代,甚至50年代前半期,人们对高分子聚集态结构的研究不很深入。自从1957年英国的高分子物理学家凯尔(Keller)用透射电子显微镜(transmission electron microscope,TEM)观察和研究了聚乙烯单晶体并提出高分子链在单晶体中近邻规则折叠模型以后,才出现了对高分子结晶结构的研究热潮。由于学术思想活跃,各派相互争鸣,因而把高分子科学大大向前推进了一步。

本章着重介绍透射电镜的基本知识,它的电子显微像的衬度形成原理,一些常用的透射电镜制样技术以及透射电子显微术在高分子研究中的应用实例。

9.1 光学和电子光学基础

透射电子显微镜的成像与透射光学显微镜的成像十分相似。最主要的区别是在电子显微镜中以电子束代替可见光,以电磁透镜代替光学透镜。为了便于了解透射电子显微镜的成像原理,首先复习一下光学凸透镜的聚焦和放大作用。

9.1.1 光学凸透镜的聚焦与放大作用

在光学显微镜中起聚焦作用和放大成像的主要元件是凸透镜。它的几何形状是由两个球冠在底面处重叠而成的(图9-1)。该圆形底面的中心 c 称为透镜中心。如果球冠的高比球面的半径小得多,这种透镜就称为薄透镜。通过透镜中心的各条直线叫做光轴。其中通过透镜球面两球心的那条光轴称为主轴。余下的光轴都称为副轴。通过透镜中心并与主轴垂直的平面叫做透镜主平面,它实际上就是球冠的底面。为了简化作图,在以下的插图中仅画出薄的凸透镜的主平面,不再画出两侧的球面。也就是仅用一段直线来表示图9-1所示的透镜。这种透镜有下面一些特性：

(1) 通过透镜中心的所有光线都不发生折射。正因为具有这一特性，才把这些方向称为光轴。

(2) 平行于主轴的平行光束通过凸透镜后会聚在主轴上的一个点(图 9-2(a))。凸透镜的这种作用称为聚焦，主轴上的这个点称为透镜的焦点，或后焦点，记以 F。透镜中心至焦点的距离称为焦距，用 f 表示。

(3) 主轴上某一点散射出来的光线通过透镜后成为一束平行于主轴的平行光(图 9-2(b))。该点称为前焦点。它到透镜中心的距离也称为焦距。这种作用实际上是一种逆聚焦。当凸透镜两侧球面的曲率半径相同，而且两侧的介质也相同时，透镜两侧的焦距相等。通过焦点并与主轴垂直的平面称为焦平面。包含前焦点的焦平面称为前焦面，另一个则称为后焦面。

(4) 一束平行于任一副轴的平行光通过透镜后也将会聚在副轴与后焦面的交点上(图 9-2(c))。

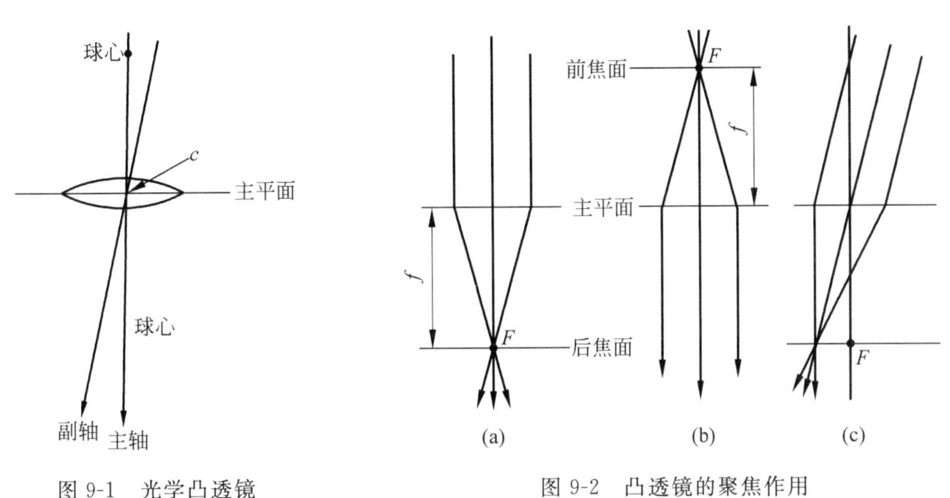

图 9-1 光学凸透镜

图 9-2 凸透镜的聚焦作用

(5) 在理想情况下，如果物平面到主平面的距离(即物距 L_1)大于凸透镜的焦距，则入射光被试样上任何一个物点(例如 A)散射以后的散射光经过透镜后，将会聚在像平面的相应的像点(A')上(图 9-3)。

通过像点并与主轴垂直的平面称为像平面。像平面与主平面间的距离称为像距，用 L_2 表示。图 9-3(a)中像点 A'的位置可以根据上述列举的凸透镜特性 1,2,3 找到。在理想情况下，根据其中任意两条特殊的光线就可以由物点找到对应的像点。如果物点 A,B 同处于一个物平面上，那么像点 B'也和像点 A'同处于一个像平面上。照此作图，可以把一个物体的像的位置和大小确定下来。这里所讨论的成像都是以光的折射规律为基础的。

(6) 薄透镜成像时，物距、焦距和像距三者之间遵循以下的定量关系：

$$\frac{1}{L_1}+\frac{1}{L_2}=\frac{1}{f} \tag{9-1}$$

在讨论透镜成像时，总是把物体相对于透镜的位置作为考察的出发点，所以物距 L_1 恒为正，而像距 L_2 则可正可负。当 $L_2>0$ 时，表示在透镜的另一侧呈现倒立的实像。$L_2<0$ 时，表示在透镜的另一侧得不到物体的实像，只能从另一侧并面向透镜时，看到一个正立的放大像(图 9-3(b))。这个像与平面镜成像相似，并不是由物体上各点散射出的光线实际会

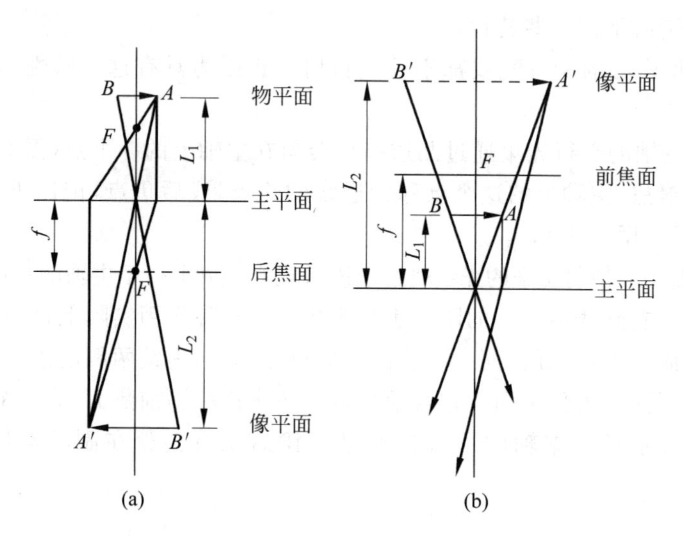

图 9-3 凸透镜的放大成像

聚而成的,所以是虚像。

(7) 通常把像和物的长度比称为透镜像的放大倍数。它在数值上正好等于像距和物距之比:

$$M=\frac{A'B'}{AB}=\frac{L_2}{L_1} \tag{9-2}$$

当 $2f>L_1>f$ 时,由式(9-1)可知像距 $L_2>2f$,因此 $M>1$,说明像是放大的;当物距 $L_1>2f$ 时,由式(9-1)解出 $2f>L_2>f$,因此 $M<1$,说明像是缩小的。

9.1.2 光学显微镜分辨本领的理论极限

人眼的分辨本领约为 0.2mm。借助于光学显微镜可以得到放大了的像,使可分辨的间距进一步减小。但是由于光的衍射效应的存在,不能无止境地提高光学显微镜的分辨本领。衍射现象是由于光波通过透镜时,被透镜各部分折射到像平面上的像点和其周围区域的光波发生干涉作用而产生的。即使是一个理想的点光源,由它发出的光线通过透镜成像以后,也会因衍射效应的存在,在像平面上得到一个埃利(Airy)斑,而不是一个理想的像点。埃利斑由一定大小的中央亮斑和一系列同心的明暗交替圆环所组成,如图 9-4(a)所示。由相应的光强度分布曲线可以看出,其光强度主要集中在中央亮斑处,所以埃利斑的大小可以用第一暗环的半径来衡量。

由光的衍射理论可以导出埃利斑半径 R_d 的表达式为

$$R_d=\frac{0.61\lambda}{n\sin\alpha}M \tag{9-3}$$

式中,λ 为点光源发出的光的波长;n 为透镜物方介质的折射率;α 为透镜的孔径半角,即透镜所能容纳的来自物上某点的最大光锥的半顶角;$n\sin\alpha$ 称为数值孔径;M 为透镜像的放大倍数。

由式(9-3)可以看出埃利斑半径与照明光源的波长成正比,而与透镜的数值孔径成反比。

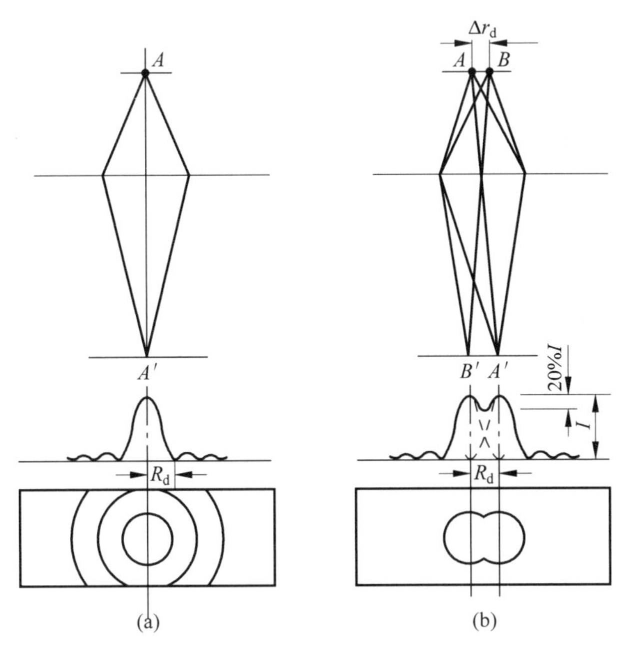

图 9-4 埃利斑和光学透镜的分辨本领

(a) 一个物点通过透镜后形成的埃利斑像；(b) 由埃利斑确定的透镜的分辨本领

试样由许多物点构成，它们既是分离的，又是聚集在一起的。当入射光照射到试样上时，光线被各个物点所散射。因此每一个物点都可视为一个次级"点光源"。光线通过透镜成像后，在像平面上形成相应的埃利斑像。如果物点间相距较远，埃利斑彼此分开，并无重叠；如果物点间相距很近，埃利斑就会部分重叠。当两个大小相同的埃利斑中心间距等于第一暗环半径 R_d 时，两像斑重叠处的光强度要比各像斑中心部位的光强度约低 20%(图 9-4(b))。通常认为人眼或照相底版足以分辨约 20%的光强度差。因此，瑞利(Rayleigh)建议将上述 R_d 规定为两个大小相同的埃利斑像能被分辨的最小中心距。通常把这种情况下在试样上相应的两个物点间距 Δr_d 定为透镜的分辨本领，或称分辨率。根据式(9-2)可知

$$\Delta r_d = \frac{R_d}{M}$$

用式(9-3)代入后得

$$\Delta r_d = \frac{0.61\lambda}{n\sin\alpha} \tag{9-4}$$

对于光学透镜来说，可以采用的最大孔径半角 $\alpha=70°\sim75°$。如果物方介质为油，$n\approx1.5$，这时数值孔径 $n\sin\alpha\approx1.25\sim1.35$。代入式(9-4)可得

$$\Delta r_d \approx \frac{1}{2}\lambda \tag{9-5}$$

这就是说，光学透镜分辨本领的理论极限是照明光波长的一半。可见光的波长范围为 390～760nm，因此在最好的情况下，光学透镜分辨本领的极限值也只有 200nm。

高分子材料的物性除了与它们的分子结构有关以外，还在很大程度上依赖于高分子的聚集态结构。在实际应用时往往出现这种情况：同样牌号的某种高分子原料，由于加工条件的不同，制品的物性可以差别很大。其原因就在于加工后制品内部的高分子聚集态结构

出现了很大的差异。用光学显微镜来区分这些差异有很大的局限性。有些细节看不清楚,小于 200nm 的细节则根本分辨不出来。这就需要用分辨本领更高的显微镜来观察。

9.1.3 电磁透镜的理论分辨本领

由以上的讨论可以看到,提高显微镜分辨本领的关键是缩短照明光的波长。我们知道运动着的电子不但具有粒子性,而且能显示出波动性。一束作匀速直线运动的电子所具有的波长 λ 与电子运动速度 v 和电子质量 m 之间存在以下的关系:

$$\lambda = \frac{h}{mv} \tag{9-6}$$

式中,$h=6.62\times10^{-34}\text{J}\cdot\text{s}$,称为普朗克常数。

当初速为零的电子在加速电压 U 的作用下达到速度 v 时,其动能与加速电压之间的关系为

$$\frac{1}{2}mv^2 = eU$$

于是电子的速度为

$$v = \sqrt{\frac{2eU}{m}} \tag{9-7}$$

式中,$e=1.60\times10^{-19}\text{C}$,是电子的电荷;$m$ 是电子的质量。把这个式子代入式(9-6),就可求得以速度 v 作匀速直线运动电子束的波长:

$$\lambda = \frac{h}{\sqrt{2eUm}} \tag{9-8}$$

当加速电压较低时,电子运动速度比光速小得多,它的质量近似等于电子的静止质量 $m_0=9.11\times10^{-31}\text{kg}$。以这个数值代入式(9-8)可求得

$$\lambda = \sqrt{\frac{1.5}{U}} = \frac{1.225}{\sqrt{U}}(\text{nm}) \tag{9-9}$$

式中,U 以伏为单位。可以看出电子束的波长随加速电压的增高而缩短。在电子显微镜中,加速电压相当高,目前常规透射电子显微镜的加速电压一般为 100kV 或 200kV。在这种情况下,电子的运动速度很高。在计算这种高能电子的波长时,必须引用相对论加以校正。经校正后,式(9-9)改变为

$$\lambda = \frac{1.225}{\sqrt{U(1+0.9788\times10^{-6}U)}}(\text{nm}) \tag{9-10}$$

由此而求得的电子波长如表 9-1 所示。

表 9-1 不同加速电压下的电子波长

加速电压/kV	20	30	50	100	200	500	1 000
电子波长/10^{-3}nm	8.59	6.98	5.36	3.70	2.51	1.42	0.687

当加速电压为 100kV 时,电子束的波长约为可见光波长的十万分之一。由衍射效应导出的光学透镜的分辨本领表达式原则上也适用于电磁透镜。而电磁透镜的孔径半角的典型

值为 $10^{-3} \sim 10^{-2}$ rad，$n=1$，代入式(9-4)后得

$$\Delta r_d \approx 0.61\lambda/\alpha \tag{9-11}$$

当电镜的加速电压一定时，电子束的波长就确定了。这时电磁透镜的孔径半角 α 越大，衍射效应产生的埃利斑半径越小，透镜的分辨本领便越高。如果加速电压为 100kV，孔径半角为 10^{-2} rad，那么分辨本领为

$$\Delta r_d = 0.61 \times \frac{3.7 \times 10^{-3}}{10^{-2}} \mathrm{nm} = 0.225 \mathrm{nm}$$

透镜的实际分辨本领除了与衍射效应有关以外，还与透镜的像差有关。对于光学透镜，已经可以采用凸透镜和凹透镜的组合等办法来矫正像差，使之对分辨本领的影响远远小于衍射效应的影响。但是电磁透镜只有会聚透镜，没有发散透镜，所以至今还没有找到一种能矫正球差的办法。这样，球差对电磁透镜分辨本领的限制就不允许忽略了。

球差又称球面像差。在电磁透镜的同一横截面上，旁轴磁场对电子的折射能力要比远轴磁场的效应差一些。所以，一个物点上散射出的大孔径角的电子会聚得快一些，小孔径角的电子会聚得慢一些。这样就使所形成的像不再是一个清晰的点，而是一个弥散的区域(图 9-5)。这种像差就称为球差。球差的大小，可以用球差散射圆斑半径 R_s 和纵向球差 ΔZ_s 两个参量来衡量。前者是指在旁轴电子束形成的像平面(也称高斯像平面)上的散射圆斑的半径；后者是指旁轴电子束形成的像点和远轴电子束形成的像点间的纵向偏离距离。从图 9-5 可以看出，即使是轴线上的物点，也不可避免地要产生球差，因而这种像差的影响最为严重。

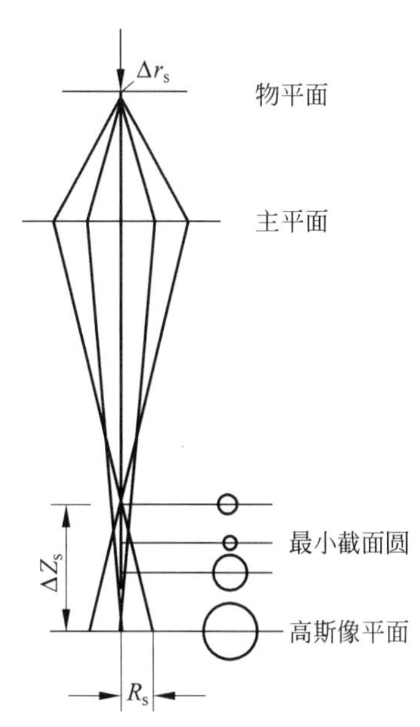

图 9-5　电磁透镜的球差

计算表明，在球差范围内距高斯像平面 $\frac{3}{4}\Delta Z_s$ 处的散射圆斑的半径最小，只有 $R_s/4$。习惯上称它为最小截面圆。球差对透镜分辨本领的影响与埃利斑很相似。为此，也可以像考察埃利斑像对透镜分辨本领的影响那样来考察球差对分辨本领的影响。如果计算分辨本领所在的平面为高斯像平面，就把 R_s 定为两个大小相同的球差散射圆斑能被分辨的最小中心距。这时在试样上相应的两个物点间距为

$$\Delta r_s = R_s/M = C_s\alpha^3 \tag{9-12}$$

式中，C_s 为电磁透镜的球差系数；α 为电磁透镜的孔径半角。

如果计算分辨本领的平面为最小截面圆所在平面，则

$$\Delta r_s' = \frac{1}{4}C_s\alpha^3 \tag{9-13}$$

从以上两式可以得知 $\Delta r_s'$ 或 Δr_s 与球差系数 C_s 成正比，与孔径半角的立方成正比。也就是说，球差系数越大，由球差决定的分辨本领越差；随着 α 的增大，分辨本领也急剧地下降。

由球差和衍射同时起作用的电磁透镜的理论分辨本领可以由这两个效应的线性叠加求得，即

$$\Delta r = \Delta r_s + \Delta r_d = C_s\alpha^3 + 0.61\lambda/\alpha \tag{9-14}$$

Δr 随孔径半角 α 的变化关系如图 9-6 所示。于是最佳孔径半角 α_p 为

$$\alpha_p = \left(\frac{0.2\lambda}{C_s}\right)^{1/4} = 0.67\left(\frac{\lambda}{C_s}\right)^{1/4} \tag{9-15}$$

相应的最小分辨距离 Δr_{th} 为

$$\Delta r_{th} = 1.2C_s^{1/4}\lambda^{3/4} \tag{9-16}$$

这就是由球差和衍射所决定的理论分辨本领。

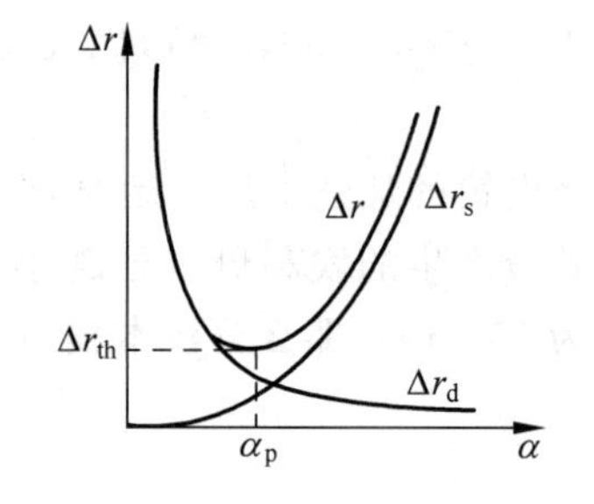

图 9-6　由球差和衍射所决定的电磁透镜的分辨本领 Δr 对孔径半角 α 的依赖性

在不同的理论假设下，式(9-15)和式(9-16)两式中的系数有所不同，因此这两个式子可用更普遍的形式来表示：

$$\begin{cases}\Delta r_{th} = AC_s^{1/4}\lambda^{3/4} \\ \alpha_p = B(\lambda/C_s)^{1/4}\end{cases} \tag{9-17}$$

而且可得

$$\Delta r_{th}\alpha_p = AB\lambda \tag{9-18}$$

当加速电压为 100kV 及轴上磁场最大值 $H_0=1.6\times10^6$ A/m 时，根据不同的假设求得的透射电镜理论分辨本领为 0.2～0.3nm（表 9-2），目前实际透射电镜的点分辨率已接近于这个理论值。

表 9-2　透射电镜的理论分辨本领

计算分辨本领所在的平面	试样发出电子的角分布	A	B	Δr_{th}/nm	$\alpha_p/10^{-2}$ rad
高斯像平面	高斯分布	0.78	0.92	0.32	0.82
高斯像平面	朗伯分布	0.56	1.13	0.24	1
最小截面圆平面	朗伯分布	0.43	1.4	0.18	1.24

从以上讨论可以看出，减小电镜的球差和提高加速电压，有助于提高透射电镜的分辨本领。

9.1.4　电磁透镜的景深和焦深

不仅电磁透镜的球差随孔径半角 α 的增大而增大，而且其他一些像差也随 α 的增大而变得更加严重，所以在电子显微镜中 α 都取很小的值，例如 10^{-2} rad。由此可导致另一个结果，就是使电磁透镜具有景深大和焦深大的优点。

任何试样都有一定的厚度。当透镜焦距、像距一定时，其物距就确定了。这时试样中只有一层平面与透镜的理想物平面相重合。只有它上面的物点可以在固定好了的透镜像平面上获得理想的像，而偏离理想物平面的物点都存在一定程度的失焦。它们在固定的透镜像平面上将产生一个具有一定尺寸的失焦圆斑，其半径为 ΔR_f。如果失焦圆斑尺寸不超过由衍射效应和像差引起的散射圆斑，那么对透镜的分辨本领不会产生影响。因此人们把透镜物平面允许的轴向偏差定义为透镜的景深，用 D_f 来表示，它与电磁透镜的分辨本领 Δr、孔径半角 α 间的关系可由图 9-7 求得

$$\tan\alpha = \frac{\Delta r}{\frac{1}{2}D_f}$$

所以景深的表达式可写成

$$D_f = \frac{2\Delta r}{\tan\alpha} \approx \frac{2\Delta r}{\alpha} \tag{9-19}$$

由上式可知随孔径半角 α 的减小，透镜景深 D_f 增加。在一般情况下，电磁透镜的 α 为 10^{-2} ～ 10^{-3} rad，所以景深为(200～2 000)Δr。它与透镜的分辨本领成比例，而比它大 200～2 000 倍。如果透镜的分辨本领 Δr=1nm，那么透镜景深 D_f=200～2 000nm。对于加速电压为 100kV 的透射电镜，试样厚度一般控制在 200nm 左右。此时，整个试样在厚度方向上都处于透镜的景深范围之内，因此试样各部位的细节都能得到清晰的像。如果在电镜观察时，可以允许较差的图像分辨率，那么，透镜的景深就更大。在光学显微镜观察试样时人们都有这样的体会，就是在高放大倍数下图像很难聚焦清晰。在电子显微镜中，电磁透镜的景深大这一点对于电镜的聚焦操作是十分有利的，尤其是在高放大倍数的情况下。

现在来考察一下电磁透镜像方的情况。当其焦距和物距一定时，像平面的位置在轴向偏离理想像平面时也会引起失焦。如果失焦斑的尺寸不超过透镜因衍射和像差引起的散射圆斑的大小，那么把像平面置于一定的轴向范围内，不会影响图像的分辨率。人们把透镜像平面允许的轴向偏差定义为透镜的焦深，用 D_L 表示。由图 9-8 可得

$$\tan\beta = \frac{\Delta r M}{\frac{1}{2}D_L}$$

因为 $\beta=\alpha/M$，所以焦深的表达式可写为

$$D_L = \frac{2\Delta r}{\alpha}M^2 \tag{9-20}$$

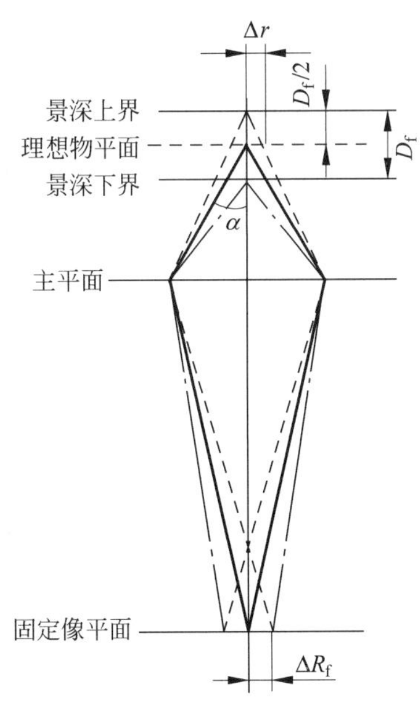

图 9-7　电磁透镜的景深

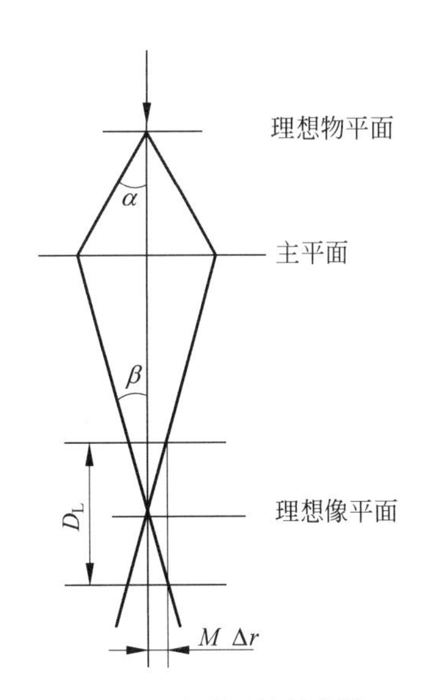

图 9-8　电磁透镜的焦深

式中,M 为透镜的放大倍数。若 $\Delta r=1\mathrm{nm}$,$\alpha=10^{-2}\mathrm{rad}$,$M=200$,则 $D_{\mathrm{L}}=8\mathrm{mm}$。这就是说,当该透镜的实际像平面置于理想像平面之上或之下各 4mm 的范围内时,不需要改变透镜的聚焦状态,就可使图像保持清晰。

实际的透射电镜都是由多级电磁透镜组成的。它的终像放大倍数等于各级透镜放大倍数之积。由于这个缘故,终像的焦深很大,一般情况下可超过 10～20cm。正因为这样,只要在荧光屏处看到的图像是聚焦清晰的,那么在荧光屏上或下 10cm 左右处放置的感光底片都能得到清晰的图像,这就为电镜的制造和操作带来了很大的方便。

9.2 透射电镜的结构及其成像机制

9.2.1 透射电镜的构造和电子图像的形成

透射电镜的主机由电子光学系统、真空系统、供电系统和辅助系统四大部件组成。为了尽可能扩大仪器的使用范围,还可以配备许多附件,例如拉伸附件、加热附件等,使它可在一些特殊的条件下观察形貌、结构和对试样的成分进行分析。

电子光学系统也称为镜筒,是整个电镜的主体,在结构上它和透射光学显微镜十分相似。其照明系统由电子枪和聚光镜组成,成像系统由试样室、物镜、中间镜和投影镜组成。观察和记录系统由观察室和照相机组成,其光路如图 9-9 所示。

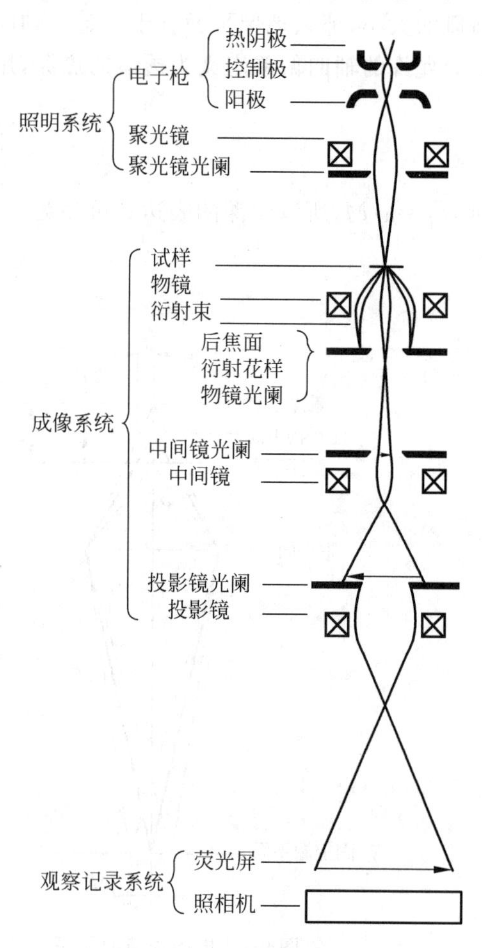

图 9-9 透射电镜的光路图

人眼之所以能看清物体是由于人对光强度的差异和光波长的差异很敏感。这种差异称为“反差”或“衬度”。前者称为振幅反差或振幅衬度,后者称为色反差。电子显微像的衬度取决于投射到荧光屏或感光底片上不同区域的电子强度的差别。由电子感光底片只能够印出黑白照片来。这些图像的形成是由电子与试样作用的结果。

在透射电子显微镜中,当电子束穿透试样时,产生 4 种基本物理过程:散射、吸收、干涉和衍射。这 4 种物理过程原则上都是电镜成像的因素,而其中以散射对成像的影响最大。

9.2.2 电子散射和散射衬度

当一个高速电子打到薄试样上时,会和试样中的原子碰撞一次、几次或许多次。第一种情况称一次散射，这时电子的运动受到原子核的静电场的散射作用；第二种情况称为多次散射，这时电子的运动可由各次散射作用叠加而求出；第三种情况称为累次散射，此时电子的运动规律需由统计平均求得。对于实际的试样，入射电子的散射形式取决于试样的厚度 t。更确切地说，取决于 ρt，这里 ρ 是试样的密度。因此 ρt 又称为质量厚度。平均地说，对于质量厚度小的试样，主要是一次散射，而质量厚度大的试样，则主要是多次或累次散射。本节仅讨论一次散射的情形。入射电子在试样中的散射有两类：弹性散射和非弹性散射。弹性散射是指当入射电子与试样中单个孤立的原子发生碰撞时，电子的运动方向和动量发生变化，但能量损失很小，故可忽略不计。非弹性散射是指当入射电子与试样中单个孤立原子的核外电子发生碰撞时，两者发生能量交换，使入射电子能量损失。但此时入射电子的散射角度要比弹性散射时的小。

由无定形或非晶高分子材料制成的试样，其中的原子排列是相当无规的，在像平面上其电子束的强度可以借助于独立地考察各个原子的散射并将结果相加而成。

设 I_0 是没有试样时像平面上的电子束强度，I 是当受到厚度为 t 的试样散射时像平面上电子束的强度。可以证明，在电镜的通常使用条件下，有如下关系：

$$I = I_0 \mathrm{e}^{-Qt} \tag{9-21}$$

式中，Q 为 $1\mathrm{cm}^3$ 试样中 N 个原子的散射总截面，即

$$Q = N\sigma_1 \tag{9-22}$$

式中，σ_1 为原子散射截面，其值等于电子被散射到等于或大于 α 角的几率除以垂直于入射电子方向上每单位面积上的原子数。

若聚合物试样的密度为 ρ，平均相对原子质量为 $\overline{M}$，阿伏加德罗常数为 N_A，则 $N=N_A\rho/\overline{M}$。代入式(9-22)得

$$Q = N_A\sigma_1\rho/\overline{M} \tag{9-23}$$

对于厚度为 t 的试样，则有

$$Qt = \frac{N_A\sigma_1}{\overline{M}}\rho t \tag{9-24}$$

式中，ρt 称为试样的质量厚度。

如果试样上有一个厚度起伏 Δt，则在 $t+\Delta t$ 范围以外，像平面上电子束的强度 $\overline{I}$(即背景的强度)为

$$\overline{I} = I_0 \mathrm{e}^{-Qt} \tag{9-25}$$

在 $t+\Delta t$ 范围以内像平面的强度 I 为

$$I = I_0 \mathrm{e}^{-Q(t+t\Delta t)} \tag{9-26}$$

两者的强度差为

$$\Delta I = \overline{I} - I = I_0 \mathrm{e}^{-Qt}(1-\mathrm{e}^{-Q\Delta t}) \tag{9-27}$$

散射衬度 C 就定义为上述强度起伏 ΔI 与背景强度 $\overline{I}$ 的比值，即

$$C = \frac{\Delta I}{\overline{I}} = 1-\mathrm{e}^{-Q\Delta t} \tag{9-28}$$

在透射光学显微镜中，衬度主要由各部分试样对光的吸收不同所产生，而电镜成像时质量厚度衬度的形成主要在于入射电子的散射。

如果在试样的某些区域，所含物质的原子序数较大(如图9-10中的 A 点附近)或厚度

较大(如图 9-10 中的 C 点附近)，那么当入射电子束通过时，散射就强，因而有较多的电子被散射到光阑孔以外，到达像平面的电子数便减少了，图像中所对应的这些区域的亮度也就降低了。如图 9-10 中 A'和 C'点附近的亮度要比 B'点附近的低。因此该光阑也称衬度光阑(在某些情况下，衬度光阑放在物镜极靴中央平面处。)

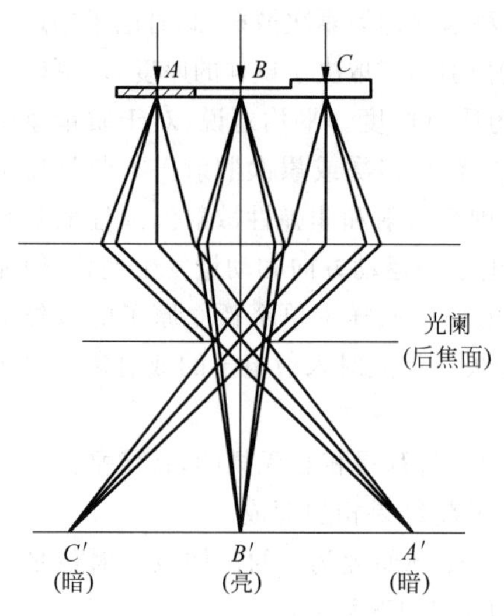

图 9-10 质量厚度衬度的形成

为了改善质量厚度衬度，在电镜技术方面可以采用空心束暗场成像法，即在后焦面上放置一个环形光阑，此光阑的中心是一个电子不能穿透的小圆挡板。它阻挡了穿过试样后仍平行于轴的几乎没有被散射的电子束。由于这些电子并不传递结构信息而只形成像的背景，所以把它们挡住以后，不但可使衬度显著增大(例如增加 6～7 倍)，而且在这样的暗场像中可以看到明场像中被背景光强掩盖掉的那些结构细节。

也可以在制样技术上采取一些措施以改善质量厚度衬度，例如常用重金属对高分子试样进行染色或者投影以增加其某些部位的质量，还可以用蚀刻法使试样中结构不同或成分不同的区域被蚀刻掉的程度不同，从而形成厚度上的差异。

要顺便提一下的是电子被物质的吸收也对振幅衬度有贡献。振幅衬度的含义要比质厚衬度的含义更广泛。它是指由于透过试样不同部位的电子在到达像平面时数目不同而导致的光强度的相对差异。入射电子经多次非弹性散射后，速度越来越小，最后被试样所吸收。这也会造成到达像平面电子数目的差异，并对振幅衬度做出贡献。可是吸收电子时试样要发热，并产生漂移，严重时甚至使支持膜破裂，使电子显微像模糊。

9.2.3 阿贝成像原理

对于聚合物的薄晶体样品，它们的厚度大致均匀，平均原子序数也没有差别，即使是聚合物共混体系在这方面也没有多大差别。因而聚合物薄晶体的不同部位对电子的散射和吸收大致相同。这就是说，由散射电子与透射电子在像平面上复合而构成的图像，除了能得到外貌以外，不能得到晶体学方面的信息，也即对于聚合物薄晶体不可能利用质量厚度衬度来得到满意的电子显微像，而衍射衬度和相位衬度则可以提供晶体学方面的信息。这两种衬度是以阿贝成像原理为基础的。

当一束平行光照射到具有周期结构的试样上时，除了零级透射束外，还会产生各个高级衍射束。在它们经过透镜的聚焦作用后，便在后焦面上形成一组分立的具有周期性分布的衍射振幅极大值，即

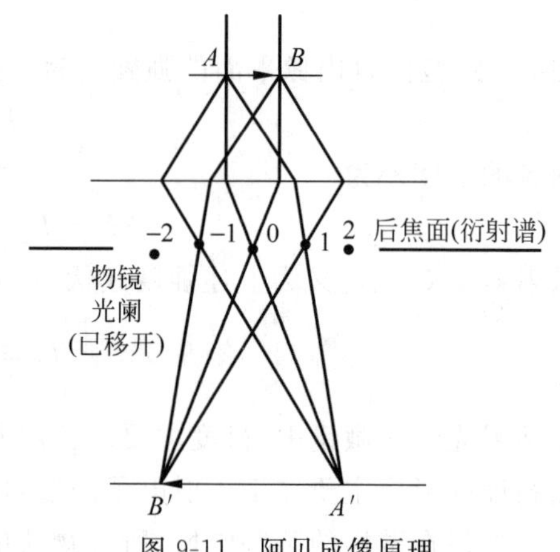

图 9-11 阿贝成像原理

如图 9-11 中的 $-1,0,1$ 等各级衍射点，而这每一个振幅极大值点都可以看作是一个次级相干光源。由这些次级光源可再发出一系列次级波，它们在像平面上相互干涉后重新构成反映实物的像。例如图 9-11 中的像点 A' 和 B' 就是物点 A 和 B 的像。这种由各级衍射谱叠加而成的可以反映实物的像，就是通常所讲的传统意义上的“像”。

从阿贝成像原理可知，如果要得到一张通常的很好反映实物的像，必须要求有相当数量的高次谐波参加成像，因为只有那些高次谐波才能反映出物的细节。

阿贝成像原理把透镜的成像作用分为两个过程：第一个过程是平行光束遭到物的散射作用而分裂成为各级衍射谱，即由物变换为衍射谱的过程；第二个过程是各级衍射谱经过干涉作用重新在像平面上会聚成各个像点，即由衍射谱重新变换为物(这里把像视为放大了的物)的过程。这个原理完全适用于电子显微镜的物镜成像作用，而且在电镜中，它具有更重要的实用意义，因为晶体对于电子束就是一个具有三维周期性结构的物体。

9.2.4　电子衍射和衍射衬度

利用衍射技术可以获得样品的晶体学信息。晶体的原子是按一定的短程有序性和长程有序性排列的。当一束电子照射到晶体上时，会像 X 射线一样发生衍射，并且也遵循布喇格公式：

$$n\lambda = 2d\sin\theta \tag{9-29}$$

式中，n 是衍射级数；λ 是电子束的波长；d 是晶面间距；θ 是布喇格衍射角。

衍射衬度是由晶体内部各个部分满足上述衍射条件的程度不同而引起的。要分析衍衬像的成因，就要了解影响衍射强度的各种因素。影响电子衍射的因素一般有以下 3 个方面：晶面的方位和间距、晶面组的结构振幅、晶体尺寸大小。现分别讨论如下：

1. 晶面的方位和间距的影响

如果晶体中的某一组晶面与电子束的相对取向满足布喇格条件，且结构振幅不为零，就可以产生衍射。假设图 9-12 所示的试样中存在 A，B 两种位相不同的晶粒。当平行电子束照射到它上面时，B 晶粒的某晶面组与入射电子束方向成布喇格角 θ，而其余的晶面都与衍射条件偏离甚远。此时在后焦面处，hkl 斑点特别亮。如果可以因晶体薄而忽略电子的吸收和其他较弱的衍射束，那么当入射束通过 B 晶粒区以后，将分成两个电子束：其一是强度为 I_{hkl} 的衍射束，其二为强度是 (I_0-I_{hkl}) 的透射束。

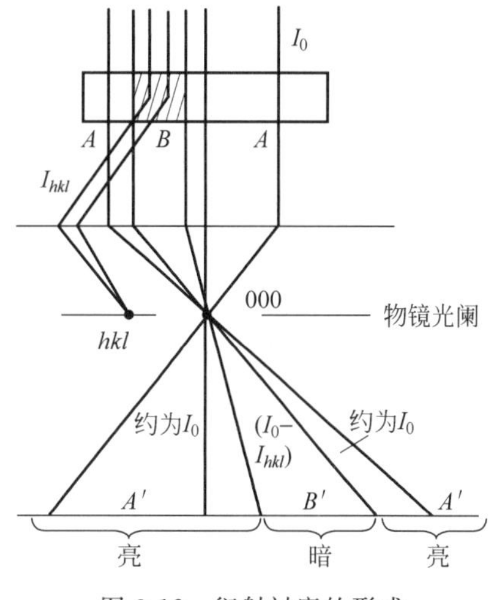

图 9-12　衍射衬度的形成

如果在位相为 A 的晶粒内，正好没有任何晶面组能与入射电子束方向成布喇格角，那就没有衍射束产生。因此 A 晶粒区的透射束强度接近于入射束的强度 I_0。假如用物镜光阑把 B 晶粒的 hkl 衍射斑挡住，只让透射束通过，则在像平面上将形成像的衬度，其值也可按式(9-28)求得

$$C_{衍射}=\frac{\Delta I}{\bar{I}}=\frac{I_A-I_B}{I_A}\approx\frac{I_{hkl}}{I_0} \tag{9-30}$$

若在样品中某处存在着缺陷,而它又能使这组晶面产生畸变,发生歪扭,即破坏了这组晶面的周期性,使得缺陷处晶面与电子束的相对方位发生了变化,不同于晶面无缺陷区域的相对方位。于是这两种区域满足衍射条件的程度不一样,造成了衍射差异,就产生了衬度。与此类似,当缺陷引起晶面间距改变时,也可以产生衬度。

由于晶体中存在的缺陷,如晶界、位错、层错及第二相颗粒等都处于很微小的区域,所以样品的厚度和晶体本身的密度对这些缺陷不敏感,因此它们对电子的散射能力并没有很大的差异。这就是说,晶体试样的质量厚度衬度不能反映试样中所含晶体缺陷的特征。但是这些微观缺陷都会造成微小区域的晶面取向的改变和晶面间距的差异。尽管这些变化仅仅发生在微小的区域,但却可以十分敏感地反映出布喇格条件的变化。这是因为电子衍射的衍射角很小,只要衍射平面和电子束之间的夹角有一微小改变(约 10^{-4} rad)就会导致衍射条件发生很大的改变,因此晶体中这些缺陷能够灵敏地影响衍射效应。

2. 结构振幅的影响

结构振幅是衡量晶体中不同晶面组散射电子能力大小的物理量。同样能量的电子束作用在不同结构的晶体上会得到不同的衍射强度分布和强度值。散射能力大的晶体所得到的衍射强度大,反之则小。如果有第二相粒子析出或有夹杂物存在,由于基体与夹杂物或第二相粒子的结构振幅不一样,电子束作用在这个区域时就会产生衬度。

3. 晶体尺寸的影响

晶体尺寸的变化导致晶体结构中总周期数的变化,使衍射条件发生改变。晶体不可能是无穷大,实际上它有一定的尺寸,特别是当晶粒很小时,和光栅衍射一样会使衍射线加宽,即衍射束不再局限于严格的 θ 角方向,而是在布喇格方程给出的精确 θ 角附近有一定的衍射角范围。计算指出,衍射线的宽度和晶体尺寸成反比。这个反比规律在一切衍射实验中都成立。对于高能电子衍射,由于样品很薄,衍射线的宽化十分明显,从而增加了产生衍射的几率,改变了衍射点内的强度分布,导致衍射衬度的形成。

9.2.5 选择衍射成像及衍衬像的特点

从图 9-11 可以看出,阿贝衍射成像时,像点 A' 和 B' 实际上是衍射谱中各衍射斑成像的叠加。为了得到一张便于分析的衍射像,通常采用“一束成像”或称“选择衍射成像”技术。若只有零级透射束成像,得到的是明场像;若只用一个衍射束成像,则得暗场像。图 9-13 是 3 种类型的选择衍射成像。图(a)是用衬度光阑选择零级束即透射束来成像,而把所有衍射束都挡掉。这时透射束强度减弱了(与无衍射时相比),像比背景暗,所以称为明场像。形成明场像的透射束比所有衍射束都强,所以像最亮,清晰度也好。图(b)所示是用光阑选择一个衍射斑点成像。由于此斑点的电子离光轴较远,引起的物镜像差较大,畸变也大,所以分辨率不高。通常采用倾斜照明暗场成像技术,这时的衍射束正好在光轴上,如图(c)所示。用这种技术得到分辨率很高的暗场像。在某些情况下,暗场像的衬度更好,因此可形成清晰的分辨率更高的像。由于用选择衍射束成像时,透射束和其他衍射束都被挡掉了,这时背景是暗的，所以称为暗场像。

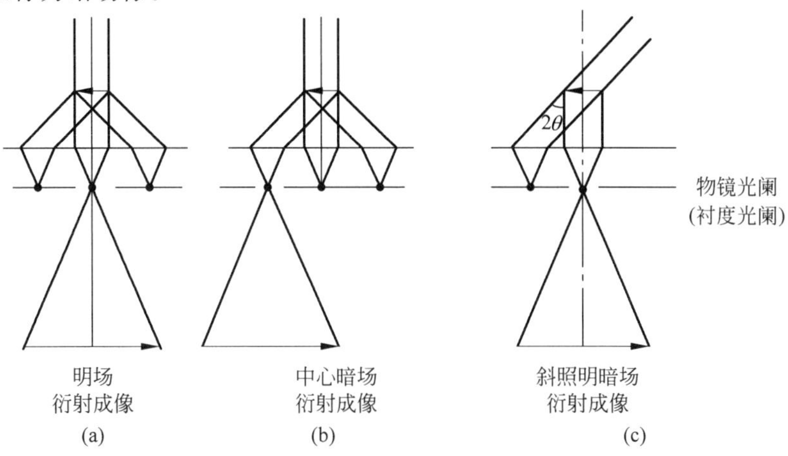

图 9-13　选择衍射成像的类型

一般讲，"像"应该和真实的物相像，但是衍衬像不是这样，它完全不像物。不过它又确实表明了实物的存在。例如由散射衬度不可能记录下晶体中的位错，而衍衬像则可以。虽然它没有完整地、形象地反映出位错的本来形貌，但通过它所引起的衍射强度变化能确凿地表明位错的存在。衍衬成像的这种特点在作图像解释时必须予以充分的考虑。

9.2.6　电子波的干涉与相位衬度

上面所讨论的散射衬度成像机制是用物镜光阑将大角度的散射光束挡掉，使之产生衬度。让一个衍射束或一个透射束通过物镜光阑，把其余的电子束挡掉，便形成衍射衬度。这两种衬度同属振幅衬度。对于 60nm 以下的薄聚合物试样，电子在不同部位的散射差别很小，衍射角的差别也不大。若选用适当尺寸的物镜光阑，则差不多的散射电子和衍射电子都有可能通过光阑，这时就看不到透过试样不同部位的电子数目上的差异，即看不到振幅衬度。但是如果照明光源的相干性好，实验操作时的像散也消除得好，则在一定的欠焦量下仍可获得具有很好衬度的电子显微像，而且这种像的分辨率很高，可达 1nm 甚至 10^{-1}nm 的数量级。这种衬度产生的原因在于：通过这种薄试样后的散射，电子在能量上发生了变化(10～20eV)，因而其波长也有微小的改变。这相当于光程差产生了变化，相位发生了差异。当这种具有相位差异的电子束在像平面上相干时，便可形成相位衬度。

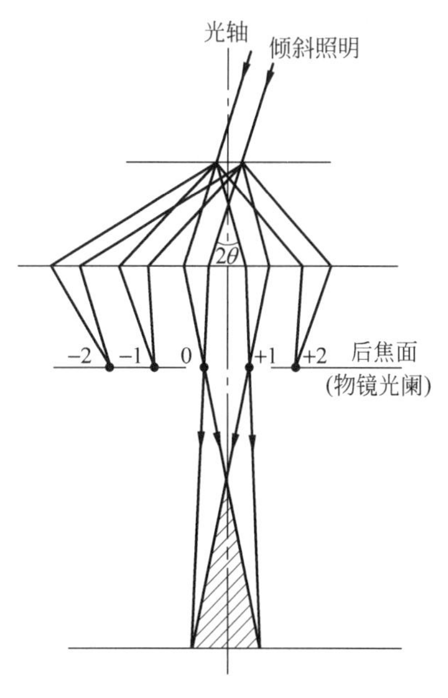

图 9-14　周期性结构样品的相位衬度成像

了解相位衬度原理的最好例子是晶格条纹像。它是双束条件下的相位衬度成像。然而严格说来，它并不是纯粹的相位衬度，因为它也用了物镜光阑挡掉了其余的衍射束，仍含有振幅衬度的成分，尽管后者并不起主要作用。随着物镜光阑孔的增大，通过的电子束数目也可能增多，这时振幅衬度的成分进一步减少。利用多束成像可以得到结构像，因为它能显示分子的结构特征，有时也称为分子像。在图 9-14 中可以看到，当近似平面波的入射电子束照射具有周期性结构的薄试样时，除了零级透射束外，还形成一系列衍射束。在物镜作用下，这些衍射束会聚在后焦面上，形成一组具有周期性对称的衍射斑点。处于后焦面上的物镜光阑只允许零级透射束和 1 级衍射束通过，其余的衍射束则全部被挡掉。这时，0 级和＋1 级衍射点便作为次级相干光源发出各自的次级波。这两个次级波存在一定的相位差，在适当选定的像平面上相干成放大了的晶格条纹像（具体例子可见图 11-33）。图中采用倾斜照明是为了使参与成像的双光束都靠近光轴，以减少像差的影响，提高图像的分辨率。也可以采用垂直照明将光阑偏置，套住正常的 0 级和＋1 级衍射束，使之相干成像。这时虽然 0 级透射束在光轴上，但是 1 级衍射束离光轴较远，像差较大，成像质量稍差。除了这两种方法以外，还可以用一种特制的光阑把 0 级透射束挡掉，让＋1 级和－1 级衍射束通过，并相干成像。这种方法称为“跨步视场法”。由这种方法形成的是暗场像。因为没有透射束参与成像，其衬度较明场像为好。

9.2.7 相位衬度成像的特点

相位衬度成像和振幅衬度成像在机制上有较大差别。现将相位衬度成像特点分述如下。

1. 要求照明光源的相干性好

从本质上说，相位衬度是试样的各个原子散射的次级波的干涉效应引起的，它的形成前提是照射到各原子上的电子波本身是相干的。这就要求照明源是一个点源，并且由它产生的波是单色波，这样由一个点源产生的平面单色波的波场在两点产生的子波可以发生干涉。除了要求相干光外，还需要高强度照明。所以要求照明光源的光斑小且单位面积的发光强度大。

在非相干电子束成像时，只能把强度相加，即

$$I_{总} = \sum_i |\psi_i|^2 \tag{9-31}$$

式中，ψ_i 是第 i 束电子波的振幅。上式表明强度为振幅的平方和。

对于相干的电子束，在它们相干时，先进行振幅相加，然后在计算强度时再将合成振幅平方，即

$$I_{总} = \left|\sum_i \psi_i\right|^2 \tag{9-32}$$

2. 利用欠焦成像

用振幅衬度成像时采用正聚焦，即将像聚焦在理想像平面上。但是若用相位衬度成像，当透镜无像差时，在透镜的理想像平面上虽能成像，但显示不出衬度，无衬度实际上就不可能记录下被研究试样的像。为了产生相位衬度，必须聚焦在离开理想像平面的位置上，通常采用的是欠聚焦成像。这时，虽然有了衬度，也记录下了具有精细结构的像，但很显然，记录下来的像并没有将试样的全部细节完全复现。即使在最佳欠焦成像的条件下，也只能得到

近似于理想的像。这就是相位衬度成像的又一特点。

3. 其分辨率的概念与传统的点分辨率的概念不同

为了说明这个特点,也为了说明为什么欠焦成像时不可能完全复现物的全部细节,可以用无线电通信技术来类比离焦成像过程。

电镜中的入射电子束好像是一束高频振荡的载波,所不同的是它的频率是随时间变化的。当它照射到晶体试样上时,晶体对它的作用好像是一种调制。在无线电技术中所用的调制是调幅或调频。因为晶体中的物质基元在空间具有三维周期性的分布规律,所以晶体对入射电子束的作用除了调幅、调频外,还调制其波矢量的方向。在这种情况下,可以把被观察的试样看作是具有从非常窄到非常宽间距的一系列空间,周期性的结构叠加而成的,或者说,是由一系列波长不同的空间谐波叠加而成的。当入射电子波经过试样时,就要与试样的空间波的波矢量相叠加,从而使入射波的方向发生改变。这些传播方向受到调制的波在通过有像差的透镜并以一定的离焦量成像时,成像系统对各空间频率谐波的影响是不同的,因而在像平面上产生的衬度也各不相同。有的频谱产生正衬度,有的频谱产生负衬度,有的则无衬度。这一点和无线电通信技术很相似,由于电子线路对各频谱的响应能力不同,至使原来的频谱分布发生了失真。有的频谱可以通过线路,有的则被滤掉。所以能通过的信号的频谱分布并不能和原发射出来的信号的频谱分布简单地一一对应。也就是说,电信器件都有一定的通频带,处于这个通频带之外的频谱就不能从这些电信器件上传输过去。电镜中物镜的球差和欠焦量相结合也形成一个对于电子束的通频带,它能使某些空间频率的结构信号通过,而另一些则被滤掉或发生畸变。关于物镜的频率响应特性可从图 9-15 中看到。为了更好地了解这张图所提供的信息,先对它的纵坐标和横坐标作如下解释。

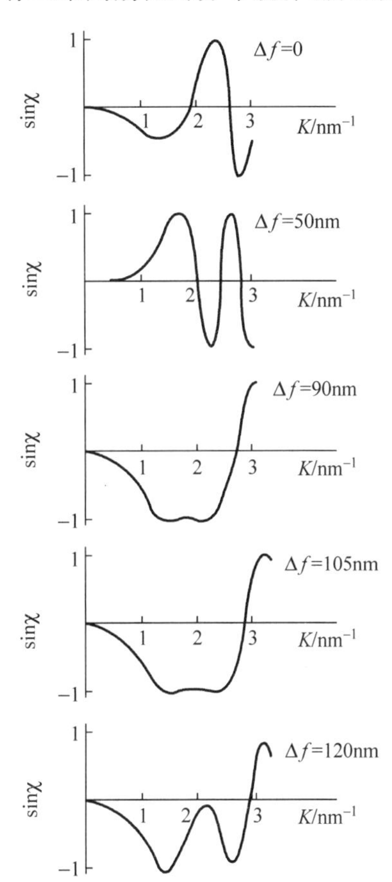

图 9-15 欠焦量对衬度传递函数-空间频率作图的影响(100kV,$C_s=2$mm)

由物平面上某一物点发出的电子波经过球差系数为 C_s 的电子透镜以后,在其后焦面上引起的相位移动为

$$\chi_1=\frac{2\pi}{\lambda}\left(\frac{1}{4}C_s\alpha^4\right)=\frac{\pi}{2}C_s\lambda^3K^4 \tag{9-33}$$

式中,λ 是电子波长;α 是散射角;$K=1/\Lambda=\alpha/\lambda$,是空间频率,$\Lambda$ 是空间周期。显然,$\chi_1>0$。

在电子显微镜中焦距 f 是连续可调的,当实际聚焦与正聚焦有偏离时,电子波在物镜后焦面处要附加上一个如下的相位移动:

$$\chi_2 = -\frac{2\pi}{\lambda}\left(\frac{\Delta f\alpha^2}{2}\right) = -\pi\Delta f\lambda K^2 \tag{9-34}$$

式中，Δf 称为离焦量，在欠焦时 $\Delta f>0$。比较式(9-33)和式(9-34)后可以看出，欠焦效应和球差效应引起的相位移动有相互抵偿的性质。而由球差和离焦所造成的后焦面上电子波总的相位移动可由下式表示：

$$\chi(\alpha) = \frac{2\pi}{\lambda}\left(\frac{1}{4}C_s\alpha^4 - \frac{1}{2}\Delta f\alpha^2\right) \tag{9-35}$$

$$\chi(K) = \pi\left(\frac{1}{2}C_s\lambda^3K^4 - \Delta f\lambda K^2\right) \tag{9-36}$$

电子显微镜的球差和离焦量对经过调制的电子波的滤波作用可以用衬度传递函数(contrast transfer function，CTF)来描述：

$$\begin{aligned}\text{CTF} = \sin\chi &= \sin\left[\frac{2\pi}{\lambda}\left(\frac{1}{4}C_s\alpha^4 - \frac{1}{2}\Delta f\alpha^2\right)\right] \\ &= \sin\left[\pi\left(\frac{1}{2}C_s\lambda^3K^4 - \Delta f\lambda K^2\right)\right]\end{aligned} \tag{9-37}$$

这个函数对于球差和离焦量的依赖关系是很复杂的，它综合反映了这两个参量对成像质量的影响。在定性的讨论中，$|\sin\chi|=1$，表示相位衬度可以正确地传递；$|\sin\chi|<1$，则表示相位衬度被成像系统所衰减；$|\sin\chi|=0$，表示无衬度出现。在电镜的实际操作中，往往取 $\sin\chi=-1$ 的一段作为力求达到的仪器工作状态，以使观察到的像能最大程度地反映物的真实结构。

对于给定的电子显微镜，球差系数是一个定值。如果加速电压也选定不变，这时随着离焦量的变化相位衬度传递函数的图形便要发生如图 9-15 那样的变化。当离焦量 $\Delta f=0$ 时，通频带很窄，只有少数几个空间频率的结构信号可按 100%的衬度通过，例如图中的 0.23nm^{-1} 和 0.28nm^{-1} 处，其衬度达最大值。随空间频率的增大，出现一系列交替的正、负最大衬度的频率。在物镜的欠焦量为 90nm 时，空间频率在 $1.4\text{nm}^{-1}\sim2.1\text{nm}^{-1}$ 之间有一个较宽的通频带。当 $\Delta f=105\text{nm}$ 时，通频带更宽，空间频率为 $1.2\text{nm}^{-1}\sim2.5\text{nm}^{-1}$ 之间的结构信号都可以几乎无畸变地通过。尽管空间频率小于 1.2nm^{-1} 时 $\sin\chi$ 并不等于 -1，但图 9-15 第 4 条曲线中越靠近横坐标的原点，相应的试样中的周期性结构的尺度越大，因而并不涉及像的细节。由图 9-15 中的这组曲线可以得知，在某一波长及球差系数下，总可找到一个最佳欠焦量，使 $\sin\chi$-K 曲线在较宽的一段空间频率范围内其绝对值接近于 1 的平台。在这一频谱范围内与物点间周期性配置的细节有关的信号都无畸变地同相位干涉，重构成近于理想的像。然而，空间频率更高的谐波则被成像系统衰减掉了，结果在电子显微像上看不到这些更精细的结构细节。

还可以看到，最佳欠焦条件时的分辨率规定了成像系统的点分辨率，物中大于这一分辨率的所有细节都可与像一一对应。这一点与振幅衬度的点分辨率有相通之处。但是相位衬度理论原则上允许在特定像差和欠焦量结合的条件下，使波长很短，甚至远远超过电镜点分辨率的波形通过，重构出所谓超高分辨的像。这是点分辨的概念所无法解释的。

为了正确解释高分辨像，有必要对高分辨像的分辨率概念作进一步的说明。在以振幅衬度成像时，人们把能清楚地分开的两个像点间的最小距离定义为分辨率。但是在以相位衬度成像时，不能轻易地把图像中的两个白点或者两个黑点看作两个分立的原子、原子集团或分子。如前所述，只有在特定的条件下，高分辨像才有与试样中的原子、原子集团或分子一一对应的简单关系。高分辨像是物质散射电子的衍射波的相互干涉像。常常可以看到与真实的原子平面或分子平面间距之半相对应的点阵条纹像，和晶体结构相差甚远的各种欠焦值的二维点阵像。因此要区分两种分辨率：可解释的分辨率和仪器分辨率。前者是指图像中可以用结构模型投影作直接解释的细节尺度；后者则为图像中可分辨特征的最小间距，它反映了电镜允许非常高的空间频率的波产生干涉，而并不与试样的真实结构相对应。

9.3　透射电镜用聚合物试样的制备技术

透射电镜的试样载网很小，其直径一般约为 3mm，所以试样的横向尺寸一般不应大于 1mm。常规透射电镜的加速电压为 100kV。在这种情况下，电子穿透试样的能力很弱。因此聚合物试样必须很薄，最厚不得超过 100～200nm。这样薄的试样放在一个多孔的载网上容易变形，尤其是当试样横向尺寸只有微米量级时（比网眼还小很多），更是如此。因此必须在载网上再覆盖一层散射能力很弱的支持膜。通常是蒸镀一层 20nm 厚的碳膜。因为碳的原子序数低，碳膜对电子束的透明度高，又耐电子轰击，其强度、导电、导热和迁移性均很好。

为了避免由支持膜产生的背景噪声使图像分辨率下降，甚至淹没有用的结构信息，特别是在高分辨电子显微像的研究工作中，发展了一种微栅支持膜。现在已有多种制备方法能获得 0.05μm 至几个微米孔径的微栅膜。当电镜观察跨架在微孔上的试样时，由于其下面的微孔部分没有支持膜存在，所以背景噪音非常小。这里介绍一种使用疏水剂-亲水剂制备微栅膜的方法。先将玻璃片放在 CCl_4 中浸泡，以除去表面吸附的油污。再用阳离子表面活性剂（例如 0.06％的十六烷基苯胺的水溶液）对玻片进行疏水处理。将玻片稍冷后放在相对湿度为 60％～80％，气温为 15～25℃的环境中结露。由于玻片已处于疏水状态，便在其表面上形成一层很密的但又是分离的微小水珠。当将 0.3％的聚乙烯醇缩甲醛-氯仿溶液滴在上述玻璃上时，该溶液只能在没有水珠的玻片表面上流延，形成所需的微栅膜。待溶剂自然挥发后，将玻片浸入阴离子表面活性剂（如 0.03％的十二烷基磺酸钠）中脱膜。图 9-16 形象地给出了用这一方法制备微栅的原理与过程。

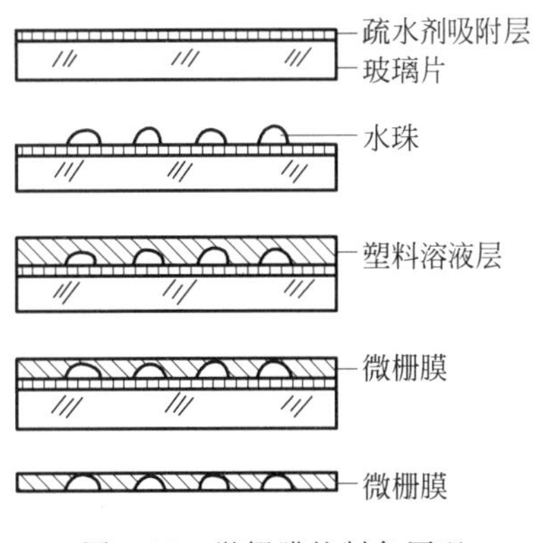

图 9-16　微栅膜的制备原理

为了改善图像的衬度，还可在制样技术上采用以下一些特殊措施。

9.3.1　投影

有机高分子材料在利用质量厚度衬度成像时的不利因素是它们对入射电子的散射能力

很弱，使得图像的衬度很差。利用重金属投影的方法可使衬度大为提高。具体做法是利用真空镀膜的方法把重金属以一定的角度沉积到试样表面上去。当试样存在凹凸起伏的表面形貌时，面向蒸发源的区域沉积上一层重金属，而背向蒸发源的区域会被凸出部分挡掉，沉积不上金属层，从而形成对电子束透明的"阴影区"，使图像反差大增，立体感加强。

由图 9-17 可见，未经投影的聚乙烯单晶体的衬度很低，与碳支持膜的衬度相差不大。其中图(a)是经电子束轻微照射的聚乙烯单晶体的电子显微像，菱形内部的深灰色部分是由衍射衬度引起的；图(b)是经较长时间的电子束照射后的聚乙烯单晶体照片。菱形内部的衍射衬度消失，意味着结晶有序性遭到了破坏。图 9-18 显示出聚乙烯单晶体经投影处理后衬度大增和立体感加强的情形。照片中的亮区是投影时造成的阴影。这一点与人们的感觉习惯正好相反。

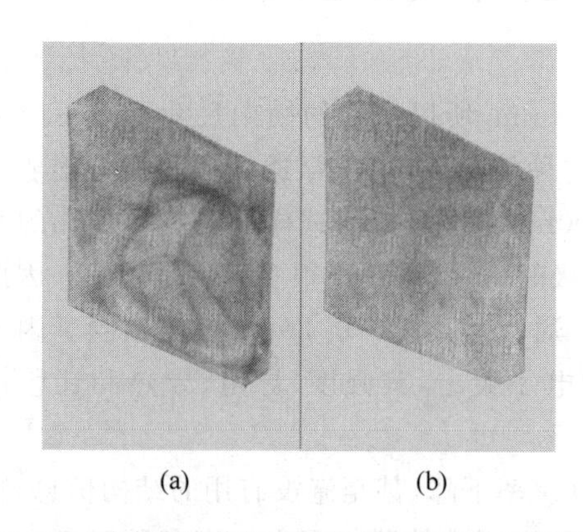

图 9-17　稀溶液培养的聚乙烯单晶体的电子显微像
(a) 带有衍射衬度的明场像；(b) 在电子束连续辐照下使结晶有序性破坏后的明场像

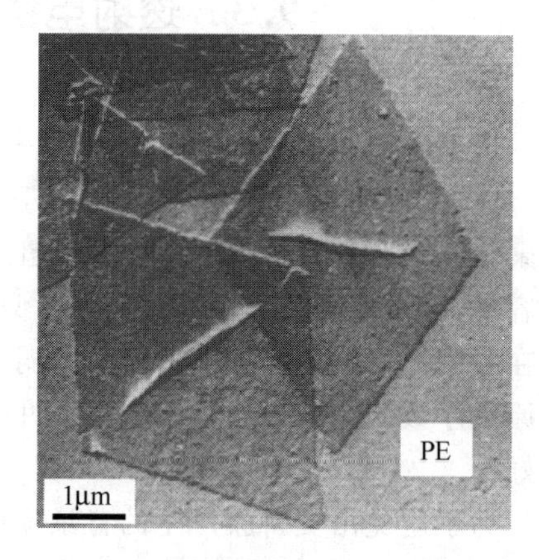

图 9-18　经投影处理后得到的聚乙烯单晶体的 TEM 像
(引自 Holland 等，J Polym Sci，1962，57：589)

用透射电镜研究聚合物单晶体时常用投影法来测量单晶体的厚度和生长螺旋的台阶高度。要注意的是，必须在投影时记下投影角度。只有这样，才能根据照片中的阴影长度计算出凸起部分的高度。由图 9-19 得

$$h = l\tan\alpha \tag{9-38}$$

投影操作时的角度要根据试样的表面状态来选择。对于粗糙的表面要用大角度，起伏较小的表面则选用小角度。实际所选的投影角一般在 15°～45°的范围。很明显，投影只对支持膜上侧的试样起作用。如果制样时有试样粘附在支持膜下侧，则不会有阴影产生。在用透射电镜观察稀溶液培养的聚合物单晶体时，就有可能遇到这种情形。

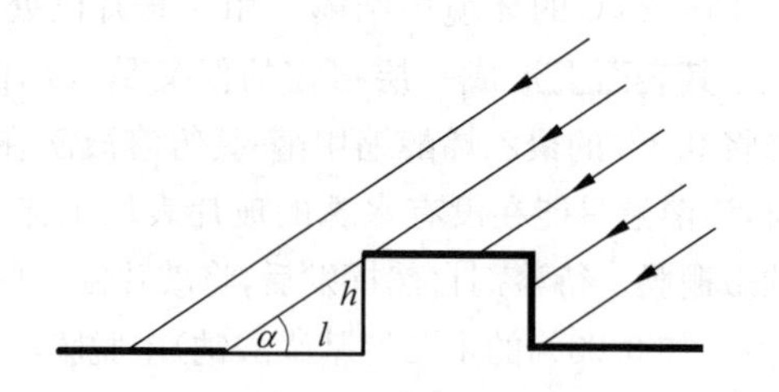

图 9-19　用于测定厚度的投影参量间的关系

投影材料的选择和蒸发量的多少要根据试样表面状况和对电子显微像的要求而定。当要显示的细节尺寸在 10nm 量级时，常用铬或金-钯合金，蒸发量可以多一些。在要表现更小的细节时，可用铂、铂-铱、铂-铑或铂-碳，投影的量也要少一些，使镀层薄一点。

9.3.2 超薄切片

用超薄切片机可获得50nm左右的薄试样。如果要用透射电镜研究大块聚合物样品的内部结构,可采用此法制样。要指出的是,把这一方法用于制备聚合物试样时的困难在于将切好的超薄小片从刀刃上取下时会发生变形或弯曲。为克服这一困难,可以先把样品在液氮或液态空气中冷冻,或者把样品先包埋在一种可以固化的介质中。选择不同的配方来调节介质的硬度,使之与样品的硬度相匹配。经包埋后再切片,就不会因切削过程而使超微结构发生变形。

也有人在研究聚合物的银纹时,先把液态硫浸入样品,然后淬火,再进行超薄切片,最后在真空下使硫升华掉。为研究高分子树脂颗粒的形态及其分布,有时也可以采用先包埋,后超薄切片的办法制样。

一般说来,由超薄切片得到的试样还不能直接用来进行透射电镜的观察。因为其衬度较低,需要通过染色或蚀刻的方法来改善切片试样的图像衬度。但不要采用投影的方法,因为切片的表面总有刀痕,投影以后会引入假像。

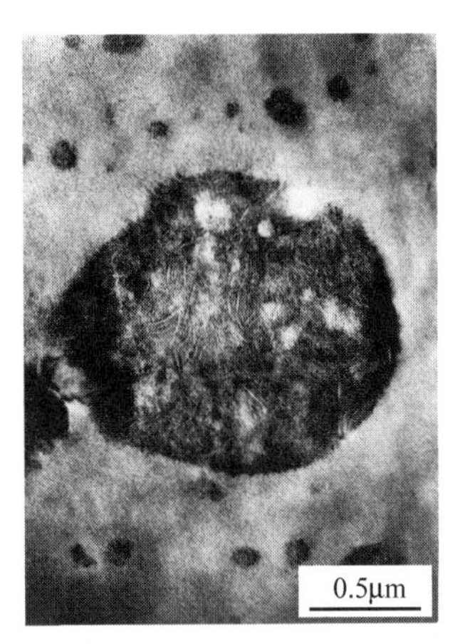

图 9-20 EPDM-iPP 共混物超薄切片的 TEM 像
(引自 Kim 等,Polymer,1998,39 (23): 5689)

图9-20是一幅乙丙橡胶-等规聚丙烯共混物(EPDM-iPP)超薄切片的透射电子显微像。该共混物中乙丙橡胶以颗粒形式分散在等规聚丙烯的基体中,分散相的含量为20%(体积分数)。该超薄切片厚约0.1μm,切片操作是在−80℃下进行的,切片后又经过染色。显微像中央的颗粒尺寸为1.3~1.5μm,其中的黑色部分是经过染色后的EPDM无定形部分,颗粒范围内的白色线条是一些未被染色的片晶,这是因为该EPDM颗粒具有少量的结晶性。颗粒以外的白色区域是未被染色的iPP基体。

9.3.3 染色

通常的聚合物由轻元素组成。在用质量厚度衬度成像时图像的反差很弱,通过染色处理后反差可以得到改善。所谓“染色”处理实质上就是用一种含重金属的试剂对试样中的某一个相或某一组分进行选择性的化学处理,使其结合上或吸附上重金属,而另一个相或组分则没有,从而导致它们对电子散射能力的明显差异。图9-21给出的聚苯乙烯-聚(2-乙烯基吡啶)二嵌段共聚物(PS-b-PVP)微相分离结构的TEM像是一个用OsO_4染色的实例。该试样是一种相对分子质量分布很窄的二嵌段共聚物,其M_w/M_n仅为1.04,重均相对分子质量为1.35×10^5。PS段的相对分子质量为5.96×10^4,体积分数为0.462。供微相

图 9-21 PS-b-PVP=嵌段共聚物四氢呋喃溶液浇铸薄膜超薄切片并经OsO_4染色后的电子显微像
(引自 Matsushita 等,Macromolecules,2003,36: 8074)

分离结构观察的初始样品是PS-b-PVP-四氢呋喃溶液的浇铸薄膜,并用OsO_4染色。TEM观察用的试样是该浇铸薄膜的超薄切片,厚约50nm。该超薄切片的电子显微像清楚地显示出规整的黑白相间的平行条纹。表明该二嵌段共聚物具有十分规整的周期性层状结构与平整的界面。由于PVP嵌段可以被OsO_4染色,所以图9-21中的黑色条纹显示的是PVP嵌段层,而灰白色的条纹显示的是PS嵌段层。

9.3.4 蚀刻

投影和染色是通过把重金属引入到试样表面或内部,使聚合物的多相体系或半晶聚合物的不同微区之间的质量差别加大,而蚀刻的目的在于通过选择性的化学作用、物理作用或物化作用,加大上述聚合物试样中不同微区之间的厚度差别。蚀刻的方法有好几种,常用的有化学试剂蚀刻和离子蚀刻。用作蚀刻的化学试剂有氧化剂和溶剂两类;所用的氧化剂有发烟硝酸和高锰酸盐试剂等。它们的蚀刻作用是使试样表面某一类微区容易发生氧化降解作用,使反应生成的小分子物更容易被清洗掉,从而显露出聚合物体系的多相结构来。值得注意的是,蚀刻条件要选得适当,以免引入新的缺陷或伴生应力诱导结晶等结构假像。溶剂蚀刻利用的是不同组分或不同相在溶解能力上的差异。例如乙胺、氯代苯酚等溶剂使聚对苯二甲酸乙二酯中的非晶区更容易溶解。而且,有时会出现在非晶区被溶解的同时,晶区被溶胀甚至少量溶解的现象;也还会出现溶剂诱导和应力诱导作用使试样表面形成新的结晶,所以蚀刻的时间要适当,不宜过长。在用化学试剂蚀刻法改善半晶聚合物试样的衬度时应充分认识这样一个事实:化学试剂对于同一种聚合物的晶区和非晶区的作用差异是作用速率的不同,而不是能作用与不能作用的问题。

离子蚀刻是利用半晶聚合物中晶区和非晶区或利用聚合物多相体系中不同相之间耐离子轰击的程度上的差异。具体做法是在低真空系统中通过辉光放电产生的气体离子轰击样品表面,使其中一类微区被蚀刻掉的程度远远大于另一类微区,从而造成凹凸起伏的表面结构。

由于蚀刻一般是对较厚和较大的样品进行的一种表面处理,故这种样品不能直接放入透射电镜中观察,往往采用下面介绍的复型技术来进一步制样。但在对蚀刻试样的图像进行解释时,务必格外小心。因为试样很容易在蚀刻时或随后的处理阶段发生变形,所以根据这种电子显微像推测得到的蚀刻前的试样结构,应该用其他研究技术加以旁证。

图9-22是一张显示等规聚丙烯薄膜结晶形貌的透射电子显微像。所用聚丙烯的平均相对分子质量约为5.9×10^5,多分散系数为8,原始样品是厚20μm的薄膜,结晶温度为125℃。所用的蚀刻剂为高锰酸钾-浓硫酸氧化剂。据认为其中的活性组分为O_3MnOSO_3H。蚀刻后再制成复型,然后进行电镜观察。图9-22是它的复型试样的照片。从中可以清楚地看到六角形片晶的形成和晶体位错的存在。

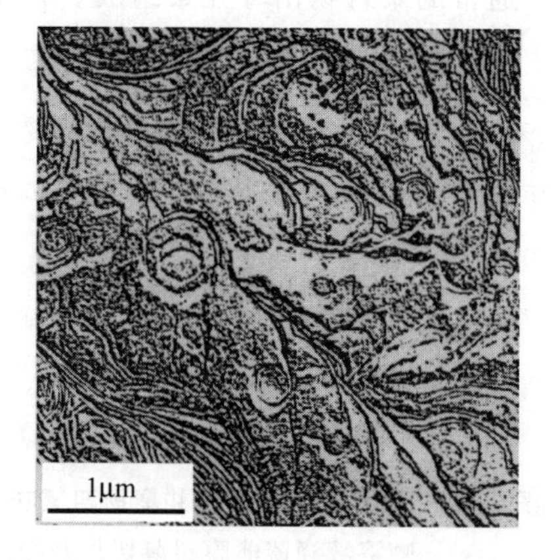

图9-22 125℃结晶的等规聚丙烯薄膜的蚀刻表面复型的TEM像

9.3.5　冷冻脆断

除了切片以外，块状聚合物样品的内部结构还可以通过冷冻脆断的方法来显示。具体做法是先将样品在液氮(或液态空气)中浸泡一段时间，待液氮表面不再有气泡时，表明样品内外均已冷冻到了液氮温度。这时将样品取出，迅速折断。折断后如果断面粗糙，可用扫描电镜观察；如果断面不太粗糙，也不能直接放入透射电镜中观察，只能先复型，后观察。

9.3.6　复型

能供透射电镜观察用的试样既要薄又要小，这就大大限制了它的应用领域。复型制样技术可以弥补这一缺陷。所谓"复型"是用能耐电子束辐照并对电子束透明的材料对样品的表面进行复制。通过对这种复制品的透射电镜观察，间接了解聚合物材料的表面形貌。

为了解块状聚合物的内部结构，可以通过冷冻脆断和蚀刻技术把样品的内部结构显露出来，然后用复型和投影相结合的技术，把这种结构转移到复型膜上，再进行观察。

尽管在复型膜上记录了聚合物材料的表面、断面或蚀刻面的形貌，可供间接观察之用，但不能对它进行电子衍射的研究来了解聚合物晶体的点阵结构。这是它的不足之处。

复型有一级复型和二级复型之分。一级复型依据制膜材质的不同又分为塑料膜一级复型和碳膜一级复型。火棉胶、聚乙烯醇缩甲醛、聚苯乙烯或聚乙烯醇均可用来制塑料膜一级复型。具体做法是将某种塑料的较浓溶液滴在清洁的样品表面、断面或蚀刻面上，待干燥后将其剥离下来待用。实际的剥离操作比较困难。在用这种方法制得的复型膜上，与样品接触的一面形成和样品表面、断面或蚀刻面上凹凸起伏正好相反的印痕，另一面则基本上是平的，如图9-23所示。这种复型是负复型。由它所得的电子显微像的衬度起因于复型膜各部位的厚度差。照片上亮的部位对应着复型膜上薄的部位和样品上凸起的部位；照片上暗的地方则对应于样品上凹下的地方。

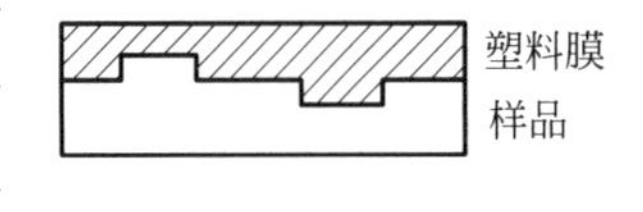

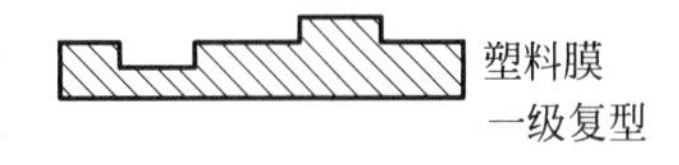

图9-23　塑料膜一级复型

碳膜一级复型的制作有两种不同的操作顺序。一种是先用重金属在样品表面投影，再蒸发上一层20～30nm的碳膜，见图9-24(a)；另一种是先蒸碳后投影，如图9-24(b)所示。由于碳颗粒的迁移性很好，所以蒸上去的碳膜基本上是等厚的。如果样品的表面或断面相当粗糙，应在蒸碳时让样品不断旋转，使样品表面上的各个部位都能均匀地蒸上一层碳膜。由图9-24可以看出碳膜一级复型是正复型。为剥离这种复型膜，一般需将样品浸到适当的溶剂里，使之轻微溶解但又不要产生气泡，否则会冲破碳膜。这种复型膜所记录的表面形貌的分辨率较高，操作也不复杂，但在剥离样品时要损坏原样品的表面形貌。

二级复型有塑料-碳膜和碳-塑料膜之分。塑料-碳膜二级复型可用醋酸纤维素膜(AC纸)，也可用火棉胶等其他塑料先制成一级复型，剥下后再在内侧制碳膜二级复型。AC纸制膜的具体方法是先用醋酸甲酯冲洗样品表面、断面或蚀刻面数次，也可弃去第一张复膜，

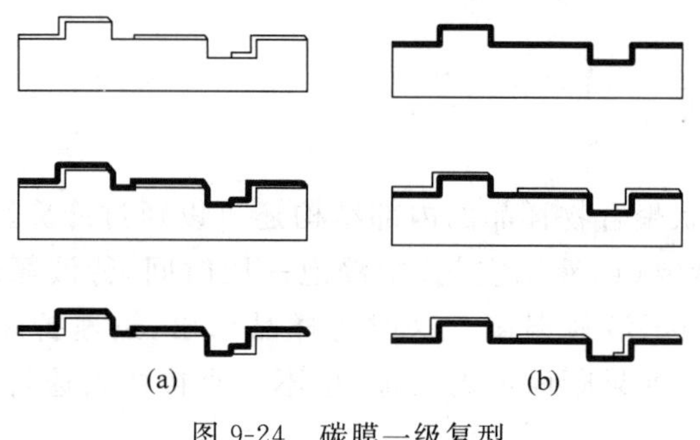

图 9-24　碳膜一级复型

作为清洁处理。然后滴上适当的醋酸甲酯，使其均匀流开，及时把一张比样品表面略大的AC纸贴上。如果样品表面起伏较小，可用0.2mm厚的AC纸；表面粗糙的样品则选用0.3mm厚的AC纸。在醋酸甲酯的作用下，AC纸软化，紧贴在样品表面上，使其上的微细形貌在AC纸上留下印痕。待溶剂挥发后，把AC纸揭下，在其印痕面内侧，先投影，后蒸碳膜。再将其置于电镜用铜网上，塑料面朝下，放入溶剂的蒸气中把AC纸慢慢溶掉。最终只剩下有投影的碳复型膜，见图9-25(a)。制备这种二级复型膜时，所用的AC纸不能太厚，否则在溶解掉AC纸的过程中，会先发生溶胀，而使碳膜断开。碳-塑料膜二级复型的实例如下：先在样品表面上蒸一层碳膜，并用重金属投影，再将浓度为10%的聚丙烯酸滴在上述一级复型上，制成二级复型。待溶剂挥发后将复型膜揭下，把碳膜朝上聚丙烯酸膜朝下置于45℃的蒸馏水面上，将聚丙烯酸膜溶去，剩下碳膜，捞在电镜用载网上备用，见图9-25(b)。溶去聚丙烯酸膜的水温不宜过高或过低。过高，聚丙烯酸会交联；过低，它又不能全部溶解掉。

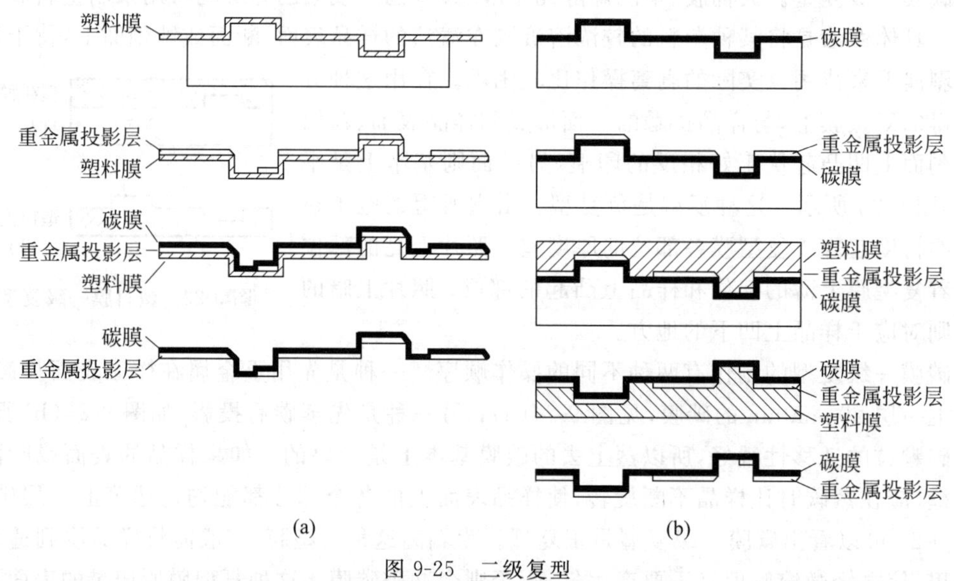

图 9-25　二级复型

(a) 塑料-碳膜二级复型；(b) 碳-塑料膜二级复型

在制备二级复型和对其图像进行解释时要特别注意的是，剥离复型膜时有可能使它变形并留下痕迹。

还应该注意的是，复型可达到的分辨率不能超过直接观察试样时所能达到的程度。

复　习　题

9-1　透射电子显微镜的放大倍数与市售放大镜的放大倍数有何区别？

9-2　加速电压、球差系数和孔径半角如何影响透射电镜的分辨本领？

9-3　透射电镜的景深与哪些因素有关？这些因素对它的影响程度如何？景深的大小对试样的分析有何影响？

9-4　透射电镜的焦深与哪些因素有关？这些因素对它的影响程度如何？焦深的大小对透射电子显微术有何影响？

9-5　透射电镜物镜的后焦面有什么重要性？为什么物镜光阑要放在它的后焦面上？物镜光阑有哪些用途？（参考第11章内容）

9-6　透射电镜主要利用哪些基本物理过程来成像？

9-7　中间镜光阑有哪些用处？（参考第11章内容）

9-8　散射衬度为何又称质量厚度衬度？

9-9　阿贝成像原理把透镜的成像作用分解成哪两个过程？它适用于解释哪一类试样的成像？

9-10　什么是衍射衬度？哪些因素影响衍射衬度？在透射电镜中实际使用的衍衬成像的要点是什么？（参考第11章内容）

9-11　何谓明场衍衬像？何谓暗场衍衬像？在拍摄暗场衍衬像时为何要使用倾斜照明技术？

9-12　何谓振幅衬度？何谓相位衬度？

9-13　利用质量厚度衬度和衍射衬度成像时试样厚度多少为宜？利用相位衬度成像时试样厚度又应多少为宜？

9-14　晶格条纹像利用的是什么衬度？简述这种衬度的成因？

9-15　利用相位衬度成像时对电镜中的照明光源有何要求？

9-16　用透射电镜拍摄高分辨像为什么通常都在欠焦条件下进行？相位衬度成像时最佳欠焦量的含义是什么？

9-17　在相位衬度成像时，结晶试样对入射电子波有哪些调制作用？

9-18　晶体结构为什么可以用一组空间频率来描写？

9-19　衬度传递函数的含义是什么？它与欠焦量、球差系数和电镜的加速电压有什么关系？

9-20　为什么把利用相位衬度形成的电子显微像称为高分辨电子显微像？在考察这种显微像的分辨率时要注意什么？

9-21　为什么载网上要覆盖一层支持膜？为什么一般都采用碳膜作支持膜？其厚度一般是多少？

9-22　在什么情况下使用微栅膜作支持膜？它有什么优点？它的制备原理是什么？

9-23　制样时采用投影技术的目的是什么？操作时要特别注意的是什么？一般所选的投影角范围是多少？电子显微像中的阴影与日常生活中看到的阴影有何不同？在什么场合

下切忌使用投影技术?

9-24 超薄切片制样时可把样品切得多薄?如何避免试样的微细结构在切片过程中发生畸变?如何提高切片试样的电子显微像的衬度?

9-25 什么样的试样可以通过染色技术来提高其图像的衬度?常用的染色剂是什么?

9-26 试样蚀刻的目的是什么?原理是什么?有哪些常用的蚀刻方法?蚀刻试样的电子显微像是否肯定能显示试样的结构特征?

9-27 试样进行冷冻脆断操作时采用的冷冻剂是什么?操作时的注意点是什么?什么情况下可以用扫描电镜观察?什么情况下可以用透射电镜观察?

9-28 什么样的试样可以采用复型技术来提高电子显微像的衬度?如何才能提高其衬度?

9-29 什么是一级复型?什么是二级复型?什么是负复型?什么是正复型?

9-30 复型技术的优缺点是什么?

9-31 透射电子显微术的优缺点各是什么?

第10章

聚合物的扫描电子显微术

分辨本领为50nm的第一台透射电镜是1934年在德国制成的，而分辨本领相同的第一台扫描电镜(scanning electron microscope，SEM)则到1942年才由英国制成。前后相距8年。第一台作为商品的透射电镜于1939年制成，而第一台商用扫描电镜一直推迟到1965年才问世。前后相距26年。尽管扫描电镜的商品化进程缓慢，但是在它问世以后，发展迅速，不久便成了一种使用效率极高的大型分析仪器。它不仅在涉及表面、断口和颗粒的形貌观察，成分分析和晶体结构研究的各个科学技术领域得到了广泛的应用，也在高分子科学、高分子材料科学和高分子工业中成了必备的分析研究手段和重要的原料与产品的检验工具。它可以研究高分子多相体系的微观相分离结构，聚合物树脂粉料的颗粒形态，泡沫聚合物的孔径与微孔分布，填充剂和增强材料在聚合物基体中的分布情况与结合状况，高分子材料的表面、界面和断口，粘合剂的粘结效果以及聚合物涂料的成膜特性等。扫描电镜之所以有如此广泛的用途是因为它有以下一些独特的优点。

(1) 试样制备方法简便

可从一些待研究的样品中直接取样，不需作任何改变就可以用来观察其实际的表面形貌。尽管为了使样品导电以避免电荷积累，要在聚合物试样的表面蒸镀或溅射上一层金属薄膜，因为膜的厚度十分有限，所以并不改变原有的形貌特征。

(2) 放大倍数在大范围内连续可调

其放大倍数低至几十倍，高至几十万倍，而且连续可调。即使在高放大倍数下，也可得到高亮度的清晰图像。

(3) 景深长、视野大

在放大100倍时，光学显微镜的景深仅为1μm，而扫描电镜的景深可达1mm，增大了1 000倍。随着放大倍数的增大，景深要缩短。但即使在放大1万倍时，其景深还可达1μm。所以扫描电子显微像的立体感强，可以直接观察到粗糙表面上起伏不平的微细结构。

(4) 分辨本领高

光学显微镜分辨本领的极限值仅为200nm，而要使扫描电镜的分辨本领达到10nm以下并不困难。

(5) 可对试样进行综合分析和动态观察

把扫描电镜和X能谱微区分析及电子衍射等仪器相结合，可以在观察微观形貌的同时逐点分析其化学成分和晶体结构，这样就打破了显微镜只能观察形貌、成分分析仪只能分析成分的局限性，使扫描电镜兼具有电子显微镜、电子衍射仪和电子探针等特点。扫描电镜的试样室空间很大，可以较方便地配备拉伸、弯曲、加热或冷却等试样座，对试样进行一系列动态观察。

（6）可借助信号处理调节图像衬度

扫描电镜中被检测的信号在成像前可经过种种处理，以使图像的衬度得到改善。例如通过抑制过强的信号、提升过弱的信号，把反差太大的图像调节到适中的程度；或者是把信号中某几个特定电平的信号显示出来而把其他所有电平都抑制掉，以增强图像的立体感；也可以把幅度连续变化的信号处理成几个固定的电平等级，以使图像的层次分明、边缘清晰；还能通过信号处理使图像变得非常柔和，从而使原来过亮和过暗区域中的图像细节都能清楚地显示出来。

（7）采用数码摄像技术可立即得到数码图像

数码摄像时，在实验进行过程中就可立即得到优质的图像。

10.1 高能电子束与固体样品的相互作用

为了阐明扫描电镜的成像机制，首先要搞清高能电子束与固体样品的相互作用。经电子透镜聚焦以后的高能电子束入射到固体样品表面上，便与样品中的原子发生碰撞而产生弹性或非弹性散射等一系列物理效应，如背散射电子、二次电子、吸收电子、透射电子、X射线、俄歇电子、阴极荧光及电子-空穴对，如图10-1所示。通过检测这些效应，就可以获得关于样品的表面形貌、组成和结构的丰富信息。现将与研究聚合物有关的前4种成像电子和特征X射线的产生分述如下。

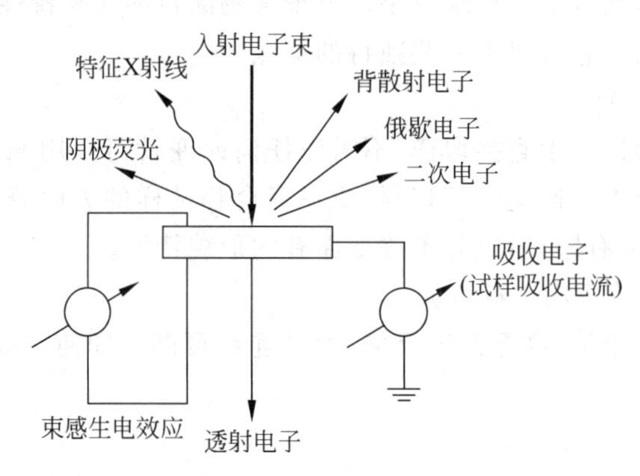

图10-1 高能电子束与固体样品的相互作用

10.1.1 背散射电子

入射电子中与试样表层原子碰撞发生弹性和非弹性散射后从试样表面反射回来的那部分一次电子统称为背散射电子。发生弹性碰撞时，入射的高速电子从试样原子核旁经过，在核电荷的作用下，其运动方向发生偏斜，但能量几乎没有变化。偏转角度（也称散射角度）的大小与试样原子的核电荷量有关，也与入射电子的能量（即速度）有关（图10-2）。发生非弹性散射时，入射的高速电子向前运动到十分靠近某个核外电子处，在电场力的作用下把自身的一部分能量转移给核外电子，使它或者摆脱原子核的束缚而飞离出去，或者被激发到该原子的高能态轨道上。由图10-2可以看到，入射电子本身的运动方向也要发生某种程度的偏斜，但是非弹性散射的角度要比弹性散射的角度小得多。

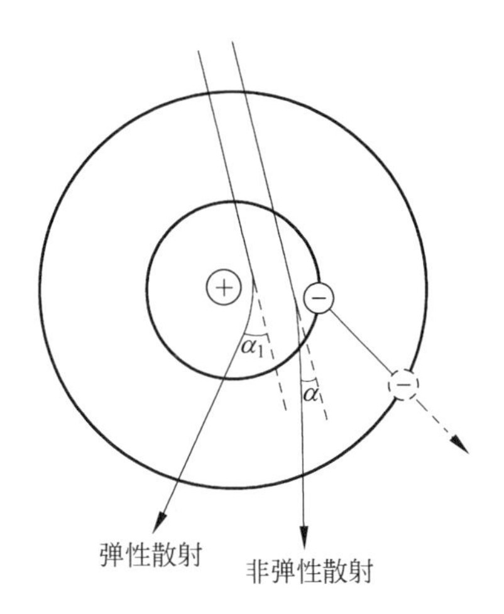

图 10-2 入射电子的弹性散射与非弹性散射

弹性背散射电子是只受到试样原子核单次或很少次大角度弹性散射后反射回来的入射电子,其能量没有发生变化。通常把能量稍有变化的反射电子也归于这一类。非弹性背散射电子是指那些经过几十次或上百次的非弹性碰撞(也许含有几次弹性碰撞)后,最终仍然从样品表面反射回来的入射电子。它们的能量高于 50eV。背散射电子反射回来时的方向是不规则的。它们的数量与入射角和样品的平均原子序数 $\bar{Z}$ 有关。$\bar{Z}$ 越大,被散射的入射电子也越多。背散射电子的发射深度为 10nm～1μm。

10.1.2 二次电子

进入样品表面的部分一次电子能使样品原子发生单电子激发,并将其轰击出来。那些被轰击出来的电子称为二次电子。背散射电子在穿出试样表面时,也会激发出一些二次电子,它们在成像时仅形成本底。

二次电子的能量较低,为 0～50eV,大部分为 2～3eV,其发射深度一般不超过 5～10nm。正因为如此,试样深处激发的二次电子没有足够的能量逸出表面。二次电子的发射与试样表面的形貌及物理、化学性质有关,所以二次电子像能显示出试样表面丰富的细微结构。

10.1.3 吸收电子

随着入射电子在试样中发生非弹性散射次数的增多,其能量不断下降,最后为样品所吸收。如果通过一个高电阻和高灵敏度的电流表把样品接地,在高电阻或电流表上可检测到样品对地的电流信号,这就是吸收电子的信号。吸收电流经过适当放大后也可成像,形成吸收电流像。它很像是背散射电子像的负片,明暗正好相反。用吸收电流像观察形貌复杂的样品时,无阴影效应,像的衬度比较柔和。

10.1.4 透射电子

当试样薄至 10nm 数量级时,便会有相当数量的入射电子穿透试样。透射电子像的衬度能够反映试样不同部位的组成、厚度和晶体取向方面的差异。

10.1.5 特征 X 射线

部分入射电子将试样原子中内层 K，L 或 M 层上的电子激发后，其外层电子就会补充到这些剩下的空位上去。这时它们的多余能量便以 X 射线形式释放出来。每一元素的核外电子轨道的能级是特定的，因此所产生的 X 射线波长也有特征值。这些 K，L，M 系 X 射线的波长一经测定，就可用来确定发出这种 X 射线的元素。测定了这种 X 射线的强度，就可确定该元素的含量。

测定 X 射线波长有两种仪器：一种是 X 射线能谱仪。它采用锂漂移硅探测器检测，通过多道分析器和数据处理可迅速进行元素分析。此法的优点是分析速度快和灵敏度较高，缺点是定量精度差。另一种是 X 射线波谱仪。它采用 X 射线在晶体上衍射的方法来确定 X 射线波长，其定量精度较高，但分析速度较慢。

也可以用特征 X 射线来调制显像管以获得试样中所含某元素的线分布或面分布像。

现将上述几种物理效应的观察对象、分辨率及其受限制的要素列于表 10-1 中。

表 10-1 扫描电镜中的几种重要物理效应

物理效应	提供的信息	分辨率	分辨率的限制要素
背散射电子	表面起伏、组分变化和晶体缺陷	50～200nm	背散射电子的产生范围、入射电子探针的直径
二次电子	表面显微结构和组分的变化（及其他）	5～10nm	二次电子逸出直径
吸收电子	表面起伏和组分变化	μm 量级	入射电子扩散范围
透射电子	薄膜内部的显微结构及组成	5～10nm	入射电子探针直径
特征 X 射线	元素定性分析、元素定量分析	μm 量级	X 射线的产生范围

10.2 扫描电镜的结构

常用扫描电镜的主机结构如图 10-3 所示。可以把它分解为 5 个部分：电子光学系统、扫描系统、信号检测系统、显示系统和试样放置系统。这里不准备详细描述仪器的结构，仅就仪器各个组成部分的结构功能作简要的介绍。

10.2.1 电子光学系统

电子光学系统通常称为镜筒，由电子枪、二级或三级缩小电磁透镜及光阑、合轴线圈，消像散器等辅助装置组成。它们的作用是提供一束直径足够小、亮度足够高的扫描电子束。实现这一目标的第一步就是选择合适的电子枪。电子枪有 3 种类型：发叉式钨丝热阴极电子枪、六硼化镧（LaB_6）阴极电子枪和场发射电子枪。前两种均属热发射电子枪，后一种为冷发射电子枪。它们的性能见表 10-2。发叉式的钨丝热阴极电子枪除了原材料易得，容易制备和对仪器的真空度要求稍低等有利条件以外，无论在亮度、电子源直径和使用寿命等方面都比后两种电子枪大为逊色。六硼化镧阴极发射效率较高，因此有效截面积可以做得较

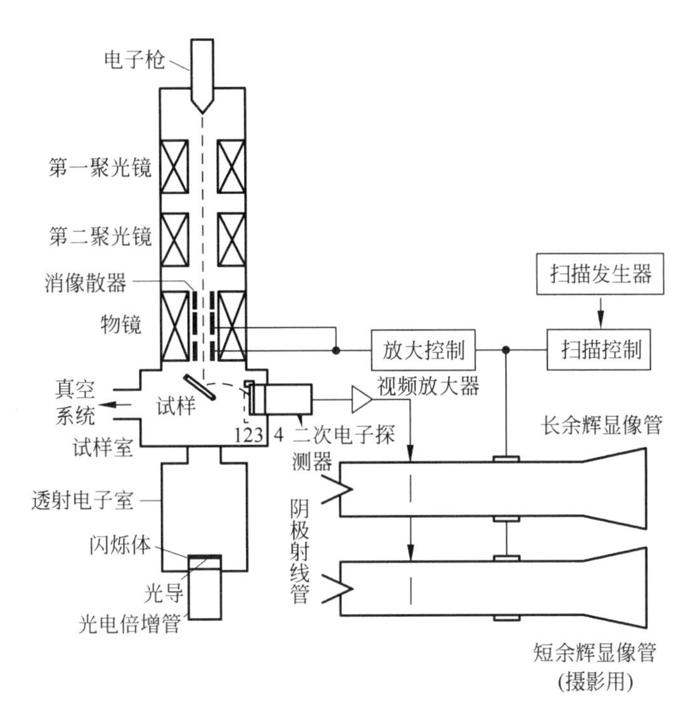

图 10-3 扫描电镜主机结构示意图

1—收集罩；2—闪烁体；3—光导；4—光电倍增管

小，使得它的亮度、电子源直径和寿命都比发叉式钨丝热阴极电子枪为好。场发射电子枪在强电场作用下可以达到很高的电子发射率，使电子源的直径可缩小至10nm。但这种电子枪要求有$10^{-8}\sim10^{-7}$Pa的高真空度。它是高分辨率扫描电镜的理想电子源。

表 10-2 几种电子枪的性能比较

电子枪类型	亮度/(A/(cm² · sr*))	电子源直径/μm	寿命/h	真空度/Pa
发叉式钨丝热阴极	$10^4\sim10^5$	20～25	约50	10^{-2}
六硼化镧阴极	$10^5\sim10^6$	1～10	约500	10^{-4}
场发射	$10^7\sim10^8$	0.01～0.1	约5 000	$10^{-8}\sim10^{-7}$

* sr为立体角的单位——球面度。

扫描电镜的分辨率在最佳条件下基本上与到达样品表面时的扫描电子束的直径相等。三级磁透镜的作用是逐级缩小电子束的直径。只有当总缩小率小于1/5 000时，才能获得直径小于10nm的电子束，才有可能使仪器的最佳分辨率小于10nm。前二级透镜也因此被称为第一和第二聚光镜。第三个聚光镜又称为物镜，通过它把扫描电子束会聚到试样表面。

会聚镜光阑的作用是挡掉无用的杂散电子以保证获得微细的扫描电子束，而又不致明显地减弱其亮度，还可以降低噪声本底和防止绝缘物带电。第二聚光镜的光阑还可用来控制选区衍射时电子束的发散角。物镜光阑的作用是限制扫描电子束入射试样时的发散度(它是物镜光阑的半径和光阑到试样表面的距离的比值)。减小物镜光阑的孔径，可以减小物镜的球差，提高分辨本领和改善景深，从而提高图像的质量和增强图像的立体感。

10.2.2 扫描系统

扫描系统的作用是驱使电子束以不同的速度和不同的方式在试样表面扫描,以适应各种观察方式的需要和获得合理的信噪比。目前扫描电镜的最高扫描频率与电视接收频率相同。快速扫描在调整成像时使用,或在作动态观察时使用。其信噪比低,图像质量较差。慢扫描一般都用于记录图像。在高倍工作时,由于束流很小,需有足够长的信号收集时间来提高信噪比,以改善图像质量。最慢的扫描时间可长达每帧 100s 或数百秒。

扫描电镜能提供的扫描方式也有几种。最常用的是面扫描,用于观察试样的表面形貌或某元素在试样表面的分布;点扫描主要用于对试样表面的特定部位作 X 射线元素分析;线扫描可以在元素分析时用来观察沿某一直线的分布状况。

镜筒中电子束的扫描与显像管中电子束的扫描是由同一扫描发生器驱动的,因此两者完全同频地扫描,以形成逐点对应的图像。图像的放大倍数通过改变电子束在试样表面的扫描幅度加以调节。

10.2.3 信号检测系统

对于入射电子束和试样作用时产生的各种不同的信号,必须采用相应的信号探测器,把这些信号转换成电信号加以放大,最后在显像管上成像并把它们记录成数码图像。现将几种探测器简介如下。

1. 二次电子探测器

二次电子探测器一般都采用闪烁体-光导-光电倍增管系统。这种方法可获得较高的增益和信噪比。闪烁体是受电子轰击后可发光的物体,其作用是把电子的动能转换成光能。由于二次电子的能量很低,为了提高收集效率,通常在闪烁体上加 10~12kV 的高压来吸引二次电子。为进一步改善被加速的二次电子的收集效率,在闪烁体上又加上一个收集罩。当此探测器用来收集二次电子时,在收集罩上加+250~+500V 的偏压。闪烁体发出的光信号通过光导耦合到光电倍增管阴极,把光信号转换成电信号。经光电倍增管多级倍增放大,得到较大的输出信号。再经视频放大器放大后,用以调制显像管成像。

2. 背散射电子探测器

最简便的背散射电子检测方法是利用在收集罩上加了负偏压的二次电子探测器。这时二次电子被排斥,只有高能的背散射电子才能穿过收集罩进入闪烁体。由于背散射电子的能量较大,收集的效率取决于截获背散射电子的立体角,故其收集效率要比二次电子低得多。

3. 试样电流放大器

试样电流放大器能把试样所吸收的电子、试样中被激发的电子-空穴对等信号加以放大并成像。其收集电流必须大于 10^{-8} A,这时的电子束直径较大,不可能得到分辨率高的图像。若把束流减小,信噪比也随之下降,所得的图像会因噪声较大变得模糊。

4. 透射电子接收器

在试样室的下面有一个透射电子室。内有透射电子接收器,还有两块光阑片。一块是中心孔光阑,用来保留中心束以获得明场像;另一块则用来挡住中心束以获得暗场像。室内另有一组扫描线圈,用以获得电子衍射图像。

5. X射线探测器

通常的扫描电镜都可配以X射线谱仪,使仪器兼有电子探针仪的功能。有的可配X射线波谱仪(WDX),有的可配X射线能谱仪(EDX),也有的两者兼备。这两种X射线谱仪的作用虽然相似,但对X射线的检测方法则完全不同。

X射线波谱仪采用晶体-正比记数管系统作为探测器。仪器所备的单晶体的晶面间距是已知的,可以根据衍射角来推算信号X射线的波长。正比记数管用来收集发生衍射的X射线,并用电子分析系统来确定它的记数。其定量精度较高,但分析速度较慢。

X射线能谱仪采用了与X射线波谱仪完全不同的原理来检测X射线。它的传感器是一个半导体二极管-锂漂移硅探测器。因为不同波长的X射线的能量为

$$E = hc/\lambda \tag{10-1}$$

式中,E为X射线的能量;h为普朗克常数;c为光速;λ为X射线的波长。当不同能量的X射线照射到锂漂移硅探测器时,会使它产生与入射X射线能量成比例数量的电子-空穴对,从而形成幅度与光量子能量成比例的电脉冲。通过多道分析器和数据处理系统能快速进行元素分析,显示出元素的存在状况,定性或半定量地给出它们的含量。这种方法的灵敏度高,但定量精度差,且限于检测原子序数大于10的元素。因此在分析聚合物时不能用来分析通常的含C,H,O,N等元素组成的聚合物,但可以用来分析含Si,S等元素的聚合物及聚合物中所含的杂质。

10.2.4 显示系统

它的作用是把已放大的被检信号显示成相应的图像,并加以记录。为了达到图像观察和图像记录两个目的,可以采用一只长余辉显像管来显示图像和一只短余辉显像管来记录图像。显像管本身的分辨率,即每帧能容纳的行数,对成像质量有很大影响。一幅像所包含的像素越多,像就越清晰。显像管的分辨率高表示所能显示的像素也多。在图像记录时扫描电镜最常用的是1 000行/帧。这时包含的像素为1 000×1 000个=10^6个。如果显像管本身的分辨率不高,即显像管的电子束在荧光屏上的光斑太大,就不能包含这么多的像素,所以无法容纳检测系统所获得的信息量。

10.2.5 试样室和试样座

扫描电镜所观察的试样一般是大块的和表面粗糙的,必须将其放在物镜的磁场之外,而不能像透射电镜那样置于物镜的磁场之中。在实际的扫描电镜中,试样室位于电子光学系统下紧靠物镜的地方。放在这样的位置有优点,也有缺点。优点是试样室的容积很大,可以配置具有x,y,z,以及旋转角和倾斜角5个自由度的试样座,也能够安装进行动态观察的拉伸台、弯曲台、加热台等专用试样座以及X射线能谱仪和X射线波谱仪等附件。这种放置方法的缺点是物镜的色差和球差要比透射电镜大10～20倍,影响仪器的分辨本领。

10.3 扫描电镜的放大倍数和分辨本领

扫描电镜的两个重要性能指标是放大倍数和分辨本领，现分述如下。

10.3.1 放大倍数

在透射电镜中图像的放大是通过多级透镜逐步放大的方式实现的。扫描电镜则不然，它的图像扫描范围是固定的，图像的放大是靠缩小电子束在试样表面上的扫描范围来实现的。这就要求镜筒中的电子束在试样表面上的扫描与阴极射线管中的电子束在荧光屏上的扫描保持精确的同步。扫描区域一般都是方的。由大约 1 000 条扫描线组成。如果入射电子束在试样表面的扫描幅度为 A_1，阴极射线管中电子束在荧光屏上的扫描幅度为 A_2，那么图像的放大倍数

$$M = A_2/A_1 \tag{10-2}$$

如果照相用阴极射线管荧光屏的尺寸为 100mm×100mm，那么 A_2=100mm，而电子束在试样表面的扫描幅度 A_1 可以根据需要通过扫描放大控制器加以调节。荧光屏上扫描像的放大倍数随 A_1 的缩小而增大。如果 A_1=1mm，放大倍数为 100 倍，A_1=0.01mm，放大倍数便为 1 万倍。由于数码摄像后打印出来的图像尺寸与显像管的荧光屏尺寸并不一样大，在换算放大倍数时比较麻烦，所以在记录下来的数码图像上都附加有一个标尺，可以用它来标定图像中的细节尺寸。

改变扫描电镜的放大倍数是十分容易的事。目前大多数商品扫描电镜的放大倍数均可以从 20 倍连续调节到 20 万倍左右。对于高分子材料试样，实际上在 3 万倍时，图像质量就较差了。

10.3.2 分辨本领

分辨本领(或称分辨率)是扫描电镜的又一个主要的性能指标。它可以用能够清楚地分辨的两个点或两个细节间的最小距离来衡量，因而就与所选用的细节形状和它们相对于背景的衬度等因素有关。具体的测定方法有两种：一种是测量相邻两条亮线中心间的距离，所测得的最小值除以总放大倍数，就是分辨本领；另一种是测量暗区的宽度，把测得的最小宽度除以总放大倍数定为分辨本领(图 10-4)。一般说来，在同一张照片上，用后一种方法测得的分辨本领要稍高一些。

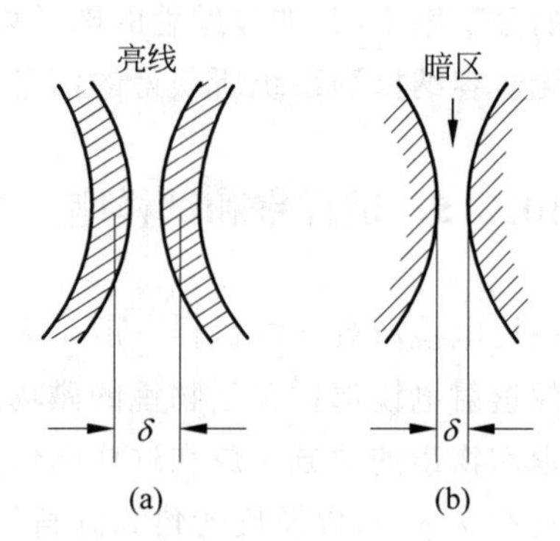

图 10-4 扫描电镜分辨本领的两种测定方法

(a) 亮线中心距法；(b) 暗区宽度法

要注意的是，扫描电镜所标称的分辨本领为 10nm 时，并不意味着所有小至 10nm 的细节都能看清楚。因为这不仅和仪器本身的分辨本领有关，而且和试样本身的性质、细节的形状与位置以及衬度条件等因素有关。影响扫描电镜分辨本领

的主要因素是入射电子束的直径与试样对入射电子的散射状况。扫描电镜的分辨本领不能小于电子束斑点的直径。由于入射电子要受到试样的散射，其有效斑点尺寸要大于入射斑点的尺寸。散射程度则依赖于加速电压、接收的信号种类和试样本身的性质等。此外，信噪比、杂散电磁场及机械震动等因素都要影响分辨率。下面讨论几种信号成像时的分辨本领。

1. 二次电子成像时的分辨本领

这种情况下所接受的信号来自于试样表面发出的二次电子，其能量较低，为 0～50eV。二次电子只能从试样表面很薄的一层区域内激发出来，其厚度为 5～10nm（图10-5），所以入射电子束斑点的大小直接决定了二次电子像的分辨率。

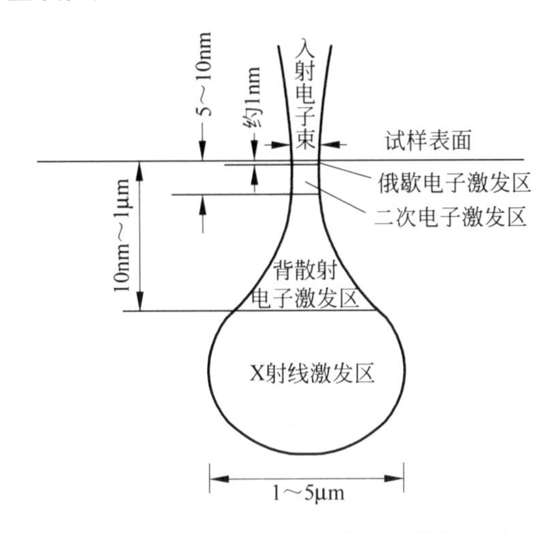

图 10-5 电子束在聚合物表层的散射区域

二次电子有两种途径产生，即入射电子束进入试样时激发出的二次电子，和由背散射电子穿出试样表面时激发的二次电子。前者能显示试样表面的细节，而后者的产生与试样表面状况无关，故只能形成本底噪声。分辨本领主要由前一种二次电子决定，可达 5～10nm。二次电子像特别适合于研究试样表面的形貌。

2. 背散射电子成像时的分辨本领

背散射电子的能量较大，基本上和入射电子的能量接近，它们是从试样表面以下 10nm～1μm 处背散射出来的。由图 10-5 可以看到，漫散射所引起的散射范围扩展效应使背散射电子显微像的分辨率显著下降，一般达 50～200nm。这种图像反映的是试样表面下较深层的情况。而且背散射电子信号的强度与试样的平均原子序数有关。因此背散射电子不仅可以显示出试样起伏的形貌，还可以反映出试样的平均原子序数效应。

3. 吸收电子成像时的分辨本领

吸收电子像以试样到地的电流为信号，它与背散射电子像和二次电子像的衬度互补。试样任何一处的二次电子或背散射电子的增加，将导致吸收电流的相应减小。由于电子的吸收发生在整个电子散射区，所以其图像的分辨率较低，一般仅为 μm 的数量级。

4. 扫描透射电子显微像的分辨率

透射电子成像时所接受的信号来自于透过试样薄膜的电子。在扫描透射成像时所用的试样可以比普通透射电镜中的试样厚一些，所得图像的衬度也会更好一些。由于所用样品很薄，在入射电子穿透试样的过程中只能发生不多次的散射，散射范围的扩展很小，所以其图像的分辨率基本上等于扫描电子束斑的直径，即 5～10nm。这一分辨率和二次电子像的分辨率相仿，但比普通透射电子显微像的分辨率差许多。

5. X 射线扫描像的分辨率

X 射线扫描像指的是入射电子束在试样表面扫描时，谱仪固定接收试样中某一特定元素的特征 X 射线信号，并以它来调制阴极射线管荧光屏的亮度而得到的该元素浓度分布的扫描图像。图像中较亮的区域相应于样品表面该元素含量较高的地方。通常在不同区域间浓度相差两倍以上时，才能得到衬度较好的面扫描图像。X 射线发射区处于试样表面以下 1～7μm 的深层。该处的电子散射区域扩展效应很大，使得这种图像的分辨率仅为 μm 的数量级。

10.4 扫描电子显微像的衬度及其调节

扫描电子显微像的衬度原理明显地不同于透射电子显微像的，因此不仅对图像的解释各不相同，而且对衬度的调节也各有方法。扫描像的衬度不仅强烈地依赖于试样本身的材质，而且还可以十分容易地受控于对检测到信号的处理技术。试样表面微区的形貌、原子序数的差异是产生扫描电子显微像衬度的主要原因。γ 控制、等高线、灰电平和衬度扩展等信号处理方法可以快速而又方便地改变图像的衬度。本节仅对衬度的形成和调节加以简要的讨论。

10.4.1 表面形貌衬度

不管聚合物试样表面的实际形貌有多么复杂，仔细分析起来也无非是由一些具有不同倾斜角的大小刻面、曲面、尖棱、小粒子和沟槽等表面形貌基元组合而成的。如果熟悉了这些表面形貌基元的衬度特征，就不难根据扫描电子显微像的衬度来解释试样实际表面可能存在的复杂形貌了。

通常选用二次电子信号来显示试样表面形貌。这是因为二次电子信号主要来自样品表层下 5～10nm 以内的浅层，其信号强度与原子序数没有明显的依赖性，而对微区刻面相对于入射电子束的位向却十分敏感的缘故。再加上二次电子像的分辨率较高，也有利于辨认表面形貌的细节。

在扫描电镜中，二次电子检测器一般安装在试样上侧与入射电子束轴线垂直的方向上。能量低于 50eV 的二次电子在收集罩上所加的 250～500V 正偏压的吸引下，能以弯曲的轨迹穿过收集罩的栅网到达闪烁体，如图 10-6 所示。这就增大了二次电子的有效收集立体角，提高了它的信号强度，而且也使不朝向检测器的那些刻面和被挡住的那些区域发射的二次电子，仍有相当一部分可以通过弯曲的轨迹到达检测器，有利于显示那些刻面和区域的表面形貌的细节，不致于形成阴影。

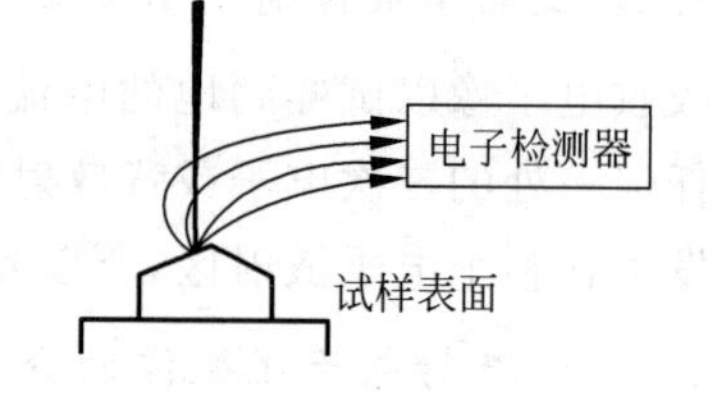

图 10-6 二次电子到达电子检测器的轨迹

为了阐明二次电子信号对刻面位向的敏感性，可以先考察一个平表面试样的二次电子产额 δ 对试样平表面法线的倾斜角 θ 的依赖关系（图 10-7）。所谓二次电子产额是指二次电子信号强度 i_s 与入射电子束强度 i_p 的比值，即 $\delta=i_s/i_p$。而试样平表面法线的倾斜角 θ 则用该法线与入射电子束轴线间的夹角来衡量。实测结果表明，随着 θ 的增大，也即随着试样的平表面逐步朝向电子检测器，二次电子的产额不断地增大，特别是在 $\theta>40°$ 以上的场合（图 10-8）。这是因为随着 θ 的增大，入射电子束在试样的 5～10nm 浅表层内运动的总轨迹增长了，使沿途撞击出来的二次电子数增多。θ 的增大也使入射电子束作用体积更靠近试样的表层，导致此体积内所产生的大量自由电子离开表面的机会增大。如果有一块试样如图 10-9(a)所示，由 4 个刻面 A,B,C 和 D 组成。其中 $\theta_C>0$，$\theta_B<0$，$\theta_A=\theta_D=0$，所以信号强度 $(S_{se})_C>(S_{se})_A=(S_{se})_D>(S_{se})_B$，如图 10-9(b)所示。这个试样的扫描电子显微像的衬度分布如图 10-9(c)所示，其中 C 刻面最亮，B 刻面最暗。如果试样表面存在有尖棱、小粒子和坑穴边缘，由图 10-10 可看出，入射电子束的作用体积十分靠近试样表面，大大增加了二次电子的产额，使扫描电子显微像上与之对应的部位显得特别亮。掌握了这些表面形貌基元的衬度特征，有助于解释更加复杂的试样表面的扫描电子显微像。

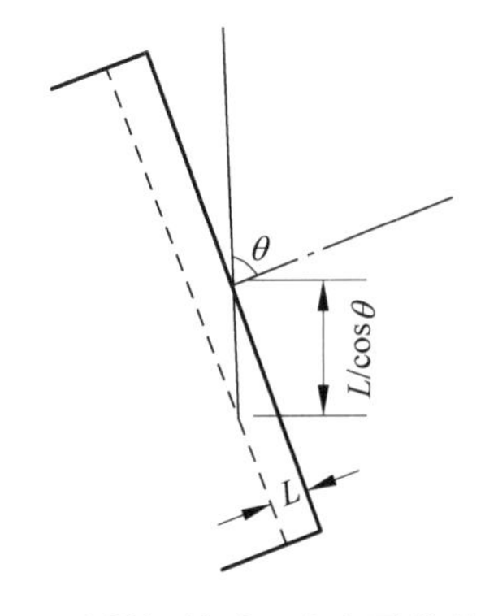

图 10-7　试样倾斜对二次电子信号的影响

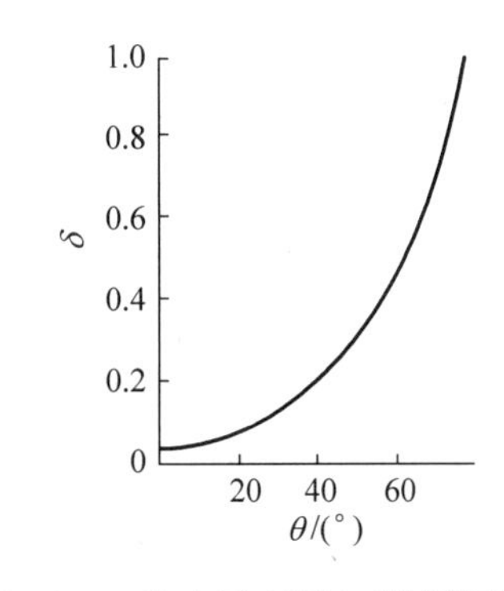

图 10-8　二次电子产额 δ 对试样平表面法线倾角 θ 的依赖性

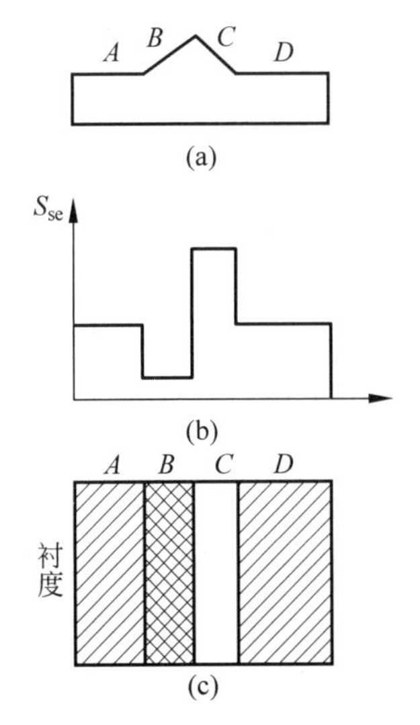

图 10-9　表面形貌衬度原理

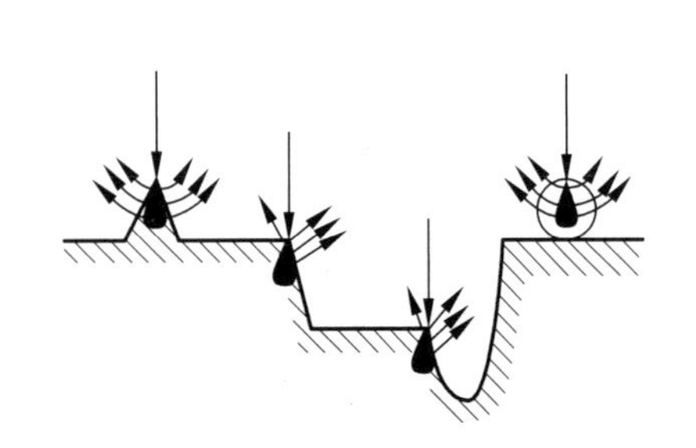

图 10-10　尖棱、小粒子和坑穴边缘对二次电子产额的影响

背散射电子信号虽然也可用来显示试样的表面形貌,但它对试样表面形貌的变化并不敏感,而对原子序数效应却相当敏感,且背散射电子的能量较高,离开试样表面后近似沿直线轨迹运动,有效收集立体角小,只能检测到直接射向检测器的背散射电子,而检测不到那些背向检测器的刻面和被挡住的区域产生的背散射电子,致使在扫描电子显微像上产生阴影,掩盖了那些部位的表面细节。

10.4.2 原子序数衬度

扫描电子束入射试样时产生的背散射电子、吸收电子和特征X射线等信号对试样表层微区的原子序数或化学成分的差异相当敏感。实验指出,当入射电子的能量为10~40keV时,试样的背散射系数η随元素原子序数Z的增大而增加,如图10-11所示。所谓背散射系数是指背散射电子信号的强度i_b与入射电子强度i_p的比值,即$\eta=i_b/i_p$。η随Z而增大,是因为入射电子与试样表层作用时产生大角度弹性散射的比例随原子序数的增大而增多的缘故。在上述情况下,$Z=6$的碳元素的背散射系数$\eta_C<10\%$,而$Z=92$的铀元素的背散射系数$\eta_U>50\%$。对于$Z<40$的元素,η几乎是随Z的增大而迅速地线性增大的,原子序数每增加10,背散射系数就增大10%;但对于$Z>80$的元素,原子序数每增加10,背散射系数只增大1%。总的来说,背散射系数对于碘($Z=53$)以前的元素,随原子序数的变化还是相当敏感的。根据背散射系数的定义可知,η越大,背散射电子信号越强,在背散射电子像上显示出较亮的衬度。可以根据这种衬度来观察多相体系的结构。但是在通常的扫描电镜中都采用加负偏压的二次电子探测器作为背散射电子探测器,它对各微区的平均原子序数的差异并不敏感。而通常的聚合物多相体系中各组分间的平均原子序数差别本来就不大,所以原子序数衬度效应并不明显。只是对于一些特殊的聚合物多相体系可利用这种衬度成像。例如掺金属的导电纤维和导电塑料以及掺碘的结构型导电聚合物和其他聚合物的共混体系。

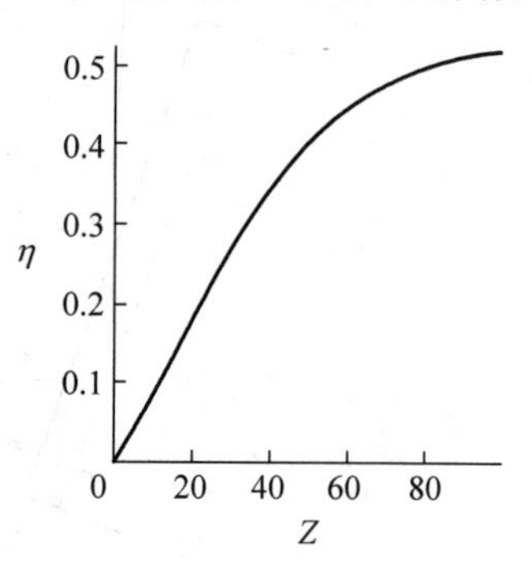

图10-11 背散射系数η与原子序数Z的关系

也有专用的背散射电子探测器对各微区的平均原子序数差异十分敏感,相差10^{-1}时就能有明显的衬度差别。这种探测器十分有利于聚合物多相体系的研究。

在利用背散射电子的原子序数衬度成像时,要把样品表面抛光,并在电子检测器的收集罩上加−50V的偏压。因为背散射电子的能量较高,从样品表面反射回来时沿直线轨迹运动。这样,它的有效收集立体角就较小,使检测到的背散射电子信号强度比二次电子信号强度低得多。采取上述两项措施后,可以突出原子序数衬度效应,排除表面形貌衬度的干扰。

另外,还可以利用特征X射线的原子序数衬度来成像。这就是让扫描电子束在试样表面作光栅式扫描,并让谱仪专门接收其中某一元素的特征X射线,用这种射线来调制荧光屏亮度,以获得该特征X射线的面扫描像。由它可得到关于某元素浓度在试样表面分布状况的信息。通常在不同微区间的浓度相差2倍以上时,才能得到原子序数衬度较好的面扫描像。

有必要强调指出的是,在拍摄特征X射线的面扫描像时,只有试样表面十分平整才能提供关于某元素浓度的面分布不均匀性的确切信息。不平整的试样表面会导致特征 X 射线的额外吸收或附加增量,使图像的衬度失去与试样表面某元素浓度分布状况的对应关系。

10.4.3 扫描电子显微像衬度的调节

前面已经指出,扫描电子显微像的衬度可以很方便地通过信号处理技术予以调节。调节的方法有好几种,本小节仅以 γ 控制为例说明扫描电子显微术的这一特点。

γ 控制是用一个指数放大器来处理信号,使它们按指数律变更强度。这时,输入信号与输出信号间的强度比为

$$S_{出} = S_{入}^{1/\gamma} \tag{10-3}$$

由图 10-12 可看到,当 $\gamma=1$ 时,即为线性放大器；$\gamma>1$ 时可用来抑制强信号,提升弱信号,从而减小图像的反差,γ 的数值越大,γ 控制效应也越强；$\gamma<1$ 则相反,弱信号变得更弱,强信号变得相对更强,从而增大图像的反差。

在观察表面有凹坑的试样时,发自坑内的信号过弱,而发自凹坑边缘的信号又相对较强。如果为了使各部分的细节都显示清楚而增加亮度,这时虽然可以多接收一些发自坑内的信号,但发自凹坑边缘的信号就会过强,甚至烧坏显像管的荧光屏；如果把亮度降低,则坑内的细节在电子显微像上就显示不出来。通过 γ 控制处理后,强信号可被抑制到允许强度以下,而弱信号的强度又可适当提高,从而改善图像的衬度,如图 10-13 所示。

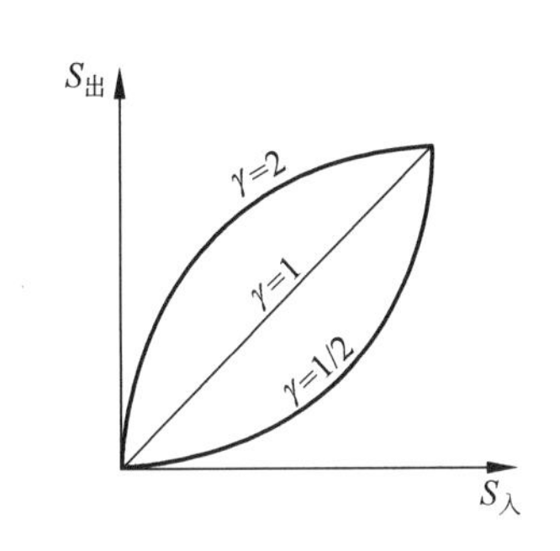

图 10-12　不同 γ 值时输入与输出信号强度间的关系

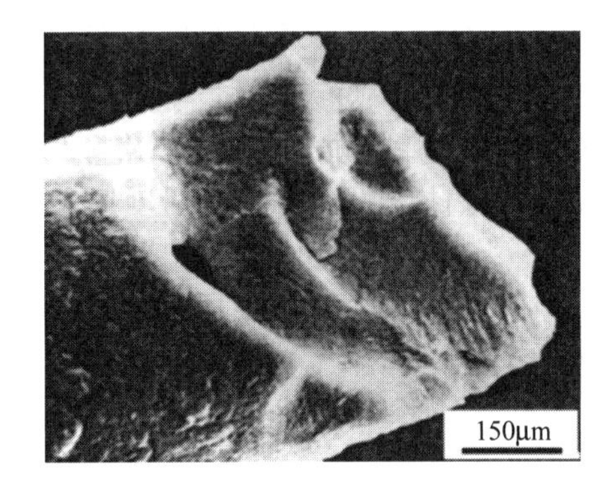

图 10-13　表面有凹坑的聚酞菁硅氧烷纤维颗粒的扫描电子显微像(其衬度经过 γ 控制处理)

复　习　题

10-1　扫描电子显微术的优点是什么？缺点是什么？

10-2　扫描电子显微术利用哪些物理效应来成像？

10-3　何谓背散射电子？何谓二次电子？何谓吸收电子？何谓透射电子？何谓特征 X 射线？它们能提供的信息处于试样的什么部位？提供的是什么样的信息？用它们来成像时电镜的分辨率各为多少？限制它们分辨率的因素有哪些？

10-4 扫描电镜中电子光学系统的作用是什么?

10-5 扫描电镜对扫描系统有哪些要求?扫描的方式有哪些?扫描速度的范围如何?什么时候用快扫描?什么时候用慢扫描?

10-6 二次电子探测器为什么要加一个收集罩?在它上面加多大的偏置电压?到达探测器的二次电子的轨迹是怎样的?二次电子像有无阴影?

10-7 在二次电子探测器上加多大的偏置电压后可以改装成背散射电子探测器?到达探测器的背散射电子的轨迹是什么样的?背散射电子像有无阴影?

10-8 扫描电镜是如何利用吸收电子成像的?这种像有什么特点?

10-9 电镜中的X射线波谱仪的核心部分由什么组成?它的工作特点是什么?

10-10 电镜中的X射线能谱仪的核心部分由什么组成?它的工作特点是什么?

10-11 扫描电镜在记录图像时,显像管所显示的图像通常包含多少像素?

10-12 扫描电镜的试样室处在仪器的什么部位?有什么特点?它的试样座有哪几个运动自由度?

10-13 扫描电镜的放大作用和透射电镜的放大作用有何异同?

10-14 为什么把试样倾斜以后,与试样座面平行的试样表面上二次电子的产额增加?

10-15 什么是表面形貌衬度?哪些电子可以形成表面形貌衬度?它们的图像各有什么特点?

10-16 什么是背散射系数?它和原子序数有什么关系?

10-17 什么是原子序数衬度?用扫描电镜可以得到哪几种原子序数衬度像?利用原子序数衬度成像时对试样有什么要求?

10-18 特征X射线的原子序数衬度像在材料分析中有什么用途?

10-19 扫描电子显微像的衬度形成从总体上来说,与透射电子显微像的衬度形成有何区别?

10-20 如果在扫描电镜显像管的屏幕上看到的图像反差太强烈,如何用 γ 控制技术来降低图像的反差?

第11章

电子衍射及其在聚合物结构研究中的应用

物理光学指出，当光束通过小孔和光栅以后会产生衍射现象。前者的衍射花样是一组明暗交替的圆环，后者则是一组明暗相间的条纹。当波长很短的X射线和高能电子束通过单晶体时，其衍射花样是一组具有特定几何对称性的斑点集，通过多晶体时，则是一组半径不同的圆环。这些衍射花样与晶体结构密切相关，可由得到的衍射花样，分析晶体的结构。

X射线衍射技术和电子衍射技术都可用来研究晶体结构。它们的基本原理是相同的，但也有一些差异。由于高能电子束的波长更短，使电子衍射花样能更直观地反映晶体的点阵结构和位相。因此，在某些情况下，用电子衍射分析晶体结构要比X射线衍射方法更加直接、简便。电子衍射技术的另一个特点是，可以在试样的同一个选区内完成形貌的观察。这是由于现代电子衍射技术都是与透射电子显微术结合在一起的。

电子衍射在聚合物结构的研究方面起过非常重要的作用。20世纪50年代中期以前，人们普遍认为聚合物不可能形成单晶体。但是当1957年用透射电子显微镜在同一个选区同时拍摄到聚乙烯的菱形规则晶体和具有单晶特征的衍射花样时，人们才认识到聚合物也可以培养出规整的单晶体。由于依据电子衍射花样特别容易判断聚合物链在晶体中的位向，所以英国的高分子物理学家凯尔(Keller)根据聚乙烯分子链垂直于约12nm厚的单晶薄片的事实，提出了聚乙烯结晶时的“近邻规则折叠链模型”，使人们对高分子聚集态结构的认识有了突破性的进展。

另外，也只有学习了这一章以后，才能真正理解第9章中曾讨论过的在透射电镜中以衍射衬度成像时的3个影响因素。

11.1 晶体学基础知识

11.1.1 晶系与Bravais点阵

晶体的规则外形起因于其微粒(分子、离子、原子或原子团)在空间的周期性有规则的排列。关于晶体的几何结构，人们常用一系列几何点在空间的排布来模拟晶体中微粒的排布。并把由无数个没有体积、没有质量和不可分辨的几何点按照一定的重复规律排布起来的几何图形叫做点阵。用点阵的性质来探讨晶体几何结构的理论称为点阵理论。根据这种理论，晶体就是原子、原子团、分子或离子按点阵排布起来的那一类物质。每个点阵点代表晶体中基本的“结构单元”。

晶体结构的最小单位是晶胞或单胞。它是一个平行六面体。经过适当的平移操作,晶胞可以填充整个点阵空间。晶胞的形状和大小,也即“空间点阵的单位”通常可以用6个参量来描写(图11-1),即3个边长 a,b,c 和3个夹角 α,β,γ。根据边长和交角的不同,空间点阵的单位一共有7种,相应的晶胞也就有7种。因为晶胞最能代表晶体的性质,所以晶胞形状的不同可以作为晶体分类的依据。与7种不同的晶胞形状相对应,可以把晶体分为7类,称为7个晶系。表11-1列出了7个晶系的名称和特征以及相应的Bravais点阵。对应每一个晶系,又可因其点阵单位是“素单位”或“复单位”而分为一种或几种形式。例如正交晶系的点阵具有长方形的单位,此单位可以是简单的素单位,也可以是面心、体心或底心。点阵单位的形式可以用大写的英文字母来表示。P代表简单的点阵单位,F表示面心,I表示体心,C表示底心,A或B表示侧心。表11-2给出了14种Bravais点阵的图解表示法。

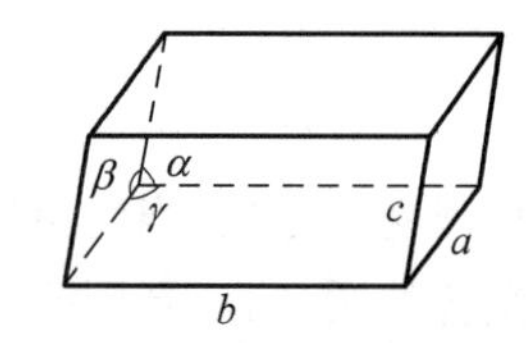

图11-1 描写晶胞的6个参数

表11-1 7个晶系与14种Bravais点阵

级次	晶系	对惯用晶胞的限制		Bravais点阵	
		晶轴	夹角	点阵符号(惯用晶胞)	个数
低级	三斜	$a\neq b\neq c$	$\alpha\neq\beta\neq\gamma$	P	1
	单斜	$a\neq b\neq c$	$\alpha=\gamma=90°\neq\beta$	P,C	2
	正交	$a\neq b\neq c$	$\alpha=\beta=\gamma=90°$	P,I,F,C	4
中级	四方	$a=b\neq c$	$\alpha=\beta=\gamma=90°$	P,I	2
	三方	$a=b=c$	$\alpha=\beta=\gamma\neq 90°$	R	1
	六方	$a=b\neq c$	$\alpha=\beta=90°,\gamma=120°$	P	1
高级	立方	$a=b=c$	$\alpha=\beta=\gamma=90°$	P,I,F	3

注:R用来表示三方晶系(菱形晶系)的初基晶胞。所谓“初基晶胞”是指在一个给定的点阵中体积最小的晶胞。

表11-2 14种Bravais点阵的图解

晶体	P	I	F	C	R
三斜	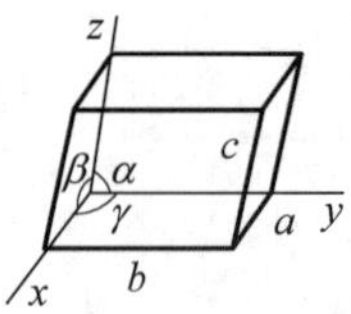				
单斜	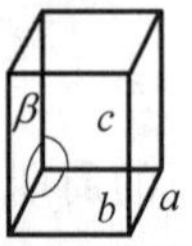			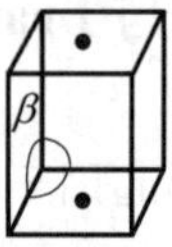	
正交	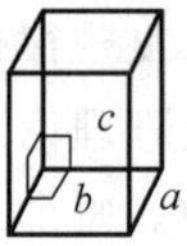	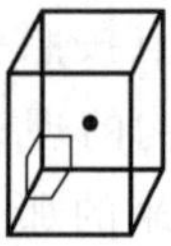	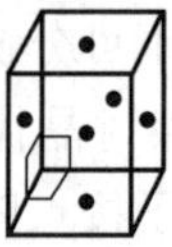	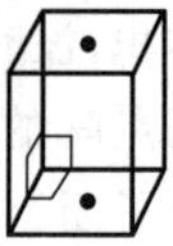	

续表

晶体	P	I	F	C	R
四方	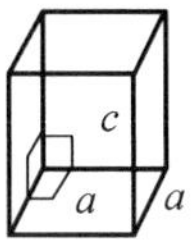	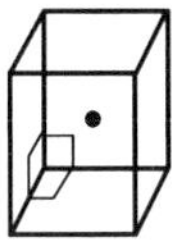			
三方					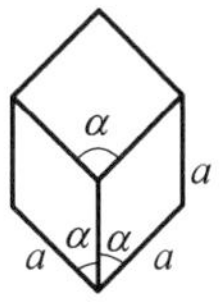
六方	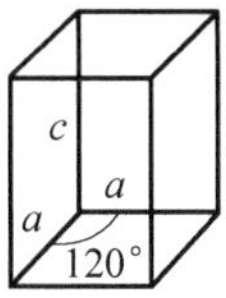				
立方	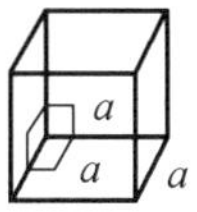	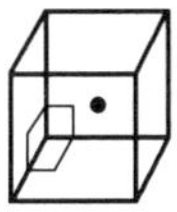			

11.1.2 晶面指数

一个晶面的位置和取向由这个晶面上不在一条直线上的任意3个点确定。如果它们各在一个晶轴上，那只要用点阵常数来量度它们在晶轴上的位置，就能标定这个晶面。在图11-2所示的例子中，该平面与 a,b,c 3轴的交点分别为 $3a$,$2b$ 和 $2c$。这3个系数的倒数是1/3,1/2,1/2。与这些倒数具有同样比例关系的3个最小整数是2,3,3。此晶面就称为(233)面。确定晶面指数的具体方法如下：

(1) 找出晶面在 a,b,c 3轴上以点阵常数量度的截距。这3个轴可以是初基晶胞的，也可以是非初基晶胞的。

(2) 取这些截距的倒数，然后转换成与它们具有同样比例的3个最小的整数，将它们用圆括号括起来，即用(hkl)来表示该晶面。

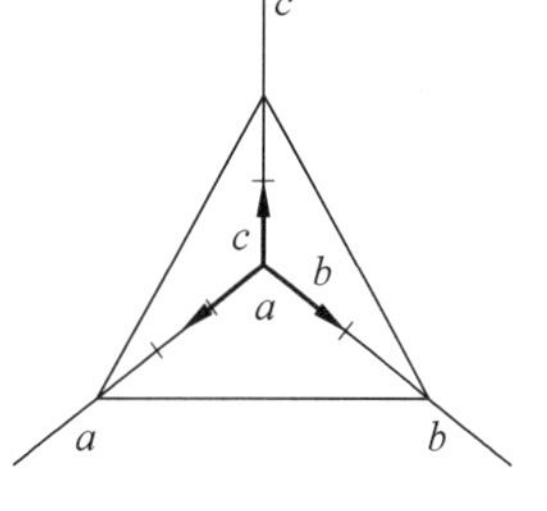

图11-2 (233)面示意图

符号(hkl)可以用来表示单个晶面，也可用来表示一组平行的晶面。如果晶面与某一轴或二轴平行，截距便为无限大，则相应的指数为零。如果晶面在某轴上的截距位于原点的负侧，则相应的指数是负的，这时要在该指数上方划一负号，例如$(h\bar{k}l)$。

与立方晶系单胞的6个表面平行的6组面(100),(010),(001),$(\bar{1}00)$,$(0\bar{1}0)$和$(00\bar{1})$具有等效性和相关性，故可以简单地用{100}表示。

晶体中的某个方向可用[uvw]来表示。u,v,w 3个数是与该方向上的一个矢量在3个轴上的分量成比例的3个最小的整数。因此 a 轴是[100]方向，$-b$ 轴是[0$\bar{1}$0]方向。在立方晶系中[hkl]垂直于(hkl)面，但在别的晶系中这种垂直的关系不一定成立。

11.2 Bragg衍射条件及其矢量表示法

当波长为 λ 的单色平面电子波以掠射角 θ 入射晶体时（图11-3），如果晶面间距为 d，则相邻两晶面反射波的波程差为

$$ML + LD = 2d\sin\theta$$

根据物理光学定律，产生衍射的条件是波程差为波长的整数倍，设 n 为任意整数，则得

$$2d\sin\theta = n\lambda \tag{11-1}$$

可将此式改写为

$$2(d/n)\sin\theta = \lambda \tag{11-1a}$$

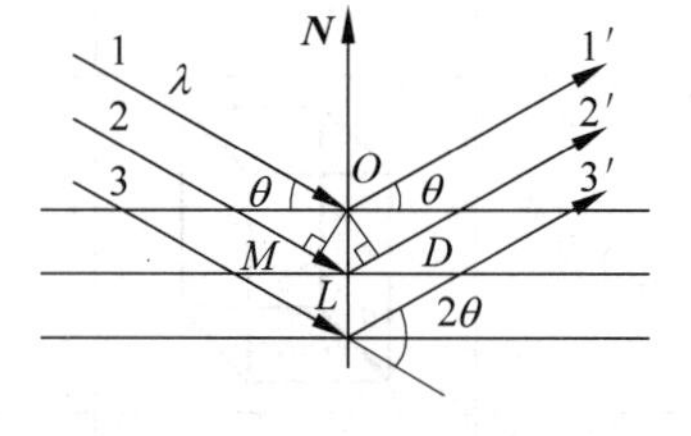

图11-3 Bragg衍射示意图

其物理意义是任意一个(hkl)晶面组的 n 级衍射可视为与之平行的晶面间距为 d/n 的晶面组的一级衍射。由于入射束、衍射束和衍射晶面的法线 $\boldsymbol{N}$ 在同一平面内，与几何光学上的反射定律十分相似，所以习惯上把晶体的衍射说成是满足Bragg条件的晶面对入射束的反射。同时根据正弦函数的性质

$$\sin\theta = \lambda/(2d) \leqslant 1$$

要求 $\lambda \leqslant 2d$。这就是说，对于给定的晶体样品，只有当入射波的波长足够短时才有可能得到衍射束。这个条件对于电子显微镜内进行的电子衍射来说是完全可以满足的。因为通常电子枪的加速电压为100～200kV，也即入射波的波长为 10^{-3}nm数量级，而聚合物中常见晶体的晶面间距 d 的数量级为 10^{-1}～10^{0}nm，所以

$$\sin\theta = \lambda/(2d) \approx 10^{-3} \sim 10^{-2}$$

$$\theta \approx 10^{-3} \sim 10^{-2}\,\text{rad} < 1^\circ$$

这表明电子衍射的衍射角总是非常小的。它的花样特征及分析方法之所以有别于X射线衍射，这是主要原因。

式(11-1)可以不用 θ 角来表示，而用矢量式来表示，即把 θ 角转换成入射线单位矢量 $\boldsymbol{k}_0$ 和反射线单位矢量 $\boldsymbol{k}$ 之差 $\boldsymbol{k}-\boldsymbol{k}_0=\boldsymbol{k}_d$，此矢量称为衍射矢量。所谓"单位矢量"的意思是

$$|\boldsymbol{k}| = |\boldsymbol{k}_0| = 1$$

由图11-4可见，如果用入射线单位矢量 $\boldsymbol{k}_0$ 和反射线单位矢量 $\boldsymbol{k}$ 来分别表示入射线方向和反射线方向，则在满足反射定律时，衍射矢量的方向总是平行于晶面法线 $\boldsymbol{N}$ 的方向。这时Bragg方程式(11-1)可改写为

$$|\boldsymbol{k} - \boldsymbol{k}_0| = \frac{\lambda}{d/n} \tag{11-2}$$

也就是说，满足衍射的条件是：①衍射矢量的方向是晶面法线的方向；②衍射矢量的长度等于 $\frac{\lambda}{d/n}$。前者是满足反射条件的要求，后者是满足选择性的要求。由式(11-2)可见，为了更加简便而又直观地研究衍射现象，可以引入一组倒易矢量 $\boldsymbol{g}_n$，它的方向与晶面的法线方

向一致，它的大小是$\frac{\lambda}{d/n}$，即$\frac{\lambda}{d}$，$\frac{\lambda}{d/2}$，$\frac{\lambda}{d/3}$，…，也就是其绝对值的大小与晶面间距的倒数成比例，比例系数为入射波的波长 λ。倒易矢量的名称也是由此而得来的。引入倒易矢量后，Bragg 方程可简化为

$$\boldsymbol{k}-\boldsymbol{k}_0=\boldsymbol{g}_n \tag{11-3}$$

若用几何作图法来表示这一关系，这 3 个矢量便构成一个矢量三角形(或平行四边形)，见图 11-5。这种描述方法不仅具有几何关系的明显性，而且所引入的倒易矢量概念还包含着晶体衍射现象的本质属性。

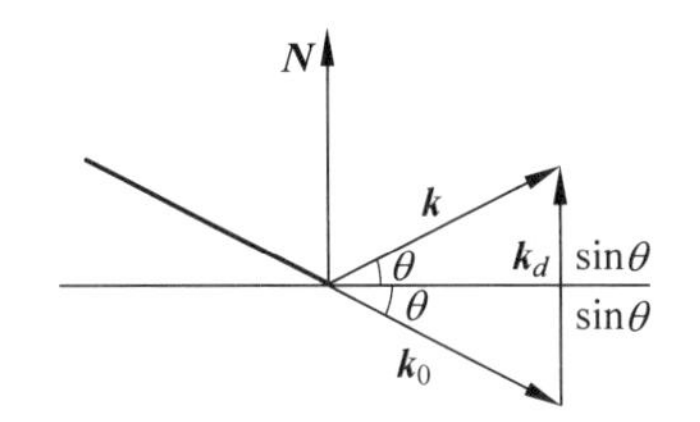

图 11-4　Bragg 衍射条件的矢量表示法

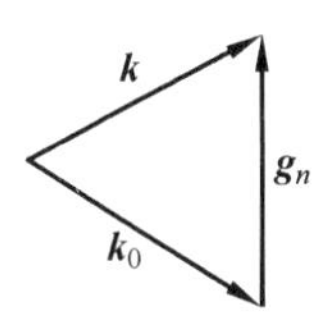

图 11-5　Bragg 衍射条件的矢量三角形

11.3　倒易点阵和 Ewald 球作图法

11.3.1　倒易点阵

以上的讨论从衍射实验出发，引入了衍射矢量和倒易矢量的概念。现在先不考虑是否发生衍射，而是进一步对倒易矢量作一番考察(包括那些不发生衍射的其他倒易矢量在内)。倒易矢量的确定纯粹是根据这样两条规定：①其方向与晶面的法线方向一致；②其大小与晶面间距的倒数成比例。这样，可以在晶体中找到许多倒易矢量。对于晶面间距为 d 的一组晶面，若 n 可以取 0，±1，±2，…整数，则可作出一系列倒易矢量，它们的方向一致，长短分别为$\frac{\lambda}{d}$，$\frac{\lambda}{d/2}$，$\frac{\lambda}{d/3}$，…。如果每一个倒易矢量都对应一组晶面的反射，那么，λ/d 对应面间距为 d 的晶面反射，而 $\lambda/(d/2)$ 对应面间距为 $d/2$ 的晶面的反射，等等。这样可以不用干涉级数的概念，而把各级反射看成是不同间距的晶面的反射，因此可以把各干涉级的倒易矢量和晶面之间的关系用图 11-6 来表示。这种作图法得到的结果是在晶面法线上画出许多分点，每一分点到原点 O^* 的距离是 $\lambda/(d/n)$，即相应的倒易矢量的长度。这些分点称为倒易点。

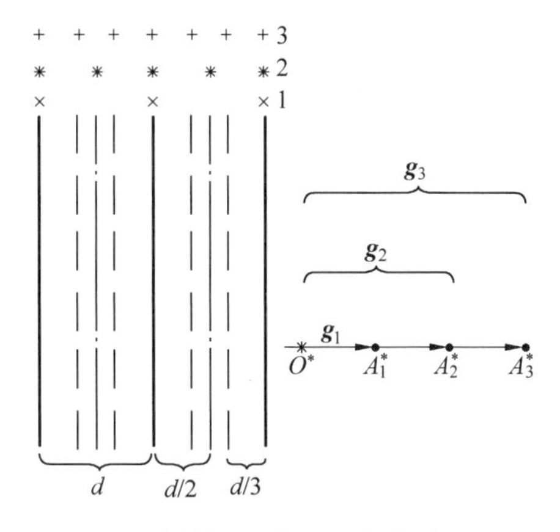

图 11-6　倒易矢量与晶面间的关系图解

在晶体中还有其他方位的晶面，对它们也可以按上述方法画出许多在同一直线上的倒易点。与整个晶体的各种方位及各种面间距的晶面所对应

的倒易点之总和构成了一个三维的倒易点阵。它包含了正点阵的晶面位向和晶面间距的全部信息。

现在举一个从单胞呈平行四边形的正点阵画出其倒易点阵的例子(图 11-7)。具体步骤如下:

(1) 在单胞中画出 (01),(02),(03),(10),(20),(30),(11),(12),(21),(13),(31),(22),(23),(32),(33) 等晶面。

(2) 从对应的倒易点阵的原点 O^* 出发作出上述晶面的一系列法线方向(即倒易矢量的方向)。

(3) 按倒易点的定义分别计算出对应上述各晶面的倒易矢量的长度,然后按它们各自的长度在已画好的一系列倒易矢量方向线上画出相应的倒易点。

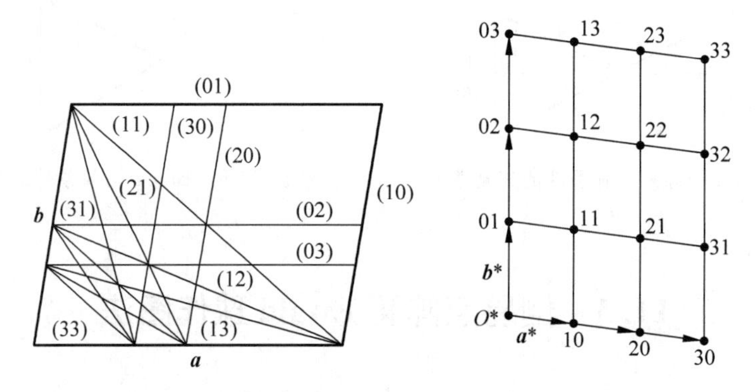

图 11-7 二维正点阵与二维倒易点阵间关系的图示

要注意的是,$\boldsymbol{a}^* \perp \boldsymbol{b}$,$\boldsymbol{b}^* \perp \boldsymbol{a}$,但是 $\boldsymbol{a}^*$ 不一定平行于 $\boldsymbol{a}$,$\boldsymbol{b}^*$ 不一定平行于 $\boldsymbol{b}$。只有当二维正点阵呈正方形或矩形时,才有 $\boldsymbol{a}^* /\!/ \boldsymbol{a}$ 和 $\boldsymbol{b}^* /\!/ \boldsymbol{b}$ 的情形。

通过作图可以看出倒易点在图上的分布有一定的周期性,它像正空间点阵一样,可以划分成许多倒易格子。三维倒易点阵的倒易格子可用 6 个参量来描写,即 a^*,b^*,c^*,α^*,β^* 和 γ^*,或用 3 个矢量来描述,即 $\boldsymbol{a}^*$,$\boldsymbol{b}^*$ 和 $\boldsymbol{c}^*$。

一般说来,对于任何晶系,若设 $\boldsymbol{a}$,$\boldsymbol{b}$,$\boldsymbol{c}$ 为正点阵的 3 个基本平移矢量,$\boldsymbol{a}^*$,$\boldsymbol{b}^*$,$\boldsymbol{c}^*$ 为倒易点阵的相应的 3 个基本平移矢量,则它们满足下列关系:

$$\left.\begin{aligned} &\boldsymbol{a}\cdot\boldsymbol{a}^* = \boldsymbol{b}\cdot\boldsymbol{b}^* = \boldsymbol{c}\cdot\boldsymbol{c}^* = \lambda \\ &\boldsymbol{a}\cdot\boldsymbol{b}^* = \boldsymbol{a}\cdot\boldsymbol{c}^* = \boldsymbol{b}\cdot\boldsymbol{a}^* = \boldsymbol{b}\cdot\boldsymbol{c}^* = \boldsymbol{c}\cdot\boldsymbol{a}^* = \boldsymbol{c}\cdot\boldsymbol{b}^* = 0 \end{aligned}\right\} \tag{11-4}$$

还可写成更简略的形式:

$$\boldsymbol{a}_i \cdot \boldsymbol{a}_j^* = \lambda\delta_{ij} \tag{11-4a}$$

式中,i,j 分别可等于 1,2,3,当 $i=j$ 时,δ_{ij} 为 1;当 $i\neq j$ 时,δ_{ij} 为 0。

11.3.2 倒易点阵的性质

从上面的叙述可以看出,倒易点阵的概念是从晶体衍射这一客观物理现象总结概括出来的。这充分说明倒易点阵完全是客观存在的东西,而不是人们的主观意念。但上述的引入方法也有一定的缺陷,它并不能完全反映倒易点阵的普遍性。事实上,这一概念不仅用于研究衍射现象,还可用于研究其他物理现象。所以说,它反映了更普遍的物理现象的本质。为了表明这种普遍性，人们从数学方法出发，完全可以推导出倒易点阵的一切属性。现列举如下：

(1)
$$\boldsymbol{g}_{hkl}=\frac{\lambda}{d_{hld}}\boldsymbol{N}_{hkl} \tag{11-5}$$

式中 $\boldsymbol{N}_{hkl}$ 是正空间中(hkl)晶面的法线。其意思是倒易矢量 $\boldsymbol{g}_{hkl}=h\boldsymbol{a}^*+k\boldsymbol{b}^*+l\boldsymbol{c}^*$ 垂直于正空间中同指数的晶面(hkl)，其长度为$|\boldsymbol{g}_{hkl}|=\frac{\lambda}{d_{hld}}$。式(11-5)中的 h,k 与 l 均为整数。

(2)
$$\left.\begin{aligned}\boldsymbol{a}^*&=\frac{\lambda}{V}\boldsymbol{b}\times\boldsymbol{c}\\ \boldsymbol{b}^*&=\frac{\lambda}{V}\boldsymbol{c}\times\boldsymbol{a}\\ \boldsymbol{c}^*&=\frac{\lambda}{V}\boldsymbol{a}\times\boldsymbol{b}\end{aligned}\right\} \tag{11-6}$$

式中 $V=\boldsymbol{a}\cdot(\boldsymbol{b}\times\boldsymbol{c})$ 为正空间单位格子的体积。

(3) 正格子体积和倒格子体积互为倒数(仅差一个比例系数)，即

$$V=\frac{\lambda^3}{V^*} \tag{11-7}$$

(4) 正点阵和倒易点阵互为倒易关系，也即可以认为正点阵是倒易点阵的倒点阵

$$\begin{aligned}(\boldsymbol{a}^*)^*&=\boldsymbol{a}\\ (\boldsymbol{b}^*)^*&=\boldsymbol{b}\\ (\boldsymbol{c}^*)^*&=\boldsymbol{c}\end{aligned} \tag{11-8}$$

由此性质再结合性质(1)可得知正空间中的晶向$[uvw]$，即 $\boldsymbol{r}_{uvw}=u\boldsymbol{a}+v\boldsymbol{b}+w\boldsymbol{c}$ 垂直于倒易点阵中的同指数倒易平面$(uvw)^*$，并且$|\boldsymbol{r}_{uvw}|=\frac{\lambda}{d_{(uvw)^*}}$。其中 $\boldsymbol{r}_{uvw}$ 是在正空间中从原点到 uvw 阵点的距离。

11.3.3　爱瓦尔德(Ewald)球作图法

先画出衍射晶体的倒易点阵，再以倒易原点 O^* 为端点作入射波的波矢量 $\boldsymbol{k}_0$(即图 11-8 中的$\overline{OO^*}$)。该矢量平行于入射电子束方向，其长度等于波长的倒数，即

$$|\boldsymbol{k}_0|=1/\lambda \tag{11-9}$$

以 O 为中心，以 $1/\lambda$ 为半径作一球，这就是 Ewald 球(或称反射球)。此时若有倒易阵点 G(指数为 hkl)正好落在 Ewald 球的球面上，则相应的晶面组(hkl)与入射电子束的位向必定满足布喇格条件，而衍射束的方向就是$\overline{OG}$。或者记作衍射波的波矢量 $\boldsymbol{k}$，其长度也等于反射球的半径 $1/\lambda$。由于 100kV 时电子束的波长为 0.003 7nm，而晶面间距为$\frac{1}{10}$nm 量级，所以图 11-8 中的比例是不对的。爱瓦尔德球的半径要比倒易矢量的长度

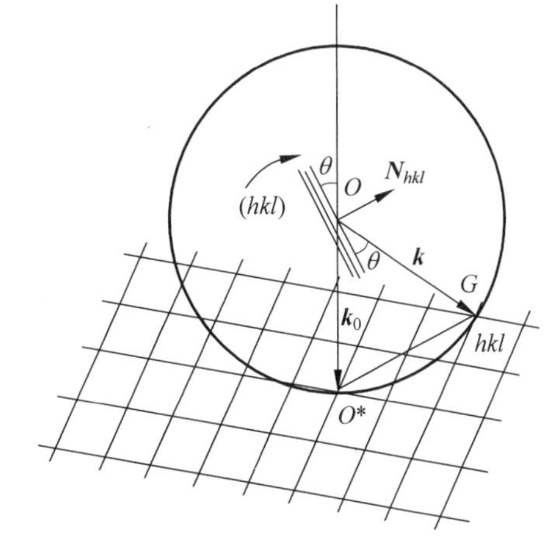

图 11-8　爱瓦尔德球与倒易点阵的关系示意图
(此倒易点阵的尺度放大了上千倍)

大上千倍。图中把倒易点阵放大,是为了可清楚地看到各物理量之间的关系。

根据倒易矢量的定义,$\overline{O^*G}=\boldsymbol{g}$,于是得到

$$\boldsymbol{k}-\boldsymbol{k}_0=\boldsymbol{g}$$

这就是前面已经指出过的布喇格定律的矢量表示法。

11.4 电子衍射基本公式和相机常数

图 11-9 是普通电子衍射装置的示意图。采用钨丝热阴极发射三极电子枪,并以电磁透镜会聚,提供波长为 λ 的平行单色入射电子束。入射方向平行于光轴。

位于 O 处的晶体样品内,若晶面间距为 d 的(hkl)晶面组满足布喇格定律,则在与入射方向成 2θ 角的方向上将得到该晶面组的衍射束。透射束和衍射束与照相底片相交于 O' 和 P' 点。样品和照相底片间的距离为 L。O' 为衍射花样的中心斑点,P' 则是(hkl)的衍射斑点,由图可以看到,花样上衍射斑点 P' 与中心斑点 O' 间的距离 R 为

$$R=L\tan 2\theta$$

已经指出,对于高能电子衍射,2θ 很小,一般为 $1°\sim2°$,所以,$\tan 2\theta\approx 2\sin\theta$。代入布喇格定律表达式后可得

$$\lambda=2d\sin\theta=d\,\frac{R}{L}$$

整理后可改写成

$$Rd=\lambda L \tag{11-10}$$

这就是电子衍射基本公式。入射电子束的波长和样品至底版的距离 L(电子衍射相机长度)都是一定的,两者的乘积

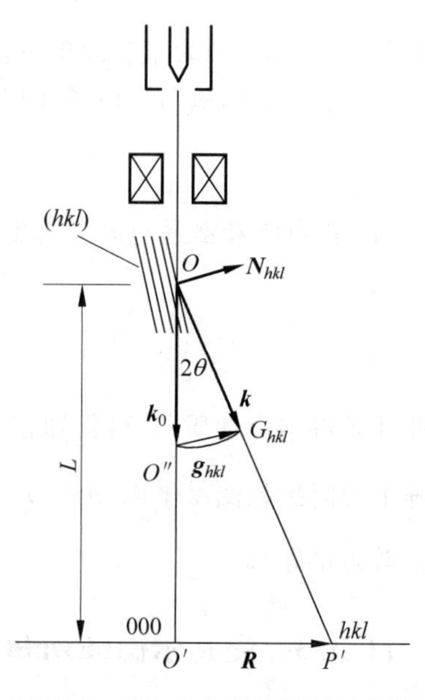

图 11-9 普通电子衍射装置示意图

$$K=\lambda L \tag{11-11}$$

称为电子衍射相机常数。此常数是电子衍射装置的重要参数。因为如果已知 K 值,即可由衍射花样上斑点(或环)的 R 值计算出产生该衍射斑点(或环)的晶面(或晶面族)的 d 值:

$$d=\frac{\lambda L}{R}=\frac{K}{R}$$

通常,λ 和 d 以 nm 为单位,而 L 和 R 以 mm 为单位,所以 K 的单位应是 mm · nm。由于 K 是常数,所以

$$R\propto 1/d \tag{11-12}$$

电子衍射中 R 与 $1/d$ 的正比关系是衍射花样指数化的基础。显然,它比 X 射线衍射中相应的关系要简单得多。

利用倒易点阵和 Ewald 球作图法,同样可以推导出式(11-12)。

由图可见,实际上 2θ 角是很小的,可以认为发生衍射的晶面(hkl)平行于入射方向,也

即其倒易矢量 $\boldsymbol{g}(/\!/ \boldsymbol{N}_{hkl}) \perp \boldsymbol{k}_0$，而底版上斑点 P' 的坐标矢量 $\boldsymbol{R}=\overline{O'P'}$ 也垂直于入射电子束方向，所以

$$\triangle OO^* G \backsim \triangle OO'P'$$

$$R/g = L/k = \lambda L$$

于是

$$R = (\lambda L)g = Kg = K/d$$

此式即为电子衍射基本公式。考虑到 $\boldsymbol{R} /\!/ \boldsymbol{g}$，可进一步写成矢量表达式：

$$\boldsymbol{R} = (\lambda L)\boldsymbol{g} = K\boldsymbol{g} \tag{11-13}$$

这就是说，衍射斑点的 $\boldsymbol{R}$ 矢量是产生这一斑点的晶面组的倒易矢量 $\boldsymbol{g}$ 的按比例放大。所以对单晶样品，简单地说，衍射花样就是落在爱瓦尔德球面上所有倒易阵点所构成的图形的投影放大像。因此相机常数 K 有时也称为电子衍射的"放大率"。

电子衍射的这个特点，对于衍射花样的分析具有重要的意义。事实上，在正空间里表示量纲为$[L]^{-1}$的倒易长度 g 时的比例尺本来就是任意的，所以仅就衍射花样的几何性质而言，它与满足衍射条件的倒易阵点图形完全是一致的。单晶衍射花样中的斑点可以看成是相应衍射晶面的倒易阵点，各衍射斑点的 $\boldsymbol{R}$ 矢量，也可视为相应晶面的倒易矢量 $\boldsymbol{g}$。

11.5　电子衍射和 X 衍射的比较

原子对电子的散射与原子对 X 射线的散射有类似之点，也有不同之处。以下仅讨论不同之处。

第一，两者引起散射的原因是不同的。X 射线的散射是由原子中的核外电子产生的，它的散射因数比例于 $\rho(\boldsymbol{r})\,\mathrm{d}V_r$。其中 $\boldsymbol{r}$ 矢量的端点是原子核外的某一位置，$\rho(\boldsymbol{r})$ 是原子中该处的电子密度的函数，$\mathrm{d}V_r$ 是该位置附近的一个体元。散射后造成的周相差 $\phi=2\pi(\boldsymbol{k}-\boldsymbol{k}_0)\cdot\boldsymbol{r}$。所以整个原子对 X 射线的散射因数(或称 X 射线的原子散射因数)是

$$f_{\mathrm{x}} = \int \rho(\boldsymbol{r}) \exp 2\pi \mathrm{i}[(\boldsymbol{k}-\boldsymbol{k}_0)\cdot\boldsymbol{r}]\mathrm{d}V_r \tag{11-14}$$

而电子束则同时受原子中的核电荷及核外电子的散射。这就需要综合考虑原子中的静电场分布情况。用 $\varphi(\boldsymbol{r})$ 表示原子的静电场电位分布函数，可以得到类似于式(11-14)所示的关于电子的原子散射因数表示式：

$$f_{\mathrm{e}} = \frac{2\pi me}{h^2}\int \varphi(\boldsymbol{r}) \exp 2\pi \mathrm{i}[(\boldsymbol{k}-\boldsymbol{k}_0)\cdot\boldsymbol{r}]\mathrm{d}V_r \tag{11-15}$$

式中，m 为电子的质量；e 为电子的电荷；h 为普朗克常数。

借助于表示电位与产生这种电位的电荷分布情况之间关系的泊松方程，可以用 X 射线的原子散射因数来计算电子的原子散射因数：

$$f_{\mathrm{e}}(\theta) = \frac{me^2}{2h^2}\left[\frac{Z-f_{\mathrm{x}}}{\left(\dfrac{\sin\theta}{\lambda}\right)^2}\right] \tag{11-16}$$

式中，Z 是原子序数，反映核对电子的卢瑟福散射；f_{x} 是核外电子对电子束的散射，它的负

值表示核外电子对核的正电荷散射的屏蔽作用。图11-10是C,Al,Cu,Ag,Au的原子散射因数随$\frac{\sin\theta}{\lambda}$变化的情况。可以看出,电子的原子散射因数与$f_x$很类似,也随$\frac{\sin\theta}{\lambda}$增大而单调变小。

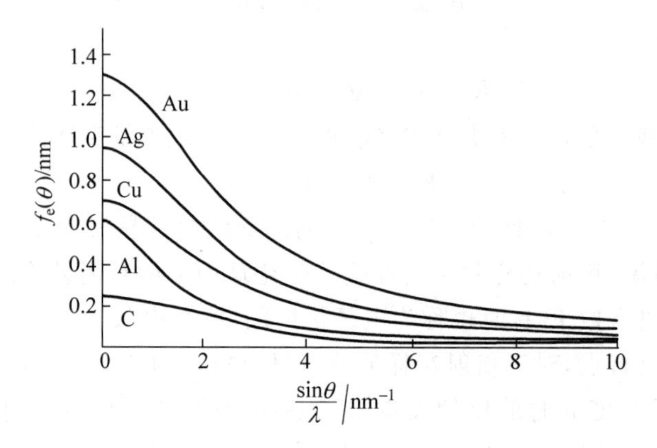

图11-10 电子的原子散射因数$f_e(\theta)$随$\frac{\sin\theta}{\lambda}$的变化

第二,电子的原子散射因数比X射线的原子散射因数大得多。如果用nm表示波长的单位,则式(11-16)改变为

$$f_e(\theta) = 2.38\times 10^{-12}\left(\frac{\lambda}{\sin\theta}\right)^2(Z-f_x) \quad (\text{cm}) \tag{11-17}$$

忽略了核电荷对X射线的原子散射因数的影响后,其表达式可写成

$$\left(\frac{e^2}{m_0c^2}\right)f_x = 2.82\times 10^{-13}f_x \quad (\text{cm}) \tag{11-18}$$

式中,e是电子的电荷量;m_0是电子的质量;c是光速。对于典型的低指数反射,$\frac{\sin\theta}{\lambda}\approx 2\text{nm}^{-1}$,此时,$f_e(\theta)\Big/\left(\frac{e^2}{m_0c^2}\right)f_x\approx 10^4$。也就是说,原子对电子的散射能力比对X射线的大1万倍左右。其后果是电子在物质中的穿透深度要比X射线的小得多。因此电子衍射比较适用于研究物质的表层或薄晶结构。

第三,由于电子衍射束的强度可以与透射束的相当,故在电子衍射时要考虑两者之间的动力相干作用。

第四,原子对X射线的散射因数f_x要比原子对电子的散射因数f_e随原子序数的增大而增加得更快。所以轻、重原子对电子的散射本领差别较小,如下表所示:

元素	C		Al		Fe		Mo		W
原子序数比	1	:	2	:	4	:	7	:	12
f_x之比	1	:	2.56	:	5.50	:	9.30	:	17.10
f_e之比	1	:	1.61	:	2.48	:	3.66	:	5.30

因此用电子衍射研究晶体中轻原子的分布,如C,H的分布是比较有利的。用电子衍射来研究高聚物也是比较有利的。

11.6　振幅周相图

为了更好地了解物理意义上的倒易点阵与几何意义上的倒易点阵的差别，更好了解电子衍射花样与倒易点阵的差别，更好了解结构因数对电子衍射强度的影响，更好地解释衍射方向偏离布喇格条件时的电子衍射花样和薄晶倒易阵点扩展成为倒易杆的原因，就要先搞清不同层次的物质基元对电子的散射及两个散射波的周相差以及物质基元对电子散射的合成振幅。所以这一节的内容是十分重要的。

11.6.1　两个散射元对电子束弹性散射的周相关系

散射元 O 与 A 由矢量 $\boldsymbol{r}$ 连接着，方向为 $\boldsymbol{k}_0$ 的电子平面单色波经过 OA 时分别受到散射。在 $\boldsymbol{k}$ 方向上两支弹性散射波的叠加与散射元 O 和 A 的散射波的程差 δ 有关

$$\delta = BO + OC = -\boldsymbol{k}_0 \cdot \boldsymbol{r} + \boldsymbol{k} \cdot \boldsymbol{r} = (\boldsymbol{k} - \boldsymbol{k}_0) \cdot \boldsymbol{r}$$

它们的周相差为

$$\phi = \frac{2\pi\delta}{\lambda} = \frac{2\pi}{\lambda}(\boldsymbol{k} - \boldsymbol{k}_0) \cdot \boldsymbol{r} \tag{11-19}$$

若用 $1/\lambda$ 作为衡量 $\boldsymbol{k}$ 及 $\boldsymbol{k}_0$ 矢量大小的单位，则其周相差可写成常用的形式：

$$\phi = 2\pi(\boldsymbol{k} - \boldsymbol{k}_0) \cdot \boldsymbol{r} \tag{11-20}$$

图 11-11 中的散射元为一个原子内的两个核外电子，所得到的公式也适用于两个原子或两个单胞对电子的散射。

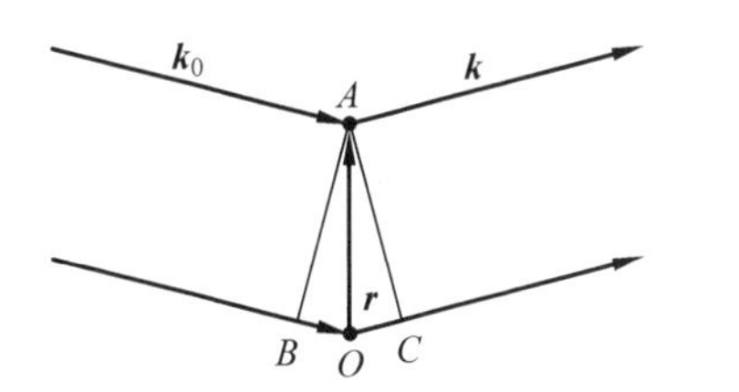

图 11-11　两散射元对电子束的弹性散射

11.6.2　单胞对电子的散射

当考虑单胞对电子的散射时，用 $\boldsymbol{X}(x,y,z)$ 来表示一个单胞内原子的位矢，x,y,z 都是以单胞边长 a,b,c 为单位的坐标，显然它们都小于 1(图 11-12)。参照上述公式可知，电子束受到整个单胞散射后的合成振幅可写作：

$$F = \sum_j f_j \exp 2\pi i(\boldsymbol{k} - \boldsymbol{k}_0) \cdot \boldsymbol{X}_j \tag{11-21}$$

式中，f_j 是第 j 个原子的散射因数；F 称为一个单胞对电子散射的结构因数。F^2 具有强度意义。因此 F 的绝对值越大，衍射强度也越大。当 $F=0$ 时，衍射束不出现。上式对 X 射线及电子衍射都适用。只是在前一种情况下使用原子对 X 射线的散射因数 f_x，而后一种情形下使用原子对电子的散射因数 f_e。单胞内的原子分布决定了结构因数的大小或衍射强度的高低。反之，也可以从衍射强度来推测出晶体的结构，从而得出晶体晶胞所属的点阵类型和其中的原子分布。

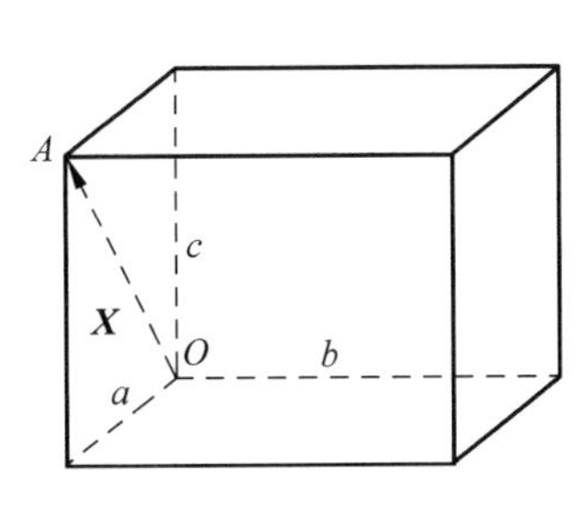

图 11-12　单胞对电子的散射

11.6.3 晶柱对电子的散射及振幅周相图

在讨论布喇格定律时已经指出，当入射电子束与晶面成 θ 角时，才产生衍射束，偏离这一方向，衍射束强度为零。在相应的倒空间的反射球构图（爱瓦尔德球）中，与反射球面相截的倒易阵点是个数学意义的点。这些结论只是在晶体内部非常完整，晶体尺寸又十分大的情况下才适用。而真实晶体的大小都是有限的，并且内部还会有各种各样的晶体缺陷，所以衍射束的强度分布有一定的角宽度，相应的倒易阵点也有一定的大小和几何形状。因此，即使倒易阵点的中心不正好落在反射球面上，也即在布喇格定律不严格成立时，也能产生衍射。在图 11-13 中，薄晶的倒易阵点沿薄晶法线方向拉长与爱瓦尔德球面相截，这时$\overline{OR}$为衍射束波矢 $\boldsymbol{k}$，且衍射矢量 $\boldsymbol{k}_{\mathrm{d}}\neq\boldsymbol{g}$，而

$$\boldsymbol{k}_{\mathrm{d}}=\boldsymbol{k}-\boldsymbol{k}_0=\boldsymbol{g}+\boldsymbol{s} \tag{11-22}$$

通常称 $\boldsymbol{s}$ 为偏离矢量或偏离参量。它表示倒易阵点偏离爱瓦尔德反射球的程度，也反映衍射束偏离布喇格衍射角 2θ 的程度。

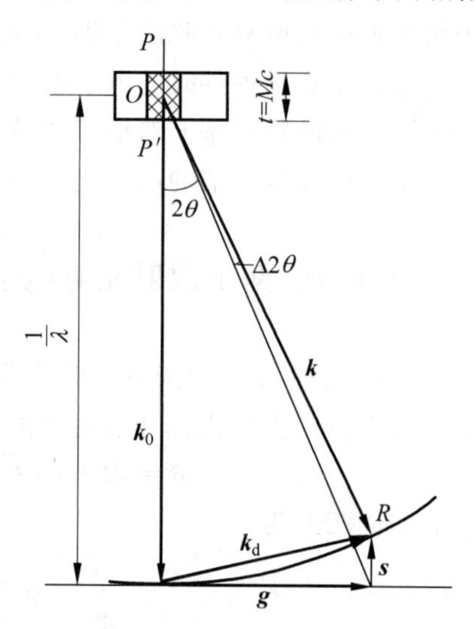

图 11-13 晶柱对电子的散射

前面曾从晶体中晶面反射波的周相差导出了布喇格方程 $2d\sin\theta=n\lambda$，这种推导方法的优点是突出晶面的反射作用，缺点是没有把晶体对电子的散射与单胞对电子的散射联系起来。下面用晶体内单胞散射波的周相差来讨论晶体对电子的散射。

首先讨论一下两个单胞的散射波的周相差，根据式(11-20)知

$$\phi=2\pi(\boldsymbol{k}-\boldsymbol{k}_0)\cdot\boldsymbol{r} \tag{11-23}$$

不过，这里 $\boldsymbol{r}$ 是联系两个单胞的位矢，也就是正点阵的点阵矢量：

$$\boldsymbol{r}=u\boldsymbol{a}+v\boldsymbol{b}+w\boldsymbol{c} \tag{11-24}$$

式中，u,v,w 均为整数；$\boldsymbol{a},\boldsymbol{b},\boldsymbol{c}$ 是点阵或单胞的基矢。在严格满足布喇格定律的情况下，$\boldsymbol{s}=0,\boldsymbol{k}_{\mathrm{d}}=\boldsymbol{k}-\boldsymbol{k}_0=\boldsymbol{g}$。这时衍射矢量 $\boldsymbol{k}_{\mathrm{d}}$ 与倒易矢量 $\boldsymbol{g}=h\boldsymbol{a}^*+k\boldsymbol{b}^*+l\boldsymbol{c}^*$ 相一致。其中 h,k,l 也是整数。根据正点阵基矢与倒易点阵基矢的倒易关系可得

$$\boldsymbol{a}\cdot\boldsymbol{a}^*=1,\quad \boldsymbol{a}\cdot\boldsymbol{b}^*=0,\quad \boldsymbol{a}\cdot\boldsymbol{c}^*=0$$
$$\boldsymbol{b}\cdot\boldsymbol{b}^*=1,\quad \boldsymbol{b}\cdot\boldsymbol{a}^*=0,\quad \boldsymbol{b}\cdot\boldsymbol{c}^*=0$$
$$\boldsymbol{c}\cdot\boldsymbol{c}^*=1,\quad \boldsymbol{c}\cdot\boldsymbol{a}^*=0,\quad \boldsymbol{c}\cdot\boldsymbol{b}^*=0$$

将此倒易关系及 $\boldsymbol{g}$ 与 $\boldsymbol{r}$ 矢量的表达式代入式(11-23)，便得到周相差的表达式：

$$\phi=2\pi\boldsymbol{g}\cdot\boldsymbol{r}=2\pi(hu+kv+lw)=2n\pi \tag{11-25}$$

式中，n 是整数，表示这两个单胞的散射波的周相差是 2π 的整数倍，因此这两个散射波由于周相相同而加强。现在考虑图 11-13 中晶柱 PP'的情形。取平行于入射电子束的方向为坐标轴 z 的方向，假设晶柱 PP'在 x,y 方向仅为一个单胞的截面大小，沿 z 方向则由 M 个单胞堆砌而成。PP'晶柱的厚度为 $t=Mc$，c 是单胞在 z 轴方向的边长。对于晶柱 PP'内所有单胞的合成振幅是

$$A = \sum F\exp(\mathrm{i}\phi) \tag{11-26}$$

F 是式(11-21)给出的一个单胞对电子散射的合成振幅。当严格满足布喇格衍射条件时，$\boldsymbol{s}=0$，$\phi=2n\pi$，所有这些单胞都有相同的周相。因此

$$A = MF$$

其振幅周相图是由 M 个矢量沿同一方向相加而成的一根直线。每一矢量的长度均等于一个单胞的散射因数，如图 11-14(a)所示。

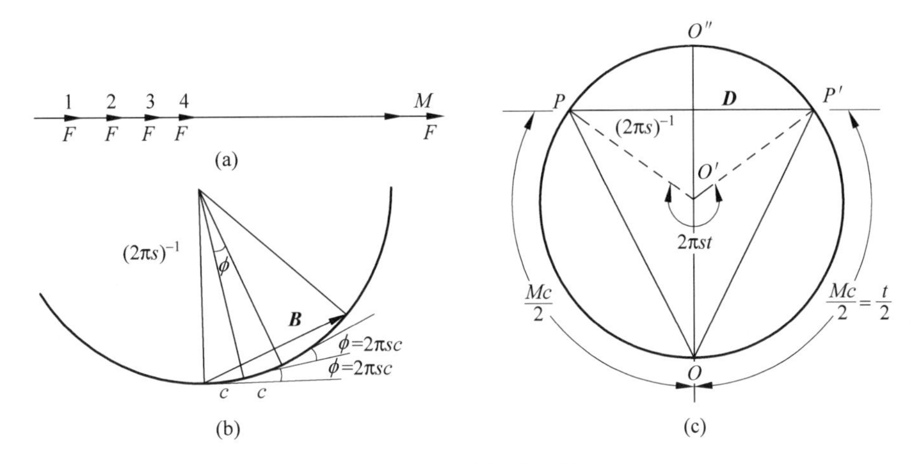

图 11-14　振幅周相图

当衍射方向偏离布喇格条件时，由图 11-13 可见

$$\boldsymbol{k}_{\mathrm{d}} = \boldsymbol{k} - \boldsymbol{k}_0 = \boldsymbol{g} + \boldsymbol{s}$$

这时两个单胞的散射波不再有相同的周相，其周相差为

$$\phi = 2\pi(\boldsymbol{g} + \boldsymbol{s}) \cdot \boldsymbol{r} = 2\pi\boldsymbol{s} \cdot \boldsymbol{r}$$

在晶柱中单胞一维排列的情况下，$\boldsymbol{s}$ 和 $\boldsymbol{r}$ 都平行于 z 轴，所以 $\phi=2\pi sr$。其中 r 是两个单胞在 z 方向相隔的距离。显然，两个相邻单胞的散射波的周相差是 $2\pi sc$。这时振幅周相图由一套矢量构成。这些矢量的长度代表一个单胞的散射振幅。每个矢量都相对于前一个矢量作了 $2\pi sc$ 的周相转动。图 11-14(b)给出了 4 个单胞的合成振幅 B。注意观察图中间的一个小三角形，其圆心角 $\phi=2\pi sc$，三角形的底边为 c。显然三角形的腰即圆的半径为

$$R = \frac{c}{2\sin(\pi sc)} \approx (2\pi s)^{-1}$$

由 M 个矢量叠加而成的弦 B 可由下式求得

$$B \approx 2(2\pi s)^{-1}\sin\left(2\pi sc\,\frac{M}{2}\right) = \frac{\sin(\pi sMc)}{\pi s} \tag{11-27}$$

式中，s 是小量，当 $M=4$ 时，$B=\dfrac{\sin(4\pi sc)}{\pi s}$。

若以图 11-13 中晶柱 PP' 的中心 O 为原点，则晶柱的合成振幅 A 就如图 11-14(c)中的 $\overline{PP'}$ 所示。OP 和 OP' 分别代表晶柱的上、下两半部的散射因数。由于 s 是个小量，圆半径 $(2\pi s)^{-1}$ 比起代表一个单胞散射因数的矢量长度要大得多，所以 M 个矢量连接在一起的圆弦线可以近似地用弧端点的割线 D 表示，其表示式与式(11-27)相同。这里合成振幅是以单胞的散射因数 F 为单位的，所以实际的合成振幅应为

$$A = F\frac{\sin(\pi sMc)}{\pi s} \tag{11-27a}$$

衍射强度是

$$I = F^2\frac{\sin^2(\pi sMc)}{(\pi s)^2} \tag{11-28}$$

式中，$\frac{\sin^2(\pi sMc)}{(\pi s)^2}$称为干涉函数，它与晶体的尺寸（$M$ 的数目）及偏离参量 s 有关。

11.6.4 等厚消光

现在来讨论衍射条件固定（即 s 为常数）而单胞数目 M 发生变化时引起的干涉函数及衍射强度的变化情形。图 11-14(c)中振幅周相图的圆半径有固定的值 $(2\pi s)^{-1}$。当 M 连续增大时，在弧 OP 和 OP' 沿圆周不断增长的过程中，割线 PP' 沿线段 OO'' 上下来回移动。合成振幅 A 的大小随之显示出周期性的变化。在 O 及 O'' 处出现极小值（$A=0$），在 O' 处出现极大值。换句话说，当晶柱高度 Mc 等于圆周长 $1/s$ 的整数倍时，干涉函数及衍射强度等于零，如图 11-15 所示。可以看出，当 Mc 等于 n/s 时，衍射强度等于零。这种情形一般称为厚度消光或等厚消光。

11.6.5 等倾消光

现在再讨论晶柱高度 Mc 不变时，干涉函数和衍射强度随偏离参量 s 的变化情形。当 $s=0$ 时，振幅周相图的圆半径为无穷大，Mc 在圆周上占有的一部分是一根直线。所有单胞有相同的周相。干涉函数及衍射强度有极大值，如图 11-14(a)所示。

随 s 增大，振幅周相图的半径变小，而在圆周上所占有的弧长却相应增大。当 s 增大到 $1/Mc$ 时，弧长等于周长，合成振幅 $A=PP'=0$，出现第一个极小值。此后又在 $2/Mc$ 处出现第二个极小值，等等。如图 11-16 所示。由式(11-28)可以看出，当 $s=n/Mc$ 时，衍射强度等于零。这种情形一般称为倾斜消光，或等倾消光。

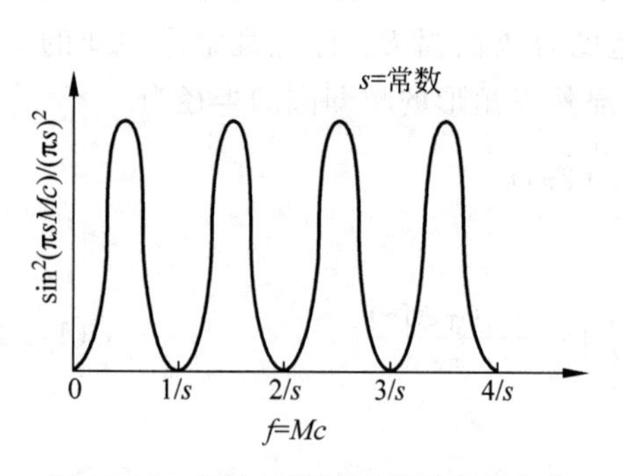

图 11-15 干涉函数随试样厚度的变化

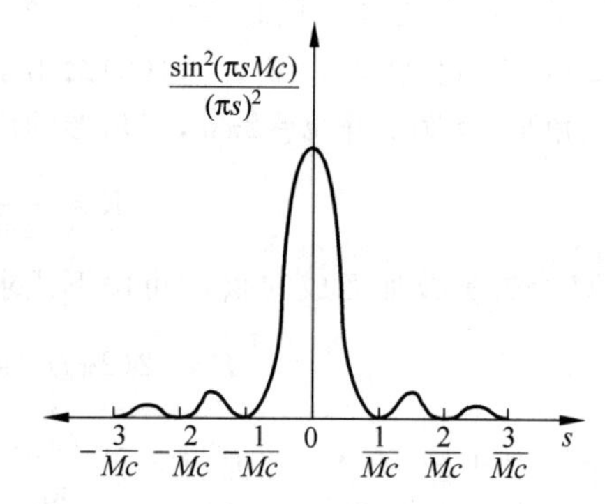

图 11-16 干涉函数随偏离参量 s 的变化

11.6.6 倒易阵点的扩展

图 11-16 中干涉函数随 s 变化的主极大值两边的零点规定了薄晶对电子相干散射的范

围。对于薄晶，倒易阵点不再是在 $s=0$ 处的一个数学上的点，而是拉长到 $2/Mc$ 的一个倒易杆。其中 Mc 是薄晶的厚度 t。显然，晶体越薄，参与相干散射的单胞数目就越少，倒易阵点便扩展得越长，相干散射的范围也会越宽。

上面讨论的是单胞的一维排列对干涉函数及衍射强度分布的影响。讨论中为突出一个方向（上面突出的是 z 方向）上单胞数目的影响，曾假设晶柱 PP' 在 x，y 方向是一个单胞截面的大小。这一假设仅仅是为了讨论的方便而作的简化。它隐含着在 x，y 方向有很多同样的 PP' 晶柱一起参与相干散射的意思。

在真实晶体中如果同时考虑单胞在 x，y，z 3 个轴向有序排列的影响，干涉函数的表示式应为

$$\frac{\sin^2(\pi s_1 M_1 a)}{(\pi s_1)^2}\frac{\sin^2(\pi s_2 M_2 b)}{(\pi s_2)^2}\frac{\sin^2(\pi s_3 M_3 c)}{(\pi s_3)^3} \tag{11-29}$$

式中，M_1，M_2，M_3 分别是 x，y，z 3 个轴向的单胞数目；s_1，s_2，s_3 是相应的倒易空间 3 个轴向上的偏离参量。倒易点在 3 个轴向展宽的程度分别是 $\frac{2}{M_1 a}$，$\frac{2}{M_2 b}$，$\frac{2}{M_3 c}$。在正空间，晶体的体积比例于 $M_1M_2M_3$ 的乘积。在倒易空间，倒易阵点的体积则比例于 $(M_1M_2M_3)^{-1}$。两者互成反比。只有在晶体是无穷大的情况下，倒易阵点才是一个数学上的点。对于有限大小的晶体，其倒易阵点扩展的情况如图 11-18 所示。如果晶体是一个一维拉长的晶须，其倒易阵点在与此晶须正交的平面内扩展成一个二维的倒易片；如果晶体是一个二维的晶片，则倒易阵点在此晶片的法线方向上拉长成一个一维的倒易杆。如果晶片的厚度是 t，倒易杆的长度本应为 $2/t$（图 11-16），但由于衍射强度急剧下降，因此可以认为有效倒易杆长度仅为 $1/t$（图 11-17）。对于一个有限大小的三维晶体其倒易阵点也有一定大小。不仅晶体的形状，而且晶体的畸变和缺陷的存在，都会使原来是数学点的倒易阵点或者部分，或者全部变成一个个平面，或一条条直线，或各种形状的体元。有时会在强度特别高的倒易阵点附近出现强度较低的异常散射区域，它们都可能在电子衍射谱上反映出来。

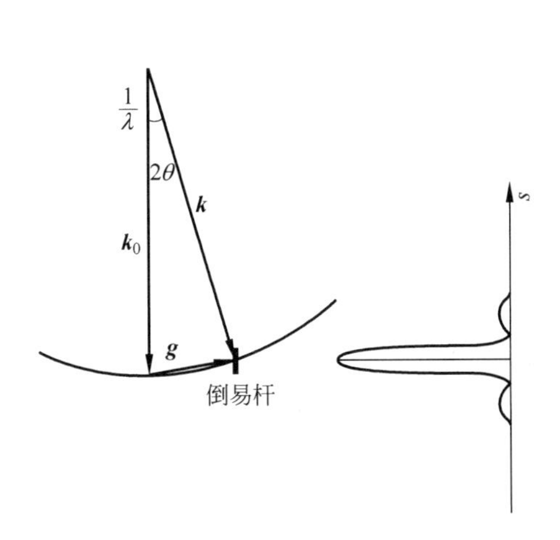

图 11-17　薄晶的倒易阵点扩展为倒易杆的图解说明

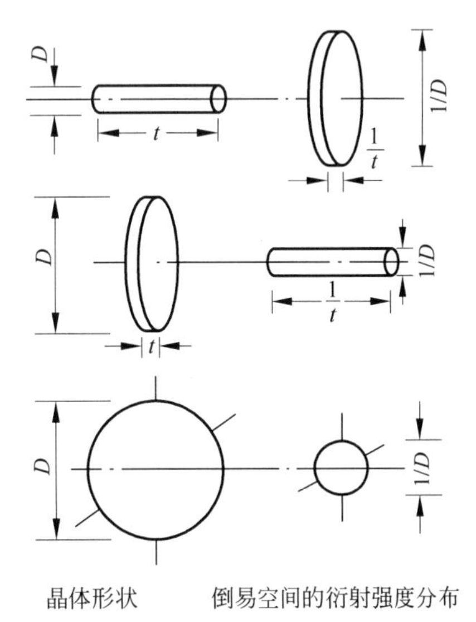

图 11-18　不同形状晶体的衍射强度在倒易空间的分布情况

11.7　电子衍射的强度问题

11.7.1　运动学衍射理论

如前所述，电子衍射的特点是波长短和散射强。波长短这个特点使电子衍射的几何学远比X射线衍射简单。电子衍射谱本身就能直接显示二维倒易点阵平面上倒易阵点的排列。散射强这个特点使电子衍射的强度问题变得相当复杂。在一般X射线衍射的情况下，由于衍射线比入射线弱很多，可以忽略衍射线之间以及衍射线与入射线之间的交互作用，并可假设衍射强度与结构因数的平方成正比。但在电子衍射中，这种运动学衍射理论只有在特定情况下才成立。如含极细小晶粒的多晶试样，单晶体的高角度弱衍射，偏离布喇格衍射条件的单晶衍射谱等。换句话说，只有当衍射束的强度比较弱时，衍射强度才与结构因数的平方成比例。

在讨论晶体对电子的散射时，我们曾导出合成振幅的公式(11-27a)，它可改写为

$$A = F\frac{\sin(\pi st)}{\pi s} \tag{11-27b}$$

在严格满足布喇格衍射条件的情况下，$s=0$，衍射强度与合成振幅的平方成正比：

$$I = A^2 = F^2t^2 \tag{11-30}$$

此式表示的衍射强度是在图11-17上，沿倒易点的强度分布曲线的$s=0$点所对应的强度峰值。而电子衍射实验记录下来的是衍射的积分强度，相当于强度分布曲线与s坐标轴间的面积大小。这个积分强度是

$$I = t^2\left(\frac{\lambda}{V_c}F\right)^2 \tag{11-31}$$

式中，λ是入射电子波的波长；V_c是晶体的单胞体积。从此式可以看出，电子束进入晶体内越深，衍射束的强度I就越大，如图11-19(a)所示。显然，衍射束的强度与透射束相比还是比较弱的，衍射束与透射束之间没有能量交换作用，这是运动学衍射理论的前提。

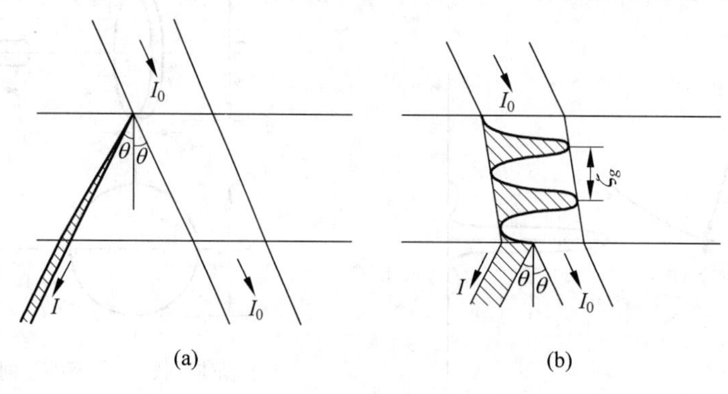

图11-19　电子波在晶体内深度方向的传播

(a) 运动学衍射；(b) 动力学衍射

11.7.2 双束动力学衍射理论

在一般的单晶衍射实验中,在严格满足布喇格方程的条件下,衍射束的强度很高,有时甚至与透射束相仿。在这种情况下,就不能忽略衍射束之间以及衍射束与透射束之间的能量交换作用。

这就是说,既然衍射束强度与透射束差不多,那么可以把它看成是在晶体内出现的新入射束,并且可以在晶体中产生二次布喇格衍射(或多次布喇格衍射)。这就相当于把单晶衍射谱的中心移到了强衍射斑点上产生一个新的衍射谱,并与原衍射谱叠加起来。这种衍射叠加的结果,使电子衍射谱的强度分布从原来的强弱分明变成强度差别不是太明显。也就是它的作用犹如把衍射强度重新分配到所有的衍射束上(甚至原来是强度等于零的禁止衍射的位置也可能出现较弱的二次衍射)。

当晶体的厚度增加并严格处于布喇格衍射位置时,衍射束非常强,入射束与衍射束之间的能量交换不可忽略,运动学衍射理论的前提失效,需要用动力学理论来处理。

所谓双束动力学衍射理论就是指在晶体内只有一个衍射束和一个透射束。在它们之间不断交换能量,保持动态平衡,好像连接在一起的两个摆,来回摆动时不断交换动能一样(图 11-19(b))。动力学衍射有以下几个主要特征:第一,由图可以看出,透射束和衍射束之间存在能量交换作用。在晶体内时,两者总是互相连接在一起,变成不可分离的一对电子束。在晶体内它们是结合在一起沿着衍射晶面前进的。直到脱离晶体后,透射束和衍射束的交互作用才完结,分开为一个透射束和一个衍射束。第二,在晶体内衍射束和透射束的强度是交替变化的。由图 11-19 可见,衍射束强度在深度方向是正弦变化的,而透射束强度是余弦变化的。透射束或衍射束强度的两个极小值(零值)之间的距离称为消光距离 ζ_g,它与结构因数 F 成反比。这种正弦、余弦变化关系,一方面说明透射束与衍射束之间的交互作用,相互消长,并保持动态平衡;另一方面在严格满足布喇格衍射的条件下,衍射束可以有与透射束相等的强度。这对于分析电子显微像的衍射衬度有重要意义。第三,动力学衍射的积分强度与结构因数的一次方成正比。

11.8 倒易阵点的权重

在以上的讨论中,假定倒易点阵只有几何意义。所有倒易点阵的阵点 hkl 都是等同的。由于 hkl 倒易点和晶体中的(hkl)晶面相对应,而在晶体中各个晶面产生的衍射的结构因数 $F(hkl)$是不一样的。因此各个衍射斑点的强度也应该是不一样的。为了使倒易点阵与电子衍射谱的对应关系更加全面,我们引入 $F(hkl)$作为每个 hkl 倒易点的"权重"。这样就使倒易点阵不仅具有几何意义,而且也具有衍射的物理意义。当一个 hkl 倒易阵点与 Ewald 球面相截时,不但可以从 hkl 倒易点的位置得知 hkl 衍射束的方向,并且由结构因数 $F(hkl)$的大小得知衍射束的强度。结构因数由单胞中原子的空间分布,即晶体结构而定。单胞中第 j 个原子的位矢可参照式(11-24)写成

$$\boldsymbol{r}_j = x_j\boldsymbol{a} + y_j\boldsymbol{b} + z_j\boldsymbol{c} \tag{11-24a}$$

此式中 x_j，y_j 和 z_j 都小于1。由式(11-25)可得(hkl)晶面产生的衍射的结构因数是

$$F(hkl)=\sum_j f_j \exp(\mathrm{i}\phi_j)=\sum_j f_j \exp[2\pi \mathrm{i}(hx_j+ky_j+lz_j)] \tag{11-32}$$

这是由已知晶体结构计算结构因数及强度的基本公式。也是根据实验得出的衍射强度推算晶体结构的基本公式。下面介绍几类布喇菲点阵的结构因数的共同特性以及由此得出的相应的倒易点阵的类型。

(1) 简单点阵

每个单胞中只有一个阵点，位置在原点000上，每个阵点代表一个原子集团，在最简单的情况下，只有一个原子。显然

$$F(hkl)=f\exp[2\pi \mathrm{i}(0)]=f \tag{11-33}$$

在这种情况下，倒易阵点的权重仅受 f 随 θ 角增大而减弱的单调变化的影响，显然与 hkl 本身无关。这就是说，所有 hkl 衍射都出现，相应的倒易阵点都有衍射的物理意义。因此简单点阵的倒易点阵也是简单点阵，这不仅适用于一个阵点代表一个原子，也适用于代表一个原子集团的情形。

(2) 底心点阵

每个单胞中有两个相同的阵点，坐标分别为000及$\frac{1}{2}\frac{1}{2}0$。在每个阵点代表一个原子的情形下

$$\begin{aligned}F(hkl)&=f\exp[2\pi \mathrm{i}(0)]+f\exp\left[2\pi \mathrm{i}\left(\frac{h+k}{2}\right)\right]\\&=f\{1+\exp[\pi \mathrm{i}(h+k)]\}\end{aligned} \tag{11-34}$$

当 $h+k$=偶数时(h,k 为全奇或全偶)，$F=2f$；$h+k$=奇数时(h,k 为奇偶混合)，$F=0$。

要注意的是，式(11-34)不受 l 值变化的影响。因此仅需考察在 $(001)^*$ 倒易面上倒易阵点的配置状况，便能得知倒易点阵的类型。在这里，当指数 h,k 为奇偶混合时，如100，010，120，210等，这些倒易阵点的权重均为零，无衍射的物理意义，可以略去不计。因此底心点阵的倒易点阵是以200，020，001倒易阵点的倒易矢量 $\boldsymbol{g}_{200}$，$\boldsymbol{g}_{020}$ 和 $\boldsymbol{g}_{001}$ 为基矢构成的底心点阵。由图11-20可见，底心倒易点阵的基矢 $\boldsymbol{a}^*$ 及 $\boldsymbol{b}^*$ 比没有底心时大一倍。应当指出，单从倒易点阵的几何意义考虑，指数 h,k 为奇偶混合时倒易阵点也是应当存在的，但从物理意义考虑，其相应的衍射斑点因底心点阵的系统消光而不出现，故没有必要把它们画出来。

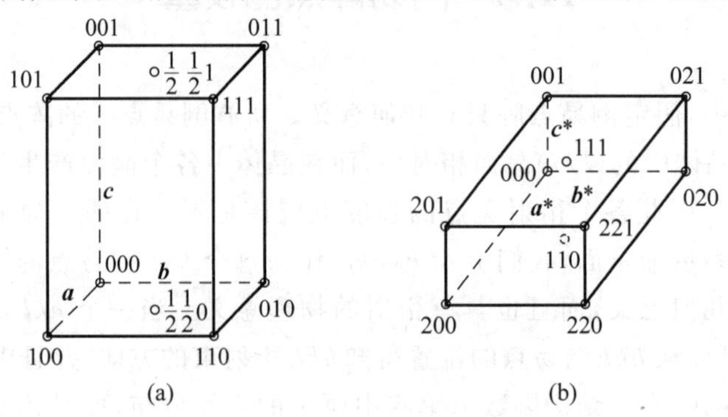

图11-20 底心点阵和它的底心倒易点阵

(a) 正点阵；(b) 倒易点阵

（3）体心点阵

每个单胞有两个相同的阵点，坐标分别为 000 及$\frac{1}{2}\frac{1}{2}\frac{1}{2}$。其结构因数的表达式是

$$\begin{aligned} F(hkl) &= f\exp[2\pi i(0)] + f\exp\left[2\pi i\left(\frac{h+k+l}{2}\right)\right] \\ &= f\{1+\exp[\pi i(h+k+l)]\} \end{aligned} \tag{11-35}$$

当 $h+k+l$=偶数时，$F=2f$；$h+k+l$=奇数时，$F=0$。所以体心点阵的倒易点阵是以 $\boldsymbol{g}_{200}$，$\boldsymbol{g}_{020}$ 和 $\boldsymbol{g}_{002}$ 为基矢构成的面心点阵，见图 11-21。显然，面心倒易点阵的 3 个基矢都比无心的简单点阵大一倍。

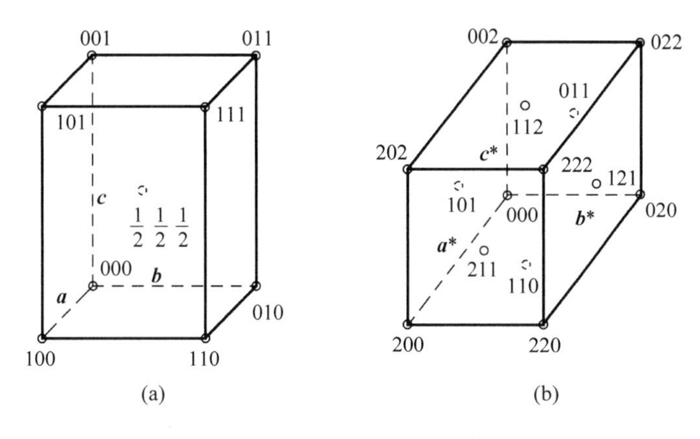

图 11-21　体心点阵和它的面心倒易点阵

（a）正点阵；（b）倒易点阵

（4）面心点阵

每个单胞有 4 个相同的阵点，其坐标分别是 000，$\frac{1}{2}\frac{1}{2}0$，$\frac{1}{2}0\ \frac{1}{2}$，$0\ \frac{1}{2}\frac{1}{2}$。结构因数表达式为

$$\begin{aligned} F(hkl) &= f\exp[2\pi i(0) + f\exp\left[2\pi i\left(\frac{h+k}{2}\right)\right] \\ &\quad + f\exp\left[2\pi i\left(\frac{h+l}{2}\right)\right] + f\exp\left[2\pi i\left(\frac{k+l}{2}\right)\right] \\ &= f\{1+\exp[\pi i(h+k)] + \exp[\pi i(h+l)] + \exp[\pi i(k+l)]\} \end{aligned} \tag{11-36}$$

当 h,k,l 为全奇或全偶时，$F=4f$；h,k,l 为奇偶混合时，$F=0$。所以，面心点阵的倒易点阵是以 $\boldsymbol{g}_{200}$，$\boldsymbol{g}_{020}$ 和 $\boldsymbol{g}_{002}$ 为基矢构成的体心点阵，见图 11-22。显然，体心倒易点阵的 3 个基矢也比无心的简单点阵大一倍。

如上所述，结构因数代表倒易阵点的权重，只有从下式

$$\boldsymbol{g} = h\boldsymbol{a}^* + k\boldsymbol{b}^* + l\boldsymbol{c}^*$$

构成的倒易点阵中去掉结构因数等于零的阵点后，倒易点阵才从数学概念转变为适合于研究晶体电子衍射的倒易点阵。表 11-3 给出布喇菲点阵的倒易关系，除了面心点阵与体心点阵互为倒易外，其余各种正点阵与相应的倒易点阵都属同一类布喇菲点阵。

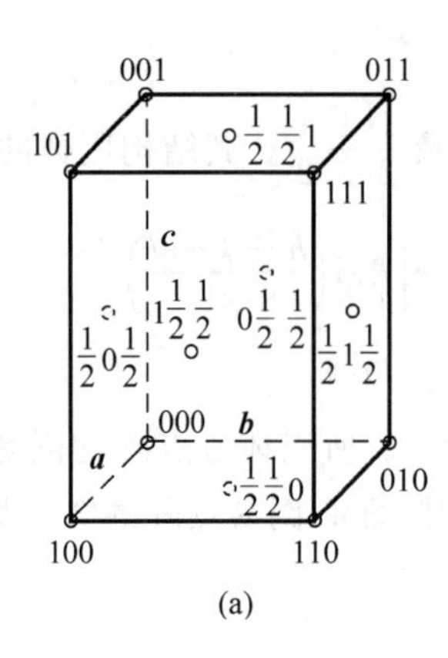

(a)

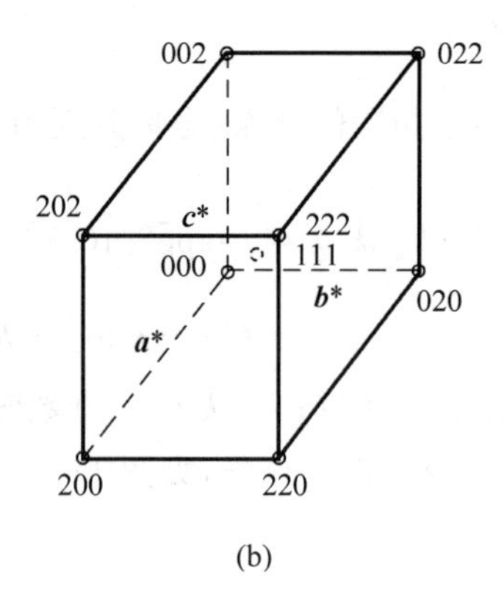

(b)

图 11-22 面心点阵和它的体心倒易点阵

(a) 正点阵;(b) 倒易点阵

表 11-3 布喇菲点阵的倒易关系

正点阵	简单(P)	(A) 侧心(B) (C)	体心(I)	面心(F)	菱形(R)
倒易点阵	简单(P)	(A) 侧心(B) (C)	面心(F)	体心(I)	菱形(R)

除了由于点阵有心引起的系统消光外,晶体结构对结构因数及衍射强度也有决定性的影响。从实验衍射图可以看出,衍射斑点的强弱差别悬殊,这说明倒易阵点的权重有很大差别,并且随晶体结构而异。如晶体结构中包含螺旋轴及滑移反映等对称操作,也会产生系统消光现象。下面以比较简单的六角密堆积为例加以说明。

六角密堆积是一种常见的晶体结构。在最简单的情况下,每个单胞中有两个相同的原子,坐标分别是 000 及$\frac{1}{3}\frac{2}{3}\frac{1}{2}$。其结构因数是

$$F(hkl) = f\left\{1 + \exp\left[2\pi i\left(\frac{h+2k}{3} + \frac{l}{2}\right)\right]\right\} \tag{11-37}$$

当 $h+2k=3n$(n 是整数),l 为奇数时,$F=0$;其余情况下,$F\neq 0$。因此,对属于六角点阵的六角密堆积结构,低指数衍射 001,111 及 003 等的强度均为零,相应的倒易阵点应从倒易点阵中除去。

11.9 晶带定律

晶体中的许多晶面族(hkl)同时与一个晶向[uvw]平行时,这些晶面族总称为一个晶带,这个晶向则称为晶带轴(图 11-23),而且通常用晶带轴代表整个晶带,如[uvw]晶带。既然这些晶面族都平行于晶带轴的方向,那么它们的倒易矢量 $\boldsymbol{g}=h\boldsymbol{a}^*+k\boldsymbol{b}^*+l\boldsymbol{c}^*$ 就构成一个与晶带轴方向 $\boldsymbol{r}=u\boldsymbol{a}+v\boldsymbol{b}+w\boldsymbol{c}$ 正交的二维倒易点阵平面$(uvw)^*$。由 $\boldsymbol{g}\cdot\boldsymbol{r}=0$

的正交关系，可以得出晶带定律如下

$$hu + kv + lw = 0 \tag{11-38}$$

在正点阵中，(hkl)是属于$[uvw]$晶带的各晶面的指数。在倒易点阵中，hkl 是$(uvw)^*$倒易平面上各倒易阵点的指数。

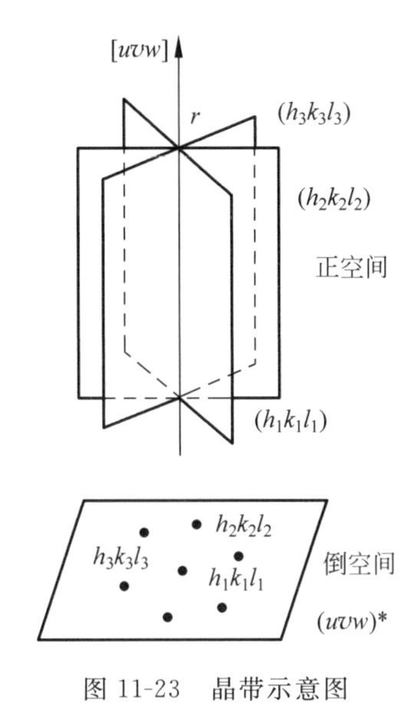

图 11-23　晶带示意图

11.10　电子显微镜中的电子衍射

透射电镜中能进行的电子衍射有好几种，包括选区电子衍射、高分辨率电子衍射、小角度电子衍射和微微区电子衍射(或称显微电子衍射)。但常用的还是选区电子衍射，所以本节仅涉及这一种电子衍射。

11.10.1　有效相机常数

透射电镜的照明系统提供了电子衍射所需的单色平面电子波。当它照射晶体样品时，晶体内满足布喇格条件的晶面组(hkl)将在与入射束相交成 2θ 角的方向上产生衍射束。

根据透镜的基本性质，平行光束将在透镜的背焦面上会聚成一个点，所以样品上不同部位朝同一方向散射的同位相电子波(即同一晶面组的衍射波)，将在物镜背焦面上被会聚，而得到相应的衍射斑点。其中散射角为零的透射波则被会聚于物镜的焦点处，得到衍射花样的中心斑点。因此，在物镜的背焦面上形成了一幅反映样品晶体结构的衍射花样。

如果调节中间镜激磁电流使它的物平面与物镜的背焦面重合，这一幅衍射花样经中间镜和投影镜进一步放大后，便可在荧光屏上观察到或在照相底版上记录下来(图 11-24(b))。

由此可见，利用透射电镜进行电子衍射分析时，不同于普通的电子衍射装置。它所记录到的衍射花样，实际上是物镜背焦面上产生的第一幅衍射花样的放大像。因此，样品产生的衍射束在到达底版的过程中，将受到成像系统透镜的多次折射。这样，推导电子衍射基本公

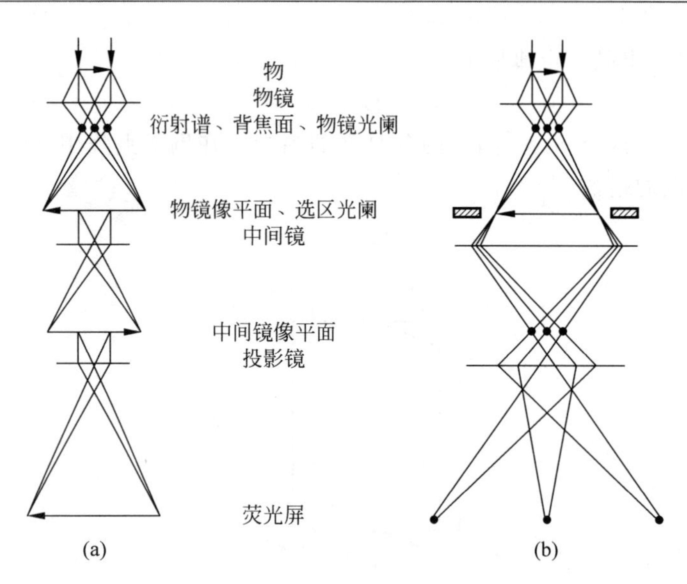

图 11-24 透射电镜中的电子衍射

(a) 图像；(b) 衍射花样

式时所用到的简单几何关系和电子衍射基本公式都将不再适用。

但是，由于通过透镜中心的光线不受折射，对于物镜背焦面上形成的第一幅花样而言，物镜的焦距 f_0 相当于它的相机长度。如果这幅衍射花样中衍射斑点 $h\ k\ l$ 与中心斑点 0 0 0 之间的距离为 r，则由图 11-25 可得

$$r = f_0 \tan 2\theta$$

代入布喇格公式可得

$$rd = \lambda f_0$$

若中间镜和投影镜的放大倍数分别为 M_i 和 M_p，则底片上相应斑点与中心斑点的距离 R 为

$$R = rM_iM_p$$

所以

$$\left(\frac{R}{M_iM_p}\right)d = \lambda f_0$$

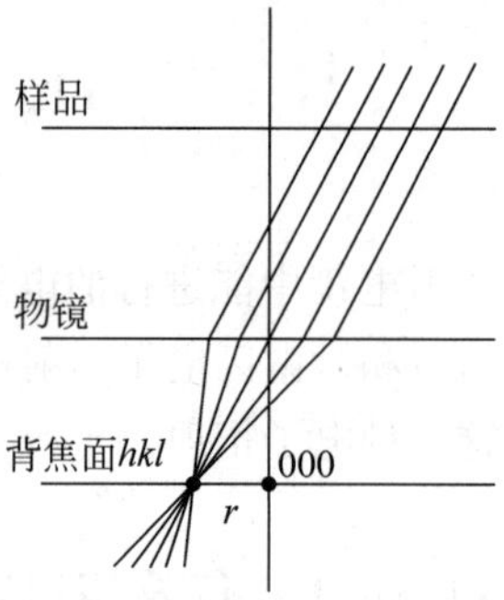

样品
物镜
背焦面hkl
000
r

图 11-25 背焦面上的衍射斑点

因此有效相机长度实际上是

$$L' = f_0 M_i M_p \tag{11-39}$$

这时，电镜中电子衍射的基本公式为

$$Rd = \lambda L' = K' \tag{11-40}$$

其中，有效相机常数 $K' = \lambda L'$。要注意的是，式中的 L' 并不直接对应于样品至照相底片的实际距离。

由于 f_0，M_i 和 M_p 分别取决于物镜、中间镜和投影镜的激磁电流，所以有效相机常数 K' 也将随之而变化。

11.10.2 选区电子衍射

已经指出，电子显微镜所用的磁透镜在聚焦与成像过程中，除了使电子发生径向折射以

外，还有使电子运动的轨迹绕光轴转动的作用。无论是显微图像、还是衍射花样，都存在一个磁转角的问题。这样，电子显微镜记录到的衍射花样中，斑点的 $\boldsymbol{R}$ 矢量与衍射晶面的法线方向(即 $\boldsymbol{g}$ 矢量)之间也不再平行。显然，图像与花样的磁转角分别随相应操作方式下的3个透镜的电流而变化。

为了克服相机常数和磁转角不确定性的困难，更主要的是为了充分发挥电子显微镜可以同时显示形貌像和分析晶体结构的优越性，通常采用所谓"选区电子衍射"的方法，有选择地分析样品不同微区范围内的晶体结构特征。选区电子衍射的基本原理见图11-26。

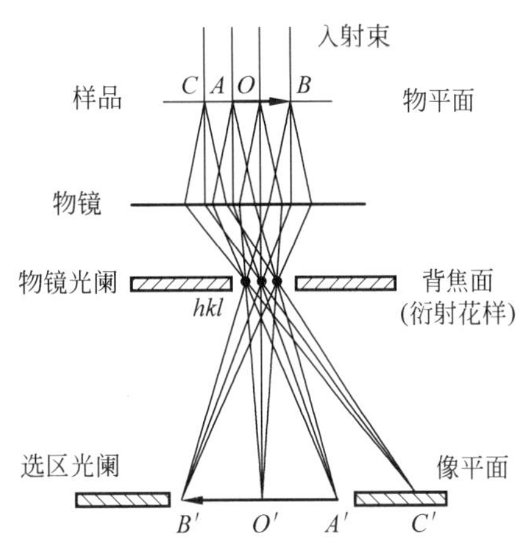

图 11-26 选区电子衍射原理

当电镜以成像方式操作时，中间镜物平面与物镜像平面重合，荧光屏上显示样品的放大图像。此时，在物镜的像平面上插入一个孔径可变的选区光阑，光阑孔套住想要分析的那个微区。因为在物镜适焦的条件下，物平面上同一物点所散射的电子将会聚在像平面上的一个像点上，故对应于像平面上光阑孔的选择范围 $A'B'$，只有样品上 AB 微区以内物点的散射波才可以穿过光阑孔，进入中间镜和投影镜参与成像。选区以外的物点(如 C)产生的散射波则全部被选区光阑挡掉。

然后，降低中间镜的激磁电流，使电镜转变为衍射方式操作。此时中间镜以上的光路不受影响，但中间镜物平面与物镜背焦面相重合。尽管物镜背焦面上第一幅花样是由受到入射束辐照的全部样品区域内的晶体衍射所产生的，但是其中只有 AB 微区以内物点散射的电子波可以通过选区光阑进入下面的透镜系统。所以荧光屏上显示的将只限于选区范围以内的晶体所产生的衍射花样，从而实现了选区形貌观察与电子衍射结构分析的微区对应的关系。

显然，若物镜放大倍数为 M_0，则样品上被选择分析的微区尺寸为 $\overline{AB}=\overline{A'B'}/M_0$。通常 M_0 为50～200。利用孔径为50～100μm的选区光阑，即可对样品上0.5～1μm的微区进行电子衍射分析。

选区范围可能发生误差，即样品上被选择分析的范围 AB 以外物点的散射波仍有可能对衍射花样有所贡献。这种误差来源于选区成像时物镜的聚焦精度和球差。前者指的是物镜像平面不与选区光阑平面严格重合或者物镜的失焦(欠焦或过焦)；后者则与透镜本身的质量有关。在典型的情况下，物镜的聚焦误差(即失焦量)$\Delta f_0\approx3\mu m$，球差系数 $C_s\approx3.5mm$，孔径半角 $\alpha\approx0.03rad$，因此选区误差

$$\delta=\Delta f_0\alpha+C_s\alpha^3\approx0.2\mu m \tag{11-41}$$

由此可见，想要通过缩小选区光阑的孔径使样品上被分析的范围小于0.5μm将是徒劳的。

为了减小选区误差，选区电子衍射应遵循以下的标准操作步骤：

(1) 插入选区光阑，调节中间镜和投影镜的聚焦，使选区光阑成像清晰。此时中间镜物平面与选区光阑平面重合。

(2) 物镜精确聚焦，使样品的形貌像清晰。此时物镜像平面与选区光阑平面重合。移

动样品让光阑孔套住要选择分析的区域。

(3) 移去物镜光阑，降低中间镜电流，并精确调节直至荧光屏上显示清晰的衍射花样（使中心斑点最小、最圆）。这时，中间镜物平面与背焦面重合。同时使（第二）聚光镜适当欠焦，以提供尽可能平行的入射电子束。

采用上述标准操作步骤后，同时也达到了使相机常数和磁转角保持恒定的目的。因为选区光阑的高度位置是固定的，在选区成像和选区衍射方式下各个透镜的电流均由该光阑所在的平面位置所决定，所以对于由 3 个成像透镜所组成的电子显微镜，其标准的选区成像倍率及选区衍射相机常数将是唯一的。

11.11 单晶衍射花样及其几何特征

单晶的衍射花样由一系列排列得十分规则的斑点组成。由于通常入射电子束的波矢量 $\boldsymbol{k}_0$ 比倒易矢量 $\boldsymbol{g}$ 大得多，且衍射角 2θ 又极小，所以只有那些处在倒易原点 O^* 附近，且落在 Ewald 球面上的倒易点所代表的晶面组才满足布喇格衍射条件。考虑到入射电子束的波长很短，而 Ewald 球的半径很大，O^* 附近的球面可以近似地被看成是垂直于入射波矢量 $\boldsymbol{k}_0$ 的平面。因而在确定的样品位向下，倒易点阵中也只有那些近似地垂直于 $\boldsymbol{k}_0$，且通过 O^* 的一个平面内的倒易阵点才有可能与球面接触而满足衍射条件。

电子显微镜中的电子衍射花样就是那些满足衍射条件的倒易阵点的图形的放大像。其放大率即有效相机常数 $K'=\lambda L'$。所以，单晶体的电子衍射花样就是靠近 Ewald 球面的倒易平面上阵点排列规则性的直接反映。

由晶带定律可知，当入射电子束和 $[uvw]$ 方向平行时，单晶的衍射花样实际上是以 $[uvw]$ 为晶带轴的，与 Ewald 球面重合的 (hkl) 晶面的倒易阵点的集合，或者说，是以 $[uvw]$ 为晶带轴的晶带内满足衍射条件的晶面组产生的衍射斑点的集合。

这幅花样就是倒易截面 $(uvw)_0^*$ 上阵点排列图像的放大像，而斑点的指数即为相应衍射晶面的指数或倒易阵点的指数。倒易截面表示式 $(uvw)_0^*$ 中下标 0 表示平面组 $(uvw)^*$ 中通过原点 0^* 的那一个平面，称为“零层倒易截面”。

单晶电子衍射花样的一个重要特点是花样中出现大量强度不等的衍射斑点，图 11-27 就是一例。由倒易阵点的扩展可知，即使晶面组的位向并不完全满足布喇格定律，也即其倒易阵点并不精确落在 Ewald 球面上，也仍然可以发生衍射，只是其斑点的强度较弱而已。对于透射电镜中的电子衍射，样品都是薄晶体或其他形状细小的颗粒。它们的倒易阵点的扩展程度都很大，使得与衍射条件的允许偏差也很大。这是在单晶衍射花样中出现大量衍射斑点的主要原因。

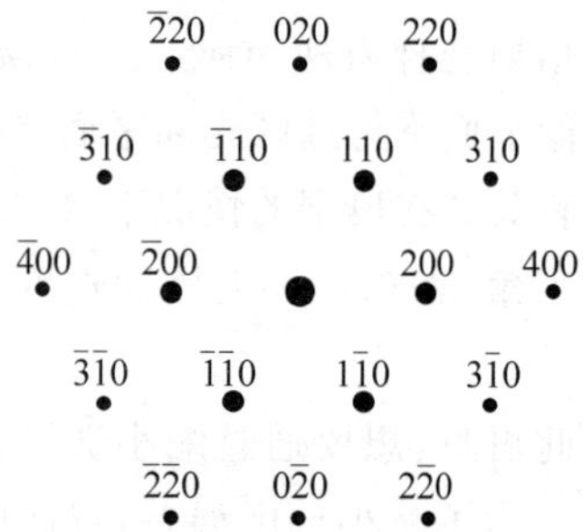

图 11-27 聚乙烯单晶体的理论电子衍射花样示意图（[001]晶带轴）

此外，由于加速电压不稳定，入射电子束的波长并不单一，使 Ewald 球面实际上具有一定的厚度。同时，入射电子束也不可能严格平行，说明 $\boldsymbol{k}_0$ 的方向也稍有变化，这也使球面变厚。所有这些因素都使倒易阵点接触球面的机会大大增多，所以样品晶体中常常会有许多组晶面同时发生衍射，在用电子衍射对高分子晶体结构进行分析时，必须考虑到上述情况出现的可能性。

11.12 用电子衍射研究聚合物结构的实例

11.12.1 聚乙烯单晶衍射花样提供的结构信息

把11.11节和11.8节作对照便可以看出，图11-27中的聚乙烯单晶体以[001]为晶带轴的电子衍射花样，实际上就是图11-20中倒易点阵中零层倒易截面上的阵点排列图的放大像，因而在正空间它就属于底心点阵。如果已知拍摄这张衍射花样时的有效相机长度和图11-27相对于原照相底片的倍率，就可以根据电镜中电子衍射的基本公式——式(11-40)计算出聚乙烯的晶胞参数 a 和 b。并且由计算可以得知这两个参数都远大于一个聚乙烯链结构单元的长度，于是可知聚乙烯链在单晶体中不是沿 a 轴或 b 轴，而是沿 c 轴配置的。

再结合聚乙烯的透射电子显微像就可知道 c 轴(也就是它的链轴)是垂直于单晶体的菱形平面的(参见图9-18)。根据聚乙烯单晶体的电子显微像求得其晶片厚度仅为12nm左右的事实，人们推测在这种单晶体中聚乙烯分子链是折叠起来配置在空间点阵中的。这就是重要的"折叠链学说"的实验基础。

对大量的其他聚合物单晶体的电镜观察表明它们的片晶厚度都在10nm上下，而且电子衍射也表明它们的分子链都是垂直于片晶大平面的。这意味着折叠链是聚合物结晶时的一种普遍现象，但如果没有电子衍射方面的研究，就很难得出这样的结论。

11.12.2 固态聚合的聚酞菁锗氧烷的电子衍射花样提供的结构信息

聚酞菁锗氧烷$[Ge(Pc)O]_n$ 由酞菁锗二醇 $Ge(Pc)(OH)_2$ 聚合而成，其反应方程式如下：

$$n Ge(Pc)(OH)_2 \longrightarrow [Ge(Pc)O]_n + nH_2O$$

式中，Pc代表酞菁环。此方程也可以形象地用图11-28表示。图中的酞菁环中央的M如果是锗，该聚合物就是聚酞菁锗氧烷；如果是硅，该聚合物就是聚酞菁硅氧烷。由图可以看出，这种聚合物分子的主链—Ge—O—Ge—是一根直棒，各酞菁环的平面与主链垂直相交。

上述反应可以在固态进行，也即先制得单体(它是一种结晶很好的固体颗粒)，然而再在真空条件下把这些固体颗粒加热到440℃，便可经固态聚合得到它的聚合物。

由透射电镜观察得知，用固态聚合方法得到的聚酞菁锗氧烷晶体是又窄又长的板条状晶体(图11-29)。对这种晶体进行选区电子衍射，得到如图11-29右上角插入的和图11-30所示的衍射花样。那么可以从这种衍射花样获得哪些结构信息呢？

这种衍射花样与图11-27的聚乙烯单晶体的衍射花样有较大的不同。在两个相互垂直的方向上的衍射斑点与中心斑的距离相差相当悬殊。离中心斑越远，表明在正空间与该斑点对应的晶面间距越小。计算表明，与两条弧线中央的亮斑对应的晶面是(001)面和$(00\bar{1})$面。这就是说，与大多数聚合物不同，在这种板条状晶体中聚酞菁锗氧烷分子链不是垂直于而是平行于板条晶大平面的。

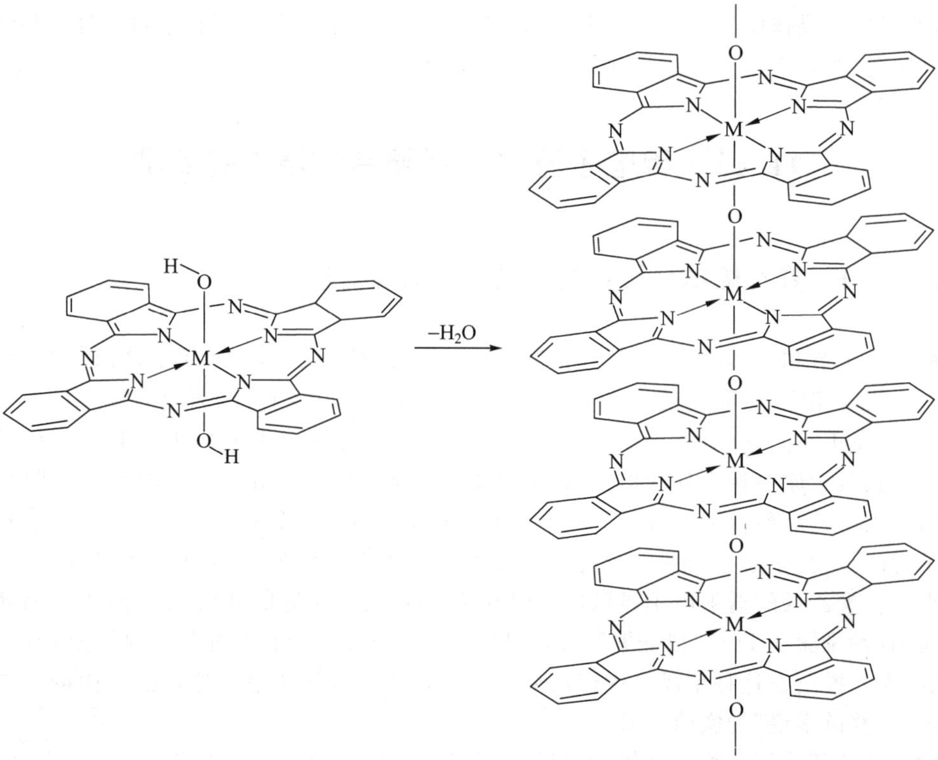

图 11-28　Ge(Pc)$(OH)_2$ 缩聚反应示意图

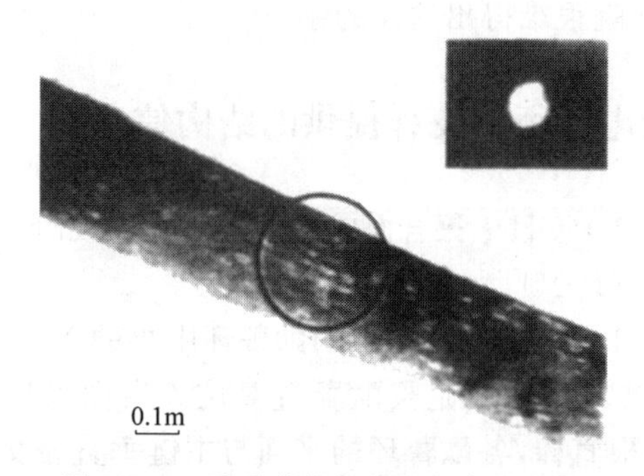

图 11-29　聚酞菁锗氧烷的板条状晶体

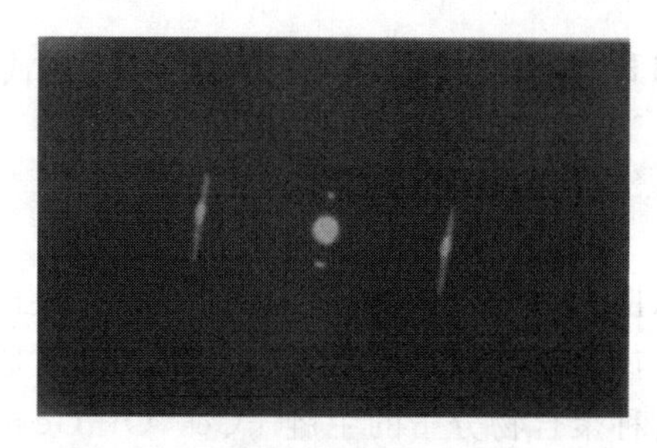

图 11-30　图 11-29 中板条晶的选区电子衍射花样

该聚合物的大量选区电子衍射实验显示，上述两弧线中央亮斑的连线有两类，一类是连线平行于板条晶的长边，另一类是连线与板条晶的长边成 60°的夹角。这就是说，聚酞菁锗氧烷的板条晶有两类，一类是分子链轴平行于板条晶的长边，另一类是分子链轴与长边成 60°的夹角。

但无论是单体还是聚合物，它们的晶体颗粒都很小，用 X 射线研究时只能做粉末 X 衍射分析，因此，根据 X 射线衍射谱推测的晶体结构就不是唯一的。初步推测的结构共有 4 种，经过其他方法的排除后还剩两种（图 11-31），通过以下过程，可得到最后定论。具体做法是，先根据由 X 射线衍射谱求得的晶胞参数，分别画出它们的以[001]为晶带轴的理论衍射花样（图 11-32）。然后，将它们与实际的衍射花样比较。很显然，图 11-32(a)中的理论衍射花样与图 11-30 中的实际衍射花样十分接近。有所不同的是，在理论衍射花样中左、右两边各为 3 个斑点，其中上、下两个斑点较弱，中间一个斑点较强，而在实际衍射花样中左、右各为两条弧线,弧线的中央有一个亮斑。造成这种差异的原因是聚酞菁锗氧烷的板条晶不是单晶体,而是由方位稍有不同的微晶所组成的。实际的衍射花样是这种具有镶嵌块结构的各微晶衍射花样的叠加,致使3个斑点变成了一条弧线。而聚酞菁锗氧烷的板条晶不是单晶体这一点与固态聚合机理有关,因为其单体属底心单斜晶系,而聚合物属正交晶系。固态聚合时要通过酞菁环的旋转才能完成晶系的转变,而且板条晶中的单体并没有全部参与缩聚反应,因而所形成的各聚合物微晶在方位上存在微小的差异。

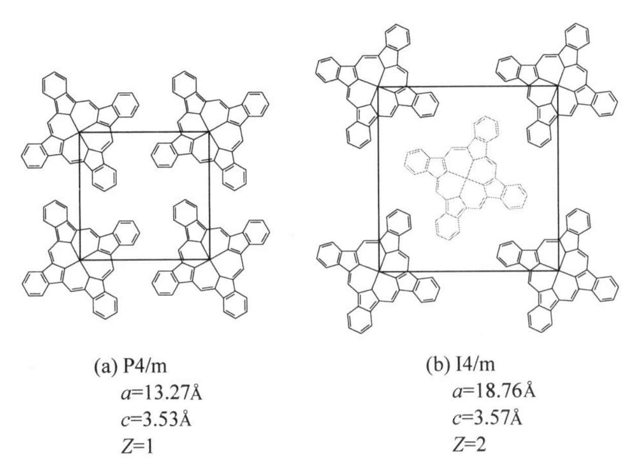

图 11-31　由粉末 X 衍射数据推测的两种聚酞菁锗氧烷的晶胞结构

关于这一点,在其板条晶的(100)面的晶格条纹像(图 11-33)中可以看得十分清楚。图中的一条条黑线可以认为就是(100)晶面的投影,或者说,可以视为在(100)面上的一组水平排列的分子链的投影。每一个微区中的条纹是平行的,但各个微区中的条纹相比较时,有一个小角度的偏差,使这些微区形成了一种镶嵌块结构,它是导致3个斑点转变为一条弧线的原因。

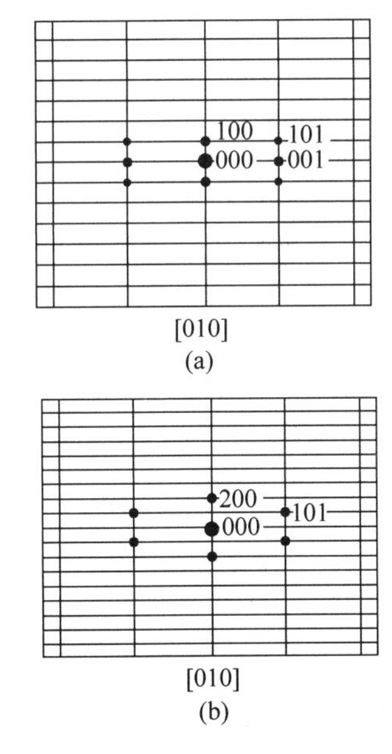

图 11-32　根据图 11-31 中的晶胞数据画出的以[001]为晶带轴的理论电子衍射花样

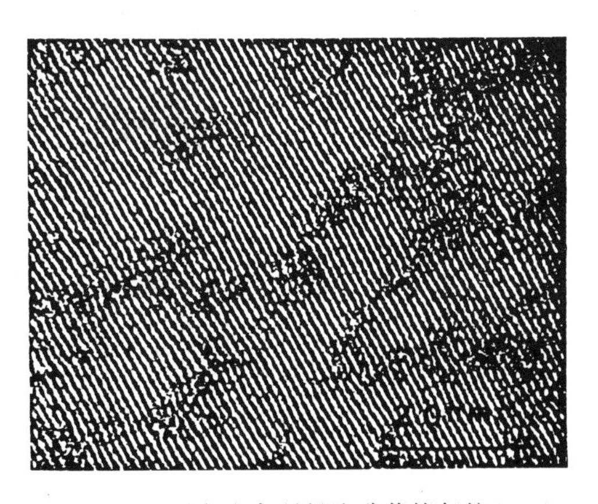

图 11-33　固态聚合所得聚酞菁锗氧烷(100)晶面的晶格条纹像

11.12.3 气相沉积聚酞菁锗氧烷的电子衍射花样提供的结构信息

在大多数聚合物单晶体中的分子链都是垂直于片晶大平面的，但是在固态聚合的聚酞菁锗氧烷中分子链却平行于板条晶的大平面。那么，对于聚酞菁锗氧烷，其分子链能否垂直于晶体大平面配置呢？答案当然是肯定的。不但它可以，而且与它类似的聚酞菁硅氧烷也是可以的。采用选区电子衍射和高分辨电子显微术进行研究发现，如果在真空条件下，将酞菁锗二醇或酞菁硅二醇单体加热升华，并沉积在 NaCl 单晶片的新解理的(100)面上，只要衬底的温度合适便可使分子链与晶体大平面垂直。对于聚酞菁硅氧烷，衬底温度超过325℃时便可使分子链垂直于晶体大平面，但只有当温度超过 350℃时才会使分子链全部垂直于晶体大平面(表 11-4)。

表 11-4 在 NaCl 单晶(100)解理面上气相沉积膜中[Si(Pc)O]$_n$ 分子链的取向与衬底温度的关系

衬底温度/℃	微晶形貌	分子链相对于晶体大平面的取向
150	多晶	不确定
295	板条	平行
325	板条+岛状	平行+垂直
350	岛状	垂直

当它们的分子链垂直于晶体大平面时，其电子衍射花样也与图 11-27 所示的聚乙烯单晶体的理论电子衍射花样有类似之处，但聚酞菁硅氧烷在结晶时存在多晶型现象，这也很容易由电子衍射花样中看到(图 11-34)。

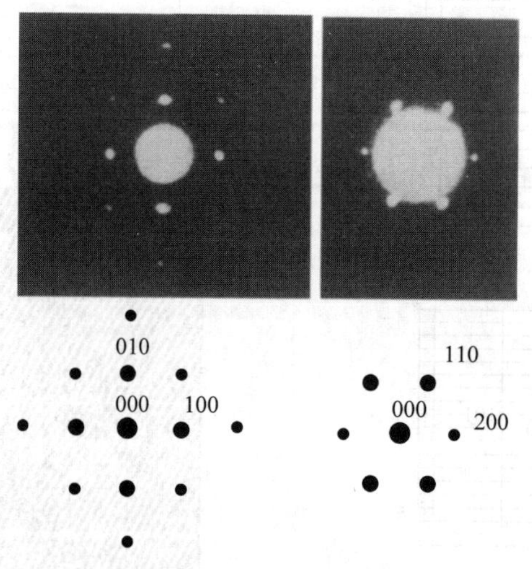

图 11-34 气相沉积聚酞菁硅氧烷晶体的两种选区电子衍射花样

(分子链垂直于晶体的大平面)

复 习 题

11-1　如何用矢量关系式和矢量图示法来表示 Bragg 衍射条件？

11-2　什么是空间点阵？什么是倒易点阵？正空间的点阵单位和倒空间的倒易格子各用哪 6 个参数来描述？如果用矢量来描述各为哪 3 个矢量？

11-3　正空间和倒空间中的点、位矢和晶面各用什么符号来表示？

11-4　举例说明如何从正空间的单胞转换成倒空间的倒易格子？

11-5　为什么落在 Ewald 球面上的倒易点能满足 Bragg 衍射条件？

11-6　何谓电子衍射的相机长度？何谓电子衍射的相机常数？为什么可把相机常数称为电子衍射的“放大率”？

11-7　电子衍射和 X 射线衍射有哪些差别？

11-8　两个散射单元对入射电子束进行弹性散射后，它们的周相差与什么有关？

11-9　什么是一个单胞对电子散射的结构因数？它与原子对电子的散射因数有何联系？结构因数的平方有何物理意义？

11-10　对于薄晶体为什么可以出现偏离 Bragg 条件的衍射束？

11-11　何谓偏离矢量？何谓振幅周相图？偏离矢量为零时的振幅周相图和偏离矢量不为零时的振幅周相图有何不同？

11-12　何谓干涉函数？它与晶体尺寸和偏离参量有何关系？

11-13　何谓等厚消光？何谓等倾消光？

11-14　倒空间中的衍射强度分布与晶体形状有何关系？何谓倒易杆？它的长度与什么有关？

11-15　为什么电子衍射谱中各斑点的强度差别不像 X 射线衍射谱中的那样明显？

11-16　Bravais 点阵的倒易关系是怎样的？形成这种关系的原因是什么？

11-17　何谓晶带？何谓晶带轴？$[uvw]$晶带中与晶带轴正交的二维倒易点阵平面上各倒易阵点的指数与晶带轴的 3 个指数有什么关系？

11-18　什么是透射电镜中电子衍射的有效相机长度和有效相机常数？

11-19　何谓选区电子衍射？选区光阑的位置在什么地方？选区电子衍射和选区形貌观察在微区上是如何对应的？选区范围产生误差的原因是什么？选区衍射的最小选区范围是多大？

11-20　单晶衍射花样有什么几何特征？其上的各个斑点如何标定？

第 12 章

X射线衍射及其在聚合物结构研究中的应用

在 20 世纪 50 年代中期以前，人们主要用 X 射线衍射方法研究聚合物的结晶结构和取向状态。虽然在透射电镜和扫描电镜商品化以后，人们增加了选择观察聚合物结晶形貌和多相体系聚集状态的手段，也增加了选择电镜中的电子衍射附件来研究聚合物结晶结构的方法，但是 X 射线衍射法仍然是研究聚合物结晶结构的主要手段之一。

由于聚合物单晶体的尺寸通常都很小，而且这些年来人们已经习惯于使用快速方便的 X 射线衍射仪来研究聚合物的多晶薄片和粉末样品。所以本章不涉及适用于大尺寸单晶体结构研究的劳埃(Laue)法和采用照相技术研究多晶结构的德拜-谢乐(Debye-Scherrer)法，而是仅仅介绍与 X 射线衍射仪相关的知识和方法，包括 X 射线的物理学基础、X 射线衍射原理、X 射线衍射的强度、实验方法及样品制备。这是因为在用 X 射线衍射法研究聚合物的结晶结构时，实际上是先测出结晶聚合物试样的衍射信息，再根据衍射信息的方位与强度来反推试样中聚合物的结晶结构和结晶情况。在研究过程中要用到的晶体学知识、倒易点阵概念和爱瓦尔德球作图等内容已经在本书的电子衍射一章中介绍过，故本章不再重复。

12.1 X 射线的物理学基础

用 X 射线衍射法来研究物质结构时，要先搞清楚 X 射线的物理本质。本节分为 X 射线的产生、X 射线谱和 X 射线被物质的吸收 3 个小节来进行讨论。

12.1.1 X 射线的产生

在真空管中放置一个阴极和一个阳极，并在两极之间加上 $10 \sim 10^2$ kV 的高电压时，热阴极上发射出来的电子被加速。当能量增大到一定程度的高速电子轰击阳极靶面时，就会将靶材原子内层(例如 K 层)上的电子激发到能量较高的空壳层中，甚至使其飞离该原子，并使内壳层出现空位。这就使该类原子处于能量较高的激发态。这种状态是不稳定的，存在着向低能态转化的倾向。也就是存在外层电子要填补到内层空位上去的倾向。在填补过程中，高于内层电子的那一部分能量要以 X 射线的形式释放出来。这种光子的能量如下式所示：

$$E_X = E_{e外} - E_{e内} = hc/\lambda \tag{12-1}$$

式中，E_X 是 X 光的光子能量；$E_{e外}$ 是靶材原子中外层电子的能量；$E_{e内}$ 是靶材原子中内层电子的能量，$h=6.625\times10^{-34}$ J · s，是普朗克常数；$c=3\times10^{10}$ cm/s 是真空中的光速；λ 为

X光的波长。因为X光和其他光一样具有二重性，λ就是表征其波动性的一个参量。实际上，X光也是一种波长很短的电磁波。其波长的长端与紫外线的短端发生部分的重叠，而其波长的短端则与γ射线的长端发生部分的重叠。适用于衍射方法研究材料结构的那段X射线的波长在0.25～0.05nm。

12.1.2　X射线谱

从X射线管发出的X射线包括连续谱和特征X射线两部分，如图12-1所示。图中下部横跨波长范围很大的弧形宽峰是连续谱。它的形成是因为热阴极发出的电子数量非常多，经强电场加速后，到达阳极靶面时的能量有所差异，与靶材作用时的散射情况也不完全相同，是产生的X射线波长既有差异，又连续变化的缘故。单纯的连续谱只在管电压低于激发电压时出现。当管电压增大到激发电压时，除了连续谱的波段扩展和强度提高以外，还会激发出特征X射线，例如K_α线和K_β线。继续增大管电压，连续谱要继续扩展其波段范围和提高其强度，但特征X射线只会提高其强度，不能改变其波长，因为它的波长仅仅与阳极靶材有关。关于这一点，很容易用式(12-1)加以说明。图12-1中的K_α线和K_β线分别是L层电子和M层电子填补到K层时产生的X射线。由于$E_{eL}-E_{eK}<E_{eM}-E_{eK}$，所以$\lambda_{K_\alpha}>\lambda_{K_\beta}$。又因为L层要比M层更加接近K层，故L层电子要比M层电子更加容易填补K层。于是K_α线的强度也要比K_β线的强度高。在研究聚合物的结晶结构时，Cu靶用得最普遍，其$\lambda_{K_\alpha}(\mathrm{Cu})=0.154\,178\mathrm{nm}$。实际上，$K_\alpha$线是由波长仅差$10^{-4}$nm的$K_{\alpha1}$和$K_{\alpha2}$两条射线叠加而成的。它们都是L层电子填补到K层时释放出来的X射线。但$K_{\alpha1}$线的强度是$K_{\alpha2}$线强度的2倍。所以人们常用它们的加权平均值来代表K_α线的波长，即

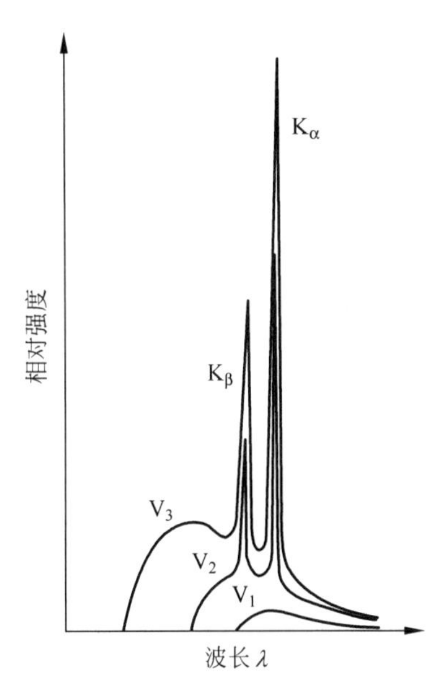

图12-1　X射线管发出的X射线谱示意图

$$\lambda_{K_\alpha}=(2\lambda_{K_{\alpha1}}+\lambda_{K_{\alpha2}})/3 \tag{12-2}$$

12.1.3　X射线被物质的吸收

在用X射线衍射法研究物质结构时，常常要使用单色的K_α射线。但从X射线管发出的射线并不是单色的。为此要使用对连续谱和K_β射线有强烈吸收作用，但对K_α射线吸收较小的材料作滤波片，对发出的X射线进行单色化处理。在选择滤波片的材质时，要巧妙地利用它们对X射线的吸收特性。

当单色X射线穿过厚度为d(cm)的材料后，其透射线的强度I和入射线强度I_0的关系如下式所示：

$$I=I_0\exp(-\mu d)=I_0\exp(-\mu_m\rho d) \tag{12-3}$$

式中,μ 是线吸收系数(1/cm),它表征单位厚度材料对一定波长 X 射线的吸收能力,μ 值越大,表示该材料对这种波长 X 射线的吸收能力越强;μ_m 是质量吸收系数(cm^2/g);ρ 是材料的密度(g/cm^3)。μ 和 ρ 这两个参量与材料的聚集状态有关,而 μ_m 仅与材料中所含的元素、它们的质量分数,以及 X 射线的波长有关,与材料的聚集状态无关,所以它是材料的本征参量。对于含单一元素的材料,上述定量关系可表述如下:

$$\mu_m \approx K\lambda^3 Z^3 + \sigma_m \tag{12-4}$$

式中,K 是常数;λ 是 X 射线的波长;Z 是元素的原子序数;σ_m 是质量散射系数,一般情况下可以忽略。由上式可知,与人们的推想正好相反,软 X 射线对人体和动物的伤害要比硬 X 射线还大。因为软 X 射线的 λ 大,λ^3 的值就更大,所以材料吸收软 X 射线的量要比吸收硬 X 射线的量多很多。另外,原子序数大的材料更加容易挡住 X 射线,所以人们常用重元素材料(例如铅制材料)来防护 X 射线对人体的伤害。

对于含多种元素的化合物、混合物、合金或溶液等,它们的 μ_m 值,可以用简单的加和方法作为一级近似来进行计算,即

$$\mu_m \approx \Sigma_i w_i \mu_{mi} \tag{12-5}$$

式中,w_i 是第 i 种元素的质量分数;μ_{mi} 是第 i 种元素的质量吸收系数。聚合物中一些常见元素的质量吸收系数如表 12-1 所示,一些常见聚合物的质量吸收系数列于表 12-2 中。

表 12-1 聚合物中一些常见元素对 K_α(Cu)特征 X 射线的质量吸收系数

元素	H	C	N	O	F	Si	S	Cl
$\mu_m/(cm^2/g)$	0.435	4.60	7.52	11.5	16.4	60.6	89.1	106

表 12-2 一些常见聚合物对 K_α(Cu)特征 X 射线的质量吸收系数

聚合物	PE	PP	PAN	PA6	PET	PVA	PTFE	PVC
$\mu_m/(cm^2/g)$	4.00	4.00	5.13	5.53	6.72	6.72	13.53	61.9

与线吸收系数 μ 一样,质量吸收系数 μ_m 也存在对波长的依赖性(图 12-2)。正如式(12-4)所示,从总体趋势而言,μ_m 是随 X 射线波长的增长而增大的。但是在几个特定的波长处,会出现"吸收限",即出现 μ_m 突然下降的台阶。与此对应的波长称为"吸收限波长"。并把由 L 层电子填补到 K 层时所释放的 X 射线波长称为 K 系吸收限波长,记作 λ_K;把由 M 层电子填补到 L 层时所释放的 X 射线波长称为 L 系吸收限波长,分别记作 λ_{L1},λ_{L2} 和 λ_{L3}。

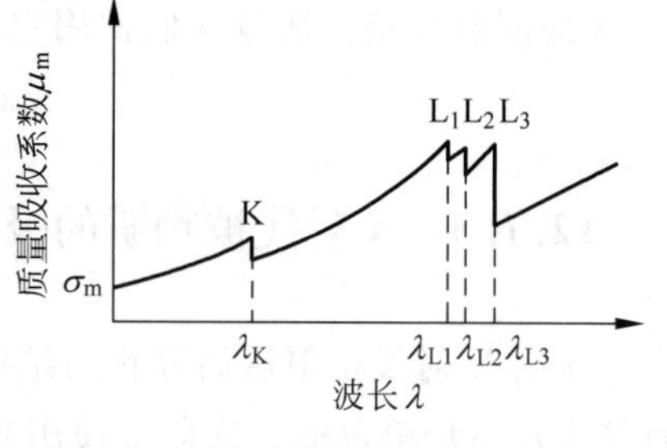

图 12-2 质量吸收系数 μ_m 随波长 λ 变化的示意图

与 K 吸收限波长 λ_K 对应的 X 光子的能量是 $E_K = hc/\lambda_K$。只有当这个 X 光子的能量与 K 层电子的能量相当时,才能把 K 层电子激发出去。所以在 λ_K 和 λ_{L1} 等处出现质量吸收系数的突降台阶。对于同一种靶材,由于原子核外电子层在能量方面存在如下的关系:

$$|E_{eK}| > |E_{eM} - E_{eK}| > |E_{eL} - E_{eK}| \tag{12-6}$$

所以在 X 射线的波长方面存在下面的序列：

$$\lambda_K < \lambda_{K_\beta} < \lambda_{K_\alpha} \quad (12\text{-}7)$$

在用高速电子激发靶材原子中的 K 层电子时，可以用下式计算出 K 系激发电压 V_K：

$$eV_K = hc/\lambda_K \quad (12\text{-}8)$$

现将与 X 射线衍射有关的 5 种靶材的物理参量列于表 12-3 中，以供参考。在该表中，原子序数排在前一位元素的 K 吸收限 λ_K 正好介于后一位元素的 λ_{K_α} 和 λ_{K_β} 之间。例如 Ni 的 $\lambda_K(\text{Ni})=0.148\,80\text{nm}$，Cu 的 $\lambda_{K_\alpha}(\text{Cu})=0.154\,178\text{nm}$，$\lambda_{K_\beta}(\text{Cu})=0.139\,217\text{nm}$，故 $\lambda_{K_\alpha}(\text{Cu})>\lambda_K(\text{Ni})>\lambda_{K_\beta}(\text{Cu})$。因此，只要选择适当厚度的 Ni 片做滤波片，就可以把 Cu 靶 X 射线管发出的连续谱和 K_β 线滤掉，仅仅剩下单色的 K_α 射线。而且只要滤波片的厚度选择合适，穿过滤波片的 K_α 射线的强度也只比 X 射线管发出时的强度减弱 30%～50%，足以开展 X 射线衍射实验(图 12-3)。根据同样的理由，对于以 Fe 作阳极靶材的 X 射线管，应该选用 Mn 作滤波片。

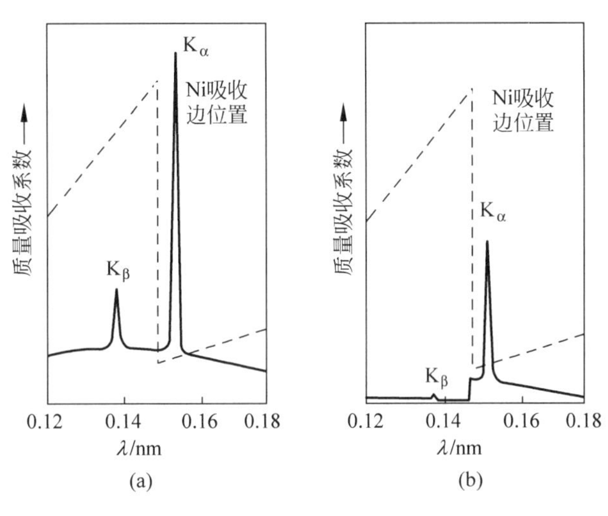

图 12-3　加 Ni 滤波片前后的 Cu 靶 X 射线谱示意图

(a) 不加滤波片；(b) 加 Ni 滤波片

表 12-3　X 射线管五种阳极靶材的一些物理参量

原子序数	元 素	λ_{K_α}/nm	λ_{K_β}/nm	K 吸收限 λ_K/nm	K 系激发电压 V_K/kV
25	Mn	0.210 306	0.191 015	0.189 64	6.54
26	Fe	0.193 728	0.175 653	0.174 33	7.10
27	Co	0.179 021	0.162 075	0.160 81	7.71
28	Ni	0.165 912	0.150 010	0.148 80	8.29
29	Cu	0.154 178	0.139 217	0.138 04	8.86

12.2　X 射线衍射原理

在第 11 章中已经讨论了电子衍射的原理，所以本节在讨论 X 射线衍射原理时对一些相似之处不再重复，或者仅作简要提及，但对不同于前者的内容，则要着重加以说明。本节内容包括 X 射线的散射和 X 射线衍射的 Bragg 条件两部分。

12.2.1 X射线的散射

在X射线穿过被测材料的过程中会发生弹性散射和非弹性散射。这是X光子与材料原子中核外电子相互作用的结果。如果X光子在前进过程中仅仅穿越核外电子的间隙,并在内层电子作用下改变其前进方向,而不改变其能量,则属于弹性散射。由于从同一个X射线管发出的这类X光子在发生弹性散射后波长仍然相同,所以它们能够发生干涉现象。为此,又把弹性散射称为相干散射。它是X射线衍射方法中所需要的一类散射。如果X光子在前进过程中与核外电子碰撞,把一部分能量传递给电子,并把它激发出去,成为“反冲电子”,这时X光子本身不但改变前进方向,还要损失一部分能量,则属于非弹性散射。由于经非弹性散射后,X光子的波长不再相同,所以它们不能发生干涉现象,称其为非相干散射。它在X射线衍射谱中以本底噪声的形式出现,故应该尽量减少非相干散射的出现。这就要控制X射线管的管电压不宜过高,X光入射晶体时的掠射角θ不要过大。另外,由于原子序数越小,非相干散射越强,所以用X射线衍射法研究聚合物结晶结构时的本底噪声会较大,对研究工作增加了一定的难度。

12.2.2 X射线衍射的Bragg条件

当X射线管发出的X射线入射到被测材料的一组距离相等的平行晶面(hkl)上时,并不是所有弹性散射线都能形成衍射线的,虽然它们的波长是相同的。只有那些彼此间的光程差是波长整数倍的弹性散射线,因相互干涉,振幅叠加而形成可观察到的衍射线(图12-4)。而那些彼此间的光程差不是波长整数倍的弹性散射线,则因相互干涉使振幅抵消而不能被观察到。Bragg衍射条件就是这种意思的定量表示法,即

$$2d\sin\theta = n\lambda \tag{12-9}$$

式中,d是任意一组(hkl)晶面的面间距;θ是入射X射线的掠射角;$2d\sin\theta$是相邻两条弹性散射线(或称反射线)的光程差,λ是X射线的波长,n可取1,2,3等整数。n的物理意义是X射线与一组(hkl)晶面相互作用后所发生的衍射级数。

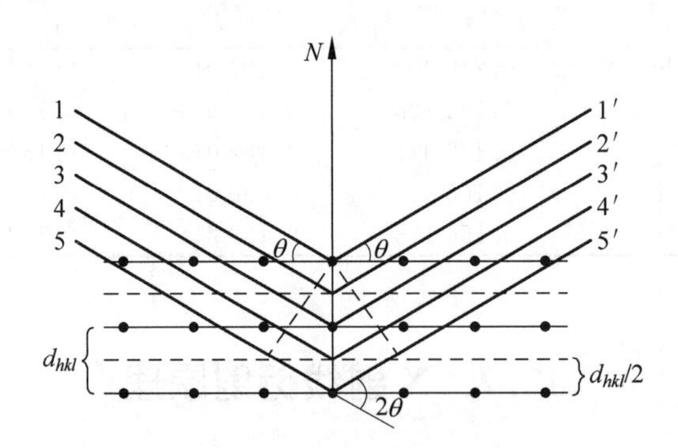

图12-4　X射线衍射的Bragg条件示意图

(水平直线代表原子平面,虚线是虚拟晶面,N是垂直于(hkl)晶面的法线,θ是掠射角和反射角,1,2,3,…是入射线,1′,2′,3′,…是反射线,d_{hkl}是(hkl)晶面的间距,$d_{hkl}/2$是($2h2k2l$)晶面的间距)

如果 $d=d_{hkl}$，$n=1$，就是 X 射线与图 12-4 中(hkl)晶面相互作用时发生的衍射，由 1′，3′和 5′等散射线相干而成；如果 $d=d_{hkl}/2$，$n=1$，就是 X 射线与图中($2h2k2l$)晶面相互作用时发生的衍射，由 1′，2′，3′，4′和 5′等散射线相干而成。这里要补充说明的是，当 Bragg 条件得到满足时，图中的散射线就成了衍射线，入射线、法线和衍射线处于同一平面上。入射角与衍射角相等，都为 θ。入射线与衍射线之间的夹角为 2θ。可以根据实验测得的衍射角，用 Bragg 公式算出与之对应的晶面间距 d。如果有条件，可以进一步找出与它相应的晶面指数，为反推聚合物的结晶结构提供依据。

12.3　X 射线衍射的强度

在前面讨论 X 射线的衍射条件时曾经指出，当波长为 λ 的 X 射线以掠射角为 θ 的方向入射到面间距为 d 的一组(hkl)晶面上时，如果这 3 个参量之间的定量关系满足 Bragg 条件，那么就会因相互干涉而发生衍射现象，有可能在观察点记录下衍射斑点或衍射线，但也有可能看不到衍射斑点或衍射线。这种既满足 Bragg 衍射条件，又看不到衍射斑点或衍射线的情况，是由于 X 射线衍射强度为零的缘故。可以用下面的例子来加以说明，即当 X 射线入射到具有立方晶系的 3 类 Bravais 点阵结构的不同晶体上时，就会遇到因衍射强度为零而不能观察到某些衍射线的现象(表 12-4)。

表 12-4　具有体心立方、面心立方点阵晶体的一些晶面衍射强度为零的实例

掠射角 θ	晶面指数 (hkl)	衍射强度情况			掠射角 θ	晶面指数 (hkl)	衍射强度情况		
		简单立方	体心立方	面心立方			简单立方	体心立方	面心立方
θ_1	100	有	0	0	θ_{11}	311	有	0	有
θ_2	110	有	有	0	θ_{12}	222	有	有	有
θ_3	111	有	0	有	θ_{13}	320	有	0	0
θ_4	200	有	有	有	θ_{14}	321	有	有	0
θ_5	210	有	0	0	θ_{15}	400	有	有	有
θ_6	211	有	有	0	θ_{16}	322	有	0	0
θ_7	220	有	有	有	θ_{17}	410	有	0	0
θ_8	221	有	0	0	θ_{18}	330	有	有	0
θ_9	300	有	0	0	θ_{19}	331	有	0	有
θ_{10}	310	有	有	0	θ_{20}	420	有	有	有

这个例子从一个侧面说明了讨论衍射强度的重要性。但它只是说明了结构因素对衍射强度的影响。事实上，还有其他多种因素也对衍射强度产生影响。下面就分别加以讨论。

12.3.1　多晶材料的 X 射线衍射强度计算公式

用前面介绍的 Bragg 衍射公式只能根据衍射角来计算被测试样中某些晶面组的间距，或根据晶胞参数来预测(hkl)晶面的衍射角，或对测得的 X 射线衍射谱进行指标化(即标明各衍射线归属于哪一组晶面),但却不能用 Bragg 公式来推测试样中的晶体结构,即不能用来反推相关的晶系、Bravais 点阵和晶胞参数等信息。只有在进一步获取衍射强度方面的数据以后,才能对试样的结晶结构有更具体的了解。

理论上讲,严格满足 Bragg 衍射条件时,衍射强度与相干散射波的合成振幅平方成正比。对于多晶试样中任意一组晶面的衍射强度(单位长度衍射线的积分强度)为

$$I = K \mid F \mid^2 J \cdot \frac{1+\cos^2 2\theta}{\sin^2\theta\cos\theta} A(\theta) \mathrm{e}^{-2M} \tag{12-10}$$

式中,K 为常数;F 是结构因数;J 是重复因数;$(1+\cos^2 2\theta)/(\sin^2\theta\cos\theta)$是洛伦兹-偏振因数 $L \cdot P$;$A(\theta)$是吸收因数;$T=\mathrm{e}^{-2M}$是温度因数。下面就分别讨论这些因数的含义。

12.3.2 结构因数 *F*

从表 12-4 可以看出,对于同一种晶系,不同 Bravais 点阵的同一种晶面组所对应的衍射角是相同的,所不同的只是它们的衍射线强度。这说明 X 射线衍射线的强度主要取决于晶胞内原子的位置和晶胞的类型。

虽然 X 射线与材料的相互作用是通过原子核外的电子对 X 射线的散射引起的,但是原子在晶胞中的位置(或配置)要影响这些弹性散射波的合成振幅。X 射线受整个单胞散射后的合成振幅称为"结构因数"。它与衍射线的强度相关联。$|F|$越大,衍射线的强度也越大。若 $F=0$,则衍射线或衍射斑点不出现。所以推导出结构因数的表达式,对于定量研究 X 射线的衍射强度是十分重要的。由于在第 11 章中对电子衍射强度的定量表述已经作过较详细的讨论,考虑到两者有一定的相似性,本章就不再细述。只是把最重要的部分作一个简要的介绍。

图 12-5 给出了一个体心正交单胞的示意图。图中的 a,b,c 是晶胞的 3 个边长,$u_j v_j w_j$ 是晶胞中第 j 个原子的原子坐标(即以晶胞边长为单位的一种坐标)。$\boldsymbol{r}$ 是从晶胞的 000 原子到 $u_j v_j w_j$ 原子的位矢。当考察 X 射线受整个单胞散射的合成振幅时,可用其结构因数表示:

$$F_{hkl} = \sum_{1}^{N} f_j \exp 2\pi i(hu_j + kv_j + lw_j) \tag{12-11}$$

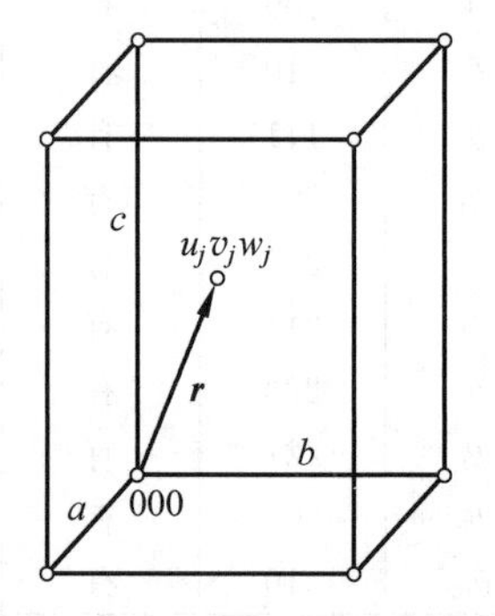

图 12-5 体心正交单胞示意图

式中,F 的下标 hkl 和等式右边指数项中的 hkl 都是所关注衍射线的晶面指数;$(hu_j+kv_j+lw_j)$项是 X 射线分别被单胞中 000 原子和 $u_j v_j w_j$ 原子散射后的程差;$2\pi(hu_j+kv_j+lw_j)$项是以 X 射线的波长 λ 为单位时两个散射波的周相差;N 是单胞中所含的完整原子数;f_j 是第 j 个原子对 X 射线的散射因数$(f_x)_j$,简写为 f_j。它与原子及其状况、X 射线的波长 λ,以及衍射角 θ 有关。关于上述公式的推导,可以参见 11.6 节和图 11-11,两者间有相似之处。这里不再详述。

下面列举两个用式(12-11)计算结构因数 F 的例子。

(1) 简单 Bravais 点阵单胞 F 值的计算

若在简单 Bravais 点阵单胞的 8 个角上的阵点处各有一个相同的原子,此时实际上它

们各只有 1/8 的体积或质量位于该单胞之内。由于它们同属一个类型，可以把它们合并起来，使单胞内只有一个完整的原子。为方便起见，通常把它合并在 000 的阵点处，于是就有 $N=1, u_j=v_j=w_j=0$，所以

$$F_{hkl} = f\exp 2\pi i(h\times 0+k\times 0+l\times 0) = f \tag{12-12}$$

这就是说，对于简单 Bravais 点阵的单胞，与任何一组晶面(hkl)对应的衍射线的结构因数都等于 f。

(2) 面心 Bravais 点阵单胞 F 值的计算

面心 Bravais 点阵单胞中含 4 个同类的完整原子，它们的坐标分别为 000，$\frac{1}{2}\frac{1}{2}0$，$\frac{1}{2}0\frac{1}{2}$ 和 $0\frac{1}{2}\frac{1}{2}$，所以其结构因数为

$$F_{hkl} = f\exp[2\pi i(0)] + f\exp[\pi i(h+k)] + f\exp[\pi i(h+l)] + f\exp[\pi i(k+l)] \tag{12-13}$$

当 h,k,l 为全偶数或全奇数时，$F=4f$；当 h,k,l 为奇偶数混杂出现时，$F=0$。这就是说，对于面心 Bravais 点阵，不可能出现 h,k,l 3 指数为奇、偶数混杂的衍射线。要注意的是，在这一表述中，包含了把 0 视为偶数看待的意思。这里的计算结果与表 12-4 中给出的实际例子相符很好。

12.3.3 原子散射因数 f

X 射线与材料相互作用时受到的散射，与原子核外电子对射线的作用有关。距原子核外某体元(例如 j 体元)的散射与该体元的体积 ΔV_j 和该体元的电子密度 ρ_{ej} 有关，也与该处的散射线与入射线的周相差 ϕ 有关。因此，整个原子的散射因数可以对整个原子的体积求积分得到：

$$f = \int \rho_e \exp 2\pi i\phi \mathrm{d}V \tag{12-14}$$

由上式可见，核外电子数越多，原子散射因数也越大。因此，它与原子序数有关。另外，也与衍射角 θ 有关。θ 为零时，f 值等于原子序数。在实际计算时，f 是($\sin\theta/\lambda$)的函数。

原子散射因数 f 的物理意义可表述为它是整个原子的散射波振幅与其中一个电子的散射波振幅的比值，即

$$f = \frac{\text{整个原子的散射波振幅}}{\text{一个电子的散射波振幅}} \tag{12-15}$$

与聚合物有关的 C，H，O，N，S，F，Cl 和 Si 等轻元素的原子散射因数 f 值如表 12-5 所示。

表 12-5　与聚合物有关的一些轻元素的原子散射因数 f 值

$(\sin\theta/\lambda)/\text{Å}^{-1}$	0.0	0.1	0.2	0.3	0.4	0.5	0.6	0.7	0.8	0.9	1.0	1.1
H	1	0.81	0.48	0.25	0.13	0.07	0.04	0.03	0.02	0.01	0.00	0.00
C	6	4.6	3.0	2.2	1.9	1.7	1.6	1.4	1.3	1.16	1.0	0.9
N	7	5.8	4.2	3.0	2.3	1.9	1.65	1.54	1.49	1.39	1.28	1.17

续表

$(\sin\theta/\lambda)/\text{Å}^{-1}$	0.0	0.1	0.2	0.3	0.4	0.5	0.6	0.7	0.8	0.9	1.0	1.1
O	8	7.1	5.3	3.9	2.9	2.0	1.8	1.5	1.5	1.4	1.35	1.26
F	9	7.8	6.2	4.45	3.35	2.65	2.15	1.9	1.7	1.6	1.5	1.5
Si	14	11.35	9.4	8.2	7.15	6.1	5.1	4.2	3.4	2.95	2.62	2.3
S	16	13.6	10.7	8.95	7.85	6.85	6.0	5.25	4.5	3.9	3.35	2.9
Cl	17	14.6	11.3	9.25	8.05	7.25	6.5	5.75	5.05	4.4	3.85	3.35

12.3.4 多重性因数 *J*

那些阵点分布相同,晶面间距相同,但晶面法线不同的晶面组属于同一类晶面组,总称为晶面族。可以把其中代表性晶面符号中的圆括弧改为花括弧来作为该晶面族的代号$\{hkl\}$。例如立方晶系中(100),(010),(001),$(\bar{1}00)$,$(0\bar{1}0)$和$(00\bar{1})$这6个晶面组就构成一个晶面族,可以用{100}来表示。而立方晶系中的{111}晶面族则包括了(111),$(11\bar{1})$,$(\bar{1}11)$,$(1\bar{1}1)$,$(\bar{1}\bar{1}1)$,$(\bar{1}1\bar{1})$,$(1\bar{1}\bar{1})$和$(\bar{1}\bar{1}\bar{1})$8个晶面组。同一晶面族中的各个晶面组对于X射线衍射来说是等价的,所以也有人把它们称为等价晶面组(简称等价晶面)。当X射线照射到被测试样上时,各种条件都应该是相同的。这时X射线衍射谱上的强度,就应该与晶面族中等价晶面组的数目成正比。人们把这种晶面族所包括的等价晶面数称为多重性因数J。对于立方晶系,其{100}晶面族的$J=6$,{111}晶面族的$J=8$。对于四方晶系,由于其(100)晶面和(010)晶面的间距相等,但却和(001)晶面的间距不等,所以其{100}晶面族的$J=4$,{001}晶面族的$J=2$。由此可见,多重性因数不但与晶面指数有关,而且还随晶系而改变。

12.3.5 洛伦兹-偏振因数

这是一个把洛伦兹(Lorentz)因数和偏振因数(或称Thomson因数)联合在一起的一个组合因数。洛伦兹因数反映的是实际X射线衍射与Bragg条件的偏离情况。这种偏离与3个方面有关。其一,与被测试样中的晶粒并不完善,尺寸也不足够大,入射的X射线并不严格的单色和严格的平行有关。所以在实际得到的X射线衍射谱中,给出的并不是一条条没有宽度的窄线,而是一个个有一定宽度的衍射峰。在严格的2θ角附近也有一定的衍射发生。计算表明,衍射线的积分强度(衍射峰的面积)与$1/\sin2\theta=1/(\sin\theta\cos\theta)$成正比。其二,由于粉末试样中晶粒的位向是无规的,这就使其中(hkl)晶面法线在空间的分布也是无规的,而在X射线衍射仪中,X射线源、试样和探测器位于同一个平台上,试样和探测器都仅仅在这个平台上绕各自的圆周旋转,并不是在三维空间进行全方位的旋转,所以衍射仪能记录下来的衍射强度仅仅是粉末试样中那些包含有能满足Bragg条件的(hkl)晶面的晶粒作出的贡献。这部分晶粒占总晶粒的分数与$\cos\theta$成正比。其三,计算还表明,衍射线单位长度上的相对强度(或积累强度)与$1/\sin2\theta$成正比。把这三者结合在一起,得到的洛伦兹因数为$1/(4\sin^2\theta\cos\theta)$。

偏振因数与X射线和材料的相互作用有关。X射线管发出的X射线并不是偏振的，只是在经过材料原子中的核外电子散射以后，才变成偏振的。其偏振度与Bragg角有关。偏振因数为$(1+\cos^2 2\theta)/2$，所以可把洛伦兹-偏振因数写成：

$$(1+\cos^2 2\theta)/(\sin^2\theta\cos\theta)$$

图12-6给出了洛伦兹-偏振因数随衍射角θ的变化情况。可以看出，由于这个因数的存在，使衍射角θ在20°～80°的衍射峰强度降低很多。

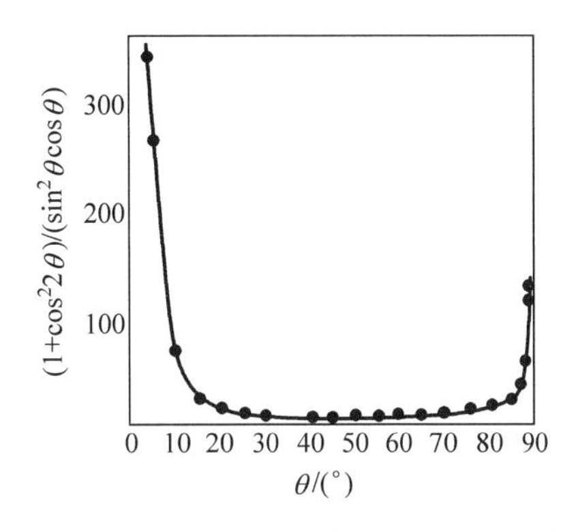

图12-6　洛伦兹-偏振因数与衍射角θ的关系

12.3.6　吸收因数 *A*

关于试样对X射线的吸收，在前面已经讲过。本小节只是引入吸收因数这个参量来表达吸收对某组晶面衍射强度的影响。具体来说，材料的形状、其吸收系数μ和衍射角θ都会对吸收因数产生影响，而且产生影响的情况并不相同。就材料质量吸收系数的影响来说，随原子序数的增大，吸收因数的变化大体上是呈锯齿形增大的，也就是有起伏的。不过，对于选定的被测试样，其质量吸收系数是确定的。但是衍射角θ的影响则不同。由于对应不同衍射角的衍射强度被材料吸收和被表面反射的比例不同，所以即使对于选定的被测试样，衍射角θ对吸收系数的影响也是变化的，不确定的。因而，吸收因数的具体计算比较困难。一些参考书中给出了圆柱体试样的吸收因数随μ和θ变化的曲线。由于本章的重点是讨论薄片和平面状试样的X射线衍射，所以本小节没有给出该类曲线。

12.3.7　温度因数 *T*

理想的衍射强度计算，是把原子和基团的位置与Bravais点阵中的阵点关联起来的，是固定不变的。但实际情况并非如此。即使是处于绝对零度的试样，其中的原子也要在其平衡位置附近不断地进行零点振动。随着温度的升高，原子的热振动加强，振幅加大，偏离其平衡位置的距离增大。这就要导致严格的Bragg衍射角处的衍射强度降低。衍射强度的这种降低，会随温度的升高而加剧。在温度不变时，随θ角的增大而加剧。有时把温度因数包括在结构因数之中，有时则用$T=e^{-2M}$来表示。

12.4　X射线衍射的实验方法与试样制备

X射线衍射的实验方法有多种，如劳埃(Laue)法(包括透射法和回射法)、转动晶体法、照相粉末法(包括背射照相法和Debye法)以及衍射仪粉末法等。关于这些方法的要点与差异在表12-6中有扼要的介绍。

表 12-6 几种 X 射线衍射法的要点与差异

实验方法		劳埃法		转动晶体法	照相粉末法		衍射仪粉末法
子方法		透射法	回射法		背射照相法	德拜法	
试样	结晶	单晶体		单晶体	多晶或粉末		多晶或粉末
	形状	大尺寸单晶		大尺寸单晶	平面形	细小圆柱状	平板状
	位置	光源与底片之间	光源与底片之后	光源之后，圆环状条形底片的中轴处	光源与底片之后	圆环状条形底片的中轴处	与光源和探测器处于同一平面（试样中央的法线平分其两边的入射线和衍射线之间的夹角）
	转动	固定不动		自转	固定不动	绕试样轴自转	绕衍射仪圆的轴线，以 1/2 的探测器转速同步自转
X 射线		连续 X 射线		单色 X 射线	单色 X 射线		单色 X 射线
波长 λ		变化		不变	不变		不变
入射角 θ		不变		部分变化	改变		改变
记录方式		平面形底片		射线入口处不封闭的圆环状条形底片	平面形底片	以试样为轴的不封闭圆环状条形底片（射线入口和出口处开有小孔）	计数管、固体探测器、阵列探测器、位敏探测器和电荷耦合探测器等
衍射信息		衍射斑点		衍射斑点和衍射弧线	同心衍射圆	两组同心衍射弧线	X 射线衍射谱（即计数率-2θ 图）

劳埃法的试样是位置固定的大尺寸单晶体；实验时 θ 角保持不变；入射的是连续 X 射线谱，即波长 λ 是变化的；记录在平面底片上的是衍射斑点。具体又可分为两种方法：透射法和回射法。前者是 X 射线透射过试样，平面形底片置于试样之后；后者是 X 射线从试样处回射回来，平面形底片置于光源和试样之间。转动晶体法的试样是以其主要晶向为轴不断转动的大单晶体；实验时 θ 角在变化；入射的是单色 X 射线，即波长 λ 不变；光源和试样置于同一水平面上；采用以试样为中心轴的不封闭圆环状条形底片记录，X 射线从不封闭的长条状缺口处入射，与试样作用后记录下来的信息既有衍射斑点，也有衍射弧线。照相粉末法的试样是多晶体或粉末；实验时 θ 角有变化；入射的是单色 X 射线，波长 λ 不变。具体又可分为两种方法：背射照相法和德拜法。前者的记录底片是平面形的，放在光源和试样之间，记录下来的是一组同心衍射圆；后者使用的是条形记录底片，以试样为中心轴围成圆环状，在入射线-试样的连线与底片的交汇处留有缺口或开有小孔。本节要重点介绍的是衍射仪粉末法。因为这是研究聚合物结晶结构经常采用的一种方法。

12.4.1 衍射线的聚焦与聚集圆

当 X 射线管的靶面被高能电子轰击时，会发出 X 射线。靶面上发出 X 射线的部位称为 X 射线源，也常称为焦斑。然而由于高能电子束的截面呈窄的长方形，所以这里所谓的焦斑并非一个几何学上的点，而是长方形的线，故又称为“焦线”或“线焦”。普通 X 射线管的线焦尺寸约为 1mm×10mm；细聚焦 X 射线管的焦斑尺寸可缩小至 12～40μm。后者可以大大降低X射线管的总功率负荷。

在线焦、光阑、试样三者配置合适的情况下，X射线与试样作用后的衍射线可以聚集，而且光阑S、试样AB、衍射线的聚焦斑G可以处于同一个圆周上。该圆就称为聚焦圆，如图12-7所示。由图可见，当线焦发出的X射线通过狭缝投射到多晶平板试样的A点上时，其中面间距满足Bragg公式的晶面组会出现衍射线。同样，当X射线投射到试样的B点上时，面间距相同的晶面组也会出现衍射线。对于单色X射线，波长λ是固定的。所以当晶面间距相同时，不管它们位于试样上的A点还是B点，入射线和衍射线的夹角都是2θ。它们的余角也都是2ϕ。因此，A点处2ϕ圆周角所对应的弧长与B点处2ϕ圆周角所对应的弧长应该相等。由于它们所用的X射线源是同一个，都位于S点处，所以两个2ϕ圆周角所对应的弧长都是SG。或者说G点处出现的是多晶试样中各部分具有相同面间距的晶面组所出现的各衍射线的聚焦斑。

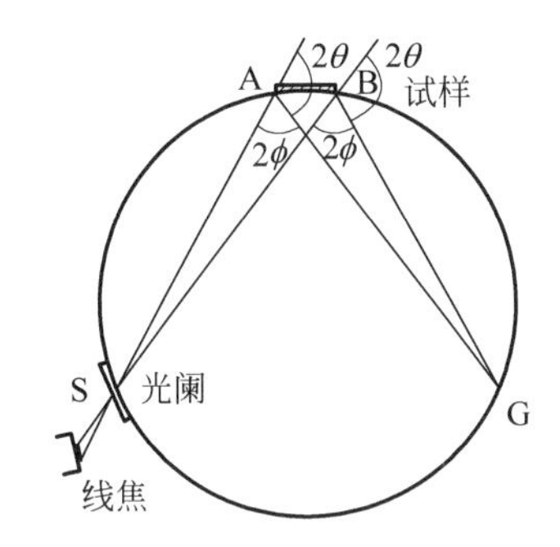

图12-7 衍射线的聚焦与聚集圆

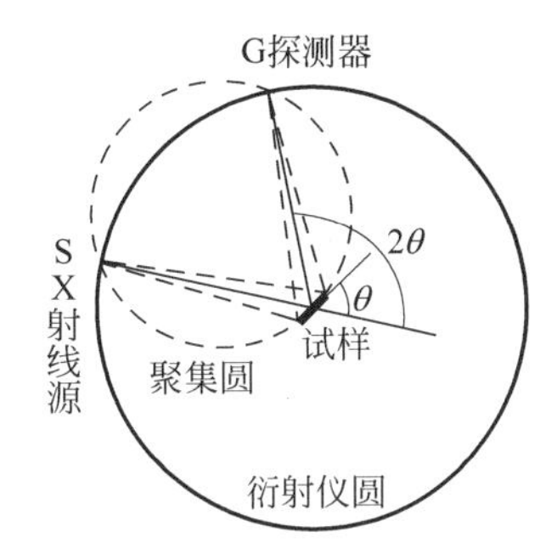

图12-8 衍射仪圆及其与聚集圆的关系

12.4.2 衍射仪圆与聚集圆

制造X射线衍射仪时，将X射线源、试样和探测器按照衍射线聚集原理配置在一个衍射仪圆上。其中平板薄片试样的中心轴置于衍射仪圆的中心轴上，X射线源和探测器都置于衍射仪圆的圆周上，如图12-8所示。当衍射仪上的试样绕中心轴自转θ角时，若令探测器沿衍射仪圆绕中心轴同步旋转2θ角，则试样中能够满足Bragg条件的某晶面组的衍射线会正好聚焦在探测器所在的位置上。这时，多晶或粉末试样中各部分出现的该晶面组的衍射线都能同时进入探测器，提高了与该2θ角对应的衍射峰的强度。在转动过程中，其他能够满足Bragg条件的晶面组情况也与此相似。当探测器绕中心轴旋转一定的角度以后，就能记录下由那些满足Bragg条件的各晶面组衍射峰组成的衍射谱。而实验所需的时间却要比Debye照相法大大缩短，所以广大的聚合物工作者都很愿意使用这种方法来研究聚合物的结晶状态。

要强调指出的是，在X射线衍射仪工作时，试样与探测器是同步旋转的，而探测器的旋转角速度是试样自转角速度的2倍。

12.4.3 衍射仪法的试样制备

X衍射仪的试样可以是平板状的聚合物薄片，也可以是聚合物粉末。如果是平板或薄片，只要厚度适当，裁切成小片以后就可以直接使用。但要求试样表面光滑，以减少粗糙表面引起的漫散射，导致衍射线强度下降。如果是薄膜，可以用几张叠合起来，达到一定的厚度即可。但如果薄膜是取向的，则要使各层薄膜的取向方向一致。如果是块状样品，可以将其切成薄片后使用。如果是粉末样品，可以把它们置于一个四周和两面都封闭的空心试样框架中。该框架可以用有机玻璃板作材料，并在中间开一个约 10mm×20mm 或约 20mm×20mm 的空腔，用来填充待测聚合物粉末。有机玻璃框架的前后可以用盖玻片封闭，因为当 X 射线穿过无定形的盖玻片时，不会出现衍射峰。

12.5 X 射线衍射在聚合物结构研究中的应用

在聚合物学科创立的前期，关于聚合物结构，尤其是结晶结构和各种纤维结构的研究主要采用 X 射线衍射法。后来随着多种分析仪器的不断成熟，聚合物结构的分析也越来越多样化，不再以 X 射线衍射法为主了，但它仍然是经常采用的一种研究方法。X 射线衍射法在聚合物结构研究方面的应用包括定性物相分析、取向度测试、结晶度测试、微晶尺寸估算、点阵畸变研究、晶体结构分析和聚合物的结晶状况随加工条件变化的研究等。本节仅简单介绍衍射仪粉末法在聚合物定性物相分析、结晶度测试和聚合物结晶状况随加工条件变化研究方面的应用。

12.5.1 定性物相分析

当我们拿到一块未知结构的聚合物样品时，可以用多种方法来对它进行鉴别。X 射线衍射法也是常用的一种方法。它是通过把未知样品的 X 射线衍射谱与“粉末衍射卡组”提供的各卡片进行对比，来定性地鉴别出该试样是什么聚合物。对于聚乙烯、聚丙烯、聚甲醛、聚酯、聚酰胺和聚四氟乙烯等常用聚合物，这种方法是比较有效的。例如图 12-9 是两种等规聚丙烯的 X 射线衍射谱。其中图(a)谱是 α-晶型的，在 2θ 为 17°～22°的范围内有 5 个强峰。图(b)谱是 β-晶型的，在 2θ 为 17°～22°的范围内只有 2 个强峰。该谱图的 $d=0.552$nm 处的衍射峰两侧还有两个小峰，与 α-晶型有关。说明该样品的结晶部分并不完全是由 β-晶型的晶粒构成，也含有少量 α-晶型的晶粒。

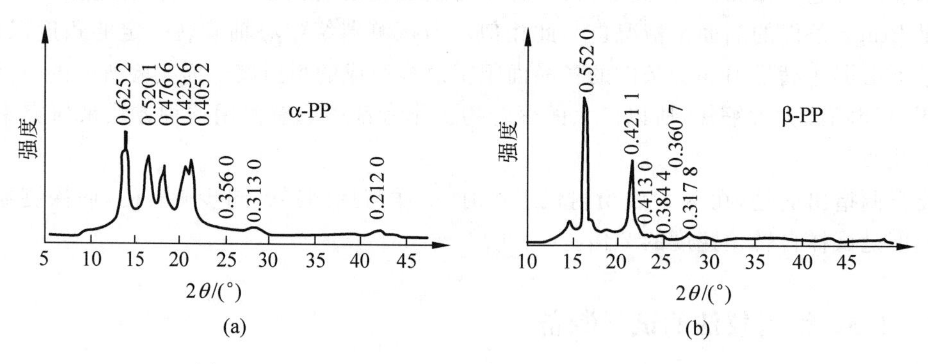

图 12-9 α-型和 β-型二种等规聚丙烯的 X 射线衍射谱

如果测得未知样品的 X 射线衍射谱如图 12-10 所示，那么就可以推定该样品是 α-PP。因为该谱图中 2θ 为 10°～25°范围内的 5 个衍射峰的峰位和图 12-9(a)中的情况十分相似。另外，如果从一个未知样品的 X 射线衍射谱中计算得到两个强衍射峰的 d 值分别在 0.522 0nm 和 0.421 1nm 左右，而且衍射谱的形状也与图 12-9(b)相当类似，那么就可以初步推测该样品为 β-PP。

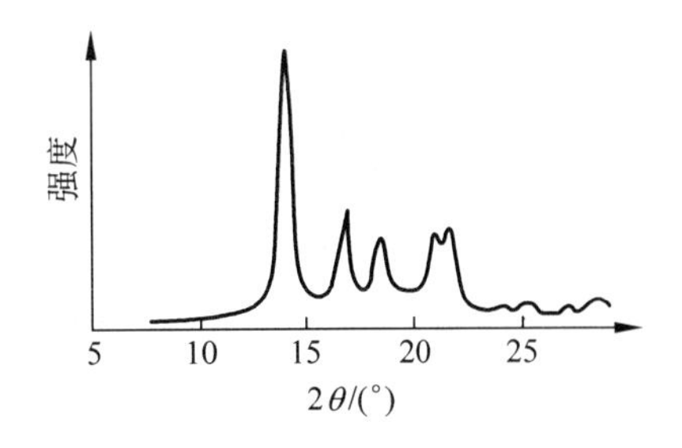

图 12-10　未知聚合物样品的 X 射线衍射谱

不过由于聚合物试样的衍射峰较少和较宽，而且又容易与非晶弥散环重叠等原因，常常会使对那些不常见聚合物的鉴别，带来一定的难度，不能立即作出明确的结论。这时，可以找一个初步认定的聚合物样品来作 X 射线衍射分析，并对两个谱图进行对比，也可以与文献中相应聚合物的 X 射线衍射谱作对比，来加以确认。还可以通过红外光谱和 DSC 谱图等其他测试方法，来加以协助鉴别。

12.5.2　结晶度测试

绝大多数聚合物都很难得到大尺寸的单晶体，只能得到半晶聚合物，所以结晶度的测试就十分重要。然而，半晶聚合物并非由一些完善的晶区和一些非晶区简单地拼合而成，实际上还会由点阵发生畸变的不完善晶区和晶粒间界区的存在。不过为了计算的方便，作为一级近似，此处暂且把半晶聚合物简化为完善的晶区和非晶区的拼合体。在这一前提下，聚合物质量结晶度 X_c 的定义可写为

$$X_c = M_c/(M_c + M_a) \tag{12-16}$$

式中，M_c 是晶区的总质量；M_a 是非晶区的总质量。

用 X 射线衍射法测量聚合物的结晶度的原理是根据能量守恒定律衍生出来的，即用固定的 X 射线强度入射试样时，固定质量(即固定原子数 N)的散射体的相干散射的强度是确定的，它仅与散射原子的种类和总数有关，而与原子的聚焦状态无关。这个原理在数学上可以表述为整个倒易空间的积分散射强度是一个确定的常数，即

$$\int_0^{\infty} I(s)\mathrm{d}V = 4\pi\int_0^{\infty} s^2 I(s)\mathrm{d}(s) = 常数 \tag{12-17}$$

式中，散射矢量的模$|s| = s = 2\sin\theta/\lambda$；$I(s)$是倒易空间某 s 处的局部散射强度。如果能把 X 射线衍射谱中的晶区散射强度 I_c 和非晶区散射强度 I_a 简单地加以区分，那么衍射谱中的总散射强度 I 就等于两者的简单加和：$I = I_c + I_a$。于是，X 射线衍射法测试的结晶度可表示为

$$X_{c,X} = \frac{I_c}{I_c + I_a} = \frac{\int_0^{\infty} s^2 I_c(s)\mathrm{d}s}{\int_0^{\infty} s^2 I(s)\mathrm{d}s} \tag{12-18}$$

式中质量结晶度符号中的下标 X，表明它是由 X 射线衍射法测得的。由于半晶聚合物的结构并不是由一些完善的晶区和一些非晶区简单地拼合而成的，所以同一种样品用不同分析方法测得的结晶度并不相同。因此，注明结晶度的测试方法是十分重要的。

用X射线衍射法测试聚合物结晶度时,针对不同类型的聚合物,应该采用不同的具体方法。对于那些容易把X射线衍射谱中的结晶峰与非晶漫散射分开的聚合物(如聚乙烯、聚丙烯、聚甲醛和聚四氟乙烯等),适合采用分峰法。如图12-11就把一个用实线记录下来的衍射谱,分解为用3个虚线画出的对称结晶衍射峰和一个非晶漫散射峰。对于单组分聚合物,在这种情况下可以把式(12-18)的积分形式改写为求和的形式:

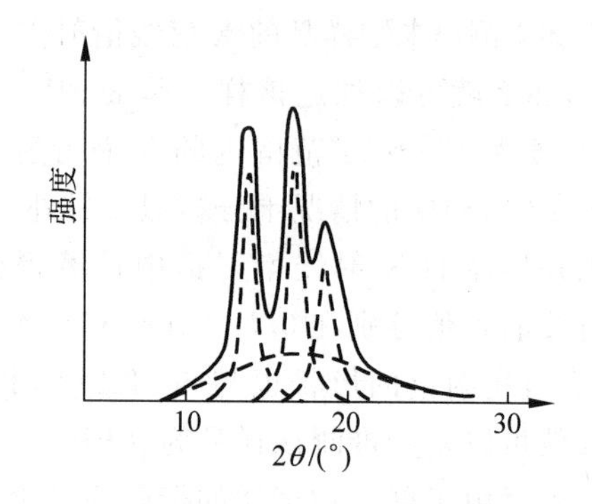

图12-11 聚合物X射线衍射谱的分峰举例

$$X_{c,X}=\frac{\sum_i C_{i,hkl}(\theta)I_{i,hkl}(\theta)}{\sum_i C_{i,hkl}(\theta)I_{i,hkl}(\theta)+\sum_j C_j(\theta)I_j(\theta)k_i} \tag{12-19}$$

式中,i是结晶峰的数目;j是非晶漫散射峰的数目;$C_{i,hkl}(\theta)$是(hkl)晶面组的校正因子;$I_{i,hkl}(\theta)$是该晶面组衍射峰的积分强度;$C_j(\theta)$和$I_j(\theta)$分别是第j个非晶漫散射峰的校正因子和漫散射峰的积分强度,k_i是一个校正系数。对某聚合物的结晶度进行具体计算时,应该选择几个结晶衍射峰和漫散射峰,相应的参数和校正因子的数据,可以查阅相关的文献。

对于那些结晶峰与非晶漫散射不易分开的聚合物(如聚酯等),比较适合采用差强度法。就是通过把待测试样的X射线衍射谱,与一个高结晶度参考试样的衍射谱和另一个非晶(或低结晶度)参考试样的衍射谱进行比较,找出相应2θ角时的强度差的方法来间接求出待测聚合物的结晶度。

而对于那些容易制得100%非晶样品,而且非晶的主漫散射峰不受晶区衍射峰严重干扰的弹性体聚合物,则适合采用非晶标样法,即在测试条件相同的情况下,通过对比待测试样和标样的非晶漫散射峰的强度,先求得待测试样的非晶百分含量,然后再转换成它的结晶度。

12.5.3 聚合物结晶状况随加工条件变化的研究实例

我们曾经用X射线衍射法研究了聚偏氟乙烯(PVDF)压电膜片的制备工艺对聚合物中α→β晶型转变的影响,取得了很明显的效果。

PVDF也是一种半晶聚合物,其结晶时可以出现α,β,γ和δ等多种晶型。聚合所得的PVDF原料由α-晶型组成。含α-晶型的PVDF膜片不会有压电性能,而含β-晶型的PVDF膜片经强直流电场极化以后,就具有很好的压电性能,并有实际应用价值。为了使普通PVDF膜片中的α-晶型转变成β-晶型,可以采取几种不同的方法。其中最方便和有效的方法就是对膜片进行适当的热拉伸。通常采用的是膜片在整体加热条件下的拉伸工艺。为了能使膜片中更多的α-晶型的晶粒转变成β-晶型的晶粒,我们将其改变为在局部移动加热条件下的拉伸工艺,取得了很好的效果。这可以从两类膜片的X射线衍射谱的对比中看得十分清楚。

图12-12是含α-晶型的PVDF膜片，经过两种不同的单轴热拉伸工艺使膜片拉伸4倍后，测得的X射线衍射谱（膜片厚度从拉伸前的约100μm降低到拉伸后的约30μm）。图中$2\theta=35.1°$的衍射峰是β-晶的(001)晶面的衍射峰，$2\theta=38.99°$的衍射峰是α-晶的(002)晶面的衍射峰。由图(b)可见，经过75～105℃下的局部移动加热拉伸后，膜片中的α-晶都已经消失，存在的都是β-晶。而且在这个温区中，温度越高，β-晶越多。但是随着加热温度的继续提高，拉伸后的膜片中出现了α-晶。而且是随着温度的继续提高，α-晶的含量越来越多。由图(a)可见，在用整体加热拉伸工艺制得的膜片中，只有在75℃的拉伸温度下，才使α-晶全部消失，膜片中存在的都是β-晶。而在85～125℃的温区中，拉伸以后的膜片中，虽然也出现了β-晶，但还都有α-晶存在，而且α-晶的含量随温度的升高而增多。通过上述两个X射线衍射谱图的对比，可以清楚地看到，仅就PVDF膜片发生α→β晶型转变而言，局部移动加热拉伸工艺要优于整体加热拉伸工艺。

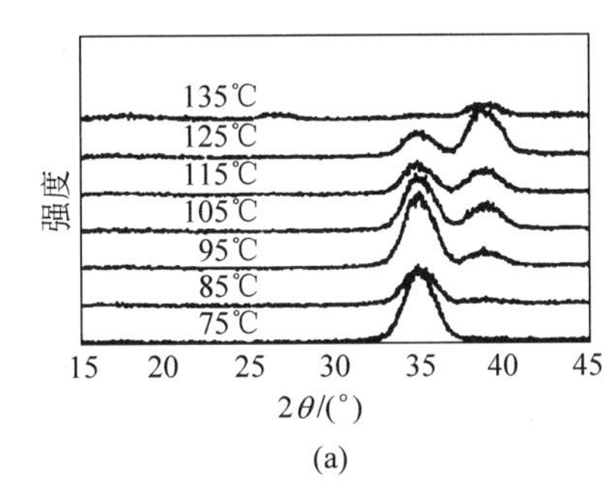

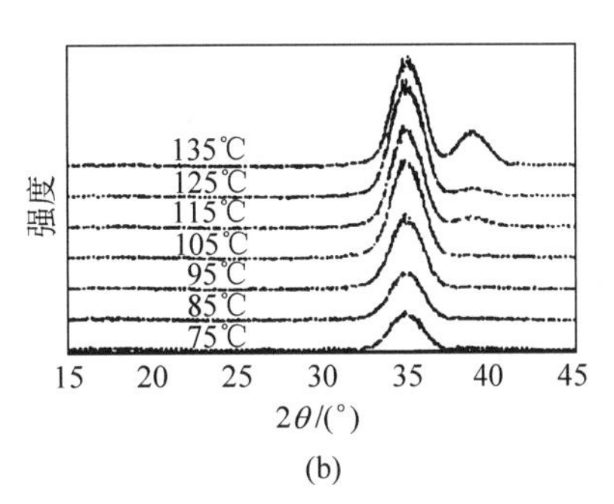

图12-12 整体加热下拉伸和局部移动加热下拉伸4倍后PVDF膜片的X射线衍射谱

(a) 整体加热拉伸下伸长率达400%；(b) 局部移动加热拉伸下伸长率达400%

（引自姚洪伟，工学硕士学位论文，北京：清华大学，1990）

复 习 题

12-1 X射线衍射实验中使用的是连续X射线，还是单色X射线？

12-2 特征X射线的波长是否与管电压有关？

12-3 通常所说的Cu靶K_α射线的含义是什么？

12-4 特征X射线的质量吸收系数与哪些因素有关？

12-5 吸收限波长是什么意思？在什么场合可以利用它的特点？

12-6 什么是X射线衍射的Bragg条件？

12-7 在X射线衍射实验中，只要某晶面满足Bragg衍射条件，是否就可以记录下该晶面的衍射斑或衍射线信息？

12-8 影响多晶材料的X射线衍射强度的因数有哪些？

12-9 结构因数如何影响X射线衍射线的强度？

12-10 什么是X射线衍射情况下的聚焦圆？

12-11 X射线衍射仪与聚焦圆有什么关系？

12-12 用X射线衍射仪分析聚合物结晶结构时，对制样有什么要求？

12-13 X射线衍射方法在聚合物结构研究中有哪些应用？

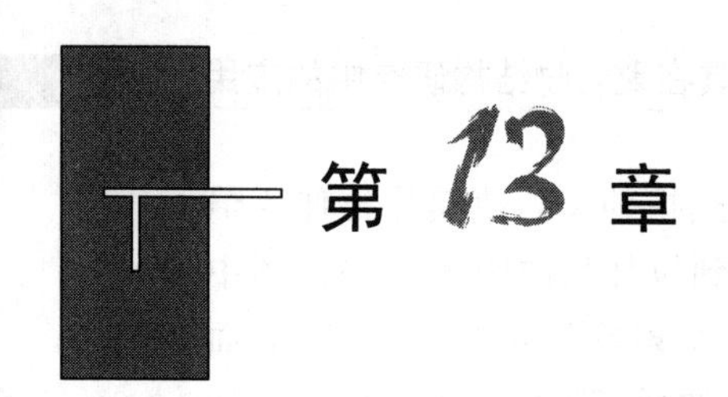

第13章 高分子材料的近代研究方法

前面几章分别介绍了各种近代仪器方法的原理、谱图所提供的信息及其在高分子材料分析中的应用，在本章中将介绍如何综合运用各种分析方法研究聚合物的链结构、聚集态结构和聚合物的反应过程。

13.1 高分子材料近代研究方法的一般特点

用近代仪器方法研究聚合物时，仪器所提供的信息是以谱图的形式表达的，而每一种仪器从不同的角度来研究聚合物，得到的都只是局部的信息，为了获取高分子材料的全面信息，需要用多种仪器进行综合分析，因此谱图的综合解析是高分子材料近代研究方法的基础。

一般情况下，高分子材料中除含有作为主体材料的聚合物外，还经常会添加各种助剂(如增塑剂、抗氧剂、光稳定剂)、颜料(如二氧化钛、氧化锌)和填料(如玻璃纤维、碳酸钙、云母)等添加剂。这些添加剂的存在会干扰聚合物谱图的解析，因此在进行谱图综合解析之前，首先需对样品进行分离、提纯。一般可以采用色层法、溶解法或其他化学方法进行分离、提纯，然后再采用 IR，MS，NMR，UV 等仪器对提纯后的样品进行分析，依据各种仪器所提供的谱图，综合解析，确定结构。

虽然聚合物谱图的综合解析与一般有机物谱图综合解析的规则是类似的，但还有聚合物谱图自身的特点，因此只要掌握有机物谱图的综合解析和聚合物谱图的特点，就能进行聚合物谱图的综合解析。

13.1.1 有机谱图的综合解析

谱图综合解析，一般可以参照各种仪器的不同分析原理，获取下列信息：

(1) 用 IR 谱图可以确定未知样品中含有何种官能团。

(2) 从 MS 谱图可以确定相对分子质量以及一些特殊的碎片结构，对照 IR 谱图可确定官能团质量数之和与相对分子质量之差，确定是否还有未知的结构单元。

(3) 由 ^{13}C-NMR 谱图可以确定在不同化学环境下的碳数，按照全去耦谱图可以确定各种不同的碳上所连接的氢原子数。

(4) 由 ^{1}H-NMR 谱图可确定在不同化学环境下的质子相对数。

依照上述信息，排出可能的结构式，最后进行验证，并确定最终结构。

图 13-1～图 13-4 给出某未知样品的 IR，MS 和 NMR 谱图。

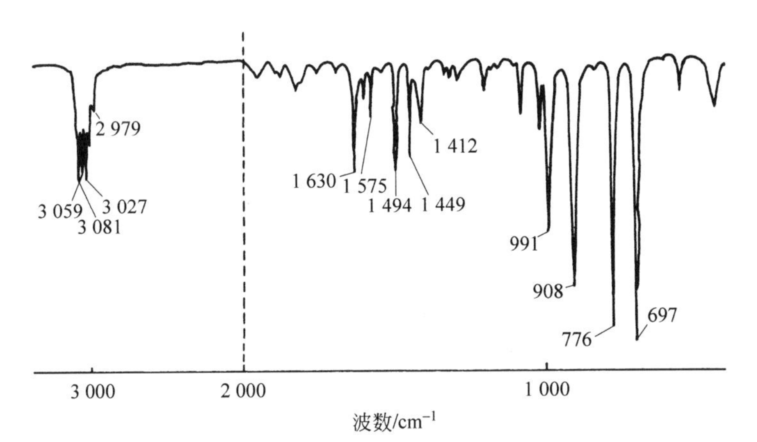

图 13-1　未知样品 IR 谱图

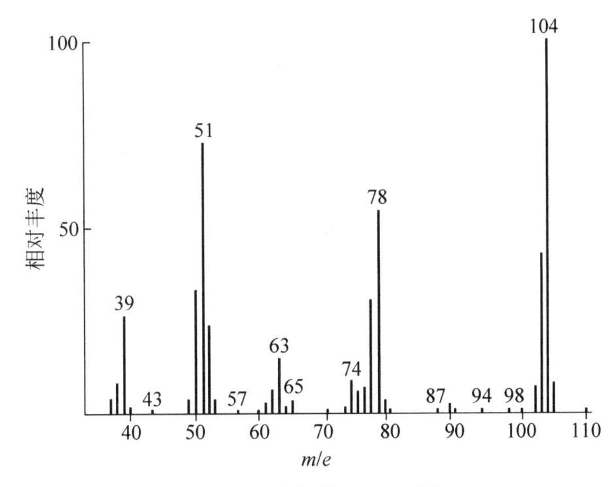

图 13-2　未知样品 MS 谱图

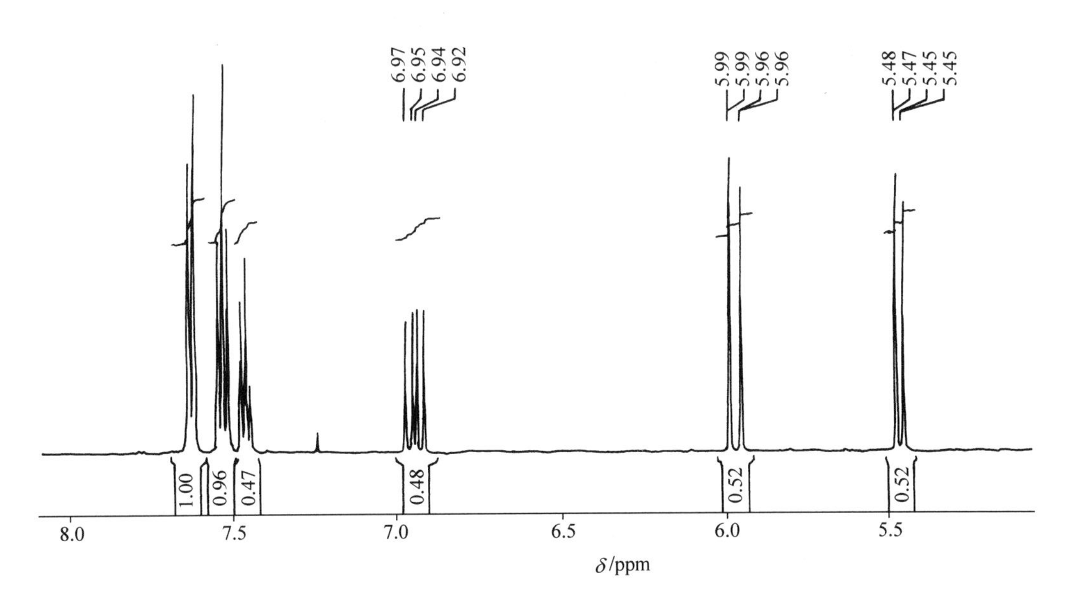

图 13-3　未知样品^{1}H-NMR 谱图

(1) IR 谱图分析

1 630cm^{-1}的谱带可能为 C═C 基团；1 600～1 494cm^{-1}之间的多个谱峰可能为苯环；776cm^{-1}，697cm^{-1}是单取代苯环，991cm^{-1}，908cm^{-1}应为 C═CH_2 基团。

(2) MS 谱图分析

分子离子峰质量数为 104，故可以判断该化合物的相对分子质量为 104；在低质量区存在有苯的系列峰；对照 IR 谱图所确定的官能团质量数之和与相对分子质量相当，因此可能不含有其他基团。

(3) NMR 谱图分析

^{13}C-NMR 谱图显示有 6 种碳，可能带有苯环和不饱和键；从^{1}H-NMR 谱图可以观察到苯环区有 3 个重叠峰，可能为单取代苯；其余谱带化学位移较大，可能为不饱和碳上的氢。

依据以上分析，初步判断可能结构为苯乙烯单体。

进一步验证：IR 和 MS 谱图如上述；在^{13}C-NMR 谱图上，如果从低场到高场依次排列：

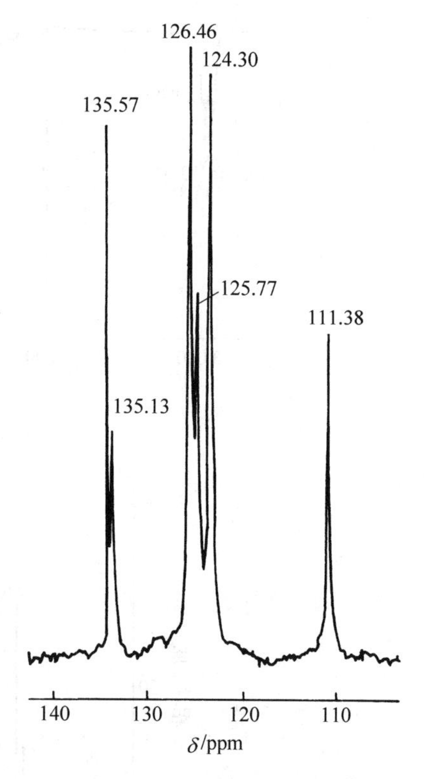

图 13-4 未知样品^{13}C-NMR 谱图

(苯环碳编号 1、2、3、4；4 位连 $\overset{5}{C}H═\overset{6}{C}H_2$)

$C_4 \rightarrow C_6 \rightarrow C_2 \rightarrow C_1 \rightarrow C_3 \rightarrow C_5$

135.57 135.13 126.46 125.77 124.3 111.38

在^{1}H-NMR 谱图中，由于双键的存在，因此 H_A，H_M，H_X 组成 AMX 自旋体系；3 个 H 化学位移不同，因此每个 H 都被分裂成四重峰：

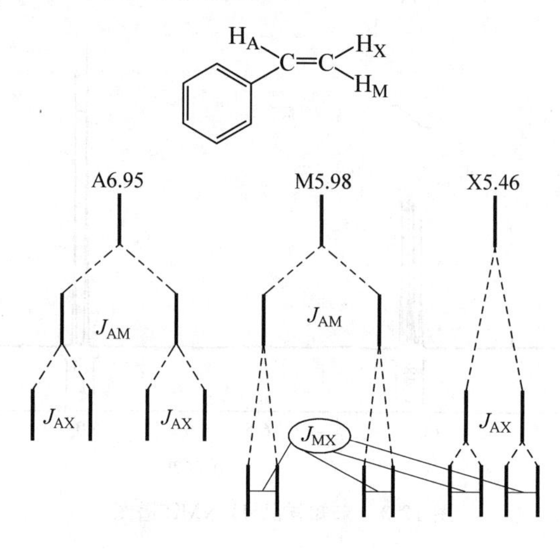

由上述验证可以确认未知样品为苯乙烯。

13.1.2　聚合物谱图的特点

有机谱图的综合解析也是聚合物谱图解析的基础。但聚合物性能除与化学组成有关外，还与聚合物的链结构和聚集态结构有关。链结构和聚集态结构的不同在谱图中也会有所反映，让我们观察几张不同的聚合物谱图：

（1）在图13-5和图13-6中，给出了PMMA空间结构示意图和相应的NMR谱图，尽管样品的化学组成相同，但其等规度不同，空间排列有差异。从PMMA的空间结构图可以观察到，CH_3基团在空间排布位置不同，会影响到CH_3，CH_2基团所处的化学环境，使两张谱图之间产生差异。

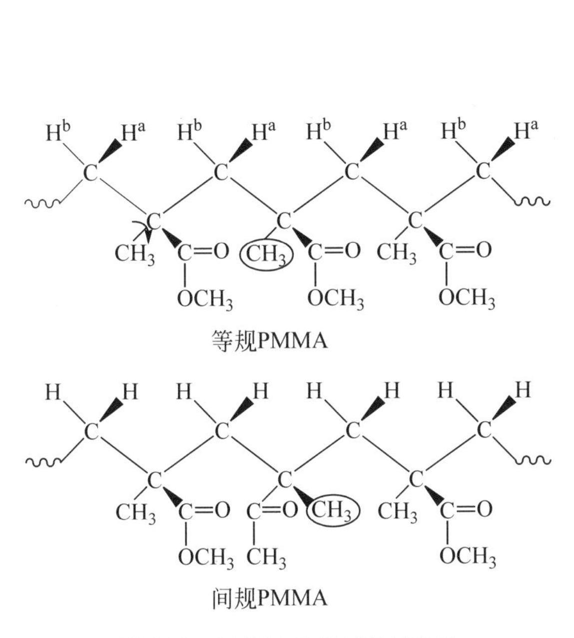

图13-5　PMMA空间结构示意图

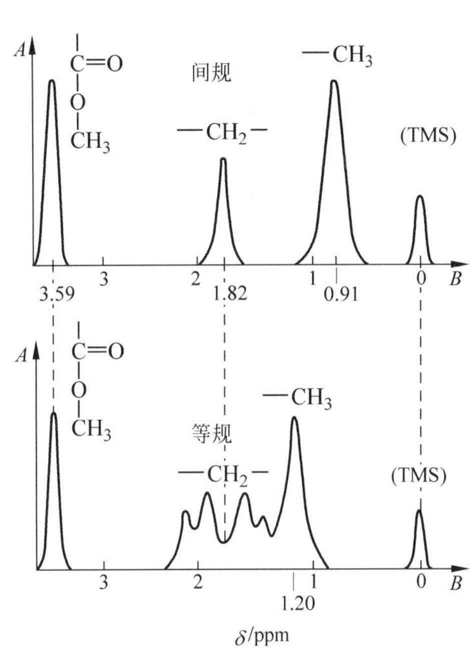

图13-6　等规与间规PMMA的NMR谱图

（2）图13-7中的FT-IR谱图分别代表MMA，St的均聚物和共聚物以及PS与PMMA的共混物的谱图。PS与PMMA由于其化学组成不同，很容易区分：PMMA有羰基，应在1 730cm^{-1}左右有较强的吸收峰，而PS应在1 600cm^{-1}，760cm^{-1}，700cm^{-1}存在苯环和苯环单取代基团的特征吸收峰。一般共混物的谱图，应是均聚物谱图的叠加，而共聚物则不同。在共聚物中，由于甲基丙烯酸甲酯和苯乙烯单元之间是键接的，存在相邻基团的相互影响，同时原有均聚物中的长链变短会引起谱图发生变化。从图中也可观察到在1 300～1 100cm^{-1}区间的C—O—C基团的特征谱带，共聚物与共混物有明显的区别。

（3）图13-8是聚芳酯在不同温度下测定的原位FT-IR谱图，图13-9和图13-10是图13-8所示谱图的局部放大图。从图中可以观察到，在升温过程中，有些吸收谱带发生变化，但温度降低到室温后，又恢复原样，这是由于聚芳酯在升温过程中，结晶形态发生变化，引起分子之间相互作用力也发生变化，致使谱带发生变化。当降到室温后，结晶形态基本恢复到初始状态，因此谱图也恢复到与原图相似。当然，由于降温后的结晶度可能与初始状态不同，因此峰强会有所变化。

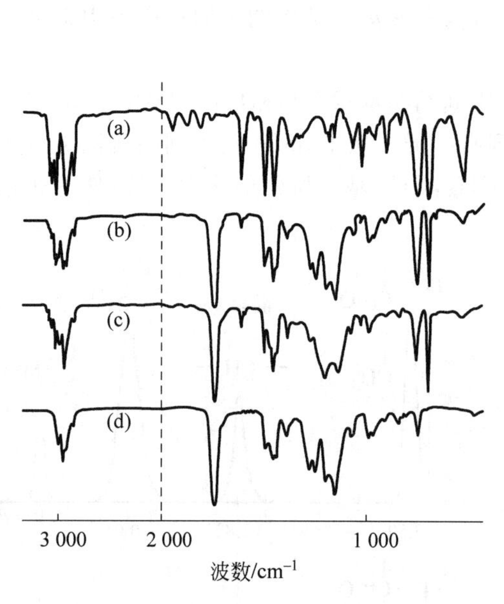

图 13-7　均聚物、共混物和共聚物谱图
(a) PS；(b) 共混物；(c) 共聚物；(d) PMMA

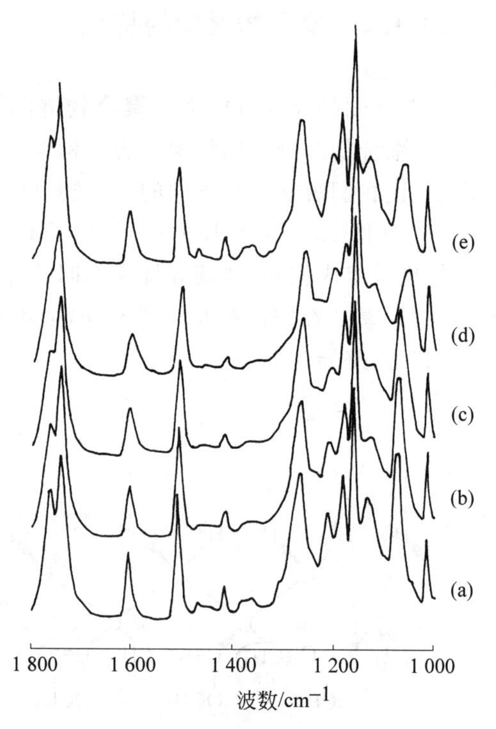

图 13-8　聚芳酯的原位反应谱图
(a) 室温；(b) 175℃；(c) 225℃；
(d) 280℃；(e) 从 280℃降到室温

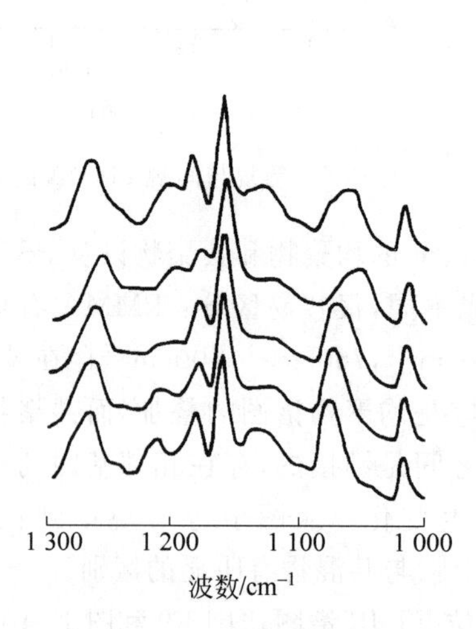

图 13-9　图 13-8 的局部放大图

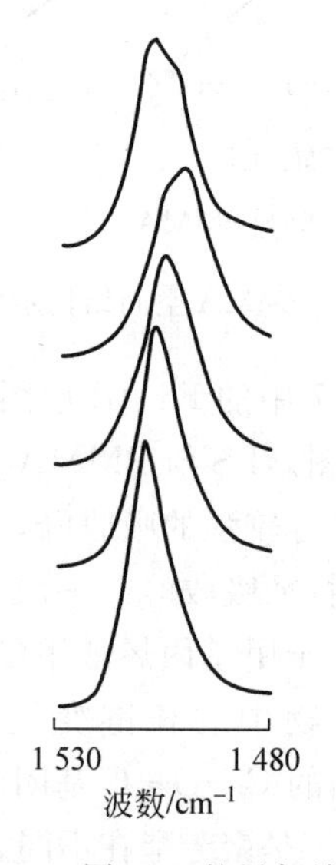

图 13-10　图 13-8 的局部放大图

由上述例子可以观察到聚合物谱图的特点是：谱图中所提供的信息，不仅仅反映结构单元的化学组成，同时还与链结构（序列结构、支化与交联、立体构型和空间排布等）和聚集

态结构(晶态、非晶态、液晶态、取向、共混或共聚物的多相结构等)有关。因此在解析谱图时,应注意谱带归属的区分,这个特点一方面给高分子材料的化学组成的确认带来困难,但另一方面却为高分子材料链结构和聚集态结构的研究提供了宝贵的信息。

13.1.3　高分子材料近代研究方法的一般特点

运用近代仪器分析的方法研究高分子材料,不仅仅是对聚合物谱图进行综合解析,还应该依据高分子材料的研究要求,首先抓住研究对象的特点,如在组成分析中研究的是官能团本身的特征;而在聚合物链结构的研究中,仅仅了解官能团的特征是不够的,因为在聚合物链中重复单元的官能团组成是相同的,影响聚合物性能的因素是这些官能团链接方式的不同,因此链结构研究的关键是不同的链接方式处结构的特点及其相邻基团的影响;在聚集态结构研究中,又需要抓住分子之间排列的影响,而且应注意在制样时不能破坏样品的聚集态结构。

聚合物反应过程的研究,则是一种动态研究过程,是在上述研究方法的基础上进行的,既可采用原位(在线)的方法,也可以采用间断取样的方法进行分析。前者可以掌握聚合物反应的动态连续变化过程,但需要有原位分析装置;后者虽然不需要原位分析装置,但获取的信息是间断的。

了解研究对象的特点后,再依据各种不同分析方法的分析原理及所能提供的信息,选择合适的一种或多种方法进行分析。

综上所述,高分子材料近代研究方法的一般特点如下:

(1) 依据高分子材料研究的要求,掌握研究对象的特点;

(2) 选择合适的分析手段和表征方法;

(3) 依照表征方法,对分析结果进行数据处理。

13.2　链结构的研究

在链结构的研究中,通常结构单元的化学组成是已知的,需要研究的是结构单元的键接方式、空间立构、支化与交联以及共聚物的序列分布等。实质上研究链结构也可看成是研究高分子链中某些特定部位的化学结构,因此一般用于研究化学组成的方法,如 IR,NMR,MS,PGC 等都可用于研究链结构,但其难点是有些化学结构在高分子链中所占的比例较小,会给链结构的研究工作造成一定的困难。

13.2.1　空间立构的测定

在烯烃和双烯烃类聚合物的工业生产中,由于引发剂的类型及工艺条件的不同,会得到不同立构规整度的聚合物,因而具有不同的性能。由于不同空间立构影响质子和碳原子所处的化学环境,引起峰的分裂和位移,因此经常采用 NMR 来研究。

1. PMMA空间立构的研究

图13-5和图13-6分别给出了PMMA的空间立构示意图和相应的^{1}H-NMR谱图。由图中可以观察到，间规PMMA的^{1}H-NMR谱图非常简单，而等规PMMA的谱图就比较复杂，间规与等规相比有两个明显的区别：C—CH_3峰从$\delta=0.91$ppm移到$\delta=1.20$ppm，但酯基上的O—CH_3则不受影响($\delta=3.59$ppm)。CH_2峰分裂为四重峰。这是由于在等规PMMA中，分子链上—CH_2—基团中的两个质子的化学环境是不等价的，标号为"a"的质子靠近酯基，标号为"b"的靠近C—CH_3，因而引起峰的分裂。而对于—CH_3基团，由于它旋转得很快，那种导致—CH_2—峰分裂的微观不均匀环境就无法使—CH_3峰产生可观察到的分裂。

如果需要进行定量计算，首先需要依据立构规整性的定义建立表征方法：在分子链中可以用mm，rr和mr(或rm)表示3种不同规整性的"三单元组"。然后再在谱图中找出这3种"三单元组"的差异。如果以C—CH_3作为中心，在等规立构的情况下，甲基的两个近邻仍是C—CH_3；在间规立构的情况下，它的两个近邻是酯基；而在无规立构的情况下，它的两个近邻一个是C—CH_3，另一个是酯基。不同的"三单元组"，中心C—CH_3所受到的逆磁屏蔽不同，化学位移也就不同。在图13-6中观察到的mm($\delta=1.20$ppm)和rr($\delta=0.91$ppm)是两种极端状况，而在无规PMMA的谱图中，则可发现介于其中的mr($\delta=1.04$ppm)(图3-22)。如果用I代表C—CH_3峰的强度，用p代表"三单元组"的浓度，对3种C—CH_3峰强进行归一化处理后，可以得到相对应的"三单元组"的浓度：

$$p(\mathrm{rr}) = 0.91I/\sum I \tag{13-1}$$

$$p(\mathrm{mr}) + p(\mathrm{rm}) = 2p(\mathrm{mr}) = 1.04I/\sum I \tag{13-2}$$

$$p(\mathrm{mm}) = 1.20I/\sum I \tag{13-3}$$

使用这些公式的前提是相对分子质量非常大，端基的影响可忽略。"二单元组"的浓度也可以由此推导出来：

$$p(\mathrm{m}) = p(\mathrm{mm}) + [p(\mathrm{rm}) + p(\mathrm{mr})]/2 \tag{13-4}$$

$$p(\mathrm{r}) = 1 - p(\mathrm{m}) \tag{13-5}$$

当然依据上述数据也可以计算各种空间立构的平均序列长度。

2. PP(聚丙烯)空间立构的研究

图13-11是PP等规立构和间规立构的结构示意图。

尽管用^{1}H-NMR成功地研究了PMMA的空间立构，但在许多情况下，在同一结构单元中，质子彼此之间由于空间立构不同引起的化学位移差异甚小，而且自旋-自旋耦合作用引起谱带的分裂，使谱图更加复杂，甚至谱带重叠影响谱图的解析。近年来逐渐发展用^{13}C-NMR研究聚合物的空间立构。图13-12是PP两种不同空间立构的宽带去耦^{13}C-NMR谱图。从图中可以观察到空间立构不同对—CH_3基团的化学位移影响较大，图13-13是不同的PP样品的CH_3谱带的局部放大谱图，依据谱图中mm，rr，mr等的峰强可以计算PP的空间立构。

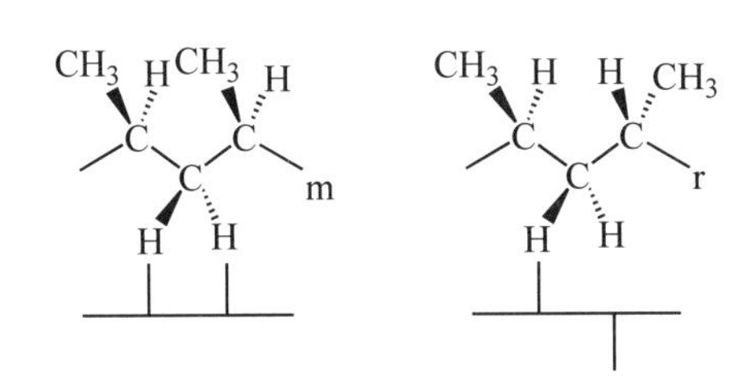

图 13-11 PP 等规立构和间规立构的结构示意图

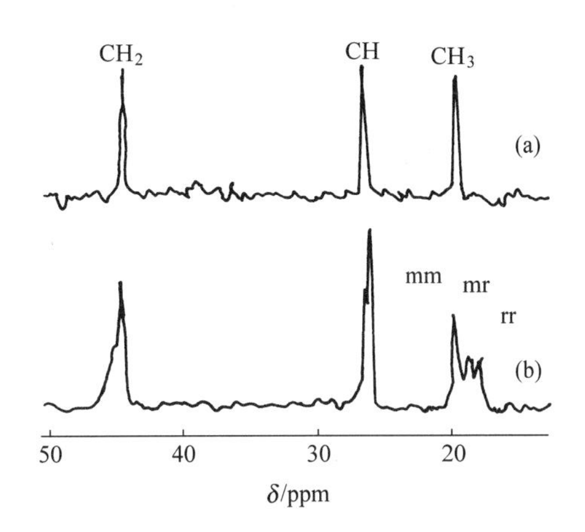

图 13-12 等规和无规 PP 宽带去耦[13]C-NMR 谱图

(a) 等规聚丙烯在邻二氯苯中浓度 5%、温度 50℃时的[13]C 谱；

(b) 无规聚丙烯在邻二氯苯中浓度 30%、温度 50℃时的[13]C 谱

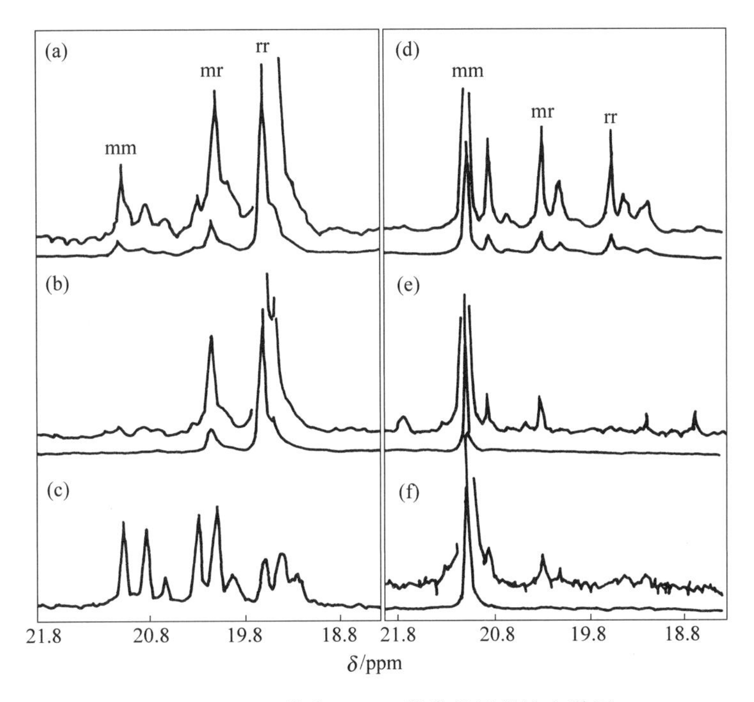

图 13-13 PP 样品—CH_3 谱带的局部放大谱图

基于同样原理，红外光谱和裂解色谱也是研究空间立构的有效手段。

图 2-50 和图 2-51 是 3 种不同空间立构 PP 的拉曼和红外谱图，从谱图中可以明显地观察到它们的差异。在图 2-51 的红外谱图中，可以通过构象规整性谱带来研究空间立构。图中 998cm^{-1}和 975cm^{-1}的谱带是归属于构象规整性谱带，只在 PP 等规立构谱图中存在，尽管 998cm^{-1}谱带的强度较大，但由于该谱带与较长的螺旋结构有关，而长的螺旋结构容易使聚合物结晶，所以该谱带对结晶度变化敏感，如果采用该谱带，在制样时必须注意严格控制

制样条件。975cm^{-1}的谱带虽然较弱，由于它反映短螺旋链段的存在，因此该谱带对结晶度的变化不敏感，可用于研究空间立构。在进行定量分析时，还需要选择对空间立构不敏感的谱带，如1 460cm^{-1}和1 380cm^{-1}，作为基准峰，用于消除膜厚度的差异带来的影响。如果用α表示等规度，则可用下式计算：

$$\alpha = K(A_{975}/A_{1\,460}) \tag{13-6}$$

式中，K为常数，可以采用已知等规度的样品求出。

除上述光谱分析方法外，采用高分辨裂解气相色谱（HRPGC）也能研究PP的空间立构。PP样品在裂解后，其"五单元组"的碎片能够用于区分不同空间立构。图13-14是不同等规度样品的HRPGC谱图，可以观察到"五单元组"（其组成为2，4，6，8-四甲基-1-十一烯）是由3个峰组成，峰保留值由小到大分别代表等规、无规、间规立构。采用已知等规度的样品作为标样，就可以建立工作曲线，然后进行定量计算。

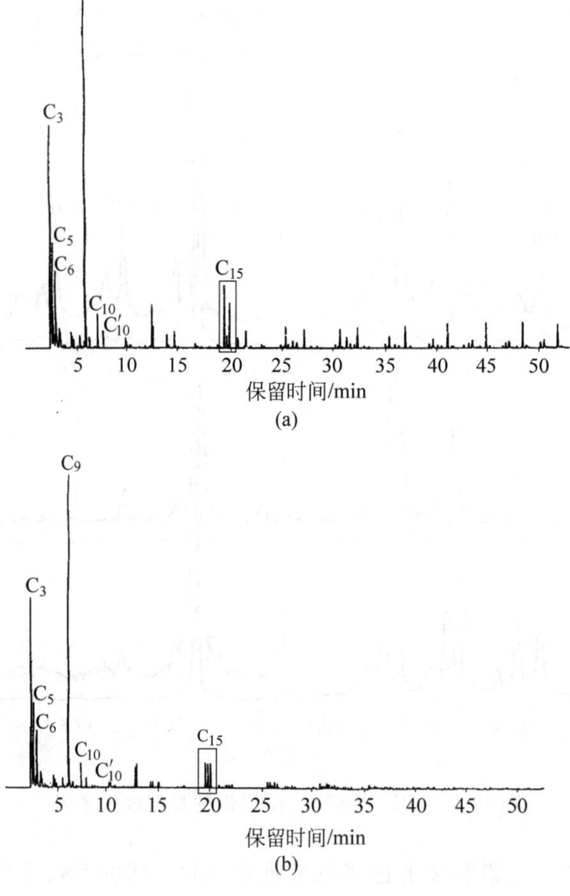

图13-14 不同立构PP的HRPGC棒图

(a) 等规聚丙烯；(b) 无规聚丙烯

采用FTIR或HRPGC分析，均需已知等规度的样品作为标样。可以用NMR测定，但应注意，这与工业生产中常用的"等规度"的概念是有区别的，如果采用工业生产中常用的正庚烷萃取法制备标样，建立工作曲线，也可以作为产品性能检验的标准。

13.2.2 支化与交联的测定

聚合物的支化(包括接枝)与交联的测定,首先需要在谱图中确定能表征上述链结构特征的谱带,然后依据表征方法进行数据处理。

根据聚合工艺条件的不同,可把聚乙烯(PE)分为高密度(线性)聚乙烯和低密度(带有短支链)聚乙烯。在工业生产中,采用IR方法测定PE的支化度。由于CH基团不易测定,可选择1 378cm^{-1}的谱带,该谱带归属于端甲基基团。由于PE的相对分子质量很大,分子中端甲基基团很少,所以该谱带主要为支链的端甲基,如图13-15所示,可以采用1 378cm^{-1}与1 368cm^{-1}处的吸光度之比表征支链度。由于1 378cm^{-1}谱带会受周围谱带的干扰,更精确的计算可采用“差谱法”,即将样品谱图减去线性PE谱图,或者采用分峰的方法获得孤立的1 378cm^{-1}谱带,然后再进行定量测定。这种方法测定的仅仅是短支链的平均值,不可能研究PE中短支链的分布。如果要研究PE短支链的分布,可以采用裂解气相色谱方法,如图5-36所给出的不同支化PE的谱图,通过制备模型化合物可以计算得到PE中短支链的分布。上述两种方法在进行定量计算时,必须要有已知标样或制备模型化合物。如果采用高分辨固体核磁共振可以直接进行定量测定。图13-16是不同支链长度的模型化合物的NMR谱图,图13-17是PE的NMR谱图,图中δ=30ppm的主峰为PE中的亚甲基。依照图13-16可以对各个谱带进行指认,如δ=38.19ppm的峰对应支链为丁基及更长碳链时的支化点CH,δ=34.17ppm的峰则对应支化点α位的CH_2,依此类推。然后再进一步进行定量计算,得到支链数和分布。除了上述方法外,也可以采用第8章所讨论的凝胶色谱的方法研究PE的支化度,其分析原理是依据在同样相对分子质量时,线性聚合物与支化聚合物的特性粘度(η)值不同而进行测定的,由于PE只有在一定的温度下才能在溶剂中溶解,因此必须用高温凝胶色谱仪才能研究PE支化度。

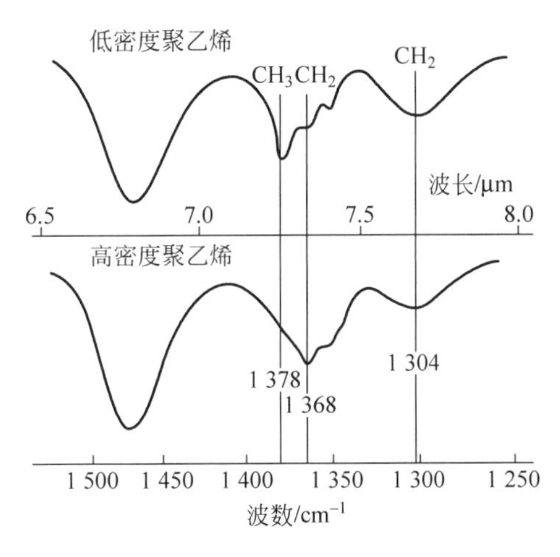

图13-15　两种PE的红外谱图比较

13.2.3 共聚物序列分布的研究

共聚物的性能不仅与组分的性质和含量有关,也与共聚物的序列分布有关。例如对同

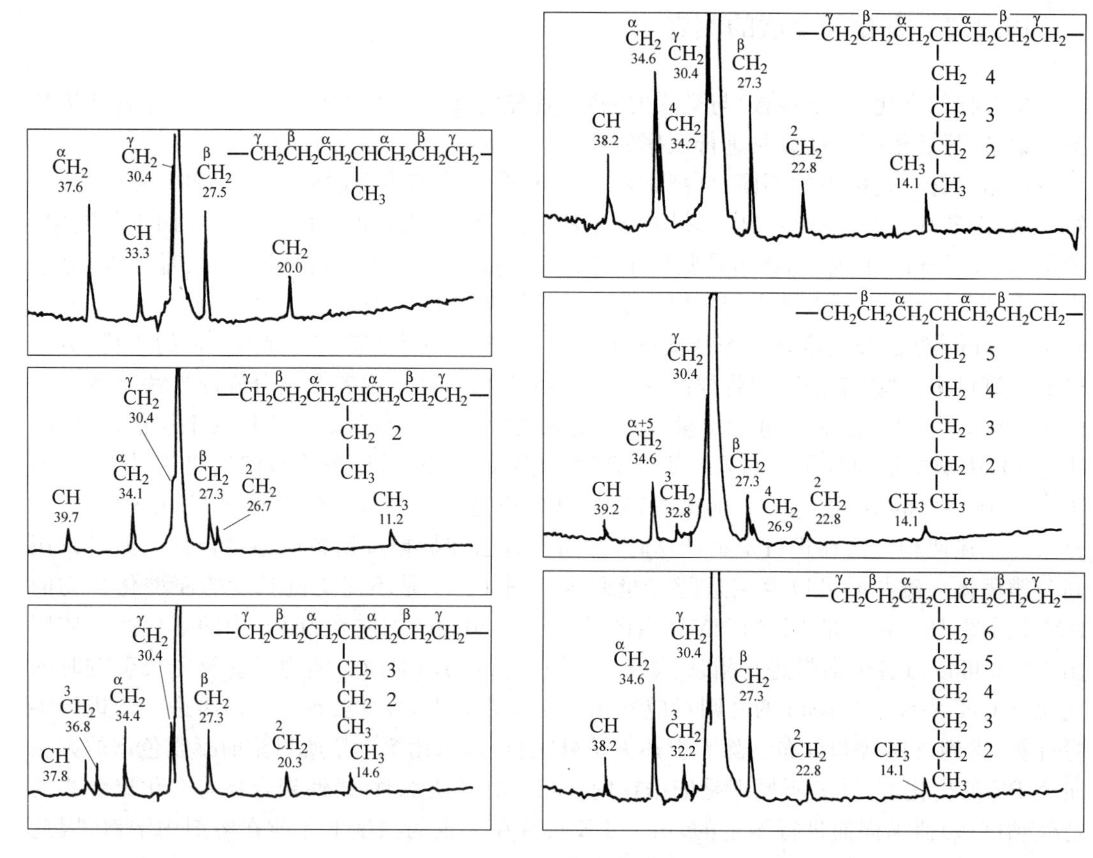

图 13-16 模型化合物 NMR 谱图

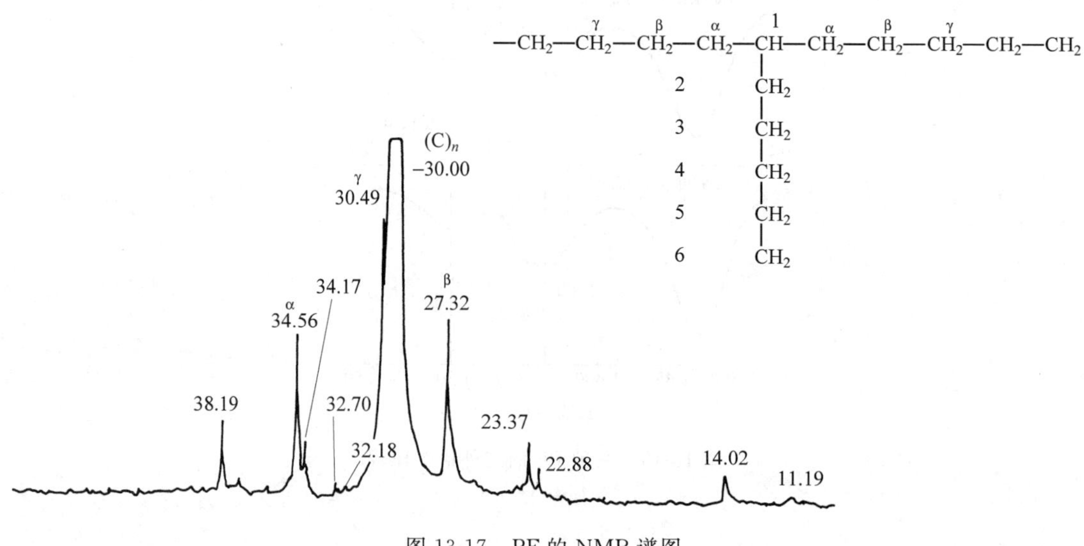

图 13-17 PE 的 NMR 谱图

样组成的共聚物,无规共聚物的 T_g 与交替共聚物的 T_g 有明显的不同,如表 13-1 所示。因此共聚物序列分布的测定对研究共聚物性能具有很重要的意义。

表 13-1 序列结构对共聚物玻璃化温度的影响

共聚组分(50/50)	交替共聚物 T_g/℃	无规共聚物 T_g/℃
苯乙烯/甲基丙烯酸甲酯	91	99
α-甲基苯乙烯/丙烯腈	112	119
氯乙烯/丙烯腈	75	88
氯乙烯/丙烯酸甲酯	52	37.5
苯乙烯/丙烯腈	117	107

由图 13-7 可知，由于共聚物分子链内两种或多种组分的不同单元之间是键接的，因此相邻基团的相互影响会使谱图发生变化。研究聚合物链的序列结构，就要抓住两种结构单元连接处基团的相互作用对谱图的影响。例如在 IR 谱图中，特征峰的频率与强度主要与键力常数和偶极矩的变化率有关，这反映出分子振动偶极矩及振动能级的变化。在共聚物中，由于相邻基团的相互影响，会使特征峰的频率与强度发生变化，有时也会因为相邻基团的耦合使原有的一些谱带消失，并形成一些新的谱带。这些变化都可用于链结构的研究。图 13-18 是聚甲基丙烯酸甲酯、聚丙烯腈及其共混物和 MMA/AN 共聚物的谱图。与图 13-7 MMA/ST 的共聚物谱图类似，C—O—C 的一对双峰因为 MMA 的链段变短，不能够形成螺旋结构，使 C—O—C 的峰形发生变化。图 13-19 是不同组成 AN/MMA 共聚物中腈基峰的局部放大图。在共聚物中，由于受到分子内 MMA 链段的影响—C ≡ N 基团的峰位发生了位移，其位移大小与共聚物中 AN 二单元组的浓度有关。这些谱图信息为用 FTIR 研究共聚物序列分布提供了依据。

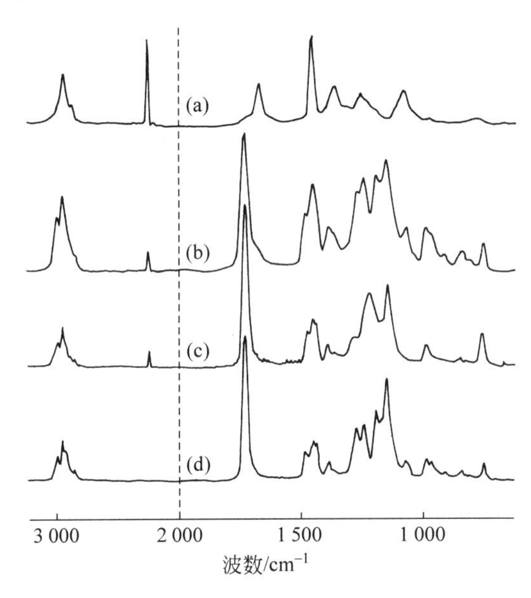

图 13-18 均聚物、共聚物和共混物谱图

(a) PAN；(b) 共混物；(c) 共聚物；(d) PMMA

共聚物序列分布的计算，可以依照 1.4 节共聚物的表征方法，用序列分布函数 $N_A(n)$ 或 $N_B(n)$表示：

$$N_A(n) = P_{AA}^{n-1}(1 - P_{AA}) \tag{1-13}$$

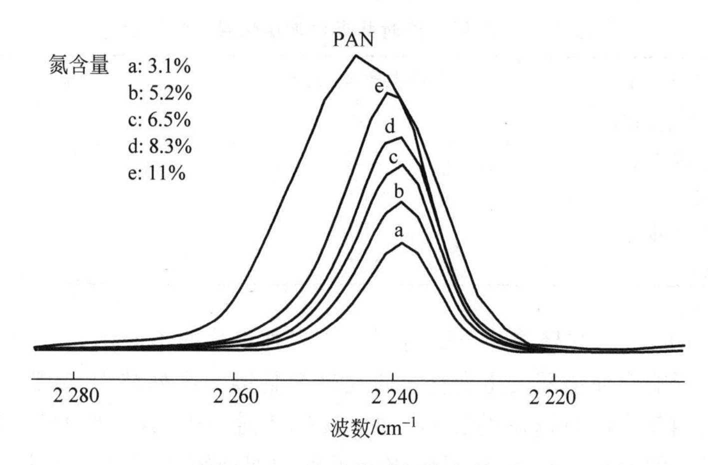

图 13-19 腈基峰局部放大谱图

$$N_B(n) = P_{BB}^{n-1}(1 - P_{BB}) \tag{1-14}$$

其中键接几率 P_{AA}，P_{BB} 与共聚物组成 x_A，x_B 和二单元组浓度 c(AA)，c(BB)或 R(Run 数)有关：

$$P_{AA} = c(AA)/x_A = 1 - (R/200x_A) \tag{13-7}$$

$$P_{BB} = c(BB)/x_B = 1 - (R/200x_B) \tag{13-8}$$

只要测定共聚物的组成、R 值和二单元组(或三单元组……)的浓度 3 项参数中的两项，就可以依据式(1-13)和式(1-14)计算出共聚物的序列分布。例如，用 FTIR 研究 AN/MMA 共聚物序列分布时，可以先合成已知标样，通过理论计算或其他方法，测定共聚物的组成和二单元组(或三单元组……)的浓度，然后，用 $A_{2\,240}/A_{845}$ 的比值与共聚物的组成绘制校正曲线，运用校正曲线可以计算未知共聚物的组成；同样用 AN 峰的位移可以计算二单元组的浓度，有这两项参数就可以计算 AN/MMA 共聚物的序列分布。

研究共聚物的序列分布也可以用热裂解的方法。化学组成及其空间结构会影响聚合物的裂解反应，使裂解碎片及其产率发生变化，这种影响称为“边界效应”。例如甲基丙烯酸甲酯与苯乙烯形成的共聚物，由于“边界效应”的存在，可以使 MMA 末端的自由基“失活”，从而阻止 MMA 单体的生成，提高 PMMA 的热稳定性，改善加工性能。在热解研究中，一般采用 PGC-MS 方法首先确定主要碎片的结构，然后再利用 PGC 具有快速、简便的特点，测定链结构，计算共聚物的序列分布。

用 PGC 方法测定共聚物的序列分布时，可以通过单体相对生成率进行计算。单体的相对生成率是指在样品中某组分被裂解生成单体峰面积的相对百分数，如果用 M 和 S 分别代表甲基丙烯酸甲酯和苯乙烯单元，则共聚物单体组分的摩尔分数分别为 x_M 和 x_S。在谱图中测量得到 M 单体的峰面积为 A_M，则 M 单体的生成率 C(M)是

$$C(M) = A_M/x_M \tag{13-9}$$

同样，S 单体的生成率 C(S)是

$$C(S) = A_S/x_S \tag{13-10}$$

单体的相对生成率与单体单元和其相邻单元相互作用的大小有关，当单体处于不同的三单元组中时，单体的生成几率是不同的。可以用以 M 单元为中心的三单元组来研究 M 单体的裂解几率，其裂解相对几率参数分别为 K_1，K_2 和 K_3：

$$—\mathrm{MMM}— \xrightarrow{K_1} \mathrm{M}$$

$$—\mathrm{SMM}— \xrightarrow{K_2} \mathrm{M}$$

$$—\mathrm{MMS}— \xrightarrow{K_2} \mathrm{M}$$

$$—\mathrm{SMS}— \xrightarrow{K_3} \mathrm{M}$$

K 值越大，说明 M 越容易从这种三单元组中被裂解出来，同时 M 的相对生成率也与这些三单元组在分子链上的浓度 $c(\mathrm{MMM})$，$c(\mathrm{SMM})$及 $c(\mathrm{SMS})$等有关，因此

$$A_{\mathrm{M}} = c(\mathrm{MMM})K_1 + [c(\mathrm{SMM}) + c(\mathrm{MMS})]K_2 + c(\mathrm{SMS})K_3$$

依照链结构的表征方法，三单元组的浓度可以用二单元组的几率表示：

$$A_{\mathrm{M}} = x_{\mathrm{M}}c_{\mathrm{MM}}^2K_1 + x_{\mathrm{S}}c_{\mathrm{SM}}c_{\mathrm{MM}}K_2 + x_{\mathrm{M}}c_{\mathrm{MM}}c_{\mathrm{MS}}K_2 + x_{\mathrm{S}}c_{\mathrm{SM}}c_{\mathrm{MS}}K_3$$

为了求 K_1，K_2 和 K_3，必须借助从动力学方法所得到的 4 个式子：

$$\left.\begin{array}{ll} P_{\mathrm{MM}} = r_{\mathrm{M}}Z/(r_{\mathrm{M}}Z+1), & P_{\mathrm{MS}} = 1/(1/r_{\mathrm{M}}Z+1) \\ P_{\mathrm{SS}} = r_{\mathrm{S}}/(Z+r_{\mathrm{S}}), & P_{\mathrm{SM}} = Z/(Z+r_{\mathrm{S}}) \end{array}\right\} \quad (13\text{-}11)$$

式中，$Z=[\mathrm{M}]/[\mathrm{S}]$，为配料比；$r_{\mathrm{M}}$ 及 r_{S} 分别为 M 单体及 S 单体的竞聚率。这样，式(13-9)与式(13-11)结合，可得

$$C(\mathrm{M}) = K_1[r_{\mathrm{M}}Z/(r_{\mathrm{M}}Z+1)]^2 + 2K_2r_{\mathrm{M}}Z/(r_{\mathrm{M}}Z+1)^2 + K_3/(r_{\mathrm{M}}Z+1)^2 \quad (13\text{-}12)$$

因为式(13-9)只适于低转化率的共聚物样品，所以式(13-12)也只适于低转化率的情况。利用 3 个配料比不同的低转化率的已知样品进行裂解，可得包含不同 $C(\mathrm{M})$及 Z 的联立方程组。解此方程组，即可得 K_1，K_2 和 K_3。K 只与三单元组的性质及裂解温度有关，与共聚合反应的转化率及共聚物的分子质量无关，因此在测定样品时，只要严格控制 PGC 条件与测定 3 个 K 值时的 PGC 条件相同，即可求出样品的 R。

$$R = 200x_{\mathrm{M}}\frac{(K_1-K_2) \pm \sqrt{K_2^2 - K_1K_3 + (K_1-2K_2+K_3)C(\mathrm{M})}}{K_1-K_2+K_3}$$

式中根号前的正、负号以使 $R>0$ 为原则取舍。

用 PGC 方法测定共聚物序列分布，虽然比较简单，但需要有已知标样，如果缺乏已知标样可以采用 NMR 的方法，有关 NMR 方法测定共聚物的序列分布在 3.4 节已有介绍。

13.3 聚集态结构的研究

13.3.1 聚集态结构特点及一般研究方法

13.2 节主要研究了高分子的链结构，即单个高分子的结构。它决定了聚合物的基本性质。但是，由于加工方法的不同，同样的聚合物也会具有不同的性质，这主要是由于高分子的聚集态结构，即分子与分子间的排列方式不同造成的。链结构的研究对整个聚合物的研究固然重要，但聚集态的结构研究也是不容忽视的一个方面，氨纶纤维就是一个很好的例子。

氨纶纤维包含脂肪族聚酯或醚的柔性链段（软段）和二异氰酸酯通过二胺或二酸嵌段共聚而成的刚性链段（硬段），这种纤维于 20～50℃柔性好，是很好的弹性材料。其纤维内氢键结合的形态如图 13-20 所示，由于酰胺键与 C═O 间较强的氢键力，硬段具有高度空间规整结构，可提高纤维的耐热性，应力应变曲线陡度，弹性和永久定型性等。软段具有低熔点和低 T_g 温度，但在低温时受硬段束缚，软段对弹性优劣有直接影响。正由于软段的高拉伸性和优异的回弹性，硬段间的氢键作用和聚集态的物理交联以及较高的交联强度，使氨纶具有高弹性和高强度。这些性能不仅与链结构有关，而且与纤维的处理工艺即材料的聚集态结构有关，因此聚集态结构是决定材料使用性能的重要因素。

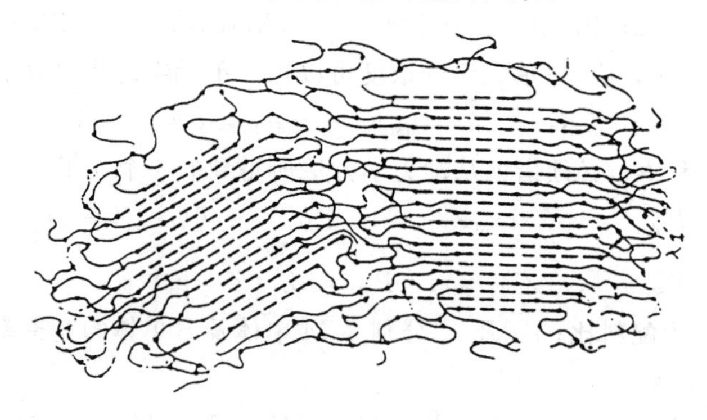

图 13-20 氨纶纤维内氢键结合形态

1. 聚集态结构的研究对象

在 1.4 节中谈到聚合物的聚集态按结构规整性可分为无定形态和晶态，其物理状态取决于分子运动形式。

如果聚合物在外力作用下发生形变，分子链不同程度地沿作用力方向排列，即产生取向。这种取向不一定产生结晶。如链结构不规整的乙丙橡胶、丁苯橡胶等，在拉伸时不结晶但产生取向，也就是产生局部有序和各向异性。在链段运动时，也能通过单键的内旋转形成链段的取向，这种取向过程在高弹态即可完成，而整个分子的取向则需在粘流态才能完成，这两种不同聚集态结构的材料性能是不同的。

在外力作用下，结晶聚合物还可发生晶粒取向。在某些晶态聚合物中，在受热熔融或被溶解后，结晶虽失去刚性获得液态物质的流动性，但仍保留部分晶态物质的有序排列，从而在物理性质上呈现各向异性，兼有晶体和液体的部分性质，即液晶态。

从热力学角度观察，取向是分子有序化过程，而热运动使分子趋向紊乱无序，是自发进行的解取向过程。取向过程必须在外力作用下才能进行，一旦外力消失便会发生自发解取向，因此在外力作用下完成取向后，必须迅速“冻结”，才能保持取向。在聚集态结构的研究中制备样品时必须考虑这一点。

近年来，高分子材料的改性中，除采用聚合物-增塑剂混合（增塑高分子），聚合物-填充剂混合（增强高分子）外，还采用高分子合金，即聚合物-聚合物混合（共混高分子）。如在分子水平上互相混合，这类共混物则形成均相体系，否则形成非均相体系。大多数高分子合金都是非均相体系共混物，处于热力学非稳定状态，但由于聚合物-聚合物混合物粘度大，实际上是处于冻结状态，使热力学不稳定状态得以维持。

综上所述，在聚集态结构研究中，应主要解决下述4方面问题：

(1) 均相或非均相体系的微观形态，相分离度等；

(2) 晶态、液晶态与非晶态；

(3) 分子链的取向；

(4) 在不同温度下，由于分子运动状态的不同而引起的聚集态结构的改变。

2. 聚集态结构研究的手段

由于材料的聚集态结构与其物理形态有关，因此在研究聚集态结构时不能破坏样品的原有形态。例如使用NMR研究样品的聚集态结构，由于样品不能配成溶液，只能用高分辨固体核磁共振波谱仪。所以在研究聚集态结构时，要依据研究任务的特点及各种仪器分析方法的原理来选择相应的仪器分析方法。各种仪器分析手段是相辅相成的，一般经常采用的研究手段有扫描或透射电镜、X射线衍射和散射（包括小角激光散射）、各种热分析仪器、反相气相色谱、傅里叶变换红外光谱仪等。这些分析方法是依照不同的分析原理，从不同的角度来研究聚集态结构，因此应注意不同的测试方法所测定的数据具有不同的物理含义，不能要求测出的数据完全一致，只能对比它们之间的相对变化率，本节中将着重讨论运用傅里叶变换红外光谱仪研究材料的聚集态结构。

13.3.2 聚合物结晶度的研究

式(1-15)给出了以质量分数表示的结晶度定义。尽管研究聚集态的几种方法都可用来研究晶态，但各种研究方法测定的不一定是结晶部分的质量分数。随着各种方法研究角度的不同，所得数据的物理概念也不同。电镜可直接用于观察，是从形态形貌的角度来研究结晶；X射线衍射不是直接观察，而是利用晶体对X射线的衍射来研究晶体结构。因此在得到衍射谱图后，必须首先确认结晶峰和非晶峰，分别计算出它们的衍射峰积分强度 I_c 和 I_a，则非晶和结晶部分质量比 W_a/W_c 为

$$W_a/W_c = K(I_a/I_c) \tag{13-13}$$

式中，K 为散射系数，需用已知标样标定。因此这种测定方法只是一种间接的测定方法，而且在一般情况下，需要分峰后才能计算 I_a，I_c。

用热分析的方法来研究结晶聚合物，其机理又不同。该方法主要是通过研究结晶聚合物的热行为来得到有关数据。若用DSC进行测定，结晶温度可依照结晶峰的峰位来判断，结晶峰面积则代表了结晶熔融热 ΔH，结晶度 X_c 可由式(6-9)求得。可用一系列已知结晶度的标样，通过DSC测定结晶峰面积后，外推得出。由于这种方法是在升温（或降温）过程中进行的，因此所得曲线与升温速度有关。升温速度过快，曲线易向高温方向偏移，过慢则不但测定效率低，而且转变峰不明显。

上述几种方法在研究结晶度时，都需有已知标样，若采用密度法和IGC方法研究聚合物结晶过程，则可不用标样。密度法是一种经典方法，这里不再叙述。在IGC中，聚合物作为固定相，利用探针分子的比保留体积在晶区比在非晶区小这一原理，可测定其结晶度。随着柱温升高，探针分子在熔点温度附近的比保留体积呈“Z”形变化，见图4-8。依照式(4-34)可以计算聚合物的结晶度，而且也可用于研究结晶增长速度。这种方法的优点是不用标样，且可研究动力学过程，但制样困难。用FT-IR研究结晶聚合物也是一种很有效的方法，在

2.4 节中已有叙述，下面仅举例说明 FT-IR 在聚合物液晶态研究中的应用。

一般是在升温过程中研究高分子液晶态。由于液晶单元在升温过程中的运动和相互作用，分子链发生重排，形成不同的聚集态，这样就会影响到液晶单元中某些基团的振动，导致其特征频率发生位移。依据这些位移来研究液晶的转化。用 DSC 和偏光显微镜研究液晶单元悬挂于主链的热致型高分子液晶，能给出转变温度和形态特征，但不能提供分子间相互作用和有关分子链构象变化的信息。利用 FT-IR 进行研究，则能获得分子间相互作用的信息。

以丙烯酸为主链，芳香酯化合物为液晶单元的主链热致高分子液晶，其分子结构如图 13-21 所示。在升温过程中谱带频率与强度变化如图 13-22 和图 13-23 所示，谱带频率变化可分成 3 类：①移向高频；②移向低频；③不变(或基本不变)。从谱图中可观察到，发生谱带位移的均属于液晶单元。如两个 C═O 基谱带中，属于丙烯酸酯的 1 752cm^{-1} 基本不变，而属于芳香酯液晶单元的 1 728cm^{-1} 则移向高频，这可能是由于温度升高破坏了分子间氢键力的结果。又如 898cm^{-1} 的谱带移向低频，这是三取代苯环上孤立氢的 C—H 面外弯曲振动，它使液晶单元悬挂在主链上。液晶单元空间的排列随温度变化很大，温度升高有利于有序排列，因而其谱带移向低频。这种频率位移随温度的变化不一定是直线，也可能是折线。如上述高分子液晶的曲线在 140℃ 和 180℃ 有转折，因为 140℃ 时分子由固态非晶相进入熔化态，形成液晶态，进一步升温，液晶态有序结构遭到破坏，转变为各向同性。

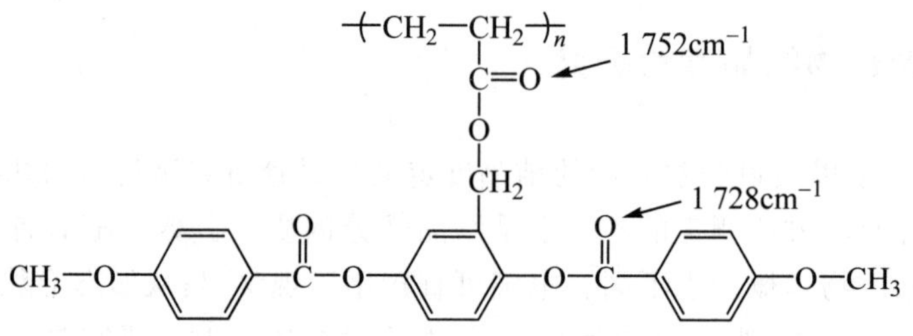

$-\!\!\left[CH_2-CH_2\right]\!\!-_n$ 1 752cm^{-1}；C=O；O；CH_2；1 728cm^{-1}；CH_3-O-(苯环)$-C(=O)-O-$(苯环)$-O-C(=O)-$(苯环)$-O-CH_3$

图 13-21 丙烯酸芳香酯分子结构

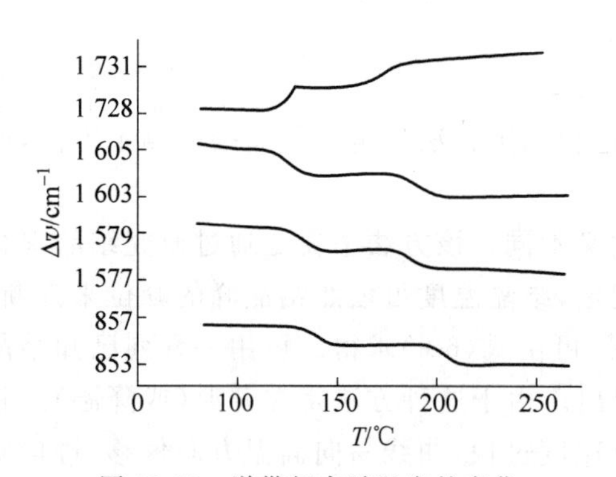

图 13-22 谱带频率随温度的变化

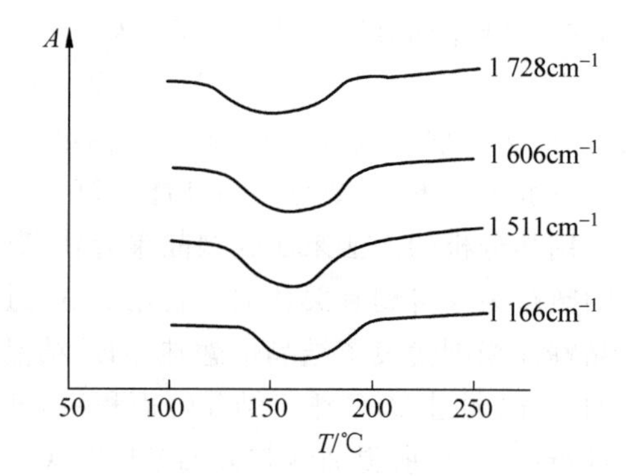

图 13-23 谱峰面积 A 随温度的变化

13.3.3 相容性和相分离度的测定

在氨纶纤维中硬段和软段的溶解度参数相差太大，不可能互溶，因而存在着两相分离的结构。但与共混物的相分离不同，这里的两相间是以化学键结合，在结点处即两相交界处，由于结点之间的距离受嵌段链长的影响，因此相区的尺寸受嵌段链长的影响。这种由化学键相连的相分离称为微观相分离，硬段通过较强的氢键而形成微区(准晶)，这些微区是分散在处于卷绕状态的软段基质中的。为了研究相分离度与氨纶纤维性能的关系，可以采用不同的方法测定相分离度。

1. 用热分析法测定氨纶纤维相分离度

采用DSC测定软段的T_{gs}、硬段的T_{gh}、硬段准晶熔点T_{pm}和结晶熔点T_m，相分离度则依据软段的相对结晶度X_c来表征(软段中醚氧基和硬段中的氢键作用会使软段结晶度下降)。X_c越大，相分离度越大。X_c可用下式计算：

$$X_c = (\Delta H_m / \Delta H_{ms}) \times 100\% \tag{13-14}$$

式中，ΔH_{ms}为单位质量纯软段化合物的结晶熔融热；ΔH_m为经过软段质量归一化处理的样品中软段的结晶熔融热。

2. 用X射线衍射和散射法测定氨纶纤维相分离度

目前主要是用小角光散射(SAXS)，并用下式计算相分离度：

$$R = \Delta\rho^{-2} / \Delta\rho_0^{-2} \tag{13-15}$$

式中，$\Delta\rho^{-2}$，$\Delta\rho_0^{-2}$分别代表样品中硬段区和完全相分离时硬段区的散射强度。R越大，相分离程度越大。

3. 用电子显微镜法测定氨纶纤维相分离度

用碘作为硬段的着色剂，然后在电子显微镜下观察及测定。

4. 用吸湿率法测定氨纶纤维相分离度

由于软段吸湿性远小于硬段，总体吸湿率取决于硬段。但水不能进入硬段内部，参与吸湿的只是混入软段内部的硬段及微区表面的硬段。因此，吸湿率越小，相分离度越大。

但是，上述各种表征方法，都不能观察到两相之间的结构变化，而用FT-IR法则可观察到氢键作用及其变化，这是由于—NH—与C═O和—O—形成氢键时，改变了键力常数，使吸收峰位移。如对聚醚型聚氨酯可用氨基甲酸酯中C═O基的氢键指数R来表征相分离程度：

$$R = A_{1\,703} / A_{1\,733} \tag{13-16}$$

式中，$A_{1\,703}$为与氢键结合的羰基在1 703cm^{-1}处的吸收峰面积；$A_{1\,733}$为自由羰基在1 733cm^{-1}处的吸收峰面积。R越大，相分离越完全。此外，也可用酰胺Ⅰ带(脲基)的氢键指数来表征相分离程度。图13-24给出了某种氨纶纤维在拉伸率为100%时，不同热处理温度下键合与自由羰基的红外谱图。图13-25为不同拉伸率的该纤维在170℃热处理后键合与自由羰基的红外谱图，由谱图可以计算氢键指数。在同一拉伸率下，随温度升高氢键指数下降，这是因为热处理温度高于氨纶纤维的玻璃态转化温度，由于链段的运动，会导致部分硬段间氢键的分离。

13.3.4　用FT-IR研究聚合物的取向

在2.4节已叙述过用偏振红外可测定样品的取向，如图2-39所示。在图13-26中给出了两种PP薄膜的偏振红外光谱图，其中PP-1为单向拉伸薄膜，PP-2为用十氢萘溶解后铸膜。$P=0$和$P=90$分别为偏振光平行和垂直于拉伸方向时得到的谱图。PP-1和PP-2谱图则为普通的无偏振情况下得到的谱图。从图中可以明显观察到PP-1样品偏振红外谱图的差异，说明该聚合物样品有取向，取向程度可用取向函数f来表示：

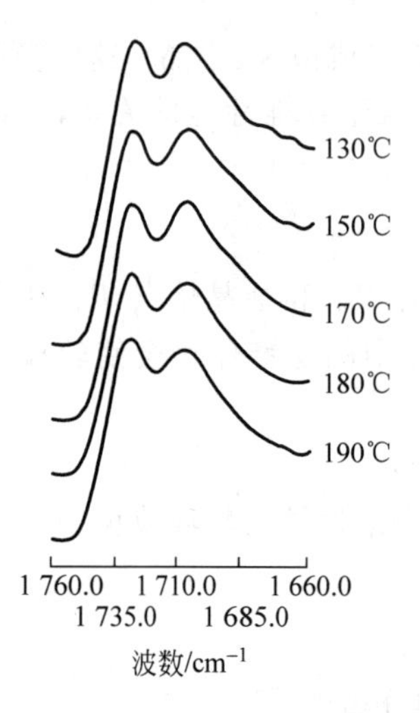

图 13-24 氨纶纤维拉伸率为 100%时，不同热处理温度下键合与自由羰基的红外谱图

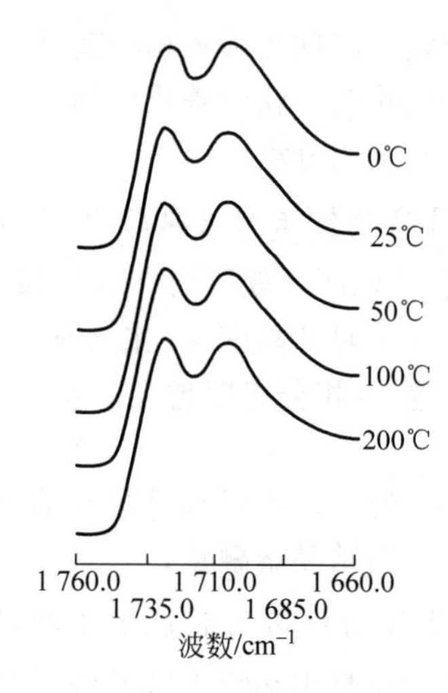

图 13-25 不同拉伸率的氨纶纤维在 170℃热处理后键合与自由羰基的红外谱图

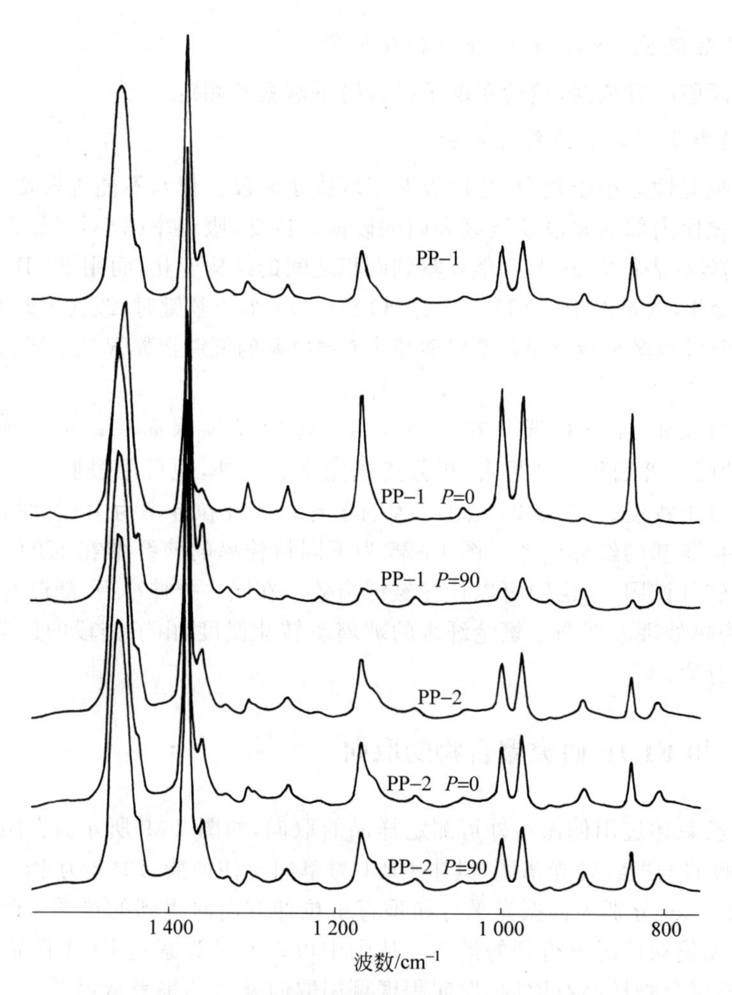

图 13-26 两种 PP 样品的偏振红外光谱图

$$f=\frac{R-1}{R+1}\frac{2}{3\cos^2\alpha-1}=\frac{(R-1)(R_0+2)}{(R+2)(R_0-1)} \tag{2-30}$$

对双向拉伸薄膜样品需考虑与拉伸方向(y)垂直的两个方向,即膜的横向(x)和厚度方向(z)的取向,因此在测定薄膜的取向时,需测定谱带 x,y,z 3 个方向的分量:

$$R_{xy}=A_x/A_y,\quad R_{yz}=A_y/A_z,\quad R_{zx}=A_z/A_x \tag{13-17}$$

3 个方向的二向色性比中,仅有两个是独立的,只要正确测出其中任意二项即可,但测定方法在实验技术上较复杂,此处暂不讨论。

氨纶纤维的性能与其拉伸率和热处理温度有关。在不同的处理条件下氨纶纤维的取向度是不同的,一般采用偏振衰减全反射红外光谱法来测定氨纶纤维的取向度。在研究时,首先要选择特征谱带。当氨基与氢键结合时,氨基甲酸酯中的羰基峰位于 1 635cm^{-1},其偏振谱带可用于表征硬段的取向,而在软段中用—CH_2—基团的 768cm^{-1} 谱带表征取向。采用式(2-30)分别计算硬段和软段的取向函数 f_h 和 f_s,在不同热处理温度和拉伸率下对某种氨纶纤维测定的取向函数如表 13-2 所示。不同拉伸率热处理时,温度与硬段和软段取向函数的变化曲线如图 13-27 和图 13-28 所示。由图可观察到,随拉伸率增加,软、硬段取向率上升;在小拉伸率情况下进行热处理时,软段取向起主要作用;大拉伸率时,硬段起主要作用;软段取向度随热处理温度升高而下降;硬段在大拉伸率条件下,取向度随热处理温度升高而增大,在小拉伸率条件下(<150%),出现极值温度。

表 13-2 热处理对 PU-YT 软、硬段取向的影响

拉伸率	f	130℃	150℃	170℃	180℃	190℃
0	f_h	0.799	0.910	0.868	0.748	0.736
	f_s	0.356	0.318	0.210	0.150	0.186
25%	f_h	0.814	0.926	0.902	0.864	0.736
	f_s	0.347	0.327	0.305	0.300	0.220
50%	f_h	0.810	0.960	0.953	0.870	0.760
	f_s	0.408	0.388	0.363	0.307	0.220
100%	f_h	0.833	0.978	0.963	0.893	0.799
	f_s	0.443	0.402	0.371	0.356	0.333
200%	f_h	0.918	0.980	0.986	0.988	0.991
	f_s	0.481	0.435	0.396	0.368	0.343
原样		f_h=0.874,f_s=0.175				

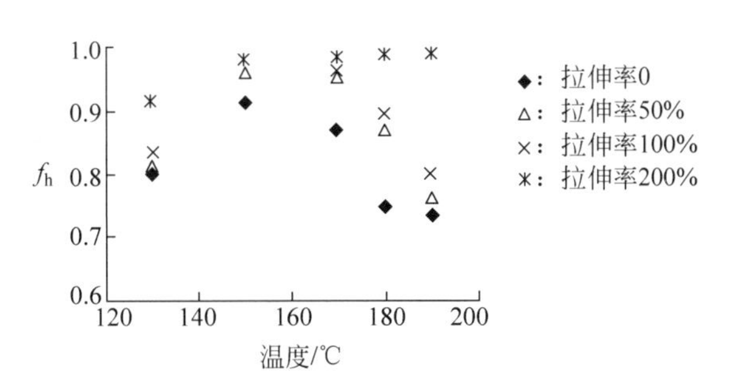

图 13-27 不同拉伸率下热处理温度与硬段取向函数的关系曲线

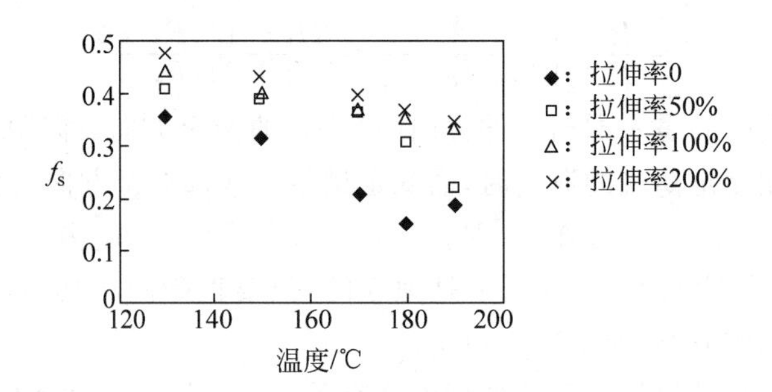

图 13-28 不同拉伸率下热处理温度与软段取向函数的关系曲线

偏振红外方法除用于研究聚集态结构外，还可用于研究链结构。这是因为根据谱带的二向色性行为，可以判断对应化学键的方向。例如天然橡胶和杜仲胶都是 1,4-聚异戊二烯，但前者为顺式，后者为反式，即它们的分子排列方式不同。使用偏振红外测量取向样品的C═C 伸缩振动谱带（1 650cm^{-1}附近）的二向色性行为表明，对于天然橡胶是平行的谱带，对于杜仲胶是垂直的谱带，从而由它们分子链的排列方式，可以区分这两种橡胶。

13.4 高分子材料反应过程的研究

在高分子材料研究工作中，有时需要了解的不是材料的静态结构，而是其动态结构的变化过程，如单体如何聚合生成聚合物，在加工过程中聚合物结构有否发生变化，在使用过程中材料如何老化等。也就是说，需要了解材料在一定的外界条件作用下其结构与性能特点随时间的变化规律。前几节所叙述的聚合物链结构、聚集态结构的研究等是静态结构的研究，而这一节所要研究的是材料的动态变化过程。这两种研究方法是既有联系又有区别的，前者是后者研究的基础，因为动态研究是采用连续（或者间断的）方式观察每一瞬间的静态性能，并研究其随时间的变化；而聚合物反应的研究又不同于静态研究，在研究反应过程时必须考虑下列几个问题：

（1）样品的采集

在需要连续测定时，要针对不同的仪器设计适合的原位反应装置，以便连续测定反应的过程。若间断取样，就要考虑所取出的样品是否具有代表性（即能冻结在反应的瞬间状态），而在取样的同时又不影响反应过程的进行。

（2）反应过程的表征

要确认在反应过程中，哪些基团发生了变化，以及如何来表征这种变化过程。

（3）定量测定的问题

测定反应物或生成物的浓度随反应时间的变化，并依照所要确定的表征方法，定量（绝对或相对）计算反应过程。

依照上述聚合物反应过程的研究特点，要求分析仪器能反映变化过程的特征，经济、易操作和分析速度快。因此，一般选用 FT-IR，GC，PGC，GPC，IGC，UV 和热分析等仪器进行分析。聚合反应的研究，应依据研究对象和表征方法的不同，采用不同的分析方法。例如可以由参与反应的单体和固化剂等的消耗来表征反应过程，也可以用产物的生成速率来表征，当然还可以依据反应体系物化常数的变化来表征反应进行的程度。观察反应体系物化常数的变化最好采用 IGC 或热分析，而要研究单体消耗则采用 GC，FT-IR 或 UV 为宜。究竟采用什么方法，与研究的具体要求和所具有的研究条件有很大关系，不能一概而论。

13.4.1 聚合反应过程

图 13-29 是用原位红外反应装置测定的甲基丙烯酸甲酯(MMA)在 75℃时，聚合生成聚甲基丙烯酸甲酯(PMMA)的反应过程。从图中可以观测到，随着反应的进行，1 639cm^{-1} 的 C═C 谱带逐渐消失，与不饱和键相连的碳氢基团的谱带 3 106cm^{-1}，941cm^{-1}，816cm^{-1} 也随着消失，而代表长链 CH_2 基团的 750cm^{-1} 谱带增长表征了反应过程中链的增长，这些谱带都可以用于表征聚合反应过程。在图中也可以观测到，有些谱带的消失和生成不一定表征基团的消失或生成，如谱带 1 325cm^{-1}，1 302cm^{-1} 的消失和谱带 1 270cm^{-1}，1 240cm^{-1} 的逐渐生成。这些谱带代表的都是 C—O—C 基团，在聚合反应过程中并未减少或增加，只是随着聚合反应的进行，链增长形成螺旋结构引起谱带的变化。这是在选择表征反应过程的特征峰时必须考虑的。用 FT-IR 研究反应过程不仅能研究反应机理，还可以通过测定所选择的特征峰峰面积的变化来计算反应速率以及反应动力学过程。

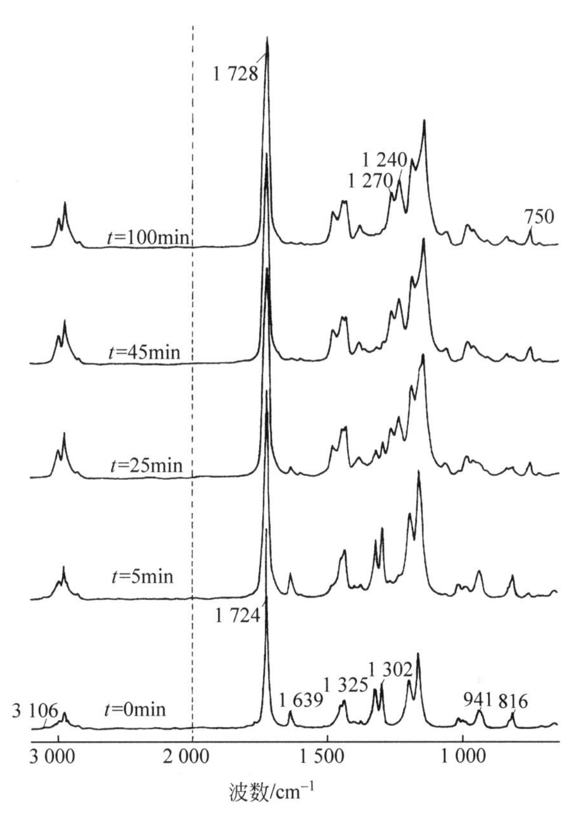

图 13-29 PMMA 原位聚合反应红外谱图

在2.4节及5.7节中分别介绍了用FT-IR和PGC研究环氧树脂(EP)固化过程;还可用GPC通过测定反应过程的相对分子质量分布的变化研究反应过程;用IGC也可以研究EP固化过程。随着固化过程的进行,探针分子在树脂中的溶解性下降,保留值发生变化。在图13-30中给出了环氧树脂E-51采用不同固化体系时的DSC谱图。这4种方法由于分析原理不同,因此是从不同的角度研究环氧树脂的固化过程。采用FT-IR,DSC,IGC可以原位测定固化过程,而PGC,GPC只能采用间断取样方法进行分析。不同的研究方法有不同的特点,应相互配合使用。例如,用DSC研究固化过程时,可测定反应的起始温度、固化速率最快时的温度、固化后的玻璃化温度等,如果DSC测定时采用不同的升温速率,则可以测出固化反应活化能。但用这种方法研究固化过程不能观测到基团的反应和变化,如果与FT-IR配合研究就能得到满意的结果。

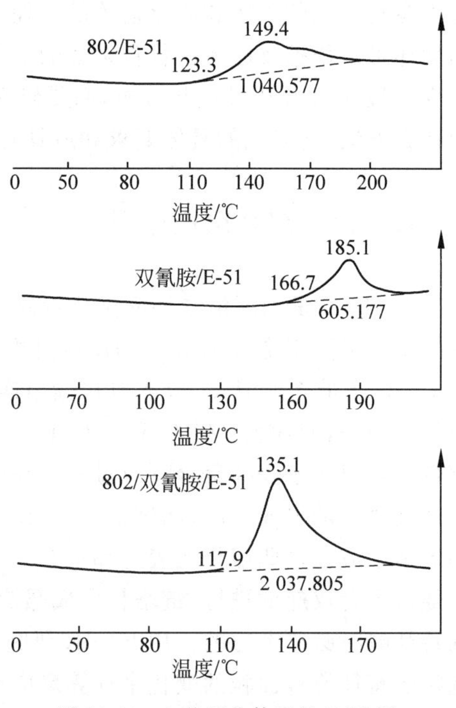

图13-30 3种固化体系的DSC图

13.4.2 材料在使用中的变化

例如可以用FT-IR研究PVDF在电晕放电过程中极化率的变化,其研究的关键是原位模拟测定。PVDF由于具有CF_2极性基团,性能良好,其β晶型是极性的,具有压电性。可以设计一种原位测定装置,利用原位偏振FT-IR技术,在电晕放电的同时,测定PVDF分子偶极的变化,选定510cm^{-1}峰作为特征峰,该峰是β晶型分子链的CF_2面内弯曲振动,其垂直偏振谱带的变化可表征CF_2的取向变化。电晕放电方向与PVDF膜平面垂直,与红外光平行,其变化过程如图13-31所示,A,B,C,D分别代表极化前、过程中、极化后、退极化。图13-32是在放电过程中偶极取向随极化电压的改变而变化的情况。电压增大,CF_2基团偶极沿电场方向取向逐渐趋向饱和,极化后不变,偶极变化被固定,只有反向放电到一定的值后,偶极才被完全解取向,回到退极化状态。再增加电压,偶极沿反向电场重新取向,出现电键行为,电压反复变化,形成两个对称的滞后环。由此实验可以证明在电晕极化过程中,注入电荷是次要的,晶区分子偶极重新取向是主要的。

13.4.3 老化降解过程

高分子材料在使用过程中,受到紫外光、热、氧、水分等环境因素以及pH值、电场、应力等的作用,性能会逐渐下降直至失效。这种现象称为老化。在老化过程中,高分子材料的化学组成、链结构和聚集态结构都有可能发生变化。因此,几乎所有的聚合物仪器分析方法都可以用于研究高分子材料的老化降解过程。一般用FT-IR表征材料老化过程中化学结构的

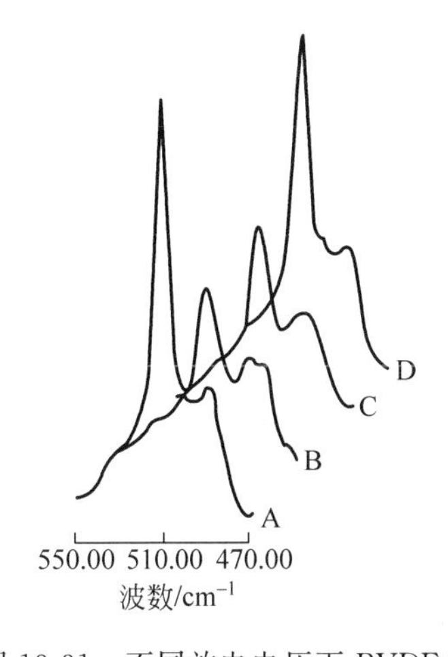

图 13-31　不同放电电压下 PVDF 的红外谱图

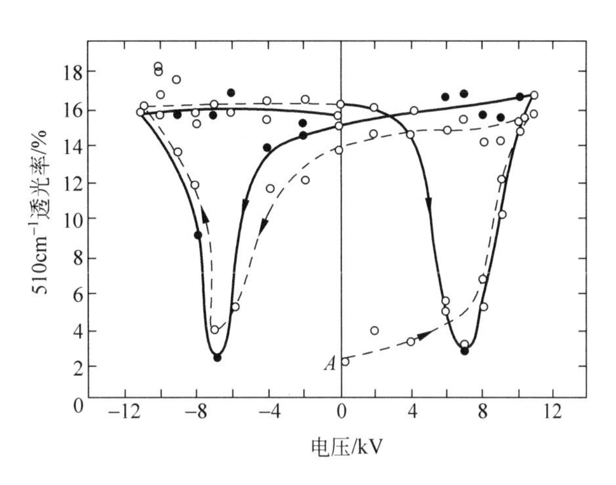

图 13-32　室温下 510cm^{-1} 谱带的透光率随电压的变化

A—起点；○—第一圈；●—第二圈

变化，从而了解老化过程中发生的化学反应；用 GC-MS 或 PGC-MS 表征可挥发性降解产物；用 GPC 表征相对分子质量及其分布的变化，来了解分子链的断裂机制和断裂的程度；用 SEM 或 POM 观察材料形貌的变化；用 DSC 测定材料结晶形态的变化等。下面分别举例说明。

1. FT-IR 分析

一般认为，高分子材料的光和热老化是由紫外光和热引发的氧化降解过程，生成酮、酯、醇、羧酸及不饱和双键等产物。这些化学结构的变化及降解动力学都可以用 FT-IR 来表征和研究。最常用的表征参数是羰基指数(CI)或羟基指数(HI)，分别定义为羰基或羟基峰的吸光度与参比峰吸光度的比值：

$$\mathrm{CI}=\frac{A_{\mathrm{C=O}}}{A_{\mathrm{ref}}}-\mathrm{CI}_0 \tag{13-18}$$

$$\mathrm{HI}=\frac{A_{\mathrm{OH}}}{A_{\mathrm{ref}}}-\mathrm{HI}_0 \tag{13-19}$$

将老化前的羰基指数(CI_0)或羟基指数(HI_0)从式中减去，就可以消去样品中原有的羰基(材料加工或储存过程中产生)或羟基的影响，而仅得到老化过程中的变化。

例如在填充不同无机填料的 PE 复合材料的天候老化实验中可以发现，样品中出现了代表氧化产物的羰基峰(1 716cm^{-1})，并随曝晒时间延长而增大，如图 13-33 所示。通过计算体系的羰基指数，发现不同的无机填料对 PE 光氧化速率的影响不同，如图 13-34 所示。硅灰石和碳酸钙对 PE 的光氧化有抑制作用，而其他的无机填料，尤其是高岭土，则大大促进了 PE 的光氧化。通过比较曝晒 80 天以前不同体系的光氧化曲线的斜率，还可以得到它们的氧化速率。

实际上，光氧化产生的羰基峰包含了酮、酯、羧酸等不同的羰基化产物。通过去卷积或分峰计算，可以将这些重叠峰分开，得到不同氧化产物的信息。例如图 13-33 中，PE/高岭土复合材料光氧化后生成了 γ-内酯(1 768cm^{-1})、酯(1 738cm^{-1})、羧酸(1 720cm^{-1}，1 697cm^{-1})和酮(1 714cm^{-1})。不同体系中，这些氧化产物的种类和相对含量可能会有差异。通过测定不同产物随老化时间的变化，还可以研究氧化机理。

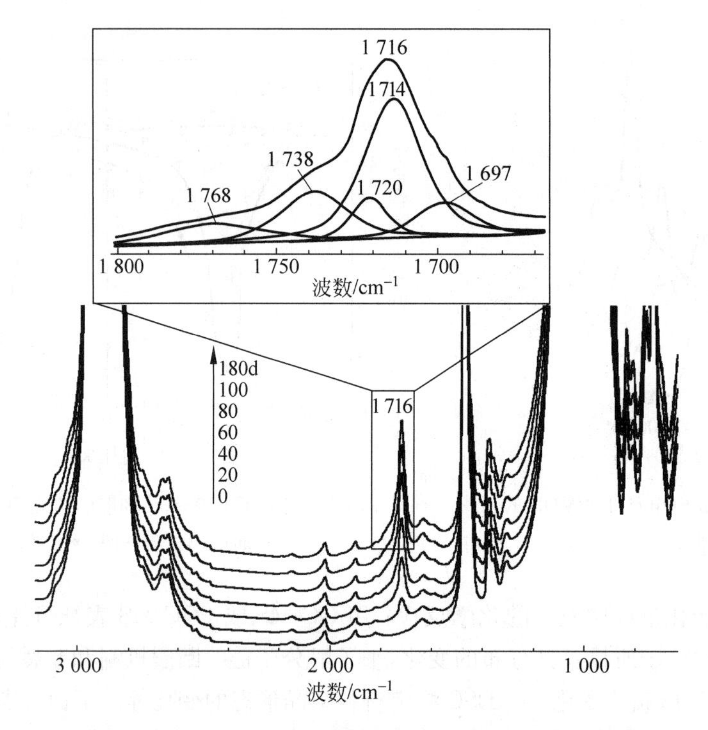

图 13-33 PE/高岭土复合材料曝晒不同时间的红外谱图

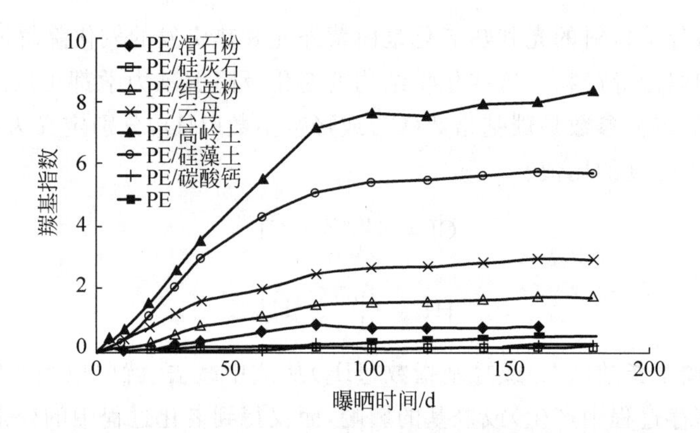

图 13-34 PE复合材料的羰基指数随曝晒时间的变化

许多高分子材料制品都具有一定的厚度。有的材料虽然表面氧化降解严重，但仅局限于很薄的表面层，对材料的本体性能不会产生很大的影响。有的材料则恰恰相反。因此，研究氧化从表面向内部的分布及其发展过程，对于材料的寿命预测有很重要的实用意义。研究厚试样中氧化情况的分布，可以采用红外显微镜。对材料的断面进行切片，得到厚度为20～30μm的薄片，即可利用红外显微镜的线扫描功能得到氧化产物的一维分布。如PE/云母复合材料样条自然老化20周后，断面的显微照片见图13-35(a)，从表面向内部产生了许多平行裂纹，裂纹平均深度约400μm。同时，相应的氧化产物分布如图13-35(b)所示。通过分析不同曝晒时间的样品，还可以得到这种分布随曝晒时间的发展，如图13-36所示。可见，氧化局限在约300μm的表面层，氧化程度随曝晒时间增加而增大，到16周后达到最高。5～12周内发展速度最快。此外，利用ATR，还可以研究高分子材料表面几微米厚度

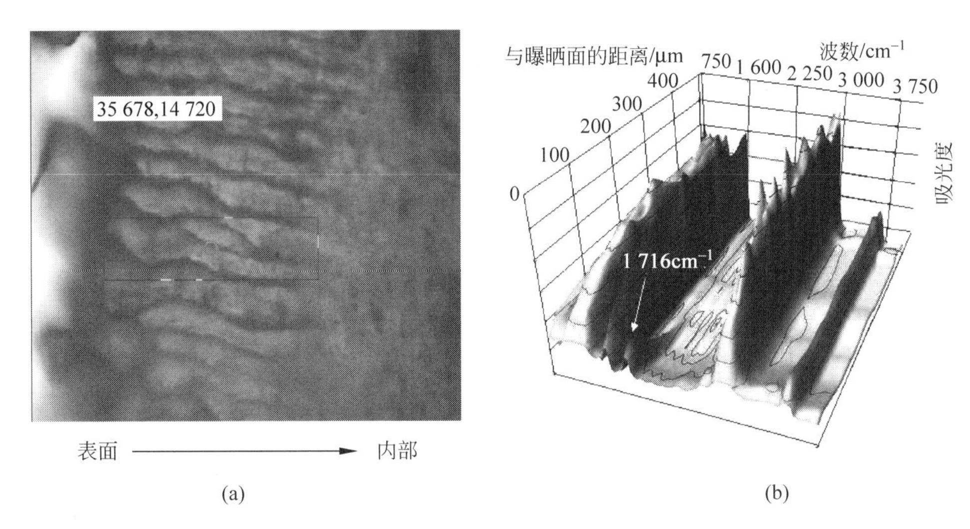

图 13-35　PE/云母复合材料老化后的(a)断面形貌以及(b)氧化产物的分布三维图

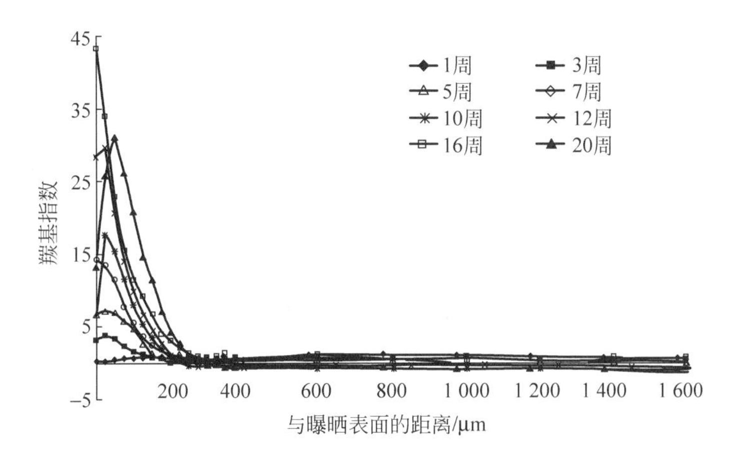

图 13-36　PE/云母复合材料的氧化分布随时间的发展

范围内的变化。

2. PGC-MS 分析

光或热氧化降解会导致聚合物分子链断裂，产生的可挥发性小分子碎片可以用闪蒸 PGC-MS 来研究，即采用较低的闪蒸温度（如 250～300℃），使其中的小分子碎片挥发出来，同时避免大分子链的断裂。图 13-37 是光氧化降解后 PP 纳米复合材料中的可挥发性降解产物，质谱解析表明在有纳米填料存在的情况下，PP 的光氧化降解产生了大量的酮、醇、酯类结构和不饱和键。相比较，纯 PP 中则很少有氧化降解产物存在。

3. GPC 分析

在老化降解过程中，自由基可以使大分子链断裂，相对分子质量下降，也可以通过偶合反应产生支化和交联结构，相对分子质量上升。这种变化可以直接从 GPC 分析中得到反映。图 13-38 表明，在两种 PP 的拉伸样条中，辐照表面附近的相对分子质量下降得很严重；距离辐照表面较远的内部由于紫外光不能穿透，以及氧浓度的不足，相对分子质量下降不明显。随着辐照时间的增加，MPP 的降解逐渐向样条内部发展，而 PP 则变化不大。

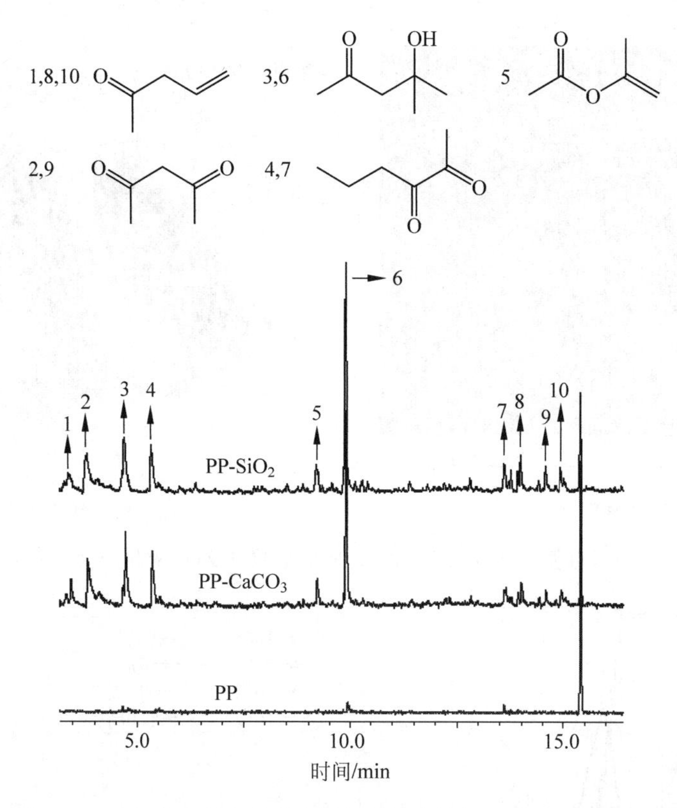

图 13-37 PP 纳米复合材料光氧化降解产物的闪蒸 PGC-MS 谱图

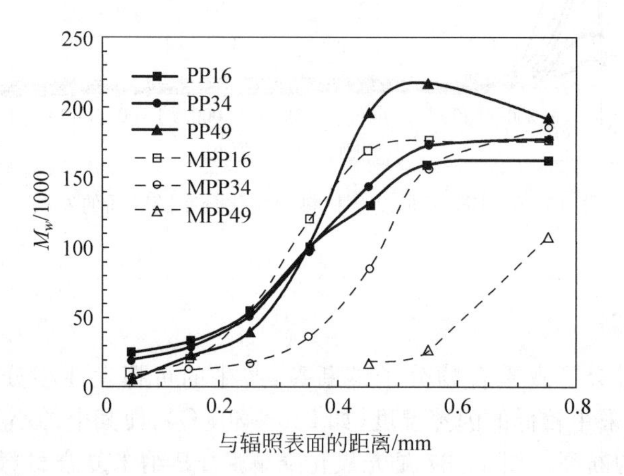

图 13-38 紫外辐照 16，34 和 49 周后 PP 和 MPP 的相对分子质量在厚度方向的分布

4. DSC 分析

聚合物链在老化过程中断裂，产生更多具有较大活动能力的分子链端，它们可以形成规整排列，或在原有晶粒边缘诱导结晶，使得结晶度增大。如果支化或交联的比例较高，或是氧化产生的含氧官能团破坏了链的规整性，则会导致结晶度下降。这方面的变化可用 DSC 进行表征。图 13-39 是 PP 经过不同紫外辐照时间后的 DSC 谱图。显然，随着辐照时间的增加，PP 的熔点下降，熔程变宽，熔融焓也增大。表明 PP 在光氧化降解过程中，分子链断裂形成的相对低分子质量的部分再结晶，具有较低的熔点，但整体的结晶度增大。

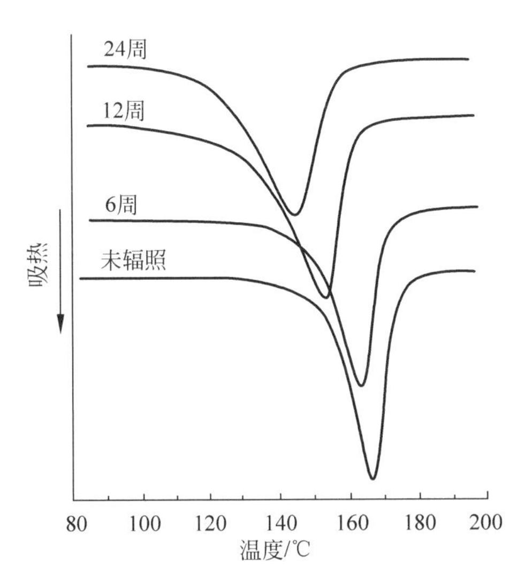

图 13-39　不同紫外辐照时间的 PP 的 DSC 升温曲线

5. 形貌观察

高分子材料在老化降解过程中常常伴随着外观的变化，如发黄、产生裂纹、粉化等，可以用电子显微镜进行直接观察。图 13-40 是用 SEM 得到的与图 13-36 对应的 PE/云母复合材料不同曝晒时间的断面形貌。可见，裂纹的发展也局限在表面层内，形貌的发展与氧化过程是吻合的。

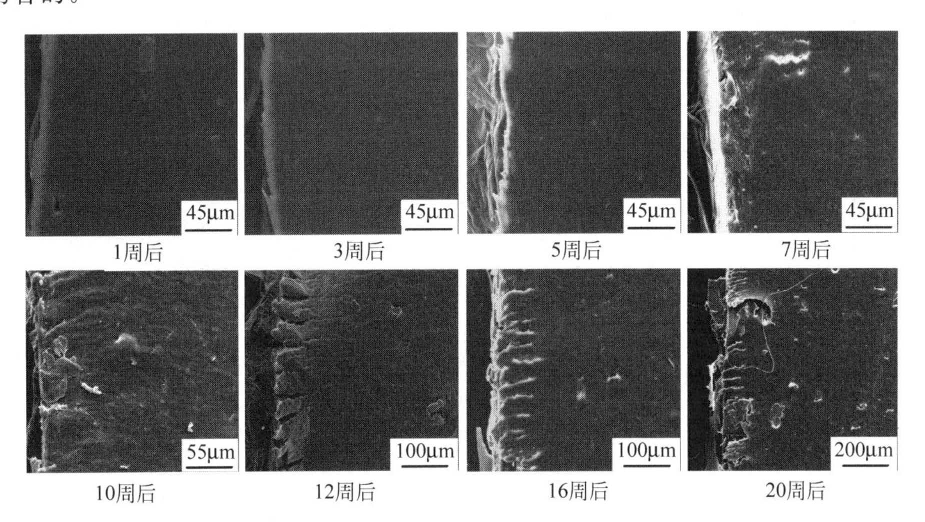

图 13-40　不同曝晒时间的 PE/云母复合材料的断面形貌

以上介绍的只是几种常用的研究方法，其他的研究手段也可以从不同角度表征材料在老化降解过程中的变化，这里就不一一介绍了。

需要强调的是，在高分子材料的老化降解研究中，各种分析方法都只是从一个或几个侧面来反映材料发生的变化，只有对不同方法得到的结果进行综合分析，才能得到材料降解的全貌。

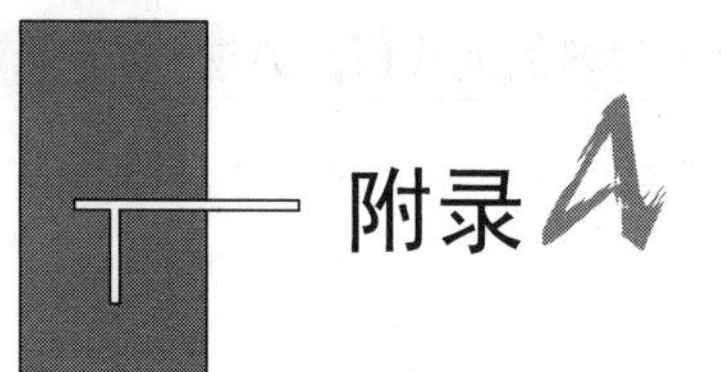

附录A

各种仪器分析原理及谱图表示方法

分析方法	缩写	分析原理	谱图的表示方法	提供的信息
紫外吸收光谱法	UV	吸收紫外光能量，引起分子中电子能级的跃迁	相对吸收光能量随吸收光波长的变化	吸收峰的位置、强度和形状，提供分子中不同电子结构的信息
荧光光谱法	FS	被电磁辐射激发后，从最低单线激发态回到单线基态，发射荧光	发射的荧光能量随光波长的变化	荧光效率和寿命，提供分子中不同电子结构的信息
红外吸收光谱法	IR	吸收红外光能量，引起具有偶极矩变化的分子的振动、转动能级跃迁	相对透射(吸收)光能量随透射光频率的变化	峰的位置、强度和形状，提供官能团或化学键的特征振动频率
拉曼光谱法	Ram	吸收光能后，引起具有极化率变化的分子振动，产生拉曼散射	散射光能量随拉曼位移的变化	峰位置、强度和形状，提供官能团或化学键的特征振动频率
核磁共振波谱法	NMR	在外磁场中，具有核磁矩的原子核，吸收射频能量，产生核自旋能级的跃迁	吸收光能量随化学位移的变化	峰的化学位移、强度、裂分数和耦合常数，提供核的数目、所处化学环境和几何构型的信息
电子顺磁共振波谱法	ESR	在外磁场中，分子中未成对电子吸收射频能量，产生电子自旋能级跃迁	吸收光能量或微分能量随磁场强度变化	谱线位置、强度，裂分数目和超精细分裂常数，提供未成对电子密度、分子键特性及几何构型信息
质谱分析法	MS	分子在真空中被电子轰击，形成离子，通过电磁场按不同 m/e 分离	离子的相对丰度随 m/e 的变化	分子离子及碎片离子的质量数及其相对丰度，提供相对分子质量、元素组成及结构的信息
气相色谱法	GC	样品中各组分在流动相和固定相之间，由于分配系数不同而分离	流出物浓度随流出时间的变化	峰的位置和强度，提供组分的定性定量信息
反气相色谱法	IGC	探针分子与作为固定相的聚合物样品之间的相互作用力不同，保留值不同	探针分子比保留体积的对数随柱温倒数的变化	探针分子保留值与温度的关系提供聚合物的热力学参数
裂解气相色谱法	PGC	高分子材料在一定条件下瞬间裂解，可获得具有一定特征的碎片	碎片浓度随流出时间的变化	谱图的指纹性或特征碎片峰，表征聚合物的化学结构和几何构型
凝胶渗透色谱法	GPC	样品通过多孔凝胶柱时，按分子的流体力学体积不同进行分离，大分子先流出	流出物浓度随流出时间的变化	聚合物的平均相对分子质量及其分布

续表

分析方法	缩写	分析原理	谱图的表示方法	提供的信息
热重法	TG	在控温环境中，样品质量随温度或时间变化	样品的质量分数随温度或时间的变化	样品的失重温度和失重百分比
差热分析	DTA	同一控温环境中，样品与参比物由于导热系数不同而产生的温差随环境温度或时间的变化	温差随环境温度或时间的变化	提供聚合物热转变温度及各种热效应的信息
示差扫描量热分析	DSC	同一控温环境中，保持样品与参比物温差为零时所需能量随环境温度或时间的变化	热量或其变化率随环境温度或时间的变化	提供聚合物热转变温度及各种热效应的信息
静态热-力分析	TMA	样品在恒力作用下的形变随温度或时间变化	样品形变量随温度或时间的变化	热转变温度和力学状态
动态热-力分析	DMA	样品在周期性变化的外力作用下，形变随温度或作用力频率的变化	模量或 $\tan\delta$ 随温度或频率的变化	热转变温度、模量和 $\tan\delta$
透射电子显微术	TEM	高能电子束穿透试样时发生散射、吸收、干涉和衍射，在像平面形成衬度，显示出图像	质厚衬度像、明场衍衬像、暗场衍衬像、晶格条纹像和分子像	晶体形貌、微孔尺寸分布、多相结构和晶格与缺陷等
扫描电子显微术	SEM	检测高能电子束与样品作用时产生的二次电子、背散射电子、吸收电子、X射线等并放大成像	背散射像、二次电子像、吸收电流像、元素的线分布和面分布等	断口形貌、表面显微结构、薄膜内部的显微结构、微区元素分析与定量元素分析等

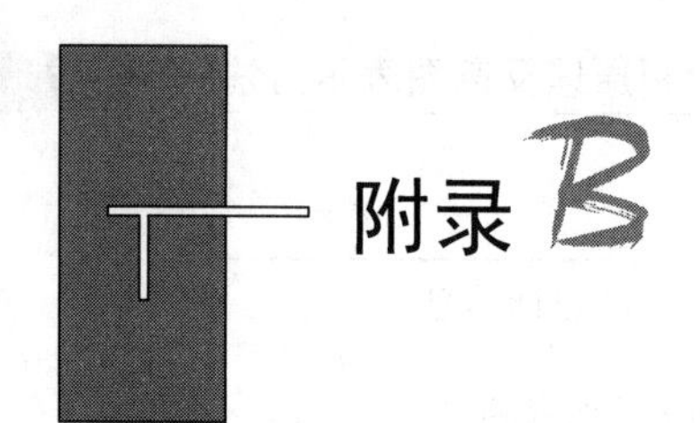

附录B

各种仪器分析方法对样品的一般要求及在聚合物中的应用

方　法		UV	FS	IR	Ram	NMR	ESR	MS
样品	形态	溶液	溶液	各种形态	各种形态	溶液/固体粉末	溶液	各种形态
	常规用量	10^{-4} mol/L	10^{-4} mol/L	mg	mg	＞10mg	10^{-4} mol/L	μg
	是否需分离	√	√	○	√	√	√	√
	是否破坏性	×	×	×	×	×	×	√
分析范围	化学结构	√	√	√	√	√	√	√
	聚集态结构	×	×	√	○	○	×	√
	形貌	×	×	×	×	×	×	×
	相对分子质量	○	○	○	×	○	×	○
	力学状态与分子运动	×	×	○	×	○	×	×
	热转变温度	×	×	○	×	×	×	×
	高分子反应	√	√	√	√	√	√	√

方　法		GC	IGC	PGC	GPC	TG	DTA	DSC
样品	形态	气、液	固体	各种形态	溶液	固体	固体	固、液
	常规用量	μg	10^2 mg	mg	mg	10mg	10mg	10mg
	是否需分离	×	○	×	√	×	○	○
	是否破坏性	×	×	√	×	√	○	×
分析范围	化学结构	√	×	√	○	×	×	×
	聚集态结构	×	√	×	×	√	√	√
	形貌	×	×	×	×	×	×	×
	相对分子质量	×	○	○	√	×	×	×
	力学状态与分子运动	×	√	×	×	×	√	√
	热转变温度	×	√	×	×	√	√	√
	高分子反应	√	○	√	√	√	○	○

续表

方 法		TMA	DMA	TEM	SEM
样品	形态	固体	固体	固体	固体
	常规用量	10^2 mol/L	10^2 mol/L	$d<200$nm $l<2$mm $w<2$mm	$d<10$mm $(l+w)<30$mm
	是否需分离	×	×	×	×
	是否破坏性	√	√	√	√
分析范围	化学结构	×	×	×	×
	聚集态结构	√	√	√	○
	形貌	×	×	√	√
	相对分子质量	×	×	×	×
	力学状态与分子运动	√	√	×	×
	热转变温度	√	√	×	×
	高分子反应	×	○	×	×

符号说明：√—是或适用；×—否或不适用；○—少量适用；d—厚度；l—长度；w—宽度。

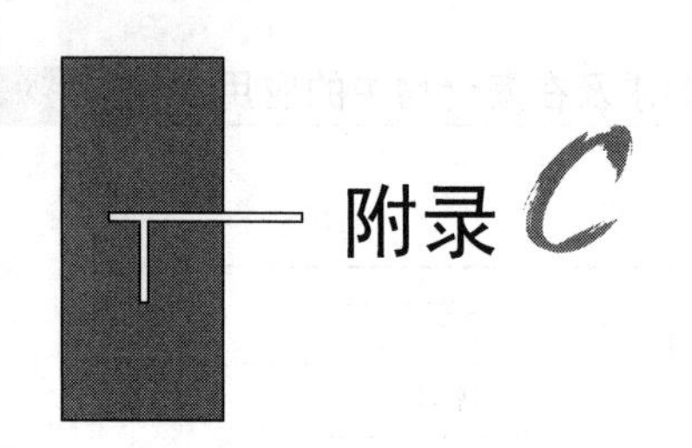

附录 C

英文缩写

A

ABS acrylonitrile-butadiene-styrene copolymer 丙烯腈-丁二烯-苯乙烯共聚物

AES Auger electron spectroscopy 俄歇电子能谱

A/MMA acrylonitrile-methyl methacrylate copolymer 丙烯腈-甲基丙烯酸甲酯共聚物

AN acrylonitrile 丙烯腈

ATR attenuated total refraction 衰减全反射

B

BR butadiene rubber 丁二烯橡胶

C

CP cross-polarization 交叉极化

CPE chlorinated polyethylene 氯化聚乙烯

CPVC chlorinated polyvinyl chloride 氯化聚氯乙烯

CR chloroprene rubber 氯丁橡胶

CTF contrast transfer function 衬度传递函数

D

DMA dynamic thermomechanical analysis 动态热-力分析

DMF dimethylformamide 二甲基甲酰胺

DMPO 5,5-dimethyl-3,4-dihydropyrrole-N-oxide 5,5-二甲基-3,4-二氢吡咯氮氧化物

DP average degree of polymerization 平均聚合度

DPPH 1,1-dipheny1-2-picry1 hydrazine 1,1-二苯基-2-苦基肼

DSC differential scanning calorimetry 示差扫描量热分析

DTA differential thermal analysis 差热分析

E

EP epoxy resin 环氧树脂

E/P ethylene-propylene copolymer 乙烯-丙烯共聚物

EPR ethylene propylene rubber 乙丙二元橡胶

EPR electron paramagnetic resonance 电子顺磁共振

ESCA electron spectroscopy for chemical analysis 化学分析电子能谱

ESR electron-spin resonance 电子自旋共振

F

FFF field-flow fractionation 场流分离
FS fluorescence spectroscopy 荧光光谱
FID free induction decay 自由感应衰减信号
flame ionization detector 火焰离子化检测器

G

GC gas chromatography 气相色谱
GC-IR gas chromatography-infrared spectroscopy 气相色谱-红外光谱联用
GC-MS gas chromatography-mass spectroscopy 气相色谱-质谱联用
GPC gel permeation chromatography 凝胶渗透色谱

H

HDPE high density polyethylene 高密度聚乙烯
hfs hyperfine structure 超精细结构
HPLC high pressure liquid chromatography 高压液相色谱
high performance liquid chromatography 高效液相色谱

I

IGC inverse gas chromatography 反相气相色谱
IR infrared spectroscopy 红外光谱

L

LALLS low angle laser light scattering 小角激光光散射
LDPE low density polyethylene 低密度聚乙烯

M

MAS magic angle spinning 魔角旋转
MS mass spectroscopy 质谱

N

NMR nuclear magnetic resonance 核磁共振
NR natural rubber 天然橡胶

P

PA polyamide 聚酰胺
PAA poly(acrylic acid) 聚丙烯酸
PAN polyacrylonitrile 聚丙烯腈
PB polybutene-1 聚 1-丁烯
PBN benzal-tertbutyl-N-oxide 苯亚甲基叔丁基氮氧化物
PBT poly(butylene terephthalate) 聚对苯二甲酸丁二(醇)酯
PC polycarbonate 聚碳酸酯
PDMS polydimethylsiloxane 聚二甲基硅氧烷
PE polyethylene 聚乙烯

PET poly(ethylene terephthalate) 聚对苯二甲酸乙二(醇)酯
PF phenol-formaldehyde resin 酚醛树脂
PGC pyrolysis gas chromatography 裂解气相色谱
PGC-MS pyrolysis gas chromatography-mass spectroscopy 裂解气相色谱-质谱联用
PIB polyisobutylene 聚异丁烯
PMA polymethyl acrylate 聚丙烯酸甲酯
PMMA poly(methyl methacrylate) 聚甲基丙烯酸甲酯
PP polypropylene 聚丙烯
PPO poly(phenylene oxide) 聚苯醚
PS polystyrene 聚苯乙烯
PTFE polytetrafluoroethylene 聚四氟乙烯
PUR polyurethane rubber 聚氨酯橡胶
PVAl polyvinyl alcohol 聚乙烯醇
PVC poly(vinyl chloride) 聚氯乙烯
PVDC poly(vinylidene chloride) 聚偏二氯乙烯
PVDF poly(vinylidene fluoride) 聚偏二氟乙烯
PVP poly(vinyl pyrrolidone)聚乙烯基吡咯烷酮

R

RI retention index 保留指数
RIC repeat ions chromatogram 重建离子流色谱图
RRT relative retention time 相对保留时间
RT retention time 保留时间
RV retention volume 保留体积

S

S/AN styrene-acrylonitrile copolymer 苯乙烯-丙烯腈共聚物
SEM scanning electron microscopy 扫描电子显微术

T

TBND 2,4,6-tritertbutyl-1-nitrosobenzene 2,4,6-三叔丁基-1-亚硝基苯
TEM transmission electron microscopy 透射显微术
TEMPO 2,2,6,6-tetramethyl piperidinol-4-N-oxide 2,2,6,6-四甲基哌啶醇-4-氮氧化物
TG thermogravimetric analysis 热重分析
THF tetrahydrofuran 四氢呋喃
TIC total ions chromatogram 总离子流色谱图
TMA thermomechanical analysis 热机械分析(静态热-力分析)

U

UV ultraviolet spectroscopy 紫外光谱
UP unsaturated polyester 不饱和聚酯

X

XPS X-ray photoelectron spectroscopy X射线光电子能谱

参考文献

1 邓勃.仪器分析.北京：清华大学出版社，1991

2 高鸿主编.分析化学前沿.北京：科学出版社，1991

3 吴人洁主编.现代分析技术——在高聚物中的应用.上海：上海科技出版社，1987

4 许禄等.计算机化学方法及应用.北京：化学工业出版社，1990

5 朱善农等.高分子材料的剖析.北京：科学出版社，1988

6 拉贝克 J F 著.高分子科学实验方法.吴世康译.北京：科学出版社，1987

7 董炎明.高分子分析手册.北京：中国石化出版社，2004

8 陈德恒.有机结构分析.北京：科学出版社，1985

9 游效曾.结构分析导论.北京：科学出版社，1980

10 Bark L S, Allen N S. Analysis of Polymer Systems. London：Applied Science，1982

11 宁永成.有机化合物结构鉴定与有机波谱学(第二版).北京：科学出版社，2000

12 薛奇.高分子结构研究中的光谱方法.北京：高等教育出版社，1995

13 西尔弗斯 R M，巴斯勒 G C，莫里尔 T C.有机化合物光谱鉴定(第二版).姚海文译.北京：科学出版社，1988

14 洪山海.光谱解析法在有机化学中的应用.北京：科学出版社，1980

15 陈国珍.紫外—可见光分光光度法(上，下).北京：原子能出版社，1983

16 陈国珍.荧光分析法(第二版).北京：科学出版社，1990

17 王厚明.实用红外光谱学.北京：石油化工出版社，1978

18 王正熙.聚合物红外光谱分析和鉴定.成都：四川大学出版社，1989

19 沈德言.红外光谱法在高分子研究中的应用.北京：科学出版社，1982

20 吴瑾光主编.近代傅里叶变换红外光谱技术及应用.北京：科学技术文献出版社，1994

21 Wolter Klopffer. Introduction to Polymer Spectroscopy. Berlin：Springer Verlag，1984

22 Edward G Brame. Applications of Polymer Spectroscopy：Plastics Analysis Guide. New York：Academic Press，1978

23 Siesler H W，Holland-Moritz K. Infrared and Raman Spectroscopy of Polymers. New York：Marcel Dekker，1980

24 Fawcett A H. Polymer Spectroscopy. West Sussex：John Wiley & Sons，1996

25 Brian C. Smith. Fundamentals of Fourier Transform Infrared Spectroscopy. CRC Press，1996

26 潘加来.激光拉曼光谱在有机化学上的应用.北京：化学工业出版社，1986

27 于世林.波谱分析法.重庆：重庆大学出版社，1991

28 沈淑娟等.波谱分析的基本原理及应用.北京：高等教育出版社，1988

29 胡皆汉.核磁共振波谱学.北京：烃加工出版社，1988

30 沈其丰.核磁共振碳谱.北京：北京大学出版社，1988

31 赵天增.核磁共振氢谱.北京：北京大学出版社，1983

32 Pham Q T，Petiaud R，Waton H，Llauro-Darricades M F. Proton and Carbon NMR Spectra of Polymers. London：CRC Press，1991

33 Gunther H. NMR Spectroscopy Basic Principles，Concepts and Applications in Chemisty (Second Edition). West Sussex：John Wiley & Sons，1995

34 Abraham R J，Fisher J，Loftus P. Introduction to NMR Spectroscopy (Second Edition). West Sussex：

John Wiley & Sons,1988

35 Friebolin H. Basic One-and Two-Dimensional NMR Spectroscopy (Second Edition). Weinheim: VCH Verlagsgesellschaft,1993

36 Stothers J B. Carbon-13 NMR Spectroscopy. New York: Academic Press,1972

37 Hatada K,Kitayama T. NMR Spectroscopy of Polymers. New York: Springer,2004

38 McBrierty V J, Packer K J. Nuclear Magnetic Resonance in Solid Polymers. Cambridge University Press,1993

39 Breitmaier E,Voelter W. 13C NMR Spectroscopy. Weinheim: Verlag Chemie GmbH,1974

40 Duer M J. Introduction to Solid-State NMR Spectroscopy. Oxford: Blackwell Publishing,2004

41 徐光智.电子自旋共振波谱分析原理.北京:科学出版社,1978

42 裘祖文.电子自旋共振波谱.北京:科学出版社,1980

43 卢佩章.色谱理论基础.北京:科学出版社,1989

44 傅若农,刘虎威.高分辨气相色谱及高分辨裂解气相色谱.北京:北京理工大学出版社,1992

45 柘植新等著.高分辨裂解气相色谱原理与高分子裂解谱图集.金熹高等译.北京:中国科学技术出版社,1992

46 Schnabel W. Polymer Degradation. New York: Macmilan Publishing Co. Inc. ,1981

47 Liebman S A. Pyrolysis GC in Polymer Analysis. New York: Marcel Dekker Inc. ,1985

48 Mclafferty F W 著.质谱解析.第三版.王光辉等译.北京:化学工业出版社,1987

49 Wampler T P. Applied Pyrolysis Handbook (Second Edition). CRC Press,2007

50 Howe I, Williams D H, Bowen R D. Mass Spectrometry Principles and Applications. New York: McGraw-Hill Inc. ,1981

51 Jurgen H. Gross. Mass Spectrometry. Springer-Verlag Berlin Heidelberg,2004

52 神户博太郎著.热分析.刘振海译.北京:化学工业出版社,1982

53 陈镜泓等.热分析及其应用.北京:科学出版社,1985

54 麦克拉弗蒂 F W.热分析导论.刘振海等译.北京:化学工业出版社,1991

55 穆腊亚马 T 著.聚合物材料的动态力学分析.谌福特译.北京:轻工业出版社,1988

56 钱保功等.高聚物的转变与松弛.北京:科学出版社,1986

57 沃德 T M 著.固体高聚物的力学性能(第二版).徐懋等译.北京:科学出版社,1986

58 过梅丽.高聚物与复合材料的动态力学热分析.北京:化学工业出版社,2002

59 Bair H E,Shepherd L,Boyle D J. Thermal Analysis in Polymer Characterization. Philadelphia: Heyden & Son Inc. ,1981

60 Hatakeyama T, Quinn F X. Thermal Analysis—Fundamentals and Applications to Polymer Science (Second Edition). Chichester: John Wiley & Sons,1999

61 Charsley E L,Warrington S B. Thermal Analysis—Techniques and Applications. Cambridge: The Royal Society of Chemistry,1992

62 郑昌仁.高聚物分子量及其分布.北京:化学工业出版社,1986

63 施良和.凝胶色谱法.北京:科学出版社,1980

64 Josef Janca. Steric Exclusion Liquid Chromatography of Polymers. New York: Marcel Dekker,1984

65 Berezkin V G. Gas Chromatography of Polymer. Amsterdam: Elserier,1977

66 陈世朴,王永瑞合编.金属电子显微分析.北京:机械工业出版社,1982

67 Heimendahl M V. Electron Microscopy of Materials (An Introduction). New York: Academic Press,1980

68 Sawyer L C,Grubb B T. Polymer Microscopy. New York: Chapman and hall,1987

69 孔祥明,谢续明,杨睿,汪昆华,张增民.光谱学与光谱分析,2000,20(5):623~625

70 Blazso M. Journal of Analytical and Applied Pyrolysis. 1997,39(1):1~25

71 Wampler T P. Journal of Analytical and Applied Pyrolysis,2004,71(1): 1～12
72 Hanton S D. Chemical Reviews,2001,101(2): 527～569
73 Sugimura Y,Tsuge S. Macromolecules,1979,12(3): 512～514
74 Tsuge S,Sugimura Y,Nagaya T. Journal of Analytical and Applied Pyrolysis,1980,1(3): 221～229
75 Challinor J M. Journal of Analytical and Applied Pyrolysis,2001,61(1-2): 3～34
76 Challinor J M. Journal of Analytical and Applied Pyrolysis,1989,16(4): 323～333
77 Ohtani H,Ishida Y,Ushiba M,Tsuge S. Journal of Analytical and Applied Pyrolysis,2001,61(1-2): 35～44
78 Ito Y,Ogasawara H,Ishida Y,Ohtani H,Tsuge S. Polymer Journal,1996,28(12): 1090～1095
79 Tsuge S,Ohtani H,Oba K. Macromolecular Symposia,2003,195(1): 287～292
80 Oba K,Ishida Y,Ito Y,Ohtani H,Tsuge S. Macromolecules,2000,33(22): 8173～8183
81 Ishida Y, Ohtani H, Abe K, Tsuge S, Yamamoto K, Kotoh K. Macromolecules, 1995, 28(19): 6528～6532
82 Wang F C Y. Journal of Analytical and Applied Pyrolysis,2004,71(1): 83～106
83 Wang F C Y,Smith P B. Analytical Chemistry,1996,68(3): 425～430
84 Tsuge S,Sugimura Y,Nagaya T. Journal of Analytical and Applied Pyrolysis,1980,1(3): 221～229
85 Kaminsky W, Schlesselmann B, Simon C J. Journal of Analytical and Applied Pyrolysis, 1995, 32: 19～27
86 Seo Y H,Lee K H,Shin D H. Journal of Analytical and Applied Pyrolysis,2003,70(2): 383～398
87 Bagri R,Williams P T. Journal of Analytical and Applied Pyrolysis,2002,63(1): 29～41
88 Manos G,Yusof I Y,Papayannakos N,Gangas N H. Industrial & Engineering Chemistry Research, 2001,40(10): 2220～2225
89 Sakata Y,Uddin M A,Muto A. Journal of Analytical and Applied Pyrolysis,1999,51(1-2): 135～155
90 Serrano D P,Aguado J,Escola J M,Rodriguez J M,Miguel G S. Journal of Analytical and Applied Pyrolysis,2005,74(1-2): 370～378
91 Teng H,Shi Y,Jin X. Journal of Polymer Science Part B: Polymer Physics,2002,40(18): 2107～2118
92 Reading M,Elliott D,Hill V L. Journal of Thermal Analysis,1993,40(3): 949～955
93 张艺,程开良,许家瑞. 化学通报,2004,5: 341～348
94 Shuai X,He Y,Asakawa N,Inoue Y. Journal of Applied Polymer Science,2001,81(3): 762～772
95 王国男,林金土. 化学世界,1995,9: 480～482
96 杨海,刘天西. 南阳师范学院学报,2007,6(12): 37～41
97 Freeman E S,Carroll B. Journal of Physical Chemistry,1958,62(4): 394～397
98 Kissinger H E. Anal Chem,1957,29(11): 1702～1706
99 Ozawa T. Bulletin of the Chemical Society of Japan,1965,38(11): 1881
100 Doyle C D. Journal of Applied Polymer Science,1961,5(15): 285～292
101 Coats A W,Redfern J P. Nature,1964,201(491): 68～69
102 Lin H, Zhuang Q, Cheng J, Liu Z, Han Z. Journal of Applied Polymer Science, 2007, 103(6): 3675～3679
103 Mok M M. Kim J,Torkelson J M. Journal of Polymer Science Part B: Polymer Physics,2008,46(1): 48～58
104 Chang T. Journal of Polymer Science: Part B: Polymer Physics,2005,43(13): 1591～1607
105 Im K,Park S,Cho D,Chang T,Lee K,Choi N. Analytical Chemistry,2004,76(9): 2638～2642
106 Hanton S D. Chemical Reviews,2001,101(2): 527～569
107 Bahr U,Deppe A,Karas M. Analytical Chemistry,1992,64(22): 2866～2869
108 Rader H J,Schrepp W. Acta Polymerica,1998,49(6): 272～293

109 Nielen M W F. Mass Spectrometry Reviews,1999,18(5):309~344

110 何美玉,何江涛. 质谱学报,2002,23(1):43~55

111 Stephen F M,Patrick A L. Current Opinion in Solid State and Material Science,2002,6:213~220

112 Gross J H. Mass Spectrometry,Springer-Verlag Berlin Heidelberg,2004,411~434

113 王晓青,陈栓虎. 质谱学报,2008,29(1):51~59

114 Holland V F,Lindenmayer P H. Journal of Polymer Science,1962,57(165):589

115 Kim G M,Michler G H. Polymer,1998,39(23):5689~5697

116 Matsushita Y,Noro A,Linuma M,Suzuki J,Ohtani H,Takano A. Macromolecules,2003,36(21):8074~8077

117 莫志深,张宏放. 晶态聚合物结构和X射线衍射. 北京:科学出版社,2003

118 胡家璁. 高分子X射线学. 北京:科学出版社,2003

119 周贵恩. 聚合物X射线衍射. 合肥:中国科学技术大学出版社,1989

120 马礼敦. 近代X射线多晶体衍射——实验技术与数据分析. 北京:化学工业出版社,2004

121 丘利,胡玉和编著. X射线衍射技术及设备. 北京:冶金工业出版社,1998

122 Zhou X,Marks T J,Carr S H. Journal of Polymer Science Part B-Polymer Physics,1985,23(2):305~313

123 Zhou X,Marks T J,Carr S H. Molecular Crystals and Liquid Crystals,1985,118(1-4):357~360

124 Wu J H,Pan Z N,Du X L,Zhou X,Zou B S,Zhu M. Journal of Polymer Science Part C-Polymer Letters,1988,26(10):433~439

125 Dirk C W,Inabe T,Schoch K F,Marks T J. Journal of The American Chemical Society,1983,105(6):1539~1550

126 Miyakoshi R,Yokoyama A,Yokozawa T,Am J. Chem. Soc. 2005,127(49):17542~17547

127 Sugimura Y,Nagaya T,Tsuge S,Murata T,Takeda T. Macromolecules,1980,13(2):928~932

128 Nagai N,Matsunobe T,Imai T. Polymer Degradation and Stability,2005,88(2):224~233

129 Li J F,Yang R,Yu J,Liu Y. Polymer Degradation and Stability,2008,93(1):84~89

130 Shyichuk A V,Turton T J,White J R,Syrotynska I D. Polymer Degradation and Stability,2004,86(2):377~383

131 Rabello M S,White J R. Polymer,1997,38(26):6379~6387